Franz von Kobell

**Die Mineralogie leichtfasslich dargestellt**

Mit Rücksicht auf das Vorkommen der Mineralien

Franz von Kobell

**Die Mineralogie leichtfasslich dargestellt**
*Mit Rücksicht auf das Vorkommen der Mineralien*

ISBN/EAN: 9783743652941

Hergestellt in Europa, USA, Kanada, Australien, Japan

Cover: Foto ©berggeist007 / pixelio.de

Weitere Bücher finden Sie auf **www.hansebooks.com**

# Die Mineralogie.

Von

## Franz von Kobell.

Die

# Mineralogie.

Leichtfaßlich dargestellt

mit Rücksicht auf

das Vorkommen der Mineralien, ihre technische Benützung,
Ausbringen der Metalle etc.

Von

## Franz von Kobell.

Fünfte vermehrte Auflage.

Mit Abbildungen in Holzschnitten.

———— ❧✦❧ ————

Leipzig.

Friedrich Brandstetter.

1878.

# Vorwort zur 4. Auflage.

———

Die gegenwärtige Auflage hat mit Rücksicht auf den neuesten Stand der Wissenschaft mehrfache Bereicherung erhalten und sind manche Artikel, so von der Polarisation des Lichtes, ausführlicher als früher geschehen, bearbeitet worden. Auch die Zahl der aufgenommenen Mineralspecies wurde vermehrt, um das Buch als Handbuch dienlich zu machen. Dem Lehrer muß natürlich überlassen bleiben, je nach dem Zwecke seiner Vorlesungen von dem Mitgetheilten angemessenen Gebrauch zu machen.

München, im November 1870.

v. Kobell.


Ich habe diesem Vorwort nur beizufügen, daß in der gegenwärtigen 5. Auflage der Artikel von der chemischen Constitution z. Thl., mit Rücksicht auf die neueren Anschauungen umgearbeitet worden ist.

München, im Februar 1877.

v. Kobell.

# Inhalt.

                                             Seite

I. Terminologie .......................... 1

Von den physischen Eigenschaften der Mineralien ........ 2—86

  1. Von der Gestalt .................... 2—53

    A. Von den einfachen Krystallgestalten und ihren Combinationen 3—47

      §. 1—6. Krystallographische Terminologie, Winkelmessung,

            Krystallisationsgesetze ............ 3—17

      §. 7. Das tesserale System ............. 17

      §. 8. Das quadratische System ........... 27

      §. 9. Das hexagonale System ........... 30

      §. 10. Das rhombische System ........... 34

      §. 11. Das klinorhombische System .......... 37

      §. 12. Das klinorhomboidische System ........ 41

           Krystallbezeichnung ........... 42

    B. Von den Unvollkommenheiten der Krystalle ........ 47

    C. Von den Verbindungen der Krystalle ......... 49

    D. Von den Pseudomorphosen ........... 51

  2. Von der Spaltbarkeit und dem Bruche .......... 53

  3. Von der Härte und Verschiebbarkeit .......... 55

  4. Vom specifischen Gewichte .............. 56

  5. Pellucidität, Asterismus, Strahlenbrechung, Polarisation des Lichtes 58

  6. Vom Glanze ................... 76

  7. Von der Farbe ................... 77

  8. Thermisches Verhalten ............... 80

  9. Phosphorescenz, Electricität, Galvanismus, Magnetismus ... 81

  10. Kennzeichen des Geruchs, Geschmacks und des Anfühlens ... 85

Von den chemischen Eigenschaften der Mineralien . . . . . . . . 86

    A. Von den chem. Eigenschaften auf trockenem Wege . . . 86—90

    B. Von den chem. Eigenschaften auf nassem Wege . . . . 90—94

    C. Von der chemischen Constitution, chemischen Formeln, Iso-
       morphie . . . . . . . . . . . . . . . . . . 94—105

II. Systematik . . . . . . . . . . . . . . . . . 105—108

III. Nomenklatur . . . . . . . . . . . . . . . . 108—110

IV. Charakteristik und Physiographie . . . . . . . . . . . 111

    Anhang: Formeln zur Berechnung der Krystalle . . . . . . . . 237

Die Produkte der Natur sind entweder organische, d. h. solche, welche mit verschiedenartigen zu einem Entwicklungs= und Lebensproceß nothwendigen Theilen (Organen) versehen sind, Thiere und Pflanzen, oder sie sind unorganische, denen keine Entwicklung und kein Leben und daher auch keine solche Organisation eigenthümlich ist.

Diese unorganischen Naturprodukte, in so ferne sie die feste Erdrinde bilden, heißen Mineralien und die Wissenschaften, die sich mit ihnen beschäftigen, sind vorzüglich die Mineralogie, Geognosie und Geologie. Die Mineralogie betrachtet die aus (physisch) gleichartigen Theilen bestehenden die einfachen Mineralien und zwar nur an sich oder unter solchen Verhältnissen, welche zu ihrer Bestimmung und Unterscheidung dienen. Die Geognosie und Geologie betrachten sowohl die einfachen Mineralien, als auch ihre Gemenge in dem Vorkommen in der Natur und letztere beschäftigt sich insbesondere mit der Art ihrer Entstehung und Veränderung.

Der Granit besteht aus Quarz, Glimmer und Feldspath. Jeder dieser Gemengtheile für sich ist Gegenstand der Mineralogie, das Gemenge selbst (der Granit) Gegenstand der Geognosie. — Es ist klar, daß die Mineralogie der Geognosie vorausgehen müsse und daß diese ohne jene nicht bestehen könne, wohl aber umgekehrt.

Die Mineralogie zerfällt in den vorbereitenden und angewandten Theil. Der erstere begreift die Terminologie, Systematik und Nomenklatur, der letztere die Charakteristik und Physiographie.


# I. Terminologie.

Die Terminologie charakterisirt, benennt und klassificirt die Eigenschaften im Allgemeinen, welche zur Erkennung und Unterscheidung der Mineralien dienen. Diese Eigenschaften sind physische oder solche, welche unmittelbar oder nur durch mechanische Mittel an den Mineralien wahrgenommen werden, und chemische, welche nur durch Veränderung des innern materiellen Wesens der betreffenden Substanz aufzufinden sind. Zu den physischen Eigenschaften, welche bei den Mineralien vorzüglich in Be=

tracht kommen, gehören: Gestalt, Spaltbarkeit und Bruch, Härte und Verschiebbarkeit, specifisches Gewicht, Pellucibität und Strahlenbrechung, Glanz,
Farbe, Phosphorescenz, Electricität und Magnetismus, Geruch, Geschmack
und Anfühlen.

# Von den physischen Eigenschaften der Mineralien.

## 1. Von der Gestalt.

Die Mineralien kommen entweder krystallisirt oder amorph vor.
Unter Krystallen versteht man feste Körper, welche bei ihrer Bildung
mit einer bestimmten Anzahl gesetzmäßig zu einander geneigter Flächen begrenzt wurden. Den Akt der Entstehung der Krystalle nennt man Krystallisation. — Der Amorphtsmus ist der Zustand des Starren ohne
Krystallisation. Wenn z. B. flüssiges Fichtenharz allmälig erstarrt, so
haben die Theilchen der Masse nur ihre Beweglichkeit verloren, es zeigt sich
aber dabei keine krystallinische Gestaltung an denselben; wenn aber geschmolzenes Schwefelantimon allmälig erstarrt, so tritt mit dem Erstarren eine
regelmäßige Gestaltung der Massentheilchen ein, eine Krystallisation derselben. — Beispiele von amorphen Mineralien sind: Opal, Chrysokoll,
Obsidian, Pittizit ꝛc. — Der Amorphismus ist zuerst nach allen seinen Beziehungen von Fuchs nachgewiesen worden.

Krystalle bilden sich auf sehr verschiedene Weise, aus Auflösungen, aus
dem Schmelzflusse, aus dem dampfförmigen Zustande, aus dem amorphen
ꝛc. So krystallisiren z. B. Kochsalz, Alaun ꝛc. aus der wässrigen Auflösung
beim Verdampfen des Wassers, Chlorsilber aus der ammoniakalischen Auflösung, Schwefel aus der Auflösung im Schwefelalkohol; ans dem Schmelzflusse krystallisiren Schwefelantimon, Kochsalz, Schwefel ꝛc.; aus dem dampfförmigen Zustande krystallisiren durch Erkalten: arsenichte Säure, Jod,
Salmiak ꝛc. — Schwefel, Zucker ꝛc. gehen allmälig aus dem amorphen Zustande, wenn sie in diesem bargestellt werden, in den krystallisirten über. Ein
interessantes Beispiel dieses Ueberganges führt Hausmann an. Ein Stück
amorpher glasartiger arsenichter Säure hatte nach einigen Jahren nicht allein
eine stänglicke Struktur und porcellanartiges Ansehen bekommen, sondern es
wurden später daran sogar auf der freien Oberfläche viele deutliche Oktaeder
sichtbar. Hermann beobachtete, daß eine ursprünglich plastische Masse ohne
Spur von Krystallisation (aus dem Basalt von Stolpen in Sachsen) allmälig
in ein Aggregat nadelförmiger Krystalle von Natrolith sich umwandelte.
Bei raschem Erkalten geschmolzener Substanz entstehen öfters amorphe
Massen, während sich beim langsamen Abkühlen krystallisirte bilden, so beim
Schwefelantimon, Schwefel u. a. Krystallbildungen sind ferner durch lang-
same Wirkung galvanischer Ströme beobachtet worden. Becquerel experi-

mentirte mit einer in Uform gebogenen Röhre, welche er an der Biegung mit Thon oder Sand (als Diaphragma) füllte und in die beiden Schenkel verschiedene Flüssigkeiten goß, die er mit einem Kupferstreifen verband. Er erhielt in dieser Weise Krystalle verschiedener Salze und Schwefelverbindungen. Ebelmen löste künstliche Mischungen im Schmelzflusse in Borsäure und verflüchtete in anhaltender gesteigerter Hitze das gebrauchte Lösungsmittel, er stellte auf diese Weise Krystalle dar von Spinell, Gahnit, Chrysoberill ꝛc. oder es krystallisirten die gelösten Mischungen aus dem Lösungsmittel im Schmelzflusse durch Ausscheidung beim Erkalten, so erhielt Manroß Krystalle von Baryt durch Zusammenschmelzen von schwefelsaurem Kali und und Chlorbaryum, ebenso Krystalle von Cölestin und Anhydrit. Durch Zersetzung flüchtiger Substanzen bei erhöhter Temperatur oder deren Einwirkung auf bestimmte Mischungen wurden ebenfalls Krystalle erhalten, so von Wöhler Krystalle von Chromoxyd durch Zersetzung des Dampfes von Chromsuperchlorid im Glühen; von Daubrée Krystalle von Wollastonit, Disthen, Diopsid, Orthoklas ꝛc. durch Einwirkung von Chlorsilicium auf die rothglühenden basischen Mischungstheile dieser Mineralien u. s. w. — Eine und dieselbe Species kann auf sehr verschiedene Weise in Krystallen erhalten werden. — Eine langsame Krystallisation giebt immer vollkommener ausgebildete Krystalle, als eine beschleunigte.

Varietäten der Krystallformen und Combinationen werden zum Theil durch Beimengungen hervorgebracht, welche mit der eigentlichen Mischung in keiner Beziehung stehen. Alaun krystallisirt vorzugsweise in Oktaedern, auch bei Gegenwart von phosphorsaurem Natron oder salpetersaurem Natron, dagegen in Oktaedern mit Würfelflächen bei Gegenwart von salpetersaurem Kupferoxyd, in Hexaedern bei Gegenwart von Thonerdehydrat, bei Zusatz von Schwefelsäure auch mit Flächen des Rhombendodecaeders; auch die Temperatur, Druck ꝛc. sind von Einfluß. — Aus doppelt kohlensaurem Kalk krystallisirt der Calcit flächenreicher bei Gegenwart eines gelösten Silicats, kieselsaures Natron und Kali ꝛc. (Credner).

Die Lehre von den Krystallen heißt Krystallographie.

### A. Von den einfachen Krystallgestalten und ihren Combinationen.

§. 1. Bei der Bestimmung der Krystalle kommen in Betracht:
1. die Flächen oder die Ebenen, die einen Krystall umschließen,
2. die Kanten oder die Durchschnittslinien zweier zu einander geneigten Flächen,
3. die Ecken oder die Durchschnittspunkte von drei oder mehr Flächen, die sich gegen einander neigen,
4. die Axen oder geraden Linien, welche durch den Mittelpunkt eines Krystalls gehen und sich in zwei gegenüberstehenden Flächen, Kanten oder Ecken endigen: Flächenaxen, Kantenaxen, Eckenaxen.

Wenn man von der Summe der Zahl der Ecken und der Zahl der Flächen 2 abzieht, so erhält man die Zahl der Kanten.

Diese Begrenzungselemente, wie auch die Axen, sind an einem Krystalle entweder gleichartig oder ungleichartig. Die gleichartigen müssen sich, unter denselben Verhältnissen betrachtet, gleich verhalten, die Flächen also dieselbe Form und Lage (auch physische Beschaffenheit) zeigen, die Kanten dieselben Bildungsflächen und Winkel, die Ecken ebenfalls dieselben Bildungs= flächen, Kanten, Winkel ꝛc. Gleichartige Axen sind diejenigen, welche sich in gleichartigen Krystalltheilen endigen.

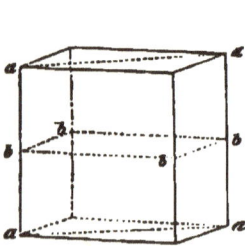 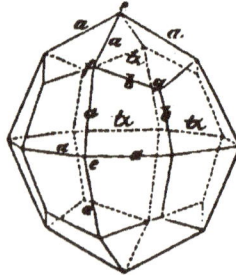 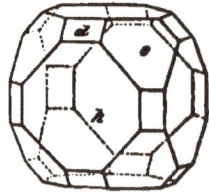

Fig. 1. Fig. 10. Fig. 23.

Am Würfel oder Hexaeder Fig. 1 sind die Flächen alle gleichartig, ebenso die Kanten und ebenso die Ecken, am Trapezoeder Fig 10 sind die Flächen gleich= artig, die Kanten zweierlei, a die längern und b die kürzern; die Ecken dreierlei, e von den gleichartigen Kanten a gebildet, g von den gleichartigen Kanten b ge= bildet und f von zwei Kanten a und zwei Kanten b gebildet. — Fig. 23 zeigt dreierlei Flächen, h, d und o, deren Verschiedenartigkeit leicht zu erkennen ist.

Wenn an den Ecken nur einerlei Kanten zusammenstoßen, so heißen diese Ecken einkantige, stoßen aber zwei= oder dreierlei ꝛc. zusammen, so nennt man sie zweikantige, dreikantige ꝛc. Fig. 10 sind die Ecken e und g einkantige (obwohl unter sich verschieden), die Ecken f aber zweikan= tige. Bei der Beschreibung der Krystalle wird die Gestalt in eine solche Lage gebracht, daß eine bestimmte Axe vertikal steht, welche man die Haupt= axe nennt. Bei denjenigen Krystallen, in welchen drei rechtwinklich aufein= anderstehenden und gleichartige Axen vorkommen, kann jede von diesen Hauptaxe sein; bei den übrigen ist immer eine solche Axe Hauptaxe, welche die einzige ihrer Art in der Gestalt ist. Dergleichen Axen heißen einzelne. Wo unter mehreren solchen die Wahl bleibt, wird derjenigen für die Hauptaxe der Vorzug gegeben, welche für die Betrachtung des Krystalls, seine Bezeichnung ꝛc. die geeignetste ist.

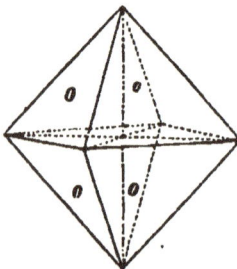

Fig. 9.

Beim Oktaeder Fig. 9 gehen drei rechtwink= lich aufeinander stehende Axen durch die Ecken und sind wie diese selbst gleichartig. Das Oktaeder wird daher bei der krystallographischen Betrach= tung nach einer dieser Axen vertikal gestellt und es ist gleichgiltig, nach welcher von diesen dreien. Bei der Quadratpyramide

Fig. 24 find die durch die Ecken gehenden Axen auch rechtwinklich auf einander, aber sie sind nicht gleichartig, da nur 4 Ecken (r) unter sich gleichartig sind und die übrigen 2 (s) davon verschieden. Hier ist die Axe, welche durch die Ecken s geht, die einzige ihrer Art in der Gestalt und daher die Hauptaxe.

Diejenigen Krystallgestalten, in welchen ein Axenkreuz von drei gleich= artigen rechtwinklichen Axen gefunden werden kann, heißen Polyaxieen, die übrigen Monoaxieen. Fig. 1 — 23 sind Polyaxieen, Fig. 24 — 54 Monoaxieen. An den Polyaxieen kommen keine einzelnen Axen vor.

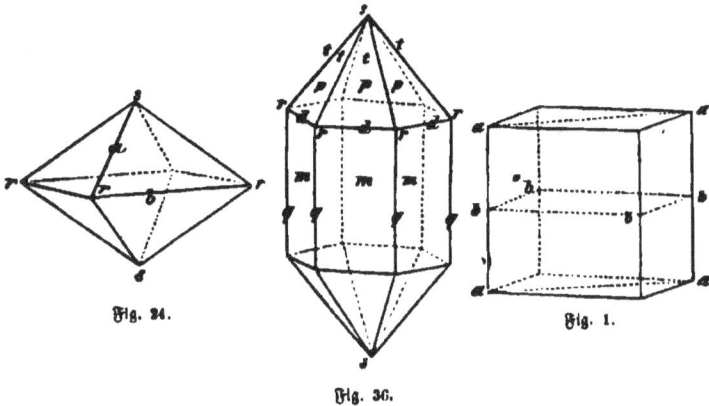

Fig. 24.

Fig. 1.

Fig. 36.

Bei den Monoaxieen erhalten die Flächen, Kanten und Ecken je nach ihrer Lage zur Hauptaxe noch besondere Benennungen. Flächen, in welchen sich die Hauptaxe endigt, heißen Endflächen, auch basische Flächen, solche Kanten Endkanten und solche Ecken Scheitelecken oder Scheitel. Flächen und Kanten, welche die Scheitelecken bilden, also in ihnen zusam= menstoßen, heißen Scheitelflächen und Scheitelkanten. Flächen und Kanten, welche der Hauptaxe parallel liegen, heißen Seitenflächen oder prismatische und Seitenkanten. Kanten, welche der Hauptaxe nicht parallel liegen, sie aber bei gedachter Verlängerung auch nicht schneiden (wie die Scheitelkanten), heißen Randkanten und Ecken, in welchen (nebst an= dern) solche Randkanten zusammenstoßen, heißen Randecken.

Fig. 36 geht die Hauptaxe (die einzige ihrer Art) durch die Ecken s, diese sind also die Scheitelecken und daher p die Scheitelflächen und t die Scheitel= kanten. Die der Hauptaxe parallelen Flächen m sind Seitenflächen oder pris= matische und die ebenso liegenden Kanten q Seitenkanten; die Kanten d sind Randkanten und die Ecken r Randecken.

Schnitte heißen die Ebenen, die eine Krystallform halbiren. Wird dabei keine Kante durchschnitten, so heißt der Schnitt ein Hauptschnitt, sonst ein Querschnitt. Fig. 1 ist der Schnitt aaaa ein Hauptschnitt, der Schnitt bbbb ein Querschnitt.

Horizontale Projection heißt die Figur, welche entsteht, wenn man aus den Ecken einer Gestalt in aufrechter Stellung Perpendikel auf eine horizontale Ebene fällt und die dadurch bestimmten Punkte mit Linien verbindet.

§. 2. Es giebt Kryſtallgeſtalten, welche als die Hälften ober auch als die Viertel von andern erſcheinen, ſolche heißen hemiedriſche ober tetar=toedriſche. Die Hemiedrie findet geſetzmäßig in der Weiſe ſtatt, daß an einer vollzähligen (holoedriſchen) Geſtalt die abwechſelnden Flächen, Flächenpaare ober Flächengruppen wachſen und dadurch die übrige Hälfte verdrängt wird, und daß dabei Geſtal=ten entſtehen, deren Flächen einen Raum voll=kommen umſchließen.

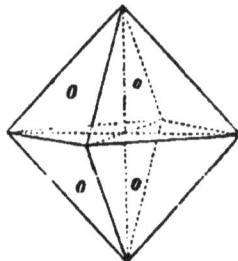

Wenn am Oktaeder Fig. 9. (mit 8 gleichſei=tigen Dreiecken) die abwechſelnden Flächen zum Verſchwinden der übrigen vergrößert werden, ſo entſteht ein Körper von 4 gleichſeitigen Dreiecken begränzt, das Tetraeder Fig. 15, und je nachdem man ſo die eine ober die andere Hälfte wachſen ober verſchwinden läßt, müſſen zwei ſolche Tetra=eder zum Vorſchein kommen, die ſich nur in Beziehung auf das Oktaeder, aus dem ſie hervorgehen, in der Stellung unterſcheiden, wie die Fig 15 und 16 zeigen.

Fig. 9.

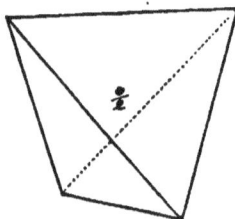

Fig. 15.

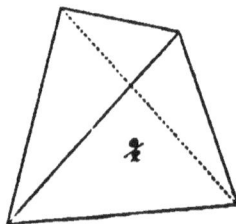

Fig. 16.

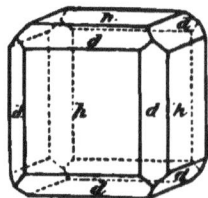

Fig. 6.

§. 3. Kryſtallgeſtalten, welche ungleichartige Flächen zeigen, heißen Combinationen, und die Verſchiedenheit der Flächen kündet verſchiedene Formen an, die in der Combination vereinigt ſind. Dieſe Formen werden erkannt und damit die Combination entwickelt, wenn man der Reihe nach die gleichartigen Flächen ſo vergrößert, daß ſie zum Durchſchnitt kommen und alle übrigen verdrängt werden. Eine Combination von zweierlei Flächen enthält alſo zwei Geſtalten und heißt eine zweizählige, eine von dreierlei Flächen enthält drei Geſtalten und heißt breizählig u. ſ. w.

Fig. 6 zeigt eine zweizählige Combination. Werben, um ſie zu entwickeln, die gleichartigen Flächen h zum Durchſchnitt gebracht, ſo entſteht die Geſtalt Fig. 1, werden aber die Flächen d zum Verſchwinden der Flächen h vergrößert, ſo entſteht die Geſtalt Fig. 1. Dieſe beiden Geſtalten bilden daher die Combi-nation. Fig. 23 zeigt eine breizählige Combination. Die Flächen h gehören dem Heraeder Fig. 1, die Flächen d dem Rhombendodekaeder Fig. 13 und die Flächen o dem Oktaeder Fig. 9.

Man hat ſich bei Entwicklung von Combinationen zu erinnern, daß 2 Flächen, welche ſich zuſammenneigen, bei ihrer Vergrößerung, bis ſie ſich

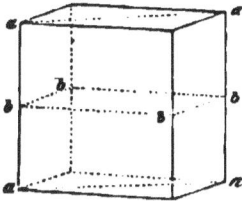

Fig. 1.

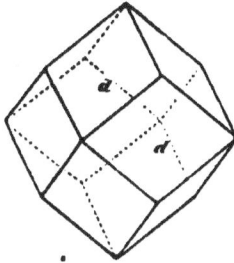

Fig. 13.

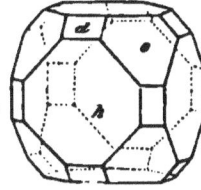

Fig. 23.

schneiden, eine Kante bilden müssen, 3, 4 oder mehrere sich unter gleichen Winkeln zusammenneigende Flächen aber Ecken hervorbringen, welche so= nach 3flächig, 4fl., nfl. sein werden. Man hat ferner zu beachten, daß wenn sich Flächen gegen eine und dieselbe Axe oder Linie unter ungleichen Winkeln neigen, bei der Vergrößerung diejenigen eher zum Durchschnitt kommen müssen, welche unter dem stumpferen Winkel zu dieser Axe geneigt sind, als die unter dem spitzeren Winkel zu ihrer geneigten. So geschieht es, daß 4 Flächen, die bei gleicher Neigung und ihrer Vergrößerung ein 4fl. Eck bilden würden, bei zweierlei Neigung kein Eck, sondern eine Kante bilden.

Gestalten mit gleichartigen Flächen heißen einfache und umschließen entweder einen Raum vollständig oder nicht. Erstere heißen geschlossene, letztere offene Gestalten.

Wie in den Combinationen offene Prismen und einzelne Flächenpaare zu deuten sind, wird bei den Krystallsystemen angegeben werden. Einfache Gestalten sind Fig. 1, 9, 10, 13, 22, 32, 33 ꝛc.

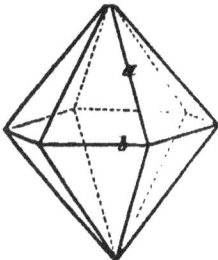

Fig. 32.

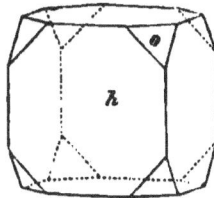

Fig. 2.

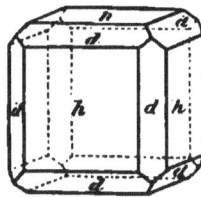

Fig. 6.

Bildet sich eine Combination, so werden die Krystalltheile einer ein= fachen Gestalt verändert und diese Veränderung besteht in Abstumpfung, Zuschärfung und Zuspitzung.

Wenn an die Stelle eines Eckes oder einer Kante eine Fläche kommt, so heißt diese Veränderung Abstumpfung. Fig. 1 ist in Fig. 2 mit abge= stumpften Ecken, in Fig. 6 mit abgestumpften Kanten dargestellt.

Wenn eine Abstumpfungsfläche mit den anliegenden Flächen gleiche Winkel bildet so sind diese Flächen gleichartig, bildet sie mit ihnen verschiedene Winkel so sind die Flächen ungleichartig, es wäre denn daß die Abstumpfungsfläche einer halben Zuschärfung entspräche, d. i. einer hemiedrischen Gestalt angehörte. S. §. 5.

Wenn an die Stelle eines Eckes oder einer Kante zwei gleichartige sich zusammenneigende und also eine Kante bildende Flächen treten, so heißt dieses Zuschärfung. Fig. 1 ist in Fig. 7 mit zugeschärften Kanten, Fig. 9 in Fig. 22 mit zugeschärften Ecken dargestellt.

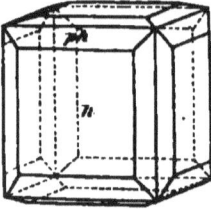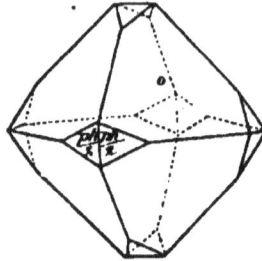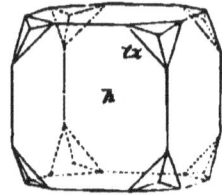

Fig. 7.  Fig. 22.  Fig. 3.

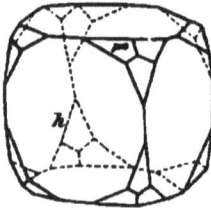

Fig. 4.

Die Zuschärfungsflächen bilden mit den Flächen oder Kanten, auf welchen sie ruhen, immer gleiche Winkel; sind letztere nicht gleich, so ist keine eigentliche Zuschärfung vorhanden, sondern nur eine scheinbare, entstanden durch zwei ungleichartige Abstumpfungsflächen. Aehnliches gilt von der Zuspitzung. Die Zuspitzflächen bilden mit den Flächen, auf welchen sie ruhen immer gleiche Winkel; sind diese nicht gleich, so ist die scheinbare Zuspitzung durch verschiedene ungleiche Abstumpfungsflächen entstanden oder auch durch zweierlei Zuschärfungen.

Wenn an die Stelle eines Eckes drei oder mehr gleichartige Flächen treten, die also ein neues (stumpferes) Eck bilden, so heißt diese Veränderung Zuspitzung.

Bei Zuschärfung und Zuspitzung beachtet man auch, ob die neuen Flächen auf den Flächen der veränderten Gestalt oder auf den Kanten derselben aufsitzen und unterscheidet danach von den Flächen aus oder von den Kanten aus zugeschärft oder zugespitzt.

Fig. 1 ist in Fig. 3 an den Ecken 3flächig von den Flächen aus, Fig. 4 ebenso von den Kanten aus zugespitzt dargestellt.

Bei combinirten Gestalten beobachtet man auch ihre gegenseitige Stellung, wie bei den Krystallsystemen weiter angegeben ist.

Ein Complex von mehreren Flächen, welche sich in lauter parallelen Kanten schneiden, heißt eine Zone, und die Linie, welche die Lage dieser Kanten bestimmt, Zonenlinie oder Zonenaxe. In Fig. 52 bilden die

Flächen l, m, o eine Zone; eine andere wird gebildet von den Flächen l, k, p.

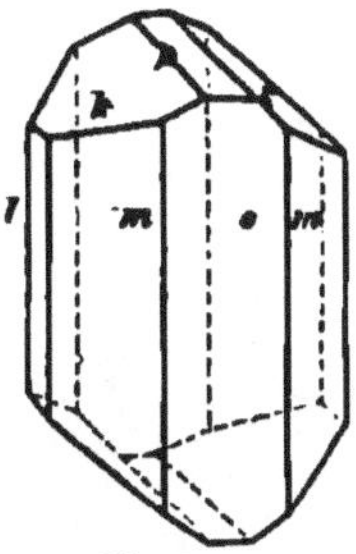

§. 4. **Winkelmessen.** Um eine Krystallge= stalt speciell und genau zu bestimmen, sind Winkel= messungen erforderlich. Man mißt die Neigungs= winkel der Flächen und berechnet daraus die ebenen Winkel, die Axenlängen ꝛc. Die dazu dienenden Instrumente heißen Goniometer und sind deren zweierlei, das Anleggoniometer und das Reflexi= onsgoniometer. Das Anleggoniometer, (1783) von Carangeot erfunden, zeigt beistehende Figur 67. Es ist eine Scheere mit einem graduirten Bogen ver= bunden. Die Arme der Scheere werden beim Messen der Krystallfläche genau angelegt und so, daß sie auf der Kante, deren Winkel bestimmt werden soll, recht= winklich stehen (in der Lage, wo der Winkel am größten ist). Um dieses aus= zuführen, ist der Arm ab am Bogen herum beweglich, der Arm cd aber nur in

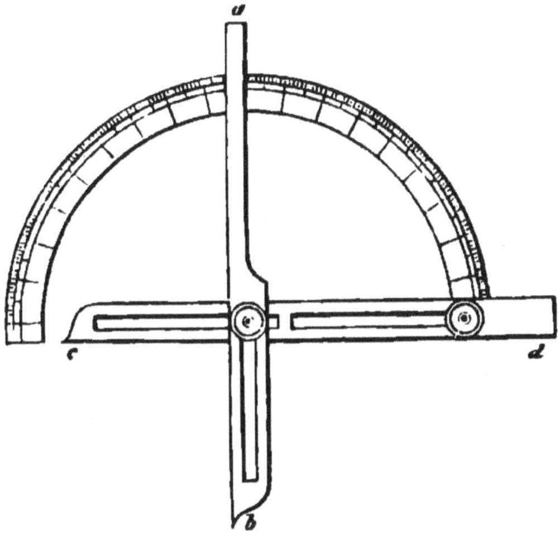

Fig. 52.

Fig. 67.

einer Richtung verschiebbar, um ihn länger oder kürzer zu machen. Die Krystalle, welche mit diesem Instrument gemessen werden sollen, dürfen natür= lich nicht zu klein sein. Die Messungen sind nur annähernd genau. Bei weitem genauere Resultate enthält man mit dem Reflexionsgoniometer Fig. 73. Es besteht in einem verticalen, in Grade getheilten, Kreisbogen von Metall, welcher um die horizontale Are beweglich und mit einem feststehenden Nonius zum Ablesen versehen ist. In der Richtung der Are kann der zu messende Krystall so befestigt werden, daß die Kante, deren Winkel bestimmt werden soll, in diese Axe fällt. Man läßt nun von der einen Krystallfläche das Bild eines entfernten Gegenstandes, z. B. eines der auf einer Glastafel be= findlichen Quadrate, Fig. 60 (sie können 2 bis 3 Zoll Seitenlänge haben), reflectiren, bemerkt dabei die Stellung des Kreises am No= nius und dreht nun den in der Axe befestigten Krystall zugleich mit dem Kreisbogen, bis das Bild (obiges Quadrat) auf der zweiten Fläche sichtbar wird. Man kann diese Quadrate aus schwarzem Papier ausschneiden. Zur Bequemlichkeit für das Ein= stellen und Ablesen ist das In= strument meistens so eingerichtet, daß die Axe mit dem Krystall durch Drehen der Griffscheibe A für sich allein beweglich ist, wäh= rend beim Drehen von B der Kry= stall zugleich mit dem Kreisbo=

Fig. 73.

gen gedreht wird. Um auf beiden Krystallflächen das Bild genau an derselben Stelle zu beobachten, z. B. die Berührungslinie der beiden Quadrate, hat man an dem Apparat ein kleines Fernrohr mit Fadenkreuz und bringt mit diesem die Berührungslinie der Qua= drate zur Coincidenz. Beim Ablesen erhält man je nach der ersten Stellung des Kreises den Winkel unmittelbar oder dessen Supplement. Dieses Instrument ist von Wollaston (1809) erfunden und um so wichtiger, als damit auch kleine Krystalle, welche meistens die ebensten Flächen zeigen, gemessen werden können.

Fig. 60.

Wenn die Flächen kein Bild reflectiren, so muß man sich mit dem intensivsten Lichtschein begnügen und wendet am besten dazu, bei sonst dunklem Raume, Kerzenlicht an, indem man den Krystall mit einer Lupe beobachtet. Man kann auch befriedigende Resultate in diesen Fällen erhalten, wenn man den Krystall so dreht, bis die Fläche dem in der Entfernung von 1 — 1½ Fuß befindlichen Auge als Linie erscheint und Gleiches bei der zweiten Fläche vornimmt. In dieser Weise kann auch die Neigung zweier sich in einem Eck berührender Kanten zu einander gemessen werden, indem man diese rechtwinklich gegen die Axe des Instruments und den Krystall so einstellt, daß das Eck, wo sich die beiden Kanten berühren, genau in diese Axe fällt. Man dreht dann zum Einstellen bis die Kante zum Punkt verkürzt erscheint, und wiederholt dieses (mit Dre= hen des Kreises) für die zweite Kante. Bei allen Messungen hat man Re= petitionen vorzunehmen und das Mittel aus den nicht zu sehr differirenden zu rechnen. —

Die zu einer Zone gehörigen Flächen können mit dem Reflexionsgonio=

meter (die Zonenaxe rechtwinklich zum Kreise) erkannt werden, da sie beim Drehen nacheinander das Reflexionsbild zeigen.

Zu seinen Messungen dienen zwei Fernrohre mit Fadenkreuzen und von 2—3maliger Vergrößerung. Durch das eine wird mit einer am Ocular stehenden Flamme das Bild des Fadenkreuzes auf die Kryftallfläche geworfen, dann dreht man den Kryftall ohne den Kreisbogen, bis das Fadenkreuz des anderen Rohres, durch welches man sieht, das reflectirte im Centrum schneidet, dann wird der Kryftall mit dem Kreisbogen gedreht, bis die sich schneidenden Kreuze auf der zweiten Fläche ebenso erscheinen. —

§. 5. Die allgemeinen Gesetze, die wir an den Kryftallen und ihren Combinationen beobachten, sind folgende:

1) Das Gesetz des Flächenparallelismus. Es lautet: Jeder Fläche eines Kryftalls steht eine parallele gleichartige Fläche gegenüber oder jede Fläche ist in einer parallelen gleichartigen am Kryftall wiederholt. Pyramidale Gestalten Fig. 24, 32 ꝛc. sind daher immer Doppelpyramiden, die Flächen an einem Ende eines Prismas

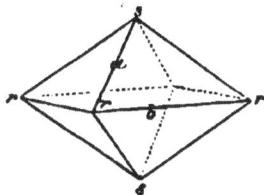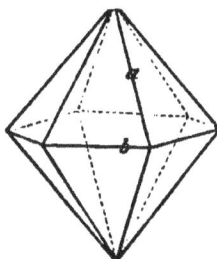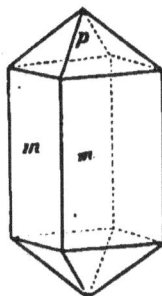

Fig. 24.  Fig. 32.  Fig. 29.

repetiren sich am andern Ende ꝛc. Fig. 29. Dieses Gesetz erleidet bestimmte Ausnahmen beim Auftreten geneigtflächiger hemiedrischer Gestalten. Beim Tetraeder Fig. 16, beim Trigonbodekaeder ꝛc. findet sich kein Flächenparallelismus, da diese Gestalten Hemiedrieen (von Fig. 9 und 10) sind. Daher sind auch dergleichen Aus= nahmen von dem Gesetze als Hemiedrieen leicht zu erkennen. *) — Dieses Gesetz wurde zuerst von Steno (1670) und Romé de l'Isle (1772) ausgesprochen.

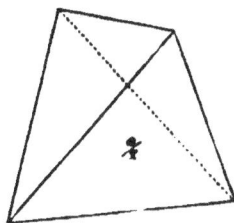

Fig. 16.

2) Das Gesetz der Symmetrie. (Von Hauy (1815) aufgefunden.) Es lautet: Gleichartige Theile einer Kryftallge= ftalt (Flächen, Kanten, Ecken und daher auch Axen) erleiden bei

---

*) Eine weitere, übrigens selten und bisher auf kein bestimmtes Gesetz zu= rückführbare Ausnahme machen die Erscheinungen des sog. Hemimorphismus, wie sie z. Theil bei pyroelectrischen Kryftallen vorkommen, beim Turmalin, Ca= lamit, Wulfenit u. a.

eintretenden Combinationen gleiche Veränderung. Gleichartige Ecken z. B. werden bei eintretender Abstumpfung oder Zuspitzung immer auf gleiche Weise abgestumpft oder zugespitzt sein, gleichartige Axen müssen für irgend eine der Natur der Krystalle entsprechende Construction, die wir vornehmen wollen, auf gleiche Weise verlängert oder verkürzt werden ꝛc.

In diesem Gesetze ist also ein wesentlicher Unterschied einer rein mathematischen und der krystallographischen Formenableitung begründet. Es ist z. B. klar, daß wir durch willkürliche Veränderung aus irgend einer einfachen

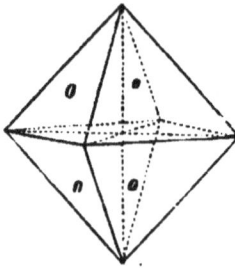 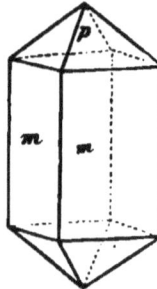 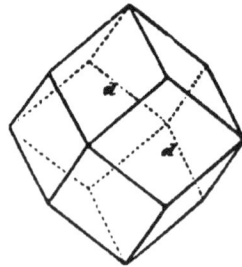

Fig. 9.       Fig. 29.       Fig. 13.

Krystallgestalt jede andere ableiten und construiren können, beachten wir aber das Gesetz der Symmetrie, so kann solches nicht geschehen. Da am Oktaeder Fig. 9 alle Kanten gleichartig sind, so können wir nicht 4 derselben allein abstumpfen, wodurch wir eine Combination ähnlich Fig. 29 hervorbringen würden; wollen wir eine solche Veränderung vornehmen, so müssen alle Kanten auf dieselbe Weise abgestumpft werden und die Gestalt, welche die neuen Flächen bilden, ist das Rhombendodekaeder Fig. 13 und kann keine andere sein. Wir können dem Gesetze gemäß aus einem Quadrat keinen Rhombus construiren oder umgekehrt, weil wir es nur vermöchten, wenn wir Gleichartiges ungleichartig verändern oder auch dadurch Ungleichartiges gleichartig machen würden. Es läßt sich daher an einer Pyramide, deren Basis ein Quadrat ist, krystallographisch keine Pyramide construiren, deren Basis ein Rhombus, es läßt sich aus einem Rhombus kein Rhomboid construiren u. s. w.

Dieses wichtige Gesetz erleidet wie das vorige Ausnahmen von sehr bestimmter Art bei dem Erscheinen hemiedrischer oder tetartoedrischer Gestalten, wie solches für sich klar ist. Es werden durch dieses Verhältniß also auch hemiedrische Gestalten leicht erkannt.

Es sind z. B. am Würfel Fig. 1 die Ecken gleichartig und ebenso die Kanten, und dieses gilt auch vom Oktaeder Fig. 9. Finden wir nun die Combination Fig. 8 oder Fig. 22, so zeigt sich schon in der Erscheinung, daß die Flächen $^o/_2$ einer Hemiedrie angehören und ebenso die Fläche $\frac{ph}{2}$. Erstere verändern nur die Hälfte der Würfelecken, letztere bilden an den Oktaederecken eine Zuschärfung, wo nach dem Gesetze keine stattfinden kann, da in jeder Ecke vier gleichartige

Flächen und Kanten zusammenstoßen, eine Zuschärfung aber nur von zwei Kanten oder Flächen ausgehen kann. Die hier auftretenden Hemiedrien sind das Tetraeder und das Pentagondodekaeder.

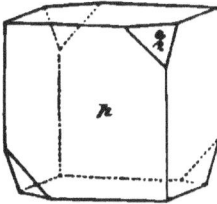

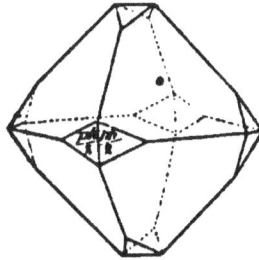

Fig. 8.        Fig. 22.

3) **Das Gesetz der Axenveränderung.** Es ist zuerst (1785) von Hauy nachgewiesen worden und lautet: Gleichliegende Axen combinirter Gestalten zeigen sich immer als Vielfache von einander nach einer ganzen oder gebrochenen Zahl, die meistens sehr einfach ist. Die Ableitungscoefficienten sind daher rationale Zahlen, sie heißen Indices, die Axenabschnitte Parameter. Irrationale Ableitungscoefficienten kommen nicht vor.

Wenn man z. B. die Hauptaxen mehrerer Quadratpyramiden a, b, c durch folgende Werthe bestimmt findet, indem man ihre Längen für übrigens gleiche Basis aus den Winkeln berechnet,

a.      b.      c.

1,7670   0,5890   0,3534

so stehen sie unter sich in einem rationalen Verhältnisse, denn setzt man die Axenlänge von a = 1, so ist die von b = $\frac{1}{3}$, die von c — $\frac{1}{5}$. Beobachtet man solche Pyramiden d, e, f, deren Axenlängen folgende:

d.      e.      f.

1,5740   3,1480   0,5247

so stehen diese auch in einem rationalen Verhältnisse, denn setzt man d = 1, so ist e = 2 und f = $\frac{1}{3}$, man kann aber die Axenlängen der Pyramiden a, b, c, nicht nach rationalen Coefficienten aus denen von d, e, f ableiten oder umgekehrt, daher combiniren sich diese Pyramiden nicht.

Dieses Gesetz beschränkt also die Combinatsfähigkeit von Gestalten noch in Fällen, wo sie das Gesetz der Symmetrie zuließe. —

Jede Kante kann als eine Axenlinie betrachtet werden; die drei gleichen Eckenaxen des Oktaeders entsprechen den ein Eck des Würfels bildenden Kanten. Die Seiten eines Zonenquerschnitts können auch als Kanten auftreten und solche Schnitte sind vorzüglich geeignet das Gesetz der Axenveränderung nachzuweisen. Dabei sind zwei Fälle zu unterscheiden.

I. Kommen an einem solchen Schnitte gleichartige gegen einander geneigte Seiten (vergl. Flächen entsprechend) vor, wie Fig. 61 am Baryt die Seiten aa, bb, cc, so verzeichnet man in der Figur ein rechtwinkliches Kreuz, welches die Winkel solcher gehörig verlängerter Seiten halbirt. Es sind dann die Tangenten dieser halbirten Winkel commensurabel. Zieht man vom Punkte B parallel mit a die Linie BA", ebenso parallel mit

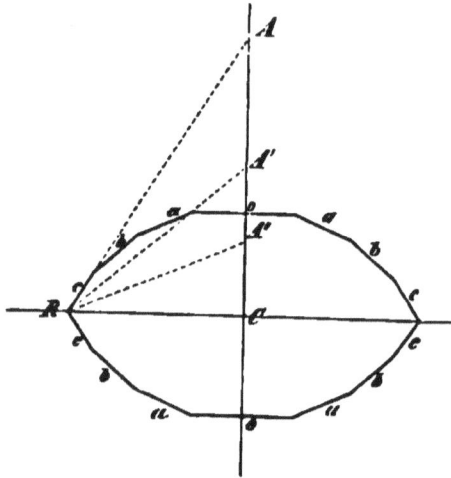

Fig. 61.

b die Linie BA' und verlängert c zu BA, so sind, BC = 1 gesetzt, die Linien (Axen) AC, A'C und A"C commensurabel. Die Messung am Krystall giebt

$$a : o = 158^0\ 4'$$
$$b : o = 141^0\ 8'$$
$$c : o = 121^0\ 25',\ \text{die Supplemente davon sind}$$

$$A''BC = 21^0\ 56'\ \text{und}\quad \text{tang. } 21^0\ 56' = 0\ .\ 4029\ \ldots\ldots\ \tfrac{1}{4}$$
$$A'BC = 38^0\ 52',\quad \text{„}\quad \text{tang. } 38^0\ 52' = 0\ .\ 8056\ \ldots\ldots\ \tfrac{1}{2}$$
$$ABC = 58^0\ 10'\ \text{„}\quad \text{„}\quad \text{tang. } 58^0\ 10' = 1\ .\ 6107\ \ldots\ldots\ 1$$

Man sieht, daß die Tangenten sich verhalten wie $1 : \tfrac{1}{2} : \tfrac{1}{4}$, wenn tang. $58^0\ 10' = 1$ gesetzt wird, oder will man tang. $38^0\ 52'$ als Einheit nehmen, so wird $A''C = \tfrac{1}{2}$ und $AC = 2$ oder das Verhältniß $\tfrac{1}{2} : 1 : 2$ u. s. w.

Durch dieses Gesetz weiß man zum Voraus, daß noch viele andere Flächen dazu vorkommen können und man wäre nicht überrascht, solche zu beobachten, wo die Ableitungscoefficienten $\tfrac{1}{4}$, $\tfrac{1}{3}$, 3, 4 rc. wären.

II. Kommen an den erwähnten Zonenschnitten keine zu einander geneigten gleichartigen Seiten (solchen Flächen entsprechend) vor, wie Fig. 81 an einer Zone des Axinit, so bildet man aus 3 zu einander geneigten Seiten, durch deren Verlängerung ein Dreieck, Messungsdreieck, z. B. aus $\gamma = ab$, aus z = bc und aus m = ac. Man läßt dann von einem Winkel des Dreiecks aus die übrigen verlängerten Seiten des Zonenschnitts eine Seite dieses Dreiecks schneiden und stehen nun die erhaltenen Abschnitte in commensurablem Verhältnisse.

Um z. B. die Gesetzmäßigkeit der Flächen i, f und o zu erweisen, zieht man ihre Parallelen von a nach bc, welches sie in b,' b" und b''' schneiden.

Man hat nun am Dreieck bac die Seite bc zu berechnen, weiter am Dreieck bab' die Seite bb', am Dreieck bab'' die Seite bb'' und an bab''' die Seite bb'''. Dabei ist für alle diese Dreiecke eine Seite ab oder C = 1 zu setzen und findet die Formel der Triogonometrie, aus einer bekannten Seite und den anliegenden Winkeln a und b, eine Seite A, dem Winkel a gegenüberliegend, zu bestimmen, ihre Anwendung, wobei für A nacheinander bc, bb', bb'' und bb''' in Rechnung kommen. Es ist aber $A = \dfrac{\sin. a}{\sin. (a+b)}$.

Für den Zonenschnitt am Axinit Fig. 81 ist (nach Descloizeaux:)

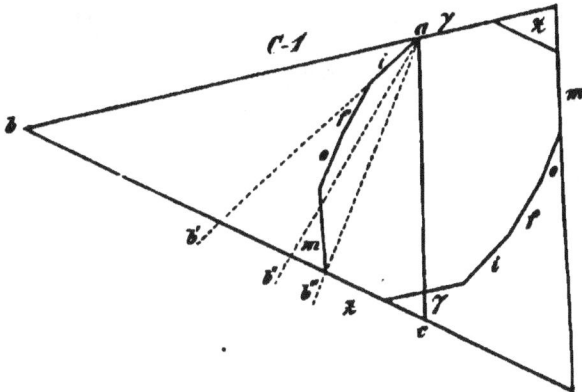

Fig. 81.

| | |
|---|---|
| mo = 155° 27' | bac = 79° 10' |
| mf = 146° 42' | abc = 36° 14' |
| mi = 130° 37' | bab' = 29° 47' |
| mɣ = 100° 49' | bab'' = 45° 52' |
| mx = 64° 35' | bab'''= 54° 37' |

daraus folgen die Winkel:

Die Rechnungen sind:

1) für bc. log. sin. 79° 10' = 9.9921
   log. sin. 64° 36' = 9.9558
   ———————
   0.0363
   bc = 1.0872

2) für bb'. log. sin. 29° 47' = 9.6961
   log. sin. 66° 1' = 9.9607
   ———————
   9.7354 — 10
   bb' = 0.5437

3) für bb''. log. sin. 45° 52' = 9.8559
   log. sin. 82° 6' = 9.9958
   ———————
   9.8601 — 10
   bb'' = 0.7246

4) für bb'''. log. sin. 54° 37' = 9.9113
log. sin. 89° 9' = 9.9999

$$\overline{9.9114}$$

bb''' = 0.8154

Die Rechnung zeigt, daß wenn bc = 1

bb' = $\frac{1}{2}$

bb'' = $\frac{2}{3}$

bb''' = $\frac{3}{4}$

Der in I. angegebene Fall eines Zonenschnittes kommt viel häufiger vor als der zuletzt erwähnte, kann übrigens auch diesem untergeordnet werden. Mit Rücksicht auf das Gesetz der Axenveränderung können die Krystallmessungen einer Prüfung unterworfen und Flächen und Gestalten weit sicherer bestimmt werden, als außerdem möglich wäre.

Eine Consequenz dieses Gesetzes ist, daß die Größen verschiedenartiger Axen an einer einfachen Gestalt in irrationalen Verhältnissen stehen müssen, weil sonst durch die zulässigen Veränderungscoefficienten ungleichartige Axen gleichartig werden könnten. Wäre z. B. an einer Quadratpyramide die halbe Diagonale der Basis zur halben Hauptaxe = 1 : 2, so könnte letztere durch den zulässigen Ableitungscoefficienten $\frac{1}{2}$ zu 1 werden, also das Oktaeder entstehen. Irrationale Zahlen mit rationalen multiplicirt bleiben irrational.

4) Das vierte Gesetz lautet: Ungleichartige Gestalten können unabhängig von einander für sich oder in solchen Combinationen auftreten, die nach den vorhergehenden Gesetzen möglich sind. Wenn wir z. B. an einem Mineral eine Combination von drei verschiedenen Formen beobachten, so können wir schließen, daß dieses Mineral auch in jeder dieser Formen für sich vorkommen könne. Die Erfahrung liefert dafür hinreichende Belege.

5) Das fünfte Gesetz ist das Gesetz der Beständigkeit der Neigungswinkel. Es lautet: Die Neigungswinkel der Flächen einer Gestalt sind beständig und unveränderlich, wie ungleichmäßig auch diese Flächen ausgedehnt oder in Combinationen verändert erscheinen mögen.

Wir sind durch die Kenntniß dieses Gesetzes im Stande, dieselbe Form in den mannigfaltigsten Combinationen wieder zu erkennen und den Normaltypus auch da aufzufinden, wo ihn abnorme Flächenausdehnung verwischt hat. — Dieses Gesetz ist zuerst von Steno und Romé de l'Isle (1783) erkannt worden.

Auf diese Gesetze gründet sich das Wesentlichste der Erscheinung der einfachen Krystall=Individuen und aus einigen wenigen gegebenen Gestalten läßt sich mittelst dieser Gesetze der ganze Formenreichthum der unorganischen Natur a priori construiren und daher auch die Kenntniß möglicher Vorkommnisse acticipiren.

§. 6. Unter **Kryſtallſyſtem** verſteht man den Inbegriff von Geſtalten, welche nach dem Geſetze der Symmetrie in einander übergehen können.

Unter **Kryſtallreihe** verſteht man den Inbegriff von Geſtalten eines Kryſtallſyſtems, welche nach dem Geſetze der Axenveränderung von einander ableitbar und daher combinatsfähig ſind. Die Geſtalt, welche man bei der Ableitung zum Grunde legt, heißt die **Stammform**.

Die Geſtalten alſo, welche mit Beachtung des Geſetzes der Symmetrie aus einer gegebenen Geſtalt abgeleitet werden können, gehören mit dieſer zu einem und demſelben Kryſtallſyſtem. Solcher Syſteme ſind ſechs bekannt und dieſe heißen:

1. das teſſerale Syſtem,
2. das quadratiſche,
3. das hexagonale,
4. das rhombiſche,
5. das klinorhombiſche und
6. das klinorhomboidiſche.

—

Im Folgenden bedeutet

Kll. = Kryſtall,
Abſt. = Abſtumpfung,
Zuſchärf. = Zuſchärfung,
Zuſptz. = Zuſpitzung,
3fl., 4fl. = dreiflächig, vierflächig ꝛc.,
Schtlk. = Scheitelkanten,
Rdk. = Randkanten.

—

### §. 7. Das teſſerale Kryſtallſyſtem.

Die Geſtalten dieſes Syſtems unterſcheiden ſich auffallend von denen aller übrigen Syſteme dadurch, daß ſie drei rechtwinklich aufeinander ſtehende Axen gleicher Art haben, deren jede Hauptaxe ſein kann. Es kommen an ihnen keine einzelnen Axen vor.

Die einfachen vollzähligen Geſtalten dieſes Syſtems ſind **ſieben**. Von dieſen erſcheinen einige hemiedriſch, wodurch die Zahl aller bis auf dreizehn vermehrt wird.

Wir wollen, um eine Anwendung der oben erwähnten Kllgeſetze zu zeigen, zunächſt eine der ſieben einfachen Geſtalten näher betrachten und aus den daran möglichen Veränderungen die übrigen ableiten und kennen lernen. Dieſe Geſtalt ſei der Würfel oder das Hexaeder Fig. 1.

Das Hexaeder iſt von 6 gleichen Quadraten begränzt, hat 12 Kanten und 3 fl. Ecken von gleicher Art. Die Kantenwinkel meſſen 90°. Die Hauptaxen gehen durch die Flächen. — Findet ſich häufig beim Steinſalz, Liparit, Pyrit, Galenit, Gold, Silber ꝛc.

Wenn wir nun an dieſer Geſtalt die Veränderungen anbringen, welche nach dem Geſetze der Symmetrie daran auftreten können, ſo beſtehen dieſe

in Abſtumpfung und Zuſchärfung der Kanten und Abſtumpfung und Zuſpitzung der Ecken*).

Die Abſtumpfung der Kanten Fig. 6, welche wegen der Gleichartigkeit
der Würfelflächen eine gleichwinkliche ſein muß, d. h. ſo, daß die Abſtfl. zu
den beiden anliegenden Würfelflächen gleiche Neigung hat, bringt die
Flächen einer neuen Form hervor und dieſe iſt

das Rhombendodekaeder Fig. 13.

Es iſt von 12 Rhomben begränzt, deren Kantenwinkel alle 120⁰

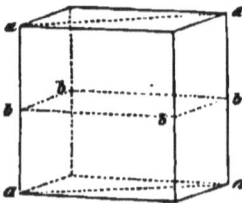 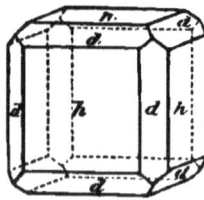 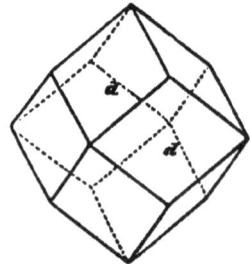

Fig. 1.      Fig. 6.      Fig. 13.

meſſen. Es hat 24 gleichartige Kanten und 14 Ecken von zweierlei Art.
6 ſind 4fl., durch dieſe gehen die Hauptaxen, die übrigen ſind 3flächig. In
dieſer Form kryſtalliſiren Granat, Amalgam, Cuprit Magnetit ꝛc.

Die zweite Veränderung die an den Kanten des Würfels eintreten kann,
iſt Zuſchärfung derſelben Fig. 7. D.; die dadurch entſtehende Geſtalt iſt

das Tetrakishexaeder Fig. 14,

oder der Pyramidenwürfel (Pyramidenhexaeder), wovon es je nach dem

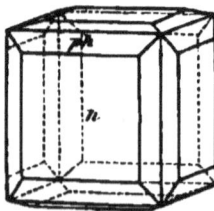 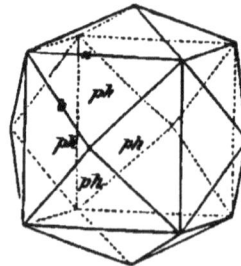

Fig. 7.      Fig. 14.

Winkel der Zuſchärfung (der natürlich immer größer als 90⁰ und kleiner
als 180⁰ ſein muß) mehrere Varietäten giebt. Dieſe Tetrakishexaeder ſind

---

*) Eine Zuſchärfung der Ecken kann hier nicht vorkommen, weil drei gleich-
artige Flächen und Kanten die Ecken bilden, alſo nicht zwei Flächen ſie verändern können, wie es eine Zuſchärfung erfordern würde.

von 24 gleichschenklichen Dreiecken begränzt. Sie haben 36 Kanten, wovon 12 längere a und 24 kürzere b. Die Ecken, 14 an der Zahl, sind ebenfalls zweierlei, 6 sind 4fl. und 1kantig, durch diese gehen die Hauptaxen, 8 sind 6fl. und 2kantig. Diese Form kommt ziemlich selten vor beim Liparit, Gold, Kupfer, Perowskit ꝛc. Die Varietäten folgen dem Gesetz der Axenver-änderung. In Fig. 62 sind die bisher beobachteten in der Art ver-

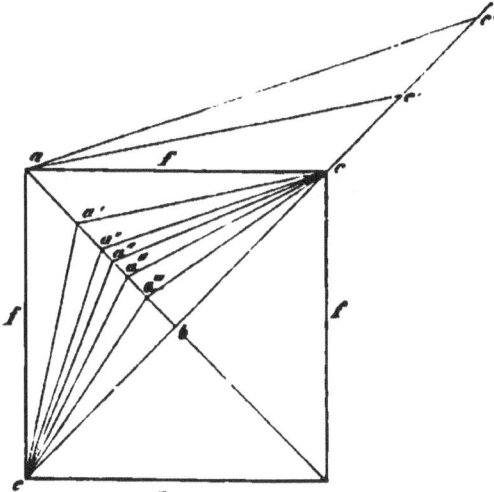

Fig. 62.

zeichnet, daß die Veränderung der Axe ab zu ersehen ist. Wenn nämlich f, f, f, f Flächen des Hexaeders, so erscheinen dessen Kanten in a und c zum Punkt verkürzt; die Zuschärfungsflächen an diesen Kanten, woraus die Tetrakishexaeder entstehen, sind durch die Linien a'c, a''c, a'''c ꝛc. angegeben. Die beobachteten Zuschärfungswinkel sind

$$ca'c = 112^0 \ 37'$$
$$ca''c = 126^0 \ 52' \ 12''$$
$$ca'''c = 133^0 \ 36'$$
$$ca''''c = 143^0 \ 7' \ 48''$$
$$ca'''''c = 157^0 \ 22' \ 48''.$$

Am Hexaeder ist ab = tang. acb = tang. $45^0$ = 1.

Am Tetrakishexaeder a'c ist a'b = tang. a'cb; a'cb aber ist der halbe Zuschärfungswinkel von $90^0$ abgezogen oder = $33^0 \ 41' \ 30''$, dessen Tan-gente = 0,6667; Ebenso ist
am Tetrakishexaeder a''c die Axe a''b = tang. $26^0 \ 33' \ 54''$ = 0,4999,
an der Variet. a'''c ist a''b = tang. $23^0 \ 12'$ = 0,4286,
a''''c = a'''b = tang. $18^0 \ 26' \ 6''$ = 0,3333,
a'''''c = a''''b = tang. $11^0 \ 18' \ 36''$ = 0,2000.

2*

Die Axenlängen sind also

$$ab = 1,$$
$$a'b = 0{,}6667 = \tfrac{2}{3},$$
$$a''b = 0{,}4999 = \tfrac{1}{2},$$
$$a'''b = 0{,}4286 = \tfrac{3}{7},$$
$$a''''b = 0{,}3333 = \tfrac{1}{3},$$
$$a'''''b = 0{,}2000 = \tfrac{1}{5},$$

Diese Bruchzahlen sind demnach die (rationellen) Ableitungscoefficienten für die betreffenden Tetrakishexaeder. Wenn man die Flächen der Tetrakishexaeder über die Würfelflächen umschreibend legen will, wie in der Fig. für a'c durch die Parallele ac' und für a''c durch ac'' angedeutet

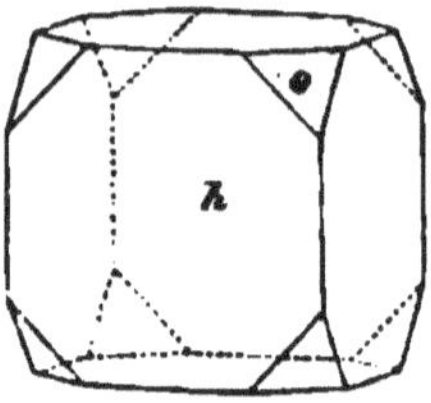

Fig. 2. 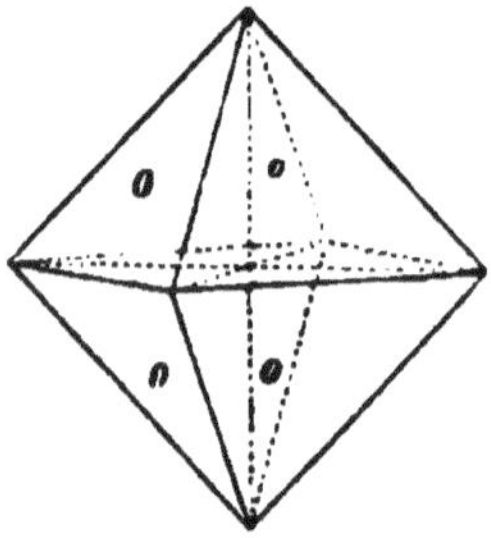             Fig. 9. 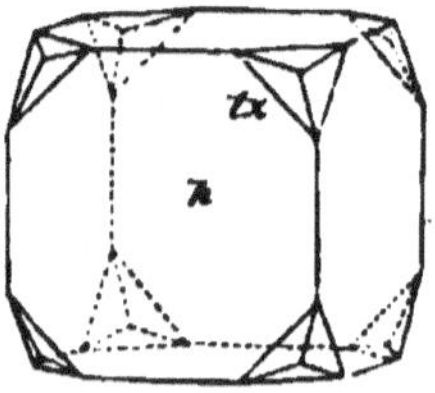             Fig. 3.

ist, so wächst die Axe bc ebenfalls nach rationellen Coefficienten. Man hat dabei nur die Tangenten der halben Zuschärfungswinkel oder der Winkel an den Kanten a Fig. 14 aufzusuchen. Diese Coefficienten werden für das Tetrakishexaeder ca'c bis zu dem ca''''c $= \tfrac{1}{2}$; 2; $\tfrac{1}{4}$; 2; 5, wenn bc = 1.

Die Veränderungen an den Ecken des Würfels betreffend, so kann ihre Abstumpfung Fig. 2, welche nach dem Gesetz der Symmetrie wegen der Gleichartigkeit der Würfelfläche gegen jede dieser Flächen gleiche Neigung haben muß, nur zu einer Gestalt führen und diese ist

das Oktaeder Fig. 9.

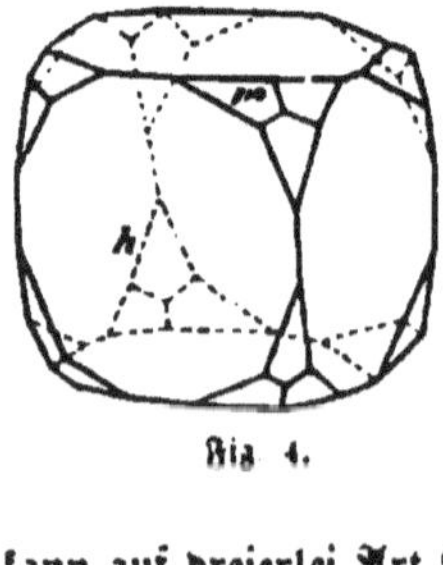

Es ist von 8 gleichseitigen Dreiecken begrenzt und hat 12 Kanten und 6 Ecken von gleicher Art. Die Kantenwinkel messen 109° 28′ 16″. Die Hauptaxen gehen durch die Ecken. In dieser Gestalt krystallisiren häufig Magnetit, Cuprit, Spinell, Gold, Diamant ec.

Fig 4.

Eine Zuspitzung der Ecken des Würfels kann auf dreierlei Art stattfinden, ohne daß dadurch das Gesetz der Symmetrie verletzt wird, nämlich

1) 3flächig von den Flächen aus Fig. 3,
2) 3fl. von den Kanten aus Fig. 4,
3) 6fl. von den Kanten aus Fig. 5.

Die Veränderung 1) führt zum

Trapezoeder Fig. 10.

Dieses besteht aus 24 symmetrischen Trapezen, mit 21 längern (a) und 24 kürzern (b) Kanten. Die Ecken sind dreierlei. 6 sind 4fl. und

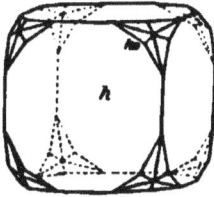
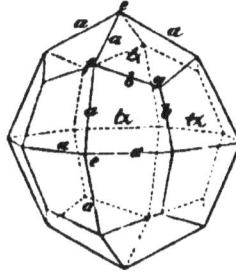

Fig. 5.                 Fig. 10.

1kantig, durch diese gehen die Hauptaxen, 12 sind 4fl. und 2kantig und 8 sind 3flächig. Je nach dem Winkel der Zuspitzung giebt es mehrere Varietäten dieser Gestalt, welche beim Granat, Leucit *), Analcim, Gold ꝛc. vorkommt. Die Winkel der am häufigsten beobachteten Varietät sind an den Kanten a $= 131_0$ 48′ 36″, an den Kanten b $= 146^0$ 26′ 33″. An einer anderen Varietät ist a $= 144^0$ 54′ 12″ und b $= 129^0$ 31′ 16″. Man kann auf verschiedene Art das Gesetz ihrer Axenverhältnisse nachweisen. Am einfachsten ist es, die Veränderungen der Eckenaxe des Hexaeders zu bestimmen, welche die Flächen eines Trapezoeders schneiden. Stellt man das Hexaeder nach einer Eckenaxe vertikal, so ist Fig. 63 k eine Kante des Hexaeders und f eine Fläche desselben oder deren Diagonale (k f k f sein Hauptschnitt). a′c und a″c sind die Flächen der genannten Trapezoeder. An 3flächigen einkantigen Ecken berechnet sich die Neigung der Fläche

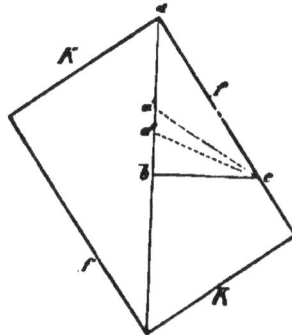

Fig. 63.

zur Eckenaxe durch die Formel cos. a $= \dfrac{\text{cos. } a}{\text{sin. } 60^0}$, wo a der verlangte Winkel und $a$ der halbe Kantenwinkel.

Man findet die Neigung der Würfelfläche ac zur Eckenaxe ab $= 35^0$ 16′, also ist der Winkel acb $= 54^0$ 44′. Die Tangente dieses Winkels giebt den Werth von ab. Es ist tang. $54^0$ 44′ $= 1,4140$.

---

*) Nach vom Rath zeigen Leucitkrystalle theilweise quadratischen Charakter.

Am Trapezoeder, wo der Kantenwinkel der 3fl. Ecken = 129° 31′ 16″, findet man den Neigungswinkel der Fläche (a′c) zur Eckenaxe = 60° 30′ 14″, also den Winkel a′cb = 29° 29′ 46″. Die Axenlänge a′b ist die Tangente dieses Winkels = 0,5656.

Am Trapezoeder, wo der Kantenwinkel der 3fl. Ecken = 146° 26′ 34′″, findet man ebenso den Winkel a″cb = 19° 28′ 16″, deſſen tang. = 0,3535 = a″b. Setzt man am Hexaeder ab = 1,4141 = 1, ſo iſt die Axenlänge a′b = $\frac{2}{5}$ und a″b = $\frac{1}{3}$, womit die geſetzlichen Ableitungs= coefficienten erkannt ſind. *)

Die Veränderung 2) führt zum

Trialiſoktaeder Fig. 11.

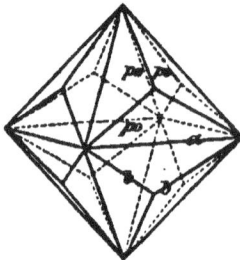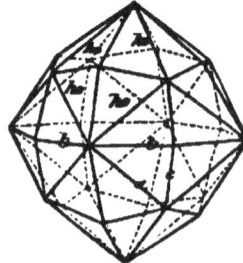

**Fig. 11.**   **Fig. 12.**

Es heißt auch Pyramidenoktaeder. Es besteht aus 24 gleichſchenkligen Dreiecken, hat 30 Kanten und 14 Ecken. Die Kanten ſind zweierlei, 12 längere a und 24 kürzere b. Die Ecken ſind ebenfalls zweierlei, 6 ſind 8fl. und 2kantig; durch dieſe gehen die Hauptaxen, die übrigen ſind 3fl. und 1kantig. Man kennt mehrere Varietäten dieſer Form, welche aber nur ſelten und untergeordnet am Galenit, Liparit, Cuprit u. a. beobachtet iſt. Die Winkel einiger Varietäten ſind

an a = 129° 31′ 14″; an b = 162° 39′ 31″,
141° 3′ 28″; an b = 152° 44′ 2″.

Die Veränderung 3) führt zum

Hexakiſoktaeder Fig. 12.

Dieſe Geſtalt, wovon es mehrere in den Winkeln abweichende Varie= täten giebt, besteht aus 48 ungleichſeitigen Dreiecken, hat 72 Kanten und 26 Ecken. Die Kanten ſind dreierlei, 24 längſte a, 24 mittlere b, 24 kürzeſte c, ebenſo die Ecken, worunter 6 8fl., und durch dieſe gehen die Hauptaxen. — Findet ſich beim Diamant, Liparit, Magnetit ꝛc. Die Winkel einiger Varietäten ſind

---

*) Rechnet man unmittelbar mit den Winkeln der Flächen zur Axe ab, dieſe = 1, ſo iſt tg. 35° 16′ = 0,7071 = 2,
tg. 60° 30′ = 1,7675 = 5,
tg. 19° 28′ 16″ = 0,3535 = 2.

an a = 158° 12′ 48″; an b = 148° 59′ 50″; an c = 158° 12′ 48″,
152° 20′ 22″;          160° 32′ 13″;          152° 20′ 22″.

Mit diesen Veränderungen ist die Reihe der Gestalten erschöpft, welche nach dem Gesetz der Symmetrie aus dem Würfel entwickelt werden können, es sind (den Würfel selbst mitgerechnet) die oben angeführten 7 Gestalten. Andere Gestalten können daraus nicht abgeleitet werden, wohl aber können mehrere der angegebenen hemiedrisch auftreten und die wichtigsten dieser Hemiedrieen sind folgende:

1) Das Oktaeder Fig. 9 giebt durch Ausdehnung und Verschwinden der abwechselnden Flächen

das Tetraeder Fig. 15 und 16.

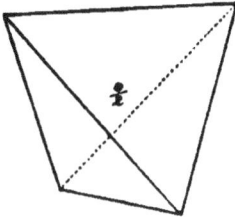 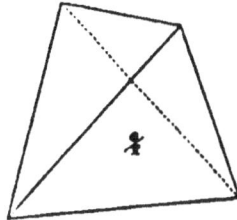

Fig. 15.          Fig. 16.

Es ist von vier gleichseitigen Dreiecken begrenzt, hat 6 Kanten und 4 Ecken von gleicher Art. Die Kantenwinkel messen 70° 31′ 44″. Die Hauptaxen gehen durch die Kanten. Findet sich beim Fahlerz, Helvin, Boracit.

2) Die Trapezoeder Fig. 10 geben, indem daran abwechselnd je eine um die 3fl. Ecken liegende Flächengruppe (Fig. 10 tz, tz, tz) wächst und die andere verschwindet,

die Trigondodekaeder Fig. 17.

Sie heißen auch Pyramidentetraeder und sind von 12 gleichschenkligen Dreiecken eingeschlossen, haben 18 Kanten und 8 Ecken. Von den Kanten sind 6 (a) längere, durch welche die Hauptaxen gehen, und 12 (b) kürzere; die Ecken sind auch zweierlei, 4 sind 6fl., 4 sind 3fl. Kommt beim Tennantit, Sphalerit ꝛc. vor.

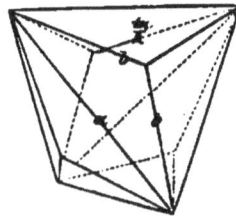

Fig. 17.

Die öfter vorkommenden Varietäten haben die Winkel

an a = 109° 28′ 16″; an b = 146° 26′ 34″;
129° 21′ 16″;          129° 31′ 16″;

3) Die Triakisoktaeder Fig. 11 geben, dem vorigen ähnlich hemiedrisch erscheinend,

die Trapezdodekaeder Fig. 18.

Sie find von 12 symmetrischen Trapezen umschlossen, haben 24 längere und 24 kürzere Kanten a und b und haben viererlei Ecken. 6 der= selben find 4fl. und 2kantig, durch diese gehen die Hauptaxen. Sehr selten am Fahlerz (Tennantit und Tetraedrit).

Beobachtet find die Winkel

an a = 82° 9′ 45″; an b = 162° 39′ 30″,
90° 0′ 0″;  152° 44′ 2″.

4) Die Hexakisoktaeder Fig. 12 geben durch abwechselndes Wachsen je einer um die 6fl. Ecken liegenden Flächengruppen

die Hexakistetraeder Fig. 19.

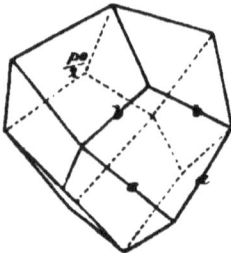
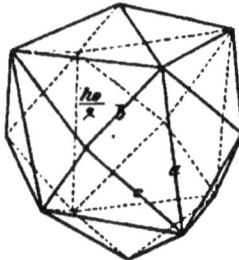
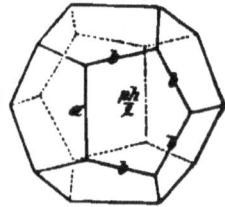

Fig. 18.  Fig. 19.  Fig. 21.

Sie find von 24 ungleichseitigen Dreiecken eingeschlossen und haben 36 Kanten und 14 Ecken. Von letzteren find 6 4fl. und durch diese gehen die Hauptaxen. Selten am Diamant, Fahlerz, Sphalerit.

Beobachtet find die Winkel (s. Fig. 19)

an a = 158° 12′ 48″; an b = 158° 12′ 48″; an c = 110° 55′ 29″,
152° 20′ 22″;  152° 20′ 22″;  122° 52′ 42″.

Diese Hemiedrieen werden leicht als solche schon dadurch erkannt, daß sie keine parallelen Flächen haben.

Es entstehen aber auch dergleichen mit parallelen Flächen aus den folgenden Formen.

5) Die Tetrakishexaeder Fig. 14 geben durch Ausdehnung und Ver= schwinden der abwechselnden Flächen

die Pentagondodekaeder Fig. 21.

Diese find von 12 Pentagonen umschlossen, welche 4 gleiche Seiten (b) und eine einzelne von diesen verschiedene (a) haben, daher auch die Kanten zweierlei. 6 fallen mit den einzelnen Seiten der Pentagone zusam= men und durch diese gehen die Hauptaxen, die übrigen 24 entsprechen den übrigen gleichen Seiten. Die Ecken find 3fl. und zweierlei; 8 find 1kantig, die 12 übrigen 2kantig. Da es mehrere Varietäten von Tetrakishexaeder giebt, so giebt es auch mehrere Varietäten von Pentagondodekaeder. Die Winkel der am öftersten vorkommenden Varietät find: an den Kanten a = 126° 52′ 12″, an den Kanten b = 113′ 34′ 41″. Zwei andere Varie= täten messen

an a = 143⁰ 7' 48"; an b = 107⁰ 27' 27",
112⁰ 37' 12";           117⁰ 29' 11".

Vergleicht man die Tangenten der halben Winkel an den Kanten a, so verhalten sie sich bei den drei Varietäten = 2 : 3 : ∤. Häufig beim Pyrit und Kobaltin. *)

6) Die Hexakisoktaeder Fig. 12 geben außer der Fig. 19 angeführten noch eine andere Hemiedrie durch abwechselndes Wachsen und Verschwinden der an den Kanten b liegenden Flächenpaare. Diese Gestalt ist (in mehreren Varietäten)

das Diakisdodekaeder Fig. 20.

Es ist von 24 mit einem Paar gleicher Seiten (c, c) charakterisirten Trapezoiden umschlossen. Die Kanten, 48 an der Zahl, sind dreierlei, ebenso die 26 Ecken. 6 dieser Ecken sind 4fl. und 2kantig, durch diese gehen die Hauptaxen. Findet sich beim Pyrit, Kobaltin und Hauerit.

Die Winkel zweier am Pyrit ausgebildet vorkommender Varietäten sind (Fig. 20)

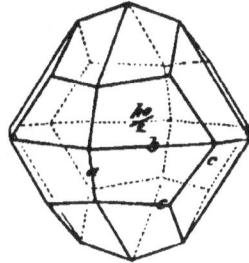

Fig. 20.

an a = 115⁰ 22' 37"; an b = 148⁰ 59' 50"; an c = 141⁰ 47' 12",
128⁰ 14' 48";           154⁰ 47' 28";           131⁰ 48' 37".

Das Hexakisoktaeder kann möglicher Weise noch auf eine andere Art hemiedrisch und auch tetartoedrisch oder viertelflächig erscheinen, indessen sind nur die oben angeführten Hemiedrieen bis jetzt in der Natur beobachtet.

Es ist einleuchtend, daß wir statt des Würfels, von welchem wir bei der Ableitung ausgegangen sind, jede andere der genannten sieben Gestalten anwenden können und daß wir zu denselben Resultaten kommen müssen. Es ist auch begreiflich, daß die Combinationen dieses Systems, der vielen einfachen Gestalten wegen, sehr mannigfaltig sein können und ihre Entwicklung hat dem Anscheine nach viele Schwierigkeiten. Wenn man aber die Zahl, Art und Neigung der Flächen gehörig berücksichtigt, so kann man mit Beachtung weniger Regeln sehr leicht die complicirtesten Combinationen entwickeln, da das Kreuz der rechtwinkligen gleichartigen Axen für alle in einer Combination vereinigten Gestalten ein gemeinschaftliches ist. Wird eine tesserale Gestalt irgend einer Art nach einer dieser Axen vertical gestellt, so gilt Folgendes:

1) 4 als gleichartig erkannte Flächen (wenn deren nur vier vorhanden) gehören immer dem Tetraeder an.

---

*) Das gleichkantige Pentagondodekaeder der Geometrie, mit gleichen ebenen Winkeln, jeder 108⁰, kann an Krystallen nicht vorkommen; sein Zuschärfungswinkel an den Ecken des Oktaeders wäre 116⁰ 34'. Die Tangente des halben Winkels von 58⁰ 17' müßte in der Bedeutung einer veränderten Oktaeder-Axe eine rationale Zahl sein. Es ist aber tg. 58⁰ 17' = 1,6180 = $\frac{1 + \sqrt{5}}{2}$, also irrational.

2) 6 als gleichartig erkannte Flächen gehören immer dem Heraeder an.

3) 8 dergleichen Flächen gehören immer dem Oktaeder an.

4) 12 gleichartige Flächen mit Parallelismus gehören
    a) dem Rhombendodekaeder, wenn die Hauptaxen durch (4flächige) Ecken gehen,    &bull;
    b) einem Pentagondodekaeder, wenn die Hauptaxen durch Kanten gehen.

12 gleichartige Flächen ohne Parallelismus gehören
    a) einem Trigondodekaeder, wenn die Hauptaxen durch Kanten gehen,
    b) einem Trapezdodekaeder, wenn die Hauptaxen durch Ecken gehen.

5) 24 gleichartige Flächen ohne Parallelismus gehören immer einem Heraistetraeder, mit Parallelismus gehören sie
    a) einem Trialisoktaeder, wenn die Hauptaxen durch 8fl. Ecken gehen,
    b) einem Tetrakisheraeder, wenn die Hauptaxen durch 4fl. 1kantige Ecken gehen, die Flächen der Gestalt aber bei ihrer Ausdehnung außerdem noch 6fl. Ecken bilden,
    c) einem Trapezoeder, wenn die Hauptaxen durch 4fl. 1kantige Ecken gehen, wie bei b, die Flächen aber bei ihrer Ausdehnung keine 6fl. Ecken bilden können,
    d) einem Diakisdodekaeder, wenn die Hauptaxen durch 4fl. und 2kantige Ecken gehen.

6) 48 gleichartige Flächen gehören immer einem Heralisoktaeder an.

---

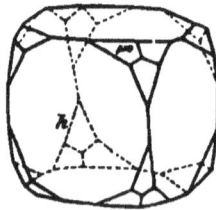
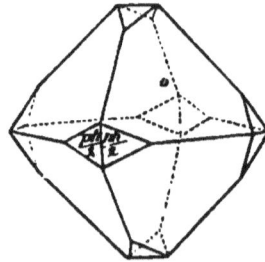

Fig. 4.        Fig. 22.

Beispiele. Man habe die Combination Fig. 4. Die 3 rechtwinkligen gleichartigen Hauptaxen gehen durch die Flächen h. Diese Flächen sind 6 an der Zahl, sie gehören also dem Heraeder. Die Flächen po sind 24 an der Zahl und es neigen sich immer 8 derselben über den h Flächen gegen die Hauptaxen. Bei ihrer Ausdehnung werden sie daher 8fl. Ecken bilden müssen, durch welche die Hauptaxen gehen, diese Flächen gehören daher (nach 5 a) einem Trialisokta-eder an.

Fig. 22 ist eine 2zählige Combination der Flächen o und der Flächen $\frac{\text{ph}}{2}$.

Die gleichartigen Flächen o ſind 8 an der Zahl, ſie gehören alſo dem Oſt- taeber an. Die gleichartigen Flächen $\frac{ph}{2}$ ſind 12 an der Zahl mit Parallelismus.

Da die Hauptaxen an der Geſtalt, welche ſie bilden, durch Kanten gehen, ſo gehören dieſe Flächen (nach 4, b) einem Pentagondodekaeder an.

Fig. 23 iſt eine 3zählige Combination. Die Flächen h, 6 an der Zahl und von gleicher Art, gehören (nach 2) dem Hexaeder an. Die Flächen o, 8 an der Zahl und von gleicher Art, gehören (nach 3) dem Oktaeder an. Die Flächen d, 12 an der Zahl und mit Parallelismus, gehören (nach 4, a) dem Rhombendodekaeder an, weil ſich immer ihrer 4 über den h Flächen zuſammen- neigen, alſo bei ihrer Ausdehnung daſelbſt 4fl. Ecken bilden werden, durch welche die Hauptaxen gehen müſſen.

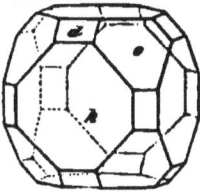 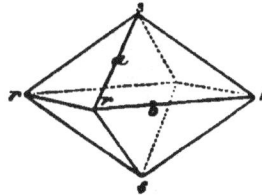

Fig. 23.　　　　Fig. 24.

Am Liparit oder Flußſpath, Cuprit und Granat finden ſich ſämmt- liche holoedriſche Formen des teſſeralen Syſtems. Am Boracit kommen vor: Hexaeder, Oktaeder, Rhombendodekaeder, Trapezoeder, Hexakisoktaeder, Tetraeder, Trigondodekaeder und Hexakistetraeder. Bei manchen Combina- tionen ſteigt die Zahl der Flächen auf 62.

Am Perowskit hat Descloizeaux eine Combination beobachtet, beſte- hend aus Würfel, Oktaeder, Rhombendodekaeder, Triakisoktaeder, 2 Tra- pezoedern und 3 Tetrakishexaedern, alſo 170 Flächen.

### §. 8. Das quadratiſche Syſtem.

Den Geſtalten dieſes Syſtems liegt ein rechtwinkliges Axenkreuz zum Grunde, an welchem 2 Axen einander gleich ſind, die dritte aber ver- ſchieden. Die letztere iſt die Hauptaxe (die einzige ihrer Art in der Geſtalt). Außer dieſer Hauptaxe kommt keine andere einzelne Axe vor. Dieſen Charakter hat das quadratiſche Syſtem mit dem hexagonalen gemeinſchaft- lich und beide ſind dadurch leicht von anderen Syſtemen zu unterſcheiden, unter ſich aber ſchon dadurch, daß im Auftreten gleichartiger Flächen, im quabratiſchen Syſtem die Zahlen 4, 8, 16, im hexagonalen aber 6, 12, 24 zu beobachten ſind. Die einfachen vollflächigen Geſtalten des quadra- tiſchen Syſtems ſind weſentlich nur zwei, und dieſe erſcheinen nur ſehr ſelten hemiedriſch. Es ſind die Quadratpyramiden *) und die Di- oktaeder.

---

*) Quadratpyramiden, welche ſich in Combinationen als von abnormer Stellung zeigen, ſind hemiedriſche Geſtalten, halbe Dioktaeder. S. u.

## 1. Die Quadratpyramiden. Fig. 24.

Sie sind von 8 gleichschenkligen Dreiecken begrenzt und haben 12 Kanten und 6 Ecken von zweierlei Art. Diejenigen Ecken, durch welche die Hauptaxe geht, die 2 Scheitelecken s, sind 1kantig, die übrigen Randecken r sind 2kantig. Die Scheitelkanten a sind 8, die Randkanten b sind 4 an der Zahl; letztere entsprechen den Seiten der Basis oder des horizontalen Hauptschnitts, welcher ein Quadrat ist.

Diese Gestalten kommen von den verschiedensten Winkeln vor und haben in den Combinationen verschiedene Stellungen gegen einander, näm=lich 1) parallele, wenn die Seiten ihrer Basis parallel, 2) diagonale, wenn die Seiten der Basis der einen Pyramide parallel den Diagonalen der Basis einer andern, und 3) abnorme, wenn die Seiten der Basis einer Pyramide weder den Seiten noch den Diagonalen der Basis einer andern parallel liegen. Denkt man sich eine Gestalt dieser Art mit unendlich langer Hauptaxe, so daß der Randkantenwinkel 180° mißt, so bildet sich das offene quadratische Prisma, welches sich in denselben Stellungen befinden kann, wie die Pyramiden. Denkt man sich aber die Hauptaxe unendlich klein, so bleibt nur die Basis übrig, entsprechend einer horizontalen Fläche, und diese heißt daher auch die basische Fläche. Mit dieser Vorstellung erläutert sich und wird allgemein giltig, was §. 3 über die Combinationen und ihre Entwicklung gesagt worden.

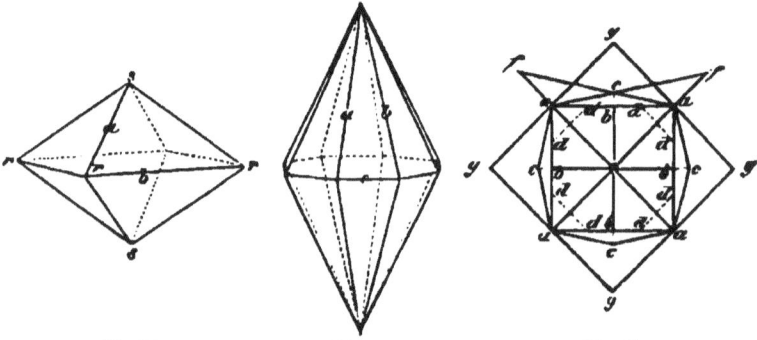

Fig. 24.     Fig. 25.     Fig. 26.

## 2. Die Dioktaeder. Fig. 25.

Sie sind von 16 ungleichseitigen Dreiecken umschlossen, die Basis oder der horizontale Hauptschnitt ist ein Oktogon von abwechselnd gleichen Winkeln. Die 2 Scheitelecken, wodurch die Hauptaxen gehen, sind 8flächig, die 8 Randecken sind zweierlei und abwechselnd gleich. Die Scheitelkanten (a und b) sind ebenfalls zweierlei und abwechselnd gleich. Die Randkanten (c) entsprechen den Seiten der Basis. Wird die Hauptaxe einer solchen Ge=stalt unendlich lang gedacht, so bildet sich das oktogonale Prisma, von

abwechselnd gleichen Seitenkanten; wird die Hauptaxe unendlich klein ge=
dacht, so entsteht die basische Fläche.

Es kommt kein Dioktaeder mit gleichwinklicher Basis vor und kann nach
dem Gesetze der Symmetrie, wie auch nach dem der Axenveränderung von der
Quadratpyramide nicht abgeleitet werden, wie sich leicht zeigen läßt. Es sei
Fig. 26 *aaaa* ein Quadrat. Um ein Oktogon von gleichartigen Seiten aus
demselben zu construiren, hat man die Linien bb nach c zu verlängern und von
c nach *a* Linien zu ziehen, welche nun ein solches Oktaeder darstellen. Da —
der halben Seite des Quadrats *aa* mit o*a* — der halben Diagonale desselben
nicht gleichartig ist, so kann es nach dem Gesetze der Symmetrie auch durch
Veränderung demselben nicht gleich werden. oc wird also immer verschieden
von o*a* sein müssen. Ein gleichwinkliches Oktogon dieser Art würde also erfordern, daß sie gleich würden. Man sieht auch ein, daß ein gleichwinkliches
Oktogon ddd ꝛc., welches vorkommen kann, keine gleichartigen Seiten hat und
also in eine Combination zweier Quadrate in diagonaler Stellung zerfällt.

Hemiedrieen sind in diesem System selten. Die wichtigsten sind die Quadratpyramiden von abnormer Stellung, welche aus den Dioktaedern durch
Wachsen der an den abwechselnden Randkanten gelegenen Flächenpaare entstehen.

Eine Hemiedrie nach den abwechselnden Flächen der Quadratpyramide giebt
die tetraederähnlichen Sphenoeder, deren Dreiecke gleichschenklich sind. Chalkopyrit.

Eine Hemiedrie des Dioktaeders nach den an gleichnamigen Scheitelkanten
gelegenen Flächenpaaren giebt die quadratischen Skalenoeder. Sie sind wie
die Sphenoeder nicht parallelflächig. Chalkopyrit.

Ohngeachtet die Hauptformen dieses Systems nur zwei sind, so ist
die Mannigfaltigkeit der vorkommenden Combinationen doch sehr groß,
weil es unendlich viele in den Winkeln und Längen der Hauptaxen verschiedene Varietäten dieser Formen giebt und sie in den verschiedenen angegebenen Stellungen erscheinen. Die Entwicklung der Combinationen ist
übrigens sehr einfach und gelten dafür folgende Regeln:

Ist die Gestalt nach der Hauptaxe (der einzigen ihrer Art in der Ge=
stalt) vertical gestellt, so gehören

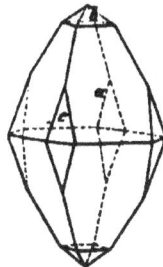

1) je 4 gleichartige, nach dem Axenende geneigte
   Flächen (mit Parallelismus) immer einer
   Quadratpyramide an. Die Beurtheilung
   und Angabe der Stellung hängt von der
   gewählten Stammform ab;
2) je 8 gleichartige, nach dem Axenende geneigte Flächen gehören immer einem Diokta=
   eder an;
3) je 4 gleichartige, der Axe parallele Flächen
   gehören einem quadratischen, je 8 dergleichen einem oktogonalen Prisma an;
4) die basische Fläche liegt immer rechtwinklich
   zur Hauptaxe.

Fig. 27.

Beispiele für die Entwicklung der Combinationen.

1) Fig. 27 zeigt 4 zum Axenende geneigte Flächen b, 4 andere dergleichen *a* und noch 4 andere dergleichen c. Diese Flächen gehören

daher (nach 1) drei verschiedenen Quadratpyramiden an und wenn a die Stammform, also in normaler Stellung, so ist leicht zu ersehen, daß b mit ihrer in paralleler, c aber in diagonaler Stellung befindlich.

2) Fig. 28 zeigt die horizontale Fläche c. Diese ist also die basische. Ferner neigen sich 4 gleichartige Flächen a und noch 4 andere b zum Axenende, gehören daher (nach 1) zwei verschiedenen Quadratpyramiden an, die sich, wie leicht zu sehen, gegenseitig in diagonaler Stellung befinden.

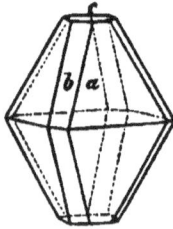 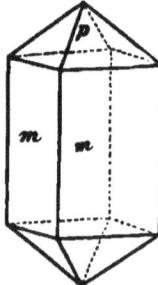 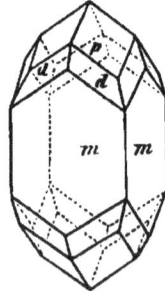

Fig. 28.   Fig. 29.   Fig. 30.

Fig. 29 4 gleichartige Flächen p neigen sich zum Axenende, gehören daher einer Quadratpyramide an, 4 andere m liegen der Hauptaxe parallel, gehören daher einem quadratischen Prisma, welches mit p in paralleler Stellung.

Fig. 30 4 gleichartige Flächen p neigen sich zum Axenende, gehören also einer Quadratpyramide, 8 gleichartige Flächen d neigen sich zum Axenende, gehören also (nach 2) seinem Dioktaeder an, die 4 Flächen m sind der Axe parallel, daher von einem quadratischen Prisma, welches gegen die Pyramide p in diagonaler Stellung befindlich.

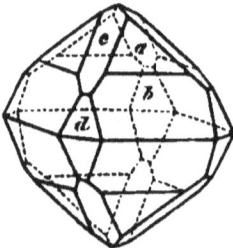

Fig. 31.

Fig. 31 ist eine Combination von 4 Quadratpyramiden, a, b, c und d. Wenn a die Stammform, ist b damit in paralleler, c und d sind aber in diagonaler Stellung befindlich.

Im quadratischen System krystallisiren Zirkon, Anatas, Rutil, Apophyllit, Kassiterit, Scheelit ꝛc. Die Gestalten und Combinationen sind bei mancher Species sehr zahlreich. So finden sich (n. Zepharovich) am Vesuvian 17 Quadratpyramiden von normaler und 5 von diagonaler Stellung, 17 Dioktaeder und 4 oktogonale Prismen, nebst den quadratischen und der basischen Fläche.

## §. 9. Das hexagonale System.

Diesem System liegt ein Axenkreuz zum Grunde, an welchem 3 gleichartige, sich unter 60.° schneidende Axen von einer vierten verschiedenen unter einem rechten Winkel geschnitten werden. Die letztere ist immer die Hauptaxe.

Die einfachen vollzähligen Gestalten dieses Systems sind nur zwei, nämlich die hexagonalen Pyramiden (Fig. 32) und die dihexagonalen Pyramiden (Fig. 35).

### 1. Die hexagonalen Pyramiden. Fig. 32.

Sie sind von 12 gleichschenklichen Dreiecken eingeschlossen, haben 18 Kanten und 8 Ecken. Von den Ecken sind zwei 6fl. Scheitelecken, durch diese gehen die Hauptaxen. Die übrigen Randecken sind 4fl. und unter sich gleichartig. Von den Kanten sind 12 Scheitelkanten gleicher Art und 6 Randkanten, ebenfalls unter sich gleich, in einer Ebene liegend und den Seiten der Basis entsprechend, welche ein regelmäßiges Hexagon (ebene Winkel = 120°) ist.

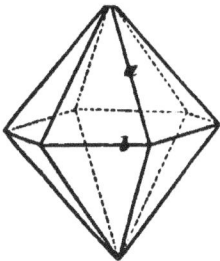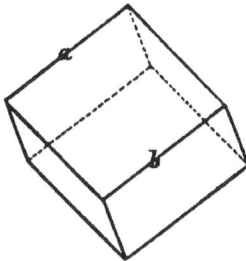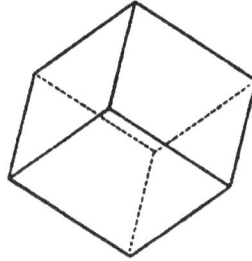

Fig. 32.          Fig. 33.          Fig. 34.

Wie bei den Quadratpyramiden unterscheidet man für combinirte Gestalten dieser Art die Stellung, welche wieder parallel, diagonal oder abnorm sein kann. In der diagonalen Stellung ist eine Pyramide gegen die andere um 60° um die Hauptaxe gedreht.

Wie bei jenen erhält man Prismen, wenn die Hauptaxe dieser Pyramide unendlich lang wird, und diese sind die hexagonalen Prismen, welche dieselbe Stellung haben können, wie die Pyramiden. Wird die Hauptaxe = o, so entsteht eine horizontale Fläche, welche, wie im quadratischen System, die basische Fläche heißt. Diese Gestalten erscheinen häufig durch Ausdehnung und Verschwinden der abwechselnden Flächen hemiedrisch und geben dann

### die Rhomboeder Fig. 33 und 34.

Sie sind von 6 gleichen und ähnlichen Rhomben begrenzt, haben 12 Kanten und 8 Ecken. 2 dieser Ecken sind 1kantig und gleichwinklich. Diese sind die Scheitelecken und durch sie geht die Hauptaxe. Die übrigen 6 Randecken sind 2kantig. Von den Kanten sind 6 Scheitelkanten (a) und 6 Randkanten (b). Letztere liegen im Zickzack. Zwei aus einer Hexagonpyramide entstehende Rhomboeder befinden sich gegenseitig um die Hauptaxe um 60° gedreht und man nennt dieses in verwendeter Stellung. S. Fig. 33 und 34.

2. Die bihexagonalen Pyramiden. Fig. 35.

Sie sind von 24 ungleichseitigen Dreiecken umschlossen, haben daher dreierlei Kanten, 12 längere schärfere und 12 kürzere stumpfere Scheitel= kanten uub 12 Randkanten. Die Basis ist ein Zwölfeck von abwechselnd gleichen Winkeln. Ein dergleichen von gleichen Winkeln (und gleichartigen Seiten) kann nicht vorkommen und ist das Verhältniß ganz analog, wie bei der Ableitung des Oktogon's mit gleichartigen Seiten aus dem Quadrat. Wird die Hauptaxe ∞, so entsteht das bihexagonale Prisma mit abwech= selnd gleichen Seitenkantenwinkeln. Die bihexagonalen Pyramiden sind bis jetzt nur untergeordnet am Smaragd und sehr selten am Apatit beobachtet worden (von v. Rath auch an künstlichen Zinkoxydkrystallen). Von ihren Hemiedrieen sind zunächst beachtenswerth

die Skalenoeder Fig. 39.

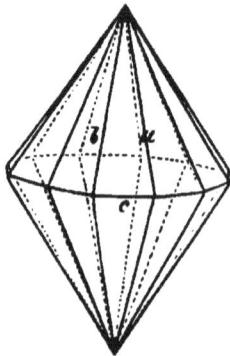 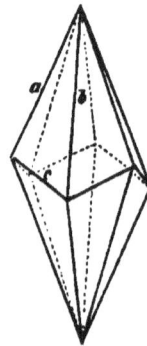

Fig. 35.                    Fig. 39.

Sie sind von 12 ungleichseitigen Dreiecken begrenzt, haben 18 Kanten und 8 Ecken. Von den Ecken sind zwei 6fl., die Scheitelecken, durch welche die Hauptaxe geht, die übrigen 6 Randecken sind 4fl. Die Scheitelkanten a und b sind zweierlei und abwechselnd gleich, die Randkanten c liegen im Zickzack. Diese Gestalten entstehen durch Hemiedrie aus den bihexagonalen Pyramiden durch Ausdehnung der an den gleichartigen Scheitelkanten ge= legenen Flächenpaare und wird dieses Verhältnisses hier hauptsächlich des= wegen erwähnt, weil sich in Combinationen diese Skalenoeder, wie alle He= miedrieen, in Bezug auf das Gesetz der Symmetrie abnorm verhalten, aber eben dadurch auch leicht als solche erkannt und von den hexagonalen Pyra= miden unterschieden werden. Die zwei aus einer bihexagonalen Pyramide entstehenden Skalenoeder erscheinen gegeneinander um die Hauptaxe um 60° gedreht und man nennt diese Stellung, wie bei den Rhomboedern, die verwendete. (Dabei kommen die Scheitelkanten a des einen an die Stelle der Scheitelkanten b des andern zu liegen.)

Selten vorkommende Hemiedrieen sind folgende:

1) **Hexagonale Pyramiden von abnormer Stellung** sind die parallelflächigen Hemiedrieen der bihexagonalen Pyramiden nach den an den abwechselnden Randkanten gelegenen Flächenpaaren. Apatit.

2) **Trigonale Pyramiden** sind die geneigtflächigen Hemiedrieen der hexagonalen Pyramiden nach den an den abwechselnden Randkanten gelegenen Flächenpaaren. Quarz.

3) **Hexagonale Trapezoeder** sind die geneigtflächigen Hemiedrieen der bihexagonalen Pyramiden nach einzelnen Flächen. Quarz.

4) **Trigonale Trapezoeder** sind die geneigtflächigen Tetartoedrieen der bihexagonalen Pyramiden nach einzelnen Flächen oder die Hemiedrieen der hexagonalen Skalenoeder. Quarz, Dioptas. Diese Hemiedrieen treten in Combinationen und meistens nur sehr untergeordnet auf.

Da die angeführten Gestalten, obwohl nur wenige an der Zahl, von den verschiedensten Axenlängen und Winkeln vorkommen, so ist die Mannigfaltigkeit der Combinationen dieses Systems sehr groß und man kennt von Calcit allein gegen 700 Combinationen. Die allgemeine Entwicklung ist übrigens einfach und man hat, wenn die Gestalt nach der Hauptaxe vertikal gestellt, wie im vorigen System, vorzüglich die Zahl und Neigung der Flächen dabei zu beobachten. Es gelten folgende Regeln: *)

1) Je drei zum Axenende geneigte gleichartige Flächen gehören einem **Rhomboeder** an.

2) Je 6 zum Axenende geneigte gleichartige Flächen gehören einer **Hexagonpyramide** an, wenn ihre Scheitelkantenwinkel alle gleich, einem **Skalenoeder**, wenn sie nur abwechselnd gleich.

3) 12 gleichartige, zum Axenende geneigte Flächen gehören immer einer **bihexagonalen Pyramide** an.

4) 6 gleichartige, der Hauptaxe parallele Flächen, gehören einem **hexagonalen Prisma**, 12 dergleichen einem **bihexagonalen Prisma** an.

5) Die auf der Hauptaxe rechtwinklich stehende Fläche ist die **basische Fläche**.

Beispiele für die Entwicklung der Combinationen:

Fig. 36. 6 gleichartige Flächen p neigen sich zum Axenende und ihre Kanten t sind gleichartig, die Gestalt ist also (nach 2) eine Hexagonpyramide; 6 gleiche Flächen m sind der Axe parallel, die Gestalt ist also (nach 4) das hexagonale Prisma.

Fig. 37. Die Fläche c liegt rechtwinklich zur Hauptaxe, sie ist daher die basische Fläche; 6 gleichartige Flächen a, 6 dergleichen b und noch 6 dergleichen d neigen sich zum Axenende, ihr symmetrisches Erscheinen am Prisma m zeigt schon, daß sie dreien Hexagonpyramiden angehören (nicht Skalenoedern); 12

---

*) Diese Regeln gelten für die Gestalten mit Flächenparallelismus. Die seltenen Hemiedrieen und Tetartoedrieen ohne Parallelismus sind zwar eben so leicht zu bestimmen, wegen ihrer Seltenheit aber hier übergangen.

gleichartige Flächen e neigen sich zum Axenende und gehören also (nach 3) einer dihexagonalen Pyramide an; die der Axe parallelen Flächen m sind (nach 4) die des hexagonalen Prisma's. Man sieht leicht, daß die Pyramide d in diagonaler Stellung gegen die Pyramide a und b befindlich ist.

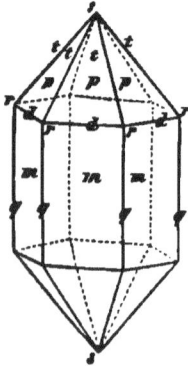
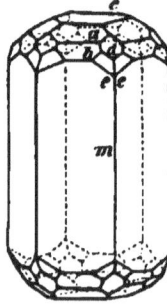
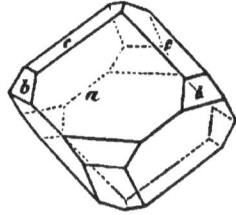

Fig. 36.　　　Fig. 37.　　　Fig. 38.

Fig. 38. 3 gleichartige Flächen c neigen sich zum Axenende, ebenso 3 andere dergleichen a und noch 3 dergleichen b. Diese Flächen gehören also (nach 1) 3 verschiedenen Rhomboedern an und zeigt sich, daß a gegen b und c (oder auch umgekehrt) in verwendeter Stellung befindlich.

Fig. 40. 3 gleichartige Flächen a und noch 3 dergleichen b neigen sich zum Axenende, gehören daher zwei verschiedenen Rhomboedern an; 6 gleichartige Flächen d und noch 6 andere dergleichen e neigen sich zum Axenende, ihre Scheitelkanten sind nur abwechselnd gleich, sie gehören also (nach 2) zwei verschiedenen Skalenoedern an; 6 gleichartige Flächen c liegen der Axe parallel, gehören also dem hexagonalen Prisma an.

In diesem System krystallisiren Calcit, Korund, Hämatit, Quarz, Smaragd, Apatit ꝛc.

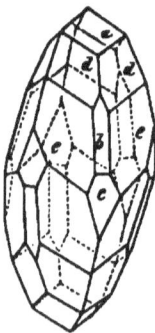

Fig. 40.

## §. 10. Das rhombische System.

Den Gestalten dieses Systems liegt ein Axenkreuz von drei einzelnen rechtwinklich aufeinanderstehenden Axen zum Grunde. Außer diesen kommen an ihnen keine andern einzelnen Axen vor, wodurch sie von den Gestalten der folgenden, wie von denen der vorhergehenden Systeme leicht zu unterscheiden sind. Jede der 3 einzelnen Axen kann Hauptaxe sein. Die möglichst einfache Ableitung der Krystallreihe bestimmt gewöhnlich diese Wahl.

In diesem System findet sich nur eine Art einfacher vollzähliger Gestalten uud diese bilden bie Rhombenpyramiden Fig. 41.

Sie find von 8 ungleichfeitigen Dreiecken begrenzt, haben 12 Kanten und 6 Ecken, beide von dreierlei Art. Die Hauptare geht immer durch 2 Ecken und wird gewählt. Die Scheitelkanten a und b find kürzere stumpfere und längere schärfere, bie Randkanten c liegen in einer Ebene und entsprechen ben Seiten der Bafis, welche ein Rhombus. Die lange Diagonale der Bafis heißt Makrodiagonale, die kurze heißt Brachybiagonale. Die verticalen Hauptschnitte find Rhomben, in den einen d m d m Fig. 41 fällt bie Makrodiagonale m m und bie schärfern Schtlft. b bilden feine Seiten,

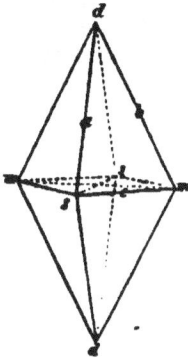 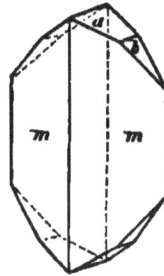

Fig. 41.                Fig. 44.

in ben andern d s d s fällt die Brachybiagonale s s und bie stumpferen Schtlft. a bilden feine Seiten, diese Schnitte heißen baher auch der makro- und der brachybiagonale Hauptschnitt. Der horizontale Hauptschnitt m s m s ift ein Rhombus = der Bafis der Pyramide. Die Rhombenpyramide kommt für sich allein felten vor am Schwefel, Cerussit und Bleivitriol (Anglesit), mit Prismen am Topas, Cölestin, Liebrit 2c.

Wird die Hauptare dieser Gestalt unendlich lang, so bildet sich ein (offenes) rhombisches Prisma; wird sie unendlich klein, so entsteht die basische Fläche, wie in den vorigen Systemen. Was aber von dieser Art der Verlängerung und Verkürzung der Hauptaren gilt, kann auch auf bie Makro= und Brachybiagonale angewendet werden. Wird jene oder auch biese unendlich lang, so entstehen ebenfalls rhombische Prismen, welche aber horizontal liegen. Solche nennt man Domen und wird ein Doma ein makrobiagonales genannt, wenn feine Kanten der Makrodiagonale pa- rallel liegen, ein brachybiagonales, wenn fie der Brachybiagonale pa- rallel liegen. Fig. 44 find bie Flächen m bie eines rhombischen Prisma's, bie Flächen a und b gehören zwei verschiedenen Domen an, welche in Be- ziehung auf bas Prisma brachybiagonale find, denn ihre horizontalen Kan- ten haben die Lage der Linie, welche bie stumpfen Seitenkanten bes rhom- bischen Prisma's verbindet, und diese Linie ift bie Brachybiagonale. Denkt man sich an der Rhombenpyramide bie Makrodiagonale m m (Fig. 41)

3*

— o ober unenblich klein, so entsteht eine verticale Fläche, bem Haupt=
schnitt d s d s entsprechenb, in welchem bie Brachybiagonale s s liegt, unb
eine Fläche, welche biese Lage hat, heißt bie brachybiagonale Fläche.
Wirb ebenso bie Brachybiagonale s s = o, so entsteht rechtwinklich auf bie
vorige eine ähnliche vertikale Fläche, welche bem Hauptschnitt d m d m ent=
spricht, in welchem bie Makrobiagonale m m liegt, biese Fläche heißt baher
bie makrobiagonale Fläche. Kommen beibe miteinanber vor, so bilben
sie ein rechtwinkliches Prisma, aber von zweierlei Seitenflächen, bas rec=
tanguläre Prisma, welches also eine Combination ist. Fig. 47 zeigt in
r r r r ben Querschnitt eines solchen in bie rhombische Basis eingezeichnet.

Die Rhombenpyramiben kommen nur äußerst selten hemiebrisch vor
als rhombische Sphenoeber, welche ähnlich entstehen, wie bas Tetraeber aus
bem Oktaeber. Ihre Dreiecke sinb ungleichseitig. Epsomit.

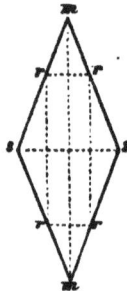
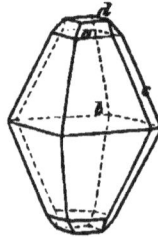

Fig. 47.              Fig. 42.

Die Mannigfaltigkeit ber Combinationen bieses Systems ist nicht
minder groß, als bei ben vorigen, ba Rhombenpyramiben, Prismen unb
Domen ber verschiebensten Winkel unb Axenlängen vorkommen. Gleichwohl
sinb bie Combinationen leicht zu entwickeln unb bie Gestalten allgemein sehr
einfach zu bestimmen. Ist bie Gestalt nach ber gewählten Hauptaxe vertikal
gestellt, so gilt Folgenbes:

1) Je 4 gleichartige, zum Axenenbe geneigte Flächen gehören einer
   Rhombenpyramibe an.
2) Je 2 gleichartige, zum Axenenbe geneigte Flächen gehören einem
   Doma an. Die Bestimmung von makro= unb brachybiagonal
   hängt von ber Wahl ber Stammform unb ihrer Stellung zu
   bieser ab.
3) Je 4 gleichartige, ber Hauptaxe parallele Flächen sinb bie eines
   rhombischen Prisma's.
4) 2 gleichartige, ber Hauptaxe parallele Flächen sinb entweder bas
   makrobiagonale ober bas brachybiagonale Flächenpaar,
   je nach ber Stellung zur Stammform.
5) Eine zur Hauptaxe rechtwinklich liegenbe Fläche ist bie basische
   Fläche.

Beispiele für die Entwicklung der Combinationen:

Fig. 42. Die Fläche d, rechtwinklich zur Hauptare, ist die basische; 4 gleichartige Flächen a und 4 andere dergleichen b neigen sich zum Arenende, sie gehören also (nach 1) zwei verschiedenen Rhombenpyramiden an; 2 gleichartige Flächen c neigen sich zum Arenende, sie gehören also (nach 2) einem Doma an und wenn die Pyramide b zur Stammform gewählt wird, so ist dieses Doma ein brachydiagonales, wie nach dem oben Gesagten leicht zu ersehen.

Fig. 43. 4 gleichartige Flächen p neigen sich zum Arenende, gehören also einer Rhombenpyramide an; 4 gleichartige Flächen m sind der Are parallel und ebenso 4 andere dergleichen n, diese gehören daher (nach 3) zweien verschiedenen rhombischen Prismen an.

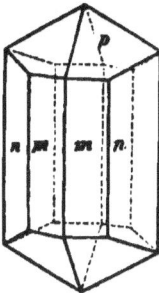  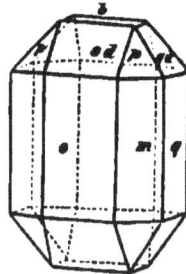

Fig. 43.  Fig. 45.  Fig. 46.

Fig. 45. 4 gleichartige Flächen p neigen sich zum Arenende, gehören also einer Rhombenpyramide an, 2 gleichartige Flächen o sind der Are parallel und ebenso 2 andere q, von diesen gehört das eine Paar der makrodiagonalen Fläche an, das andere der brachydiagonalen. Wird die Pyramide p zur Stammform gewählt, so zeigt eine Messung, daß die Kanten a die stumpfern und b die schärfern Scheitelkanten; da jene in den brachydiagonalen Hauptschnitt fallen, und diese in den makrodiagonalen, wie oben gesagt wurde, so ist o die makrodiagonale und q die brachydiagonale Fläche.

Fig. 46. Die Fläche b, rechtwinklich zur Hauptare, ist die basische Fläche, 4 gleichartige Flächen p neigen sich zum Arenende, gehören also einer Rhombenpyramide an; 2 gleichartige Flächen od neigen sich zum Arenende, und ebenso 2 andere dergleichen qd, diese gehören also Domen an und mit Beachtung der Lage der Basis bestimmt sich od als makrodiagonales und qd als brachydiagonales Doma; 2 gleichartige Flächen o liegen der Are parallel und ihre Lage zu p bestimmt sie als das makrodiagonale Flächenpaar, während die Flächen p sich als das brachydiagonale ergeben und die 4 gleichartigen, der Are parallelen Flächen m einem rhombischen Prisma (von der Basis der Pyramide p) angehören.

In diesem System krystallisiren Topas, Chrysolith, Schwefel, Baryt, Cölestin, Lievrit 2c.

———

## §. 11. Das klinorhombische System.

In diesem System erscheinen keine einfachen geschlossenen Gestalten und sämmtliche Combinationen bestehen aus rhombischen Prismen und einzelnen Flächenpaaren, welche bald vertical, bald geneigtliegend vorkommen.

Sie sind, wie die Gestalten des rhombischen Systems, durch 3 rechtwink=
liche, ungleichartige Axen bestimmbar, von welchen eine zur Hauptaxe ge=
wählt wird; sie unterscheiden sich aber sehr bestimmt von den Formen des
rhombischen Systems dadurch, daß bei diesem außer den rechtwinklich
aufeinanderstehenden Axen keine einzelnen vorhanden, während bei den
klinorhombischen Gestalten die Zahl der einzelnen Axen wenigstens 5 ist,
deren aber auch mehr vorkommen können. Von den Gestalten des folgen=
den klinorhomboidischen Systems, welche auch mehr als 3 einzelne Axen
haben, unterscheiden sich die klinorhombischen leicht dadurch, daß an letzteren
immer noch Paare gleichartiger Axen (durch gleichartige Paare von Flächen,
Kanten oder Ecken gehend) auffindbar, an jenen aber nicht.

Die einfachsten bestimmbaren Gestalten dieses Systems sind

bie Hendyoeder Fig. 48.

Sie bestehen aus einem rhombischen Prisma m, mit einer schief lie=
genden Fläche p geschlossen, letztere ist ein Rhombus, die Flächen m erschei=
nen als Rhomboide. Sie haben 5 einzelne Axen. Zur Hauptaxe wird
immer diejenige gewählt, welche durch die
rhombischen Flächen p parallel mit m geht,
und die Gestalt so gestellt, daß die obere
dieser Flächen, Endflächen, gegen den Be=
obachter gekehrt ist. Bei aufrechter Stellung
liegt eine Diagonale dieser Flächen (hh) ho=
rizontal, diese heißt die Orthobiagonale
und bildet mit den Seitenkanten cc (Fig.
48) den orthobiagonalen Hauptschnitt
hhhh, die andere Diagonale kk liegt ge=
neigt, heißt die Klinobiagonale und bil=
det mit den Seitenkanten bb den klinobiago=
nalen Hauptschnitt kkkk. Eine Fläche,
welche dem ersten Hauptschnitt parallel liegt, heißt die orthobiagonale
Fläche, eine Fläche, die dem letztern parallel liegt, die klinobiagonale
Fläche oder auch die Symmetrie=Ebene, weil sie den Kryſtall symmetrisch
in gleiche Hälften theilt. Beide schneiden sie rechtwinklich. Die Randkanten
des Hendyoeders sind zweierlei, aa und dd, die Seitenkanten auch zweierlei,
b und c, wie am rhombischen Prisma. Die Randecken sind breierlei, 2
verschiedene liegen an der Klinobiagonale, 2 gleiche an der Orthobiagonale.

Um das Hendyoeder vollkommen bestimmen zu können, wird das
Prisma m so verkürzt angenommen, daß eine die Ecken k verbindende
Linie oder Axe auf der Hauptaxe rechtwinklich steht. (Gewöhnlich sind die
m Flächen in der Richtung der Hauptaxe verlängert.

Alle Veränderungen, welche nach dem Gesetze der Symmetrie am
Hendyoeder hervorgebracht werden können*), führen zu rhombischen Pris=

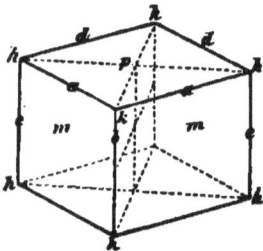
Fig. 48.

---

*) Diese Veränderungen können nur in Abstumpfung und Zuschärfung be=
stehen; Zuspitzung kann nicht vorkommen, da keine Ecken vorhanden, welche
3 oder mehr gleichartige Flächen und Kanten haben, und eine Zuspitzung nur
an solchen auftreten kann.

men und einzelnen Flächenpaaren. Die rhombischen Prismen liegen ver=
tikal (find Seitenflächen) oder sie liegen geneigt und letztere heißen Klino=
bomen; die Flächenpaare find entweder die oben genannten verticalen,
oder die Axe schief schneidend, wie die Endfläche, und diese heißen auch He=
mibomen. Man unterscheidet je nach der Neigung der Hemibomen und
Klinobomen nach vorne oder nach der Rückseite der Stammform vordere
oder hintere.

Für die Entwicklung der Combinationen, wenn die Gestalt nach der
gewählten Hauptaxe vertical gestellt ist, ergiebt sich aus dem Gesagten Fol=
gendes:

1) Je eine einzelne, zum Axenende geneigte Fläche gehört einem He=
   miboma an, oder ist die Endfläche eines Hendyoeders.
2) Je 2 gleichartige, zum Axenende geneigte Flächen gehören einem
   Klinoboma an.
3) Je 4 gleichartige, der Axe parallele Flächen gehören einem rhom=
   bischen Prisma an oder find Seitenflächen eines Hendyo=
   eders (prismatische Flächen).
4) Je 2 gleichartige, der Axe parallele Flächen gehören entweder
   der orthobiagonalen oder der klinobiagonalen Fläche an
   und zwar der erstern, wenn die Endfläche oder ein anderes Hemi=
   boma schiefwinklig gegen sie geneigt ist oder auch die Kante eines
   Klinoboma's, der letzteren aber, wenn dieses nicht der Fall.
   (Jede Endfläche bildet mit der klinobiagonalen Fläche immer
   einen rechten Winkel.)

Da die Kante eines Klinoboma's über der Hauptaxe auch durch eine
Fläche ersetzt sein kann, so läßt sich, im Fall keine Endfläche zu beobachten,
durch eine dergleichen Abstumpfungsfläche ein zu weiterer Bestimmung die=
nendes Hendyoeder herstellen.

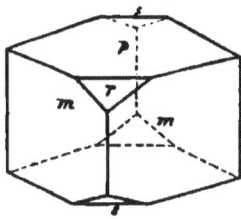

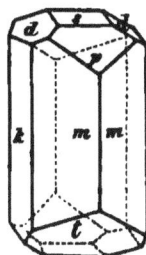

Fig. 50.

Fig. 49.

Beispiele für die allgemeine Entwicklung der Combinationen:

Fig. 50. Die Flächen p, r und s find einzelne, zur Axe geneigte Flächen,
gehören also 3 verschiedenen Hemibomen an, die der Axe parallelen Flächen m
find prismatische und bilden mit p oder r oder s geschlossene Hendyoeder. Wählt
man das aus p und m bestehende Hendyoeder zur Stammform, so ist r ein vor=
deres und s ein hinteres Hemiboma.

Fig. 49. Die Flächen p, s und t find einzelne, zur Axe geneigte Flächen, gehören also 3 verſchiedenen Hemidomen an. Conſtruirt man aus p und m die Stammform, ſo iſt s ein vorderes, t ein hinteres Hemidoma. Die Flächen dd, zwei gleichartige zum Axenende geneigt, gehören einem Klinodoma (nach 2) und in Beziehung auf die gewählte Stammform einem vorderen; die Flächen k, der Axe parallel, ſind (nach 4) die klinodiagonalen Flächen.

Fig. 51. 2 gleichartige Flächen kk neigen ſich zum Axenende, gehören alſo einem Klinodoma an; 4 gleichartige, der Axe parallele m ſind priſmatiſche; die Fläche b (nach 4) iſt die klinodiagonale. Ein Hendyoeder iſt aus den Flächen m und der Abſtumpfungsfläche der Kante $\frac{k}{k}$ zu bilden.

Fig. 52. Die Fläche p iſt eine einzelne, zum Axenende ſich neigend, alſo Endfläche oder Hemidoma, und da die Fläche m, wie im vorigen Beiſpiel, als

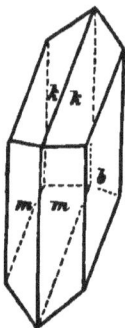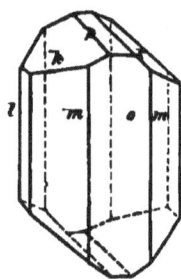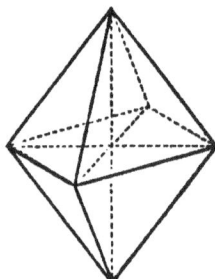

Fig. 51.　　　　Fig. 52.　　　　Fig. 78.

priſmatiſche zu erkennen, ſo kann aus p und m ein Hendyoeder als Stammform conſtruirt werden; die Flächen kk, 2 gleichartige zum Axenende geneigt, gehören einem Klinodoma an, deſſen Kante die Lage von p hätte, alſo einem vorderen; von den Flächen o und l iſt o die orthodiagonale (nach 4) und l die klinodiagonale Fläche.

In dieſem Syſtem kryſtalliſiren Amphibol, Augit, Sphen, Gyps, Datolith, Kupferlaſur, Eiſenvitriol, Orthoklas ꝛc.

Mehrere Kryſtallographen beziehen die Geſtalten des klinorhombiſchen Syſtems auf ein Axenſyſtem, an welchem 2 Axen ſich ſchiefwinklich ſchneiden, die dritte aber zu beiden rechtwinklich ſteht. Als Grundform nehmen ſie eine dieſem Axenſyſtem entſprechende Pyramide, die klinorhombiſche Pyramide (Fig. 78) an, welche aus beobachteten (oder möglichen) Klinodomen oder aus den Fl. eines Prisma's oder eines Klinodoma's conſtruirt wird, vollzählig in der Natur gewöhnlich für ſich nicht vorkommt. Dieſe Pyramide hat nach zwei ihrer Eckenaxen aufgeſtellt, einen Rhombus als ſchiefe Baſis, nach der dritten Eckenaxe aufgeſtellt, zeigt ſie ein zur Axe rechtwinklich ſtehendes Rhomboid als Baſis.

Für eine ſolche Grundgeſtalt beſchränkt ſich der Begriff von Klinodoma auf die Domen, deren Kante der geneigten Diagonale der Baſis parallel liegt, andere Flächen dieſer Art gelten als halbe oder Hemi=Pyramiden. —

## §. 12. Das klinorhomboidische System.

Die Gestalten des klinorhomboidischen Systems unterscheiden sich wesentlich von allen vorhergehenden dadurch, daß sie nur aus einzelnen Flächen
bestehen, welche also (die parallelen ausgenommen) alle von einander verschieden sind. Es kommen ferner keine rechtwinklich sich schneidenden Flächen
vor und alle Axen sind einzelne, deren die einfachste Combination, das
klinorhomboidische Prisma, 13 zählt. An dieser Gestalt Fig. 53
sind sämmtliche Flächen Rhomboide, ebenso säumtliche Schnitte. Es werden davon 2 Flächenpaare m und t zu Seitenflächen gewählt und die ihnen
parallele Axe zur Hauptaxe, auf der die Endfläche
p schief steht. Diese Endfläche hat viererlei (nicht
wie am Hendyoeder zweierlei) Neigung zu den Seitenflächen, so daß die Randkanten viererlei sind und
ebenso die Randecken. Die Seitenkanten r und s
sind zweierlei, abwechselnd gleich. Alle Kantenaxen
schneiden sich schiefwinklich.

Nach dem Gesetze der Symmetrie können, der
beständigen Ungleichartigkeit anliegender Flächen
wegen, keine Zuspitzungen oder Zuschärfungen vorkommen, sondern nur Abstumpfungen, welche aus
demselben Grunde stets ungleichwinklige sein müssen.

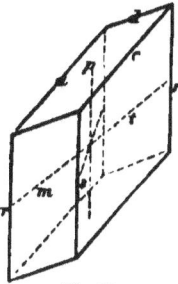

Fig. 53.

So schwer es auch ist, den innern Zusammen-
hang der Flächen dieses Systems nachzuweisen, so ist die Bestimmung des
Systems selbst und die Unterscheidung desselben von ähnlichen bei ausgebildeten Krystallen ziemlich leicht und dient außer dem bereits Angeführten
noch Folgendes:

Die als 6seitige Prismen erscheinenden Combinationen haben
dreierlei Seitenkantenwinkel und die als 8seitige erscheinenden
viererlei dergleichen.

Die den rhombischen Prismen ähnliche Combinationen haben
zweierlei Flächen, die sich als solche charakterisiren, wenn schließende
Endflächen vorkommen. Wenn solches nicht der Fall ist, können
sie nur durch Differenzen ihrer physischen Beschaffenheit, Spaltbarkeit, Glanz, Streifung, und wo diese nicht hervortreten, nur auf
optischem Wege im Stauroskop als ungleichartig erkannt werden.

Die Gestalten dieses Systems können nicht auf ein rechtwinkliches Axenkreuz bezogen werden. Zur speciellen krystallographischen
Ableitung wird gewöhnlich eine klinorhomboidische Pyramide,
Fig. 79, gewählt, welche aus einzelnen beobachteten Flächen con-
struirt wird, in der Natur als solche aber nicht vorkommt. Die
Axen einer solchen Pyramide schneiden sich alle schiefwinklich und
sind zu ihrer Bestimmung 5 von einander unabhängige Winkel
erforderlich *).

---

*) Bei dieser Grundgestalt ebenso wie bei der klinorhombischen Pyramide
ist die Ableitung insofern nicht naturgemäß, als die Prismen (∞ P) Flächen erhalten, welche gleichsam aus ungleichartigen Hälften bestehen.

In diesem System kryſtalliſiren Axinit, Diſthen, Albit, Kupfervitriol ꝛc.

A. Nordenſkiölb nimmt für ben
Thomſenolit ein klinoquabratiſches
Kryſtallſyſtem an, Schrauf für ben Ripi-
bolith ein klinohexagonales.

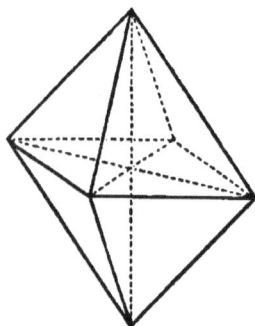

Fig. 79.

Den innern Zuſammenhang ber Geſtalten einer Kryſtallreihe erkennt man ſeinen
Geſetzen nach am beutlichſten, wenn man bieſen
Geſtalten Zeichen giebt unb bie Ableitungszahlen, nach welchen ſie aus ber Stammform
burch Veränberung ber Axen hervorgehen, ſchidlich beifügt. Bezeichnungen
bieſer Art ſinb von Weiß, Mohs, Naumann u. A. gegeben worben.
Dieſe letztern zeichnen ſich burch Einfachheit unb Kürze vorzüglich aus
unb ſinb in ben meiſten Fällen ohne beſonbere Schwierigkeit zu entwerfen,
ba bie Beſtimmung vieler Flächen aus bem Parallelismus ihrer Combinationskanten mit anbern bekannten Flächen ohne weitere Meſſung geſchehen kann. Man hat übrigens bergleichen Zeichen mitunter einen zu
großen Werth beigelegt, benn ihre Angaben enthalten weſentlich nur
für ſpecielle Fälle, was man im Allgemeinen ſchon burch bas Geſetz
ber Axenveränberung weiß; um ferner aus ihnen für bie Praxis
brauchbare Elemente zu einer Kryſtallbeſtimmung zu erhalten, hat
man baraus immer bie Winkel zu berechnen, ba nur bieſe unb nicht
bie Axenlängen unmittelbar gemeſſen werben können. Dieſe Berechnungen
ſinb zwar in ben meiſten Fällen ziemlich einfach, im klinorhomboibiſchen
Syſtem aber ſo weitläufig, baß ſich ſchwerlich Jemanb bie Winkel, bie er
verlangt, aus ben Zeichen berechnen wirb. Winkelangaben können
baher burch bie Angabe ber Axenverhältniſſe einer Stammform unb ber
bezüglichen Ableitungszahlen ber Zeichen nicht entbehrlich gemacht werben.

Als Beiſpiele, wie bie Naumann'ſchen Zeichen ſich begründen, mögen
hier bas quabratiſche unb rhombiſche Syſtem entwidelt werben.

Bezeichnet man bie zur Stammform gewählte Quabratpyramibe mit
P, ſo ergiebt ſich eine Reihe abgeleiteter Pyramiben in paralleler Stellung
burch Veränberung ihrer Hauptaxe nach einem rationalen Coefficienten m.
Dabei wirb bie Hauptaxe ber Stammform als Einheit genommen unb kann
m größer ober kleiner als bieſe Einheit ſein, auch ∞, b. i. unenblich groß,
unb o ober unenblich klein. ∞ P iſt bas quabratiſche Prisma von normaler Stellung, o P bie baſiſche Fläche.

Zur Ableitung ber Dioktaeber werben bie Diagonalen bes Quabrats
Fig. 26 nach einem rationalen Coefficienten n verlängert unb bie Linien
a f gezogen. Mit bem Winkel f a o ober c a o iſt bas Oktogon ber Baſis
eines Dioktaebers beſtimmt. Den Coefficienten n ſchreibt man hinter bas

Zeichen von P, also ist Pn ein Dioktaeder von derselben Hauptaxe wie die von P und von einer durch n bestimmten Basis. Was für P gilt, gilt auch für jede mP, man hat also auch mPn, ∞Pn (das oktogonale Prisma) und oPn, gleichbedeutend mit oP. Wird n = ∞, so sieht man, daß der Winkel fao oder cao = 90° wird, und es baut sich um das Quadrat aaaa das diagonal stehende gggg (von doppeltem Flächeninhalt) und ergiebt sich somit die Bestimmung der Quadratpyramiden von diagonaler Stellung, deren Zeichen also P∞, mP∞ und ∞P∞ (= dem diagonalen quadratischen Prisma). — Das Zeichen für Fig. 29 ist demnach

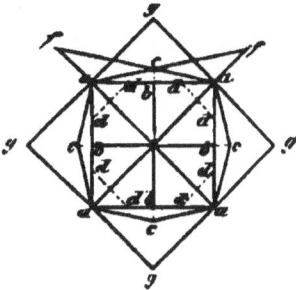 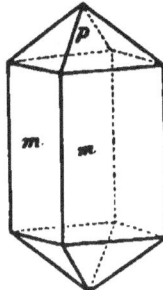 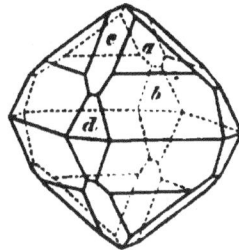

Fig. 26.      Fig. 29.     .     Fig. 31.

P . ∞P; Fig. 31 vom Wulfenit erhält den Messungen zufolge die Zeichen
$$\overset{p}{P} . \overset{m}{P}\infty . \tfrac{1}{4}P . \tfrac{2}{3}P\infty.$$
d  b     c    a

Im rhombischen System sind die Pyramiden durch 3 ungleiche, rechtwinklich aufeinanderstehende Axen bestimmt, nämlich durch die Hauptaxe a, die Makrobiagonale b und die Brachybiagonale c. Diese 3 Axen sind daher unabhängig von einander jede für sich veränderlich. Wenn P die Stammform, ist mP das Zeichen einer Rhombenpyramide von gleicher Basis, wie die von P, aber mit einer anderen durch den Coefficienten m bestimmten Hauptaxe. m kann > 1 oder < 1 sein (die Hauptaxe von P nämlich als Einheit genommen); wird m = ∞, so entsteht ein rhombisches Prisma, dessen horizontaler Querschnitt gleich ist der Basis von P, wird m = o, so entsteht die basische Fläche. Entstehen Pyramiden durch Verlängerung der Brachybiagonale von P bei unveränderter Makrobiagonale nach einem rationalen Coefficienten n, so ergeben sich die Zeichen P̆n, mP̆n und P̆∞, mP̆∞, ferner ∞P̆n und ∞P̆∞.

P̆∞ ist das brachybiagonale Doma für die Hauptaxe von P; mP̆∞ ein dergleichen für die Hauptaxe einer mP̆n ∞P̆n ist ein rhombisches Prisma, dessen horizontaler Querschnitt gleich ist der Basis der betreffenden P̆n und ∞P̆∞ ist die brachybiagonale Fläche. Aehnlich ist es, wenn die Makrobiagonale von P bei unveränderter Brachybiagonale verlängert wird. Das ganze System ist in nachstehenden Reihen vollständig dargestellt.

|  | m < 1 |  | m > 1 |  |
|---|---|---|---|---|
| oP | mP∞ | P̄∞ | mP̄∞ | ∞P∞ |
| oP | mP̄n | P̄n | mP̄n | ∞Pn |
| oP | mP | P | mP | ∞P |
| oP | mP̌n | P̌n | mP̌n | ∞P̌n |
| oP | mP̌∞ | P̌∞ | mP̌∞ | ∞P̌∞ |

Fig. 42 vom Schwefel erhält den Messungen zufolge die Zeichen
P . ⅓ P . P̌∞ . oP .; Fig. 46 vom Chrysolith erhält die Zeichen P . ∞
b    a    c     d                       p
P . P̄∞ . ∞P∞ . 2P̌∞ . ∞P̌∞. — In ähnlicher Weise werden die
m od   o    qd    q
übrigen Systeme bezeichnet und können die tesseralen Gestalten mit gewissen Rücksichten ganz analog den quadratischen behandelt werden. Für ein weiteres Studium siehe Naumann's Elemente der theoretischen Krystallographie. — Die wichtigsten zur Berechnung der Krystalle dienenden For-

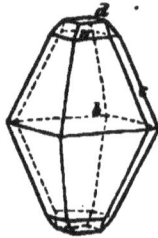

Fig. 43.

Fig. 46.

meln und eine darauf gegründete Ableitung der Naumann'schen Zeichen giebt meine Schrift „Zur Berechnung der Krystallformen", München 1867. J. Lindauer'sche Buchhandlung. — Ein Auszug davon im Anhang dieses Buches.

Zur Uebersicht der Flächen und Zonen einer Krystallcombination haben Quenstedt und Miller Projectionsmethoden ausgebildet, welche ursprünglich von Neumann vorgeschlagen worden sind. Zur Entwerfung der sog. Linearprojection Quenstedt's denkt man sich parallele Krystallflächen einander so genähert, daß sie nur eine Fläche bilden, und läßt diese die Projectionsebene schneiden, auf welcher sie dann als eine Linie erscheint.

Zur Projectionsebene wählt man eine geeignete Krystallfläche, bei den monoaxen Systemen gewöhnlich die basische, welche die Fläche des Pa-

piers darstellt, auf welcher die Projection angelegt wird. Bei allen abge=
leiteten Formen wird deren Hauptaxe von gleicher Größe mit der Haupt=
axe der Stammform angenommen und danach ihre Nebenaxen verlängert
oder verkürzt. Wenn daher in einer rhombischen Combination 3 Rhomben=
pyramiden P, 2 P, 3 P vorkommen, deren Hauptaxenlängen bei gleicher
Basis sich verhalten, wie 1 : 2 : 3 und es wird P als Stammform gewählt,
so erscheinen in der Projection die Nebenaxen (Diagonalen der Basis) für
2 P als die Hälfte derer von P und für 3 P als ⅓ derselben. Umgekehrt
sind (für P als Stammform) Pyramiden wie ½ P, ⅓ P mit doppelter und
dreifacher Länge der Diagonalen einzuzeichnen. Die Hauptaxe selbst er=
scheint als Punkt verkürzt, der das Centrum der Projectionsfigur bildet,
rhombische Prismen stellen sich als 2 im Centrum unter dem Prismen=
winkel gekreuzte Linien dar, die makro= und brachybiagonalen Flächen
fallen mit den Diagonalen der Stammform zusammen :c. Zur Erläu=
terung dient ein Beispiel am Chrysoberill, von welchem v. Kokscharow
folgende Gestalten angiebt: P . 2P̆2 . ∞P .

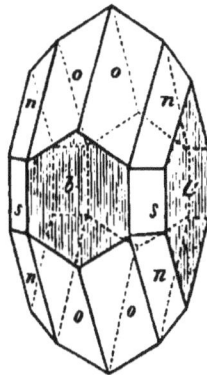

∞P̆2 . P̆∞ . ∞P̆∞ . ∞P̄∞. Fig. 93. An
<br>s    i    c    b
<br>(o  n  m above)

P verhält sich die Hauptaxe a : Makrobiagonale
b : Brachybiagonale c = 0,58 : 1 : 0,47.

Aus dem Verhältniß b : c = 1 : 0,47 geht
hervor, daß 0,47 die Tangente des halben spitzen
Winkels der Basis ist = 25⁰ 11'; der ganze
Winkel ist demnach 50⁰ 22' und der betreffende
Rhombus c b c b auf das rechtwinkliche Kreuz b c
Fig. 90 einzutragen. Seinen Seiten parallel gehen
die Kreuzarme von ∞P (m) und mit den Linien
b und c fallen ∞P̆∞ (b) und ∞P̄∞ (c) zu=
sammen. 2P̆2 (n) ist eine Pyramide mit 2 facher
Länge der Hauptaxe und der Brachybiagonale von

Fig. 93.

P oder ihre Axen sind 2a : b : 2c; reducirt man
die Hauptaxe dieser 2P̆2 auf die von P (als Einheit), so werden die Axen
a : ½ b : c. Beim Verzeichnen der Basis von 2P̆2 wird also das b der
Stammform von halber Länge genommen oder der neue Rhombus mit
Beibehaltung der Brachybiagonale der Stammform nach seinen Winkeln
(93⁰ 33', 86⁰ 27') eingetragen; ∞P̆2 (s) ist das zugehörige Prisma,
dessen Kreuzarme daher parallel mit den Seiten der Basis dieser 2P̆2;
P̆∞ (i) ist ein brachybiagonales Doma, welches die Diagonale b berührt
und parallel mit der Brachybiagonale sich zeichnet. Sein Winkel d über
der basischen Fläche ist bestimmt durch die halbe Hauptaxe 0,58 und die
halbe Diagonale b; da letztere = 1, so ist cotang. ½ d = 0,58 und d
= 119⁰ 46'. Ist die Zonenaxe in der Ebene der Projectionsfläche oder
ihr parallel, so bildet ein Zonensystem parallele Linien, außerdem schneiden
sich die Linien eines solchen Systems in einem Punkt. Daher bilden auf

der baſiſchen Fläche (als Projectionsfläche) die Domen einer Zone parallele Linien, die Prismen aber Linien, die ſich in einem Punkt und zwar im Centrum kreuzen, weil ihre Zonenaxe rechtwinklich zur Projec=tionsebene. —

Die Entwerfung der ſtereographiſchen Projection Miller's iſt um=ſtändlicher, hat übrigens auch keine beſonderen Schwierigkeiten. Man denkt ſich dabei in dem Kryſtall eine Kugel, welche deſſen umgebende Flächen

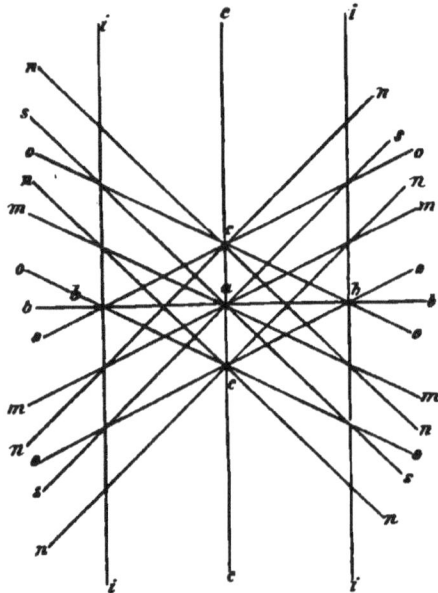

Fig. 90.

berühren. Gerade Linien von dieſen Berührungspunkten (Flächenorten) nach dem Centrum der Kugel ſind die Normalen der Kryſtallflächen und iſt der Winkel zweier anliegender Flächen das Supplement des Winkels ihrer Normalen. Indem man die in der oberen Kugelhälfte gelegenen Flächenorte mit dem Pole der unteren Kugelhälfte durch gerade Linien (Fahrſtrahlen) verbindet, projicirt man ſie als Punkte auf dem Grund=kreis (Aequatorialkreis), welcher eine Kryſtallfläche, gewöhnlich die baſiſche vorſtellt. Durch Linienverbindung der Projectionspunkte auf dem Grund=kreis mit den an ſeiner Peripherie gelegenen Flächenorten verzeichnen ſich die verſchiedenen Zonen, welche als gerade Linien erſcheinen, wenn ſie durch's Centrum gehen, außerdem als Kreisbogen, die nach der Regel der Geometrie (durch drei nicht in gerader Linie gehende Punkte einen Kreis zu ziehen) conſtruirt werden. — Die Miller'ſche Projection hat beſondere Vor=

züge für die Bestimmung der Neigungswinkel der Flächen einer Combination, indem man diese in vielen Fällen aus den in der Projection erscheinenden sphärischen Dreiecken nach bekannten Formeln berechnen kann. Auch durch Abmessen der Distanzen jener Flächenorte, welche in einer als Diameter erscheinenden Linie liegen und leicht auf den entsprechenden Kreisbogen zu reduciren sind, lassen sich mittelst des Transporteurs aus einer solchen Projection viele Winkelverhältnisse ableiten, was jedoch natürlich eine correcte Zeichnung erfordert. Uebrigens ersieht man wohl, daß für mehrzählige Combinationen dergleichen Projectionen in einem großen Maaßstab angelegt werden müssen, da sonst das nothwendig entstehende Liniengewirr nur schwer zu verfolgen und zu deuten ist. — Vergl. F. A. Quenstedt, Methode der Krystallographie (1840) und W. H. Miller's A treatise on crystallographie (1839), deutsch von J. Grailich. —

## B. Von den Unvollkommenheiten der Krystalle.

Die Krystalle in der Natur erscheinen nur selten so vollkommen, daß alle gleichartigen Flächen daran auch gleiche Größe hätten, und dadurch entstehen oft die seltsamsten Entstellungen und Verzerrungen einer Gestalt. Dazu kommt noch, daß die Flächen häufig uneben, rauh, gestreift und gekrümmt erscheinen. Diese Unregelmäßigkeiten erklären sich aus der Art, wie die Krystalle überhaupt sich bilden. Es geschieht ihre Vergrößerung, wie die Vergrößerung einer Mauer, die man aufbaut, nämlich durch Zusatz von Außen, und es ist ein großer Krystall immer aus unendlich vielen kleinen zusammengesetzt. Wenn wir uns eine Anzahl kleiner Würfel denken, so werden wir einen dergleichen durch geeignetes Ansetzen anderer vergrößern können und zwar so, daß sein ursprüngliches Bild dabei nicht verändert, nur vergrößert wird. Wenn wir aber z. B. nur in einer Richtung, nur auf einer Fläche den Bau fortführen, so wird die entstehende Gestalt nicht mehr das Bild eines Würfels geben, sondern eher das eines quadratischen Prisma's, und gleichwohl sind es doch nur Würfel, welche die Gestalt zusammensetzen. In dieser Weise sind alle Abnormitäten der Flächenausdehnung zu erklären, welche übrigens nur in der Art an den Krystallen vorkommen, daß die Neigungswinkel der Flächen gegen die normalen Hauptdimensionen dabei nicht verändert werden.*) In den Winkeln also und durch die Beobachtung des physischen Charakters der Flächen, welcher bei gleichartigen immer auch derselbe ist, haben wir ein Mittel, eine durch diese Aggregation entstellte Form wieder auf ihr normales Bild zurückzuführen. Durch die Ausdehnung zweier paralleler Flächen erscheinen die Krystalle oft tafelförmig, durch Krümmung der Flächen bauchig, kugelförmig, cylindrisch, linsenförmig ꝛc.

Von besonderer Wichtigkeit und ein Beleg für die erwähnte Aggrega-

---

*) Kleine Differenzen der Winkel, die an ganz normal gebildeten Krystallen gleich sind, werden durch die Aggregation hervorgebracht.

tion ist die **Streifung** der Krystallflächen. Die Linien, welche diese Streifen bilden, haben immer die Bedeutung von Kanten und Durchschnittslinien unendlich vieler in einer bestimmten Richtung verbundener Individuen. Die dabei vorkommenden einspringenden Winkel sind wegen der Kleinheit der sie bildenden Flächen oder ihrer vorragenden Theile nicht immer zu sehen. So sind die horizontalen Streifen an den prismatischen Krystallen des Quarzes nichts anderes, als die Combinationskanten der pyramidalen und prismatischen Flächen unendlich vieler in derselben Richtung mit gemeinschaftlicher Hauptaxe verbundener Individuen und die Linien der dabei entstehenden einspringenden Winkel, wie solches Fig. 54 anschaulich macht.

An andern Gestalten deutet die Streifung auch eine Combination an, die sich in der Art zeigt, daß die Flächen treppenförmig zum Vorschein kommen und wegen der Kleinheit der von ihnen vorspringenden Theile diese Treppe nur als eine gestreifte Fläche erscheint, so beim Chabasit, Magnetit, Granat, Pyrit ꝛc.

Die Streifung ist entweder einfach oder federartig, wie der Bart einer Feder nach zwei Richtungen von einer gemeinschaftlichen Linie ausgehend. Dergleichen am Chabasit, Harmotom, Scheelit ꝛc.

Aus ähnlichen Verhältnissen unregelmäßiger Aggregation erscheinen Krystalle auch geflossen, treppenförmig, trichterförmig, eingedrückt ꝛc.

Fig. 54.

## C. Von den Verbindungen der Krystalle.

Wir haben so eben gesehen, daß sämmtliche Krystalle eigentlich Aggregate unendlich vieler kleiner Individuen sind. Diese Krystalle geben uns gleichwohl das Bild dieser Individuen, nur mehr oder weniger vergrößert und in so fern können wir sie selbst für Individuen nehmen und weiter von ihnen als solchen sprechen, wenn wir ihr Zusammenvorkommen, ihre Verbindung und ihre Verwachsung betrachten. Diese haben entweder eine gesetzliche Regelmäßigkeit oder sind ganz zufällig.

§. 1. Zu den regelmäßigen Verbindungen der Krystalle gehören die Hemitropieen und Zwillingskrystalle. Man versteht darunter solche Verwachsungen zweier Individuen, wo bei gemeinschaftlicher Verbindungsfläche das eine gegen das andere um 180° gedreht erscheint oder bei gemeinschaftlicher Axe eine solche Drehung (öfters von 60° und 90°) um diese Axe stattfindet.*)

Dabei herrscht durchgehends das Gesetz, daß die Verbindungsfläche eine der Krystallreihe der verbundenen Gestalten angehörende ist**) und daß die verbundenen Gestalten nicht ver-

---

*) Schon von Romé de l'Isle (1772) erwähnt.
**) Von Haury (1622) erkannt.

ſchieben, ſondern einerlei ſind. Es iſt übrigens keine Nothwendigkeit, daß die Verbindungsfläche äußerlich am Kryſtall ſichtbar ſei. Der Unter= ſchied zwiſchen Hemitropieen und Zwillings=, Drillings= und Vierlingskryſtall beſteht darin, daß erſtere auch aus einem einzigen Individuum erklärt werden können, indem es den Anſchein hat, als ſei ein ſolches nach einer beſtimmten Richtung halbirt und die eine Hälfte auf der andern halb (um 180°) herumgedreht (hemitropirt) worden. Zur Erklärung der Zwillinge ꝛc. werden immer zwei oder mehr Individuen erfordert.

Zur Angabe des Geſetzes, nach welchem eine Hemitropie gebildet iſt, gehört die Beſtimmung der Zuſammenſetzungs= oder Drehungsfläche, auf welcher die Drehungsaxe rechtwinklich ſteht, bei den Zwillingen ꝛc. giebt man ihre gegenſeitige Stellung an. Drillinge, Vierlinge ꝛc. beſtehen aus 3 und 4 Individuen und das Geſetz ihrer Verwachſung iſt gewöhnlich nur eine Wiederholung des Geſetzes für die Zwillinge, indem ſich z. B. das vierte Individuum gegen das dritte verhält, wie dieſes zum zweiten und das zweite zum erſten.

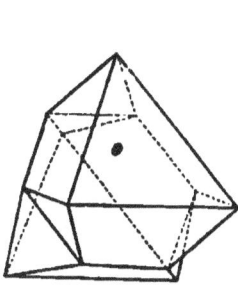 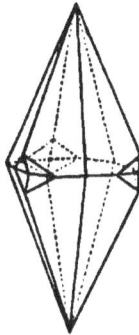 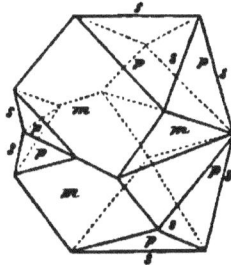

Fig. 59.  Fig. 58.  Fig. 57.

Beiſpiele von dergleichen Verbindungen ſind folgende:

Fig. 59. Die oft vorkommende Hemitropie des Oktaeders, wobei die Drehungsfläche parallel einer Oktaederfläche o. Am Magnetit, Spinell, Gah= nit ꝛc.

Fig. 58. Eine Hemitropie des Skalenoeders, wobei die Drehungsfläche die baſiſche, an der Geſtalt nicht erſcheinende, Fläche. Calcit.

Fig. 57. Eine Hemitropie an einer Combination der Quadratpyramide p mit dem quadratiſchen Prisma m. Die Drehungsfläche liegt parallel einem Paar der Scheitelkanten s oder der Pyramidenflächen, welche dieſe abſtumpfen können (von der nächſt ſtumpferen diagonalen Pyramide). Kommt häufig am Kaſſiterit, auch am Rutil vor.

Fig. 55. Eine Hemitropie an einer Combination des rhombiſchen Prisma's m mit dem brachydiagonalen Doma d und der brachydiagonalen Fläche q. Die Drehungsfläche iſt parallel einer Fläche des Prisma's m. Aragonit, Ceruſſit.

Fig. 56. Zwillingskryſtall des Stauroliths, die beiden prismatiſchen In= dividuen mit rechtwinklich gekreuzten Hauptaxen verwachſen.

Außer dieſen erwähnen wir noch der im hexagonalen Syſteme häufig

vorkommenden Hemitropieen, wo die Drehungsfläche parallel einer Rhom=
boederfläche und der im klinorhombischen vorkommenden, wo die Drehungs=
fläche parallel der orthobiagonalen Fläche (Gyps, Augit, Amphibol) oder
parallel einer Endfläche (Orthoklas, Sphen) oder parallel der Fläche eines
Klinodoma's (Orthoklas).

Zwillingsbildungen kommen häufig beim Hexaeder vor, indem zwei
Individuen eine Eckenaxe gemeinschaftlich oder doch parallel haben und eines
gegen das andere um diese Axe um 60° gedreht ist. Liparit, Eisenkies ꝛc.

 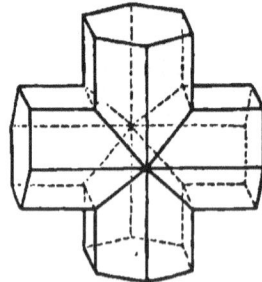

Fig. 55.                    Fig. 56.

Dasselbe Gesetz am Rhombendodekaeder. Granat.

Aehnliches findet sich bei Rhomboedern, wobei die Hauptaxe die ge=
meinschaftliche, Chabasit, Bitterspath ꝛc.

Zwei Pentagondodekaeder kommen öfters so verwachsen vor, daß bei
gemeinschaftlicher Hauptaxe eines gegen das andere um 90° um diese Axe
gedreht ist. Pyrit. Dasselbe Gesetz für 2 Tetraeder, Trigondodekaeder am
Tennantit und Tetraedrit.

Im rhombischen Systeme sind Zwillingskrystalle für den Harmotom
charakteristisch. Zwei rectanguläre Prismen mit den Rhombenpyramiden
haben gemeinschaftliche Hauptaxe und ist ein Individuum gegen das andere
um diese Axe um 90° gedreht.

Im klinorhombischen System kommen am Orthoklas häufig Zwillinge
vor, wobei zwei Individuen parallele Hauptaxe haben und das eine gegen
das andere um diese Axe um 180° gedreht ist. Die Zusammensetzungs=
fläche ist die klinodiagonale Fläche und es zeigt sich ein Unterschied, ob das
rechte oder linke Individuum herumgedreht wird. Aehnliche Bildungen im
klinorhomboidischen System am Albit, Anorthit u. a.

Die hemitropischen und Zwillingsbildungen sind gewöhnlich an den
vorkommenden einspringenden Winkeln zu erkennen, auch an der verschie=
denen Bildung an den Enden prismatischer Krystalle, im polarisirten
Lichte u. s. w.

Viele scheinbar einfache Krystalle sind aus Zwillingsbildungen zu=
sammengesetzt, so beim Aragonit, Pistazit, Disthen, Oligoklas, Gyps ꝛc.

§. 2. Zu den unregelmäßigen Verwachsungen gehören die Aggrega=
tionen und Zusammenhäufungen, welche nach keinem bestimmten Gesetze

erfolgen. Sie werden oft nach der Aehnlichkeit mit andern Gestaltungen benannt und sonach hat man büschel-, garben-, rosen-, fächerförmige, wulstige ꝛc. Aggregate, ferner drahtförmige, blechförmige, moosartige, dendritische, gestrickte u. s. w., welche vorzüglich bei gebiegenen dehnbaren Metallen vorkommen, Gold, Silber, Kupfer ꝛc. Mit der Loupe sieht man oft, daß die Drähte aus aneinandergereihten Krystallen, Oktaeder, Hexaeder ꝛc., die Bleche aus dergleichen tafelförmigen Krystallen bestehen.

Mehrere ringsum ausgebildete verwachsene Krystalle nennt man eine Kryhstallgruppe, mehrere auf einer gemeinschaftlichen Unterlage aufgewachsene eine Krystalldruse. Sehr oft sind Krystalle so zusammengehäuft, daß sie sich in ihrer Ausbildung gegenseitig gestört haben und nach den verschiedensten Richtungen um einander gelagert sind. Solche Aggregate nennt man krystallinische Massen und unterscheidet:

1) das körnige, wenn die Theile wie Körner aussehen;
2) das stängliche, wenn die Theile aus Stängeln zu bestehen scheinen. Strahlig heißt eine Masse, wenn nach der Länge der Stängel Flächen (von Blätterdurchgängen) wie Strahlen erscheinen:
3) das faserige, wenn die Theile aus Fasern bestehen;
4) das schalige, wenn die Theile aus dünnern oder dickern Platten bestehen.

Dabei bestimmt man wieder grob- und feinkörnige, lang- oder kurzfaserige ꝛc.

Werden bei einer krystallinischen Masse die Theile bis zur Unkenntlichkeit klein, so geben sie die dichten oder, wenn kein oder nur ein geringer Zusammenhang stattfindet, die erdigen Massen. Die dichten Massen gleichen also vollkommen den amorphen.

Die äußere Gestalt, unter welcher kryhstallinische und dichte Massen erscheinen, ist öfters ganz unbestimmt, öfters kann sie bezeichnet werden mit: kuglig, knollig, nierenförmig, traubig, zapfenförmig, röhrenförmig, tropfsteinartig ꝛc. Eine dichte Masse ist öfters porös, durchlöchert, zerfressen ꝛc. Kommt ein Mineral (kryhstallinisch oder dicht) als eine nußgroße Masse vor, so sagt man, es komme derb vor, in geringer Menge in ein Gestein eingestreut oder als dünner Ueberzug darauf, nennt man solches eingesprengt, angeflogen ꝛc.

## D. Von den Pseudomorphosen.

Unter Pseudomorphosen versteht man jene Gestalten, welche auf ein Mineral von Kryhstallen eines anderen übergegangen und daher seiner Mischung fremdartig sind, oder welche, wie bei den Petrefacten, von zerstörten Organismen herrühren.

Die Kryhstallpseudomorphosen entstehen entweder dadurch, daß eine Mineralmasse die Eindrücke ausfüllt, welche zerstörte oder ausgebrochene Kryhstalle in einem andern Mineral zurückgelassen haben, oder daß sie Kryhstalle eines fremden Minerals incrustirt, oder daß die Mischung sich verändert, die Form aber dieselbe bleibt, wie am unveränderten Mineral. Diese

4*

letztere Art ist von besonderem Interesse. Die Vorgänge sind sehr mannigfaltig und in vielen Fällen zur Zeit noch nicht erklärt. Man kann mit
Winkler unterscheiden:

1) Pseudomorphosen, in denen Bestandtheile des alten Minerals zur Bildung des neuen mit gedient haben. Beispiele sind
Calcit, kohlensaurer Kalk, in der Form von Gaylussit. Der letztere besteht
aus kohlensaurem Kalk mit kohlensaurem Natron und Wasser. Bei der
Zersetzung ist das kohlensaure Natron ausgelaugt worden und der an sich
rhomboedrisch krystallisirende Calcit erscheint nun in der klinorhombischen
Form des Gaylussits. — Bleivitriol, schwefelsaures Bleioxyd, in der Form
von Galenit, Schwefelblei. Die Umwandlung geschah durch Oxydation
des letztern; die neue Verbindung, an sich rhombisch krystallisirend, erscheint äußerlich in der tesseralen Form des früheren Galenit. — Malachit,
kohlensaures Kupferoxid mit Wasser, in der Form von Cuprit, Kupferoxydul. Die Umänderung geschieht durch Oxydation des Kupferoxydul zu
Kupferoxyd und gleichzeitigen Zutritt von Kohlensäure und Wasser. Der
Malachit, dessen Krystallsystem klinorhombisch, erscheint in der tesseralen
Form des Cuprits. — Bei dergleichen Umwandlungen hat die neue Substanz der Pseudomorphose innerlich ihre eigenthümliche Krystallisation und
nur die äußern Umrisse des Krystalls haben die Form des frühern Minerals. Wenn also Calcit pseudomorph in Formen des Gaylussit erscheint,
so sind die Calcittheilchen wie gewöhnlich rhomboedrisch, nicht klinorhombisch krystallisirt, ihr Gesammt-Aggregat hat aber äußerlich die Gaylussit-
Form.

Zu derlei Umwandlungen gehören auch die des Magnetit mit Erhaltung seiner äußeren oktaedr. Form in Hämatit (Martit) durch Aufnahme von Sauerstoff und findet sich auch Hämatit mit Erhaltung der
äußern rhomboedr. Form in Magnetit durch Abgabe von Sauerstoff verwandelt (Elba); Siderit wird durch Oxydation mit Verlust der Kohlensäure und Aufnahme von Wasser in Limonit, Anhydrit in Gyps, Pyrit in
Melantherit verwandelt und durch Aufnahme von Wasser verwandelt sich
Olivin in die Species: Villarsit, Serpentin, Marmolit. Dergleichen Umwandlungen können in verschiedener Art entstehen je nach der Anzahl der
dazu dienenden und in Wirksamkeit kommenden Mischungsgewichte der
Originalmischung, wo sie einestheils durch Zugabe, anderntheils durch Ab-
zug von Mischungstheilen sich ergeben und ist das eine oder das andere
schwer und selbst nicht immer mit Rücksicht auf die begleitenden Mineralien
zu bestimmen.

Sehr mannigfaltig sind die Pseudomorphosen des Cordierit: der
Chlorophyllit, Praseolith, Aspasiolith ꝛc. und zu den vielen Räthseln auf
diesem Gebiete gehören die von Genth beschriebenen Umwandlungen von
Korund in Spinell, Disthen, Damourit, Pyrophyllit ꝛc.

2) Pseudomorphosen, bei denen nichts vom Material des
zerstörten Minerals zur Bildung des neuen verwendet wurde.

Bei diesen Pseudomorphosen war das verschwundene Mineral häufig
ein Präcipitationsmittel für das neue, dessen Substanz in irgend einer

Auflösung mit jenem in Berührung kam. So findet sich Limonit und Hämatit (Eisenoxydhydrat und Eisenoxyd) in Formen, welche dem Calcit (der
ihr Fällungsmittel war) angehören, Quarz ebenfalls in Formen des Calcit,
aber auch Calamin (Zinksilicat) in Formen von Galenit, Kassiterit (Zinnoxyd) in Formen von Orthoklas (Thon-Kali-Silicat) ꝛc., welche Bildungen noch unerklärt sind. Die pseudomorphen Krystalle sind meistens
von den echten leicht zu unterscheiden, indem ihre Flächen gewöhnlich rauh
und Ecken und Kanten stumpf sind, oder indem sie hohl sind, oder durch
erdige, faserige und strahlige Structur und dadurch sich erkennen lassen,
daß sie häufig mit den von einem Mineral als echt bekannten Krystallen
nicht combinationsfähig erscheinen.

## 2. Von der Spaltbarkeit und dem Bruche.

§. 1.   Unter Spaltbarkeit versteht man die Eigenschaft eines Krystalls
oder einer krystallinischen Masse, sich nach gewissen Richtungen so theilen
zu lassen, daß dabei ebene Flächen, wie die Krystallflächen selbst, zum Vorschein kommen. Diese Richtungen heißen Spaltungsrichtungen oder
auch Blätterdurchgänge, weil sich sehr vollkommen spaltbare Mineralien,
wie z. B. die Glimmer-Arten, in diesen Richtungen abblättern lassen und
aus Blättern zusammengesetzt erscheinen.  Die Untersuchung der Spaltbarkeit geschieht bei den meisten Mineralien mit einem Meißel und Hammer
auf einem kleinen Ambos. Je nach der Art der Spaltung unterscheidet man
sehr vollkommen, vollkommen, unvollkommen, wenig ꝛc. spaltbar und berücksichtigt auch die Beschaffenheit der Spaltungsflächen, ob sie eben, abge-
rissen und unterbrochen, glatt oder gestreift ꝛc.
Jede Spaltungsfläche kann also identisch mit einer Krystallfläche angesehen werden und auch als solche äußerlich erscheinen, und Spaltungsflächen, die sich gleichartig verhalten, haben daher die Bedeutung gleichartiger Krystallflächen. Spaltungsflächen verschiedener Art entsprechen
ungleichartigen Krystallflächen. Ein würfelförmiger Krystall, welcher nur
in einer Richtung spaltbar ist oder in zweien mit verschiedener Vollkom-
menheit, ist daher kein echter Würfel des tesseralen Systems, denn die
Spaltung verräth nicht einerlei Flächen, wie sie dem Würfel zukommen,
sondern verschiedenartige. So dient diese Eigenschaft häufig dazu, Krystallflächen und deren Gleichartigkeit oder Verschiedenartigkeit zu bestimmen
und kenntlich zu machen.
Kommen an einem Mineral drei oder mehr Spaltungsrichtungen
vor, welche also wegen des Parallelismus 6 Flächen geben oder die doppelte
Zahl an Flächen, so ist die Spaltungsform öfters vollkommen bestimmbar
und dieses ist deshalb besonders beachtenswerth, weil die Spaltungsrichtungen bei einer und derselben Mineralspecies immer constant sind, wenn
sie sich zeigen, was freilich an einem Individuum nicht immer so deutlich
vorkommt, als an einem andern.
Eine Spaltungsform, welche also für sich krystallographisch vollkommen

beſtimmbar iſt, giebt uns die Stammform zur Entwicklung der ganzen Kry=
ſtallreihe des betreffenden Minerals. Die Spaltungsform des Calcits
iſt z. B. ein Rhomboeder von 105⁰ 5′ Scheitelkantenwinkel und iſt
damit vollkommen beſtimmbar; indem wir nun die kryſtallographiſchen Ge=
ſetze anwenden, ſind wir im Stande, den ganzen Formenreichthum dieſes
Minerals zu entwickeln und darzuſtellen, wie er in der Natur auch wirklich
beobachtet wird. Es iſt dieſes um ſo wichtiger, als ſolche Spaltungs=
formen öfters aus derben Maſſen erhalten werden können, an welchen äußer=
lich gar keine Kryſtallfläche zu ſehen iſt.

Wo Spaltungsrichtungen keine geſchloſſenen Geſtalten, wie das Okta=
eder, die Pyramiden, Rhomboeder ꝛc. geben, da bezeichnet man ihre Lage
an der Stammform. Dergleichen kommt nur in den monoaxen Syſtemen
vor. So iſt z. B. die Stammform baſiſch ſpaltbar, oder prismatiſch
nach irgend einem Prisma, makrodiagonal oder brachydiagonal, zu=
weilen beides, im rhombiſchen Syſtem, domatiſch nach einem Doma,
klinodomatiſch, hemidomatiſch, ortho= und klinodiagonal ꝛc. im
klinorhombiſchen Syſtem.

Bei Unterſuchung der Spaltbarkeit hat man darauf zu ſehen, alle
Spaltungsrichtungen, die an einem Mineral vorkommen, aufzufinden und
die als gleichartig ſich zeigenden Flächen gleich groß zu denken, um das nor=
male Bild der Geſtalt zu erhalten, welche ſie zuſammenſetzen. Nach Reuſch
werden, ſonſt unbemerkbare, Spaltungsrichtungen kenntlich, wenn man einen
ſpitzen Stahlſtift auf eine Kryſtallfläche ſetzt und leichte Hammerſchläge darauf
giebt. Es findet nur bei weichen Subſtanzen ſtatt. Auf einer Würfelfläche
des Steinſalzes entſtehen rechtwinklige nach den Diagonalen geſtellte Kreuze
als Andeutung einer Spaltung nach dem Rhombendodecaeder, auf den Fl.
des Spaltungsrhomboeders vom Calcit entſtehen gleichſchenklige Dreiecke,
die einzelne Seite parallel der Richtung der baſiſchen Fläche, an den Mus=
koviten gehen die Linien der Schlagfigur parallel der Seitenflächen des
rhombiſchen Prisma's und der makrodiagonalen Fläche, an den Biotiten
parallel den Flächen des hexagonalen Prisma's.

Aus dem bisher Geſagten ergiebt ſich die Regel, bei der Wahl der
Stammform, auf welche die Entwicklung der Kryſtallreihe gegründet wird,
vorzüglich Spaltungsformen zu beachten, wenn ſie an ſich beſtimmbar ſind,
und wo dergleichen fehlen, ſolche vollkommen beſtimmbare äußere Geſtalten
zu wählen, welche häufig in den Combinationen vorkommen und eine mög=
lichſt einfache Ableitung geſtatten.

§. 2. Wenn man ein Mineral nach Richtungen zerſchlägt, nach welchen
keine der beſagten Spaltungsflächen zum Vorſchein kommen, ſo nennt man
die erhaltenen Flächen Bruchflächen oder den Bruch. In Beziehung der
Beſchaffenheit der Bruchfläche unterſcheidet man muſchligen Bruch, wenn
die Bruchfläche muſchlig ausſieht, ſplittrigen, wenn Splitter darauf haf=
ten, ebenen, unebenen, erdigen und hackigen Bruch. Die letztere Art
findet ſich nur bei dehnbaren Metallen und iſt mehr ein Zerreißen, als ein
Brechen. Auch die Beſchaffenheit der Bruchſtücke kommt in Betracht, ob ſie
ſcharf= oder ſtumpfkantig, keilförmig, plattenförmig u. ſ. w.

### 3. Von der Härte und der Verschiebbarkeit.

Unter Härte versteht man den Widerstand eines Körpers, welchen er gegen das Eindringen eines andern in seine Masse äußert. Man kann mit einem Feuerstein den Marmor ritzen, aber nicht umgekehrt, sonach ist jener härter als dieser. Um den Härtegrad eines Minerals zu bestimmen, bedient man sich einer Vergleichungs-Skala von Mineralien, welche man als normal hart annimmt. Diese sind nach Mohs:

| | |
|---|---|
| 1. Talk, | 6. Orthoklas, |
| 2. Steinsalz, | 7. Quarz, |
| 3. Calcit, | 8. Topas, |
| 4. Liparit (Flußspath), | 9. Korund, |
| 5. Apatit, | 10. Diamant. |

Die Untersuchung geschieht bei den weicheren Mineralien von 1. anfangend bis 5. incl. auf einer guten Feile durch vergleichendes Streichen der Probe und der Mineralien der Skale, bei den härteren durch Ritzen mit scharfen Ecken auf diesen Mineralien oder umgekehrt. Die Härtegrade werden mit obigen Nummern angegeben und ein Mittel durch Decimalen bezeichnet. So ist z. B. die Härte des Spinells = 8, des Serpentins = 3, des Vesuvians = 6,5 u. s. f. Die Prüfung mit der Feile ist für die weniger harten Mineralien sicherer, als das Ritzen, denn ein Pyramideneck des Harmotoms ritzt z. B. den Orthoklas und selbst den Quarz, während die Feile nur 5 angiebt.

Auch bei dieser Eigenschaft beobachtet man, daß gleichartige Flächen sich gleich verhalten und daß Flächen, welche ungleiche Härte zeigen, nicht krystallographisch gleichartig sind. So zeigt der Calcit auf den Flächen des hexagonalen Prisma's größere Härte, als auf denen des Spaltungsrhomboeders, der Disthen auf den zweierlei Flächen seines Spaltungsprisma's merklich verschiedene Härte, der Liparit ist härter auf den Hexaederflächen, als auf den Oktaederflächen rc.

Diese Unterschiede sind übrigens meistens so fein, daß sie bei der gewöhnlichen Art, die Härte zu prüfen, nicht wahrgenommen werden. Mit dem sogenannten Sklerometer von Grailich und Pekárek zeigen sie sich aber sogar auf derselben Fläche, je nachdem man die Prüfung in der Richtung ihrer Seiten oder nach den Diagonalen rc vornimmt. So sind die Flächen des Rhombendodekaeders am Sphalerit nach der langen Diagonale härter, als nach der kurzen, die Hexaederflächen des Liparits parallel den Kanten am weichsten, in den Diagonalen am härtesten und so umgekehrt am Steinsalz.

---

Verschiebbarkeit der Theile ohne zu brechen, gestatten bis zu einem gewissen Grade alle festen Körper, am meisten die geschmeidigen und dehnbaren, welche sich platt schlagen und strecken lassen (gediegen Gold, Silber, Kupfer, Argenit), am wenigsten die spröden. Letztere geben beim Schaben mit dem Messer ein knirschendes Geräusch und die Theilchen springen weg. Ist dieses nur in einem geringen Grade der Fall, so nennt man solche Mineralien milbe (Galenit, Antimonit ꝛc.). Biegsamkeit läßt sich nur in größern Blättern und Fasern erkennen und man unterscheidet elastisch- und gemein-biegsam (Muskovit, Biotit, — Talk, Ripidolith).

## 4. Vom specifischen Gewichte.

Specifisches Gewicht nennt man das Gewicht eines Körpers, verglichen mit dem eines gleichgroßen Volumens Wasser, wobei das Gewicht des Wassers = 1 gesetzt wird. Wenn z. B. ein Würfel von (reinem, destillirtem) Wasser 10 (Loth, Gran ꝛc.) wiegt, so wird ein gleichgroßer Würfel von Quarz 26, von Topas 36, von Silber 105, von Gold 196 u. s. w. wiegen und das Gewicht des Wassers, in diesem Beispiel 10 als Einheit genommen und = 1 gesetzt, wird das specifische Gewicht von Quarz = 2,6 sein, von Topas = 3,6, von Silber = 10,5, von Gold = 19,6 u. s. w. Die Be-stimmung des specifischen Gewichtes eines Körpers setzt also voraus, daß man sein absolutes Gewicht = p und das Gewicht eines seinem Volumens glei-chen Volumens Wasser = q kenne, dann ist

$$q : p = 1 : s \text{ und daher das spec. Gewicht } s \text{ desselben} = \frac{p}{q}.$$

Das Gewicht eines gleichen Volumens Wasser kann man leicht auf mehrere Arten erfahren. Die eine ist folgende: Man tarirt ein wohl ver-schließbares, mit Wasser gefülltes Gläschen, wiegt daneben wie gewöhnlich das betreffende Mineral und bringt es dann in das Gläschen. Da dieses voll Wasser war, so ist klar, daß bei dem Hineinbringen des Minerals ein diesem gleiches Volumen Wasser daraus verdrängt werden muß, und hat man das Gläschen wie vorher verschlossen und natürlich das außen abhäri-rende Wasser gehörig entfernt, so muß der Gewichtsverlust des Ganzen das Gewicht des verlangten gleichen Volumens Wasser (des verdrängten) angeben. Ein Stück Kupferkies z. B. wiege in der Luft 37,8 Gran = p und verdränge aus dem Gläschen 9 Gran Wasser = q, so ist 9 : 37,8 = 1 : s und s = 4,2 — dem specifischen Gewichte des Kupferkieses.

Ein solches Gläschen soll nicht über eine Unze schwer sein und ungefähr 200 Gran Wasser fassen, der Stöpsel muß gut eingeschliffen sein und natür-lich beim Wägen darauf geachtet werden, daß Luftblasen, die sich beim Hineinbringen des Minerals anhängen, zu entfernen sind, ebenso außen abhärirendes Wasser ꝛc.

Statt dieser Art zu wägen kann man sich mit großen Vortheilen des von Prof. Jolly construirten Apparates bedienen, welcher keine Gewichte erfordert, die Operation sehr vereinfacht und noch ein Milligramm deutlich anzeigt. Fig. 91 zeigt diesen Apparat*). An einem Stabe von 1½ Meter Länge ab befindet sich, etwa von c bis d reichend, eine in Millimeter ge-theilte Skale, welche auf einem Spiegel angebracht ist. In a ist eine spiral-

*) Eine solche Jolly'sche Waage liefert der Mechanikus Berberich in Mün-chen für 27 Mark.

förmig gewundene Claviersaite e befestigt (wie man sie durch Abrollen einer Spule erhält), welche an feinen Platindrähten zwei kleine Teller von Glas, einen über dem andern trägt und in o und o' Marken hat. Fig. 92. Der untere Teller taucht in Wasser, welches sich in einem bis etwas über o' angefüllten Glase g befindet und kann dieses Glas durch Verschieben des Trägers h, auf welchem es steht, am Stabe ab höher und tiefer gestellt werden. Beim Wägen beobachtet man zuerst den Stand eines als Marke dienenden kleinen Dreiecks an der Skale, indem man dessen direct gesehene Spitze mit der im Spiegelbilde erscheinenden für das Auge in gleiche Höhe bringt. Der Stand sei z. B. 45 Theilstriche; man legt nun die Mineralprobe auf den oberen Teller und schiebt den Träger am Stabe herunter, bis die Marke ruhig steht und liest die Grade ab, man habe 75 Theilstriche, so ist das absolute Gewicht der Probe durch 75 — 45 = 30 bezeichnet. Legt man dann die Probe auf den im Wasser befindlichen Teller, so wird die Marke steigen und man schiebt den Träger wieder aufwärts, bis sie ruhig steht. Geschieht dieses z. B. bei 69 Theilstrichen, so ist der Gewichtsverlust 75 — 69 = 6 und das spec. Gewicht der Probe = $\frac{30}{6}$ = 5. Die Marke o' muß immer etwas unter den Wasserspiegel zu stehen kommen. Von spec. leichteren Substanzen genügt zu solcher Wägung $\frac{1}{4}$ Gramm, von schwereren 1 — 1$\frac{1}{4}$ Grammen. Für letztere nimmt man eine etwas stärkere Drahtspirale als für erstere. —

Wenn ein Mineral im Wasser auflöslich ist, so wiegt man es in einer Flüssigkeit, in der es sich nicht auflöst, und berechnet dann das specifische Gewicht für das des Wassers als Einheit. 50 Theile Steinsalz (p) z. B in Terpentinöl gewogen, verdrängen eine Menge, deren Gewicht q' = 19,53: das specifische Gewicht des Terpentinöls verhält sich aber zu dem des Wassers = 0,872 : 1, man hat also 0,872 : 1 = 19,53 : q, daher q = 22,396 = dem Gewichte eines gleichen Volumens Wasser. Da nun

$$s = \frac{p}{q}, = \frac{50}{22,396} = 2,232,$$ so ist 2,232 das specifische Gewicht des Steinsalzes.

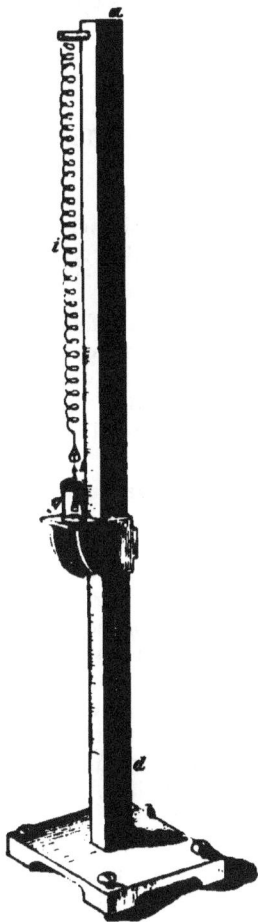

Fig. 91.

Fig. 92.

Am besten eignen sich zur Bestimmung des specifischen Gewichtes reine Krystalle oder Krystallbruchstücke. Poröse Substanzen müssen als Pulver gewogen werden.

## 5. Pellucibität, Asterismus, Strahlenbrechung Polarifation des Lichtes.

Pellucib sind alle Mineralien, deren Masse das Licht durchläßt, opal oder undurchsichtig diejenigen, deren Masse es nicht durchläßt oder absorbirt.

Bei den pelluciden Mineralien unterscheidet man: durchsichtig, halbdurchsichtig, durchscheinend, wobei man kein Bild mehr erkennt, und wenig oder an den Kanten durchscheinend, eigentlich in dünnen Splittern. Das Pellucibsein und das Opalsein sind meistens wesentlich, die Grade der Pellucibität aber meistens zufällig.

Pellucibe Krystalle zeigen öfters eine eigenthümliche Lichterscheinung, wenn man durch dieselben nach der Flamme eines Kerzenlichts oder eines Gasbrenners bei sonst nicht beleuchtetem Raume sieht oder auch den Reflex einer solchen Flamme von den Krystallflächen (bei nahegebrachtem Auge) beobachtet. Es zeigen sich theils einzelne Lichtstreifen, theils mehrere dergleichen, welche sich in einem Kreuz oder Stern schneiden oder es erscheint auch zuweilen ein Lichtring, sog. parhelischer Kreis. Diese Lichtfiguren gehören zu den Gitter= oder Beugungserscheinungen und lassen sich leicht künstlich darstellen, wenn die geeigneten Systeme paralleler Linien in eine Spiegelbelegung radirt werden. Solche Linien und Gitter werden an den Krystallen durch äußere Flächenstreifung oder auch durch eine analoge innere Structur gebildet. Die Lichtlinien stehen immer rechtwinklich auf den Streifen. Die prismatischen Flächen des Quarzes sind rechtwinklich zur Prismenaxe gestreift, beim Durchsehen gegen ein Licht zeigt sich daher eine der Prismenaxe parallele Lichtlinie, beim brasilianischen Topas, wo die Streifung nach der Prismenaxe geht, ist es umgekehrt und steht die Lichtlinie rechtwinklich zu dieser Axe. An den tafelförmigen Krystallen des Apophyllit von Faßa sieht man oft durch die basischen Flächen ein Lichtkreuz in der Richtung der Diagonalen, an ähnlichen Apatitkrystallen einen schönen 6strahligen Stern, ebenso an manchem Biotit; einen parhelischen Kreis zeigen manche Berill= krystalle durch die basischen Flächen 2c.

An Spaltungstafeln von Gypskrystallen ist eine Faserstructur sichtbar und bilden die Fasern mit der orthobiagonalen Fläche einen Winkel von 113° 46'. Es zeigt sich dann, s. Fig. 82, ein Lichtstreifen in der Richtun ab; öfters kommt eine Streifung nach der orthobiagonalen Fläche dazu, und dann entsteht ein Lichtkreuz ab, cd mit Winkeln von 113° 46' und 66° 14; bei Zwillingskrystallen von Gyps, wo zwei Blätter, s. Fig. 83, um 180.° gedreht auf einander liegen, entsteht durch die Faserstructur ein

Lichtkreuz von 132° 26' und 47° 32' und wenn der Lichtstreifen von cd noch dazu kommt, ein 6strahliger Stern mit 4 Winkeln von 66° 14' und zwei von 47° 32'. Man darf, um die Erscheinung zu sehen, nur zwei einfache Gypsplatten, welche die erwähnte Streifung zeigen, nach dem Zwil-

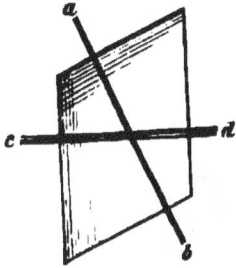 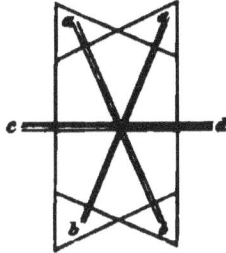 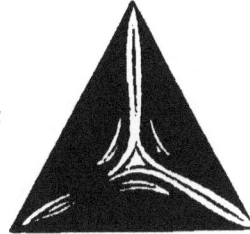

Fig. 82.  Fig. 83.  Fig. 84.

lingsgesetz auf einander legen. Man muß beim Beobachten die Lichtflamme nicht zu nahe haben; aus einer Entfernung von einigen Schritten sieht man die Lichtfigur meistens am besten.

Krystalle, welche dergleichen Lichtlinien nicht unmittelbar wahrnehmen lassen, zeigen sie oft, wenn durch ein Aetzmittel ihre Flächen corrodirt werden und entstehen dann je nach der Art des Aetzmittels oder dem Grade des Aetzens die verschiedensten Figuren, welche nach ihrem Entdecker auch die Brewster'schen Lichtfiguren genannt werden. Beispiele solcher Figuren sind folgende. Wenn man eine glatte Fläche eines Alaunoktaeders, welche

 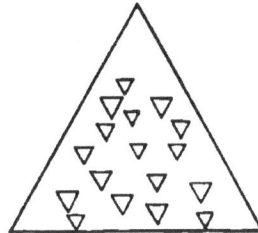

Fig. 85.  Fig. 86.

das Kerzenlicht wie ein Spiegel deutlich reflectirt, mit einem nassen Tuche überfährt und dann mit einem andern weichen Tuche durch leichtes Reiben sogleich trocknet, so erblickt man statt der Lichtflamme, wie vorher, einen 3strahligen Stern Fig. 84, wenn man statt Wasser Salzsäure anwendet, so entsteht der 6strahlige Stern Fig. 85. Auf der Fläche erkennt man mit der Loupe eingeätzte Dreiecke Fig. 86. Wenn man ein Spaltungsstück von isländischem Calcit mit Salzsäure einigemale (auf einer Fläche) überfährt und dann mit Wasser und die Fläche wieder trocknet, so entsteht die 3strahlige Fig. 87, welche besonders schön beim Durchsehen gegen ein Kerzenlicht sich zeigt; wird aber zum Aetzen statt der Salzsäure Salpetersäure angewendet, so ändert sich die vorige Figur in Fig. 88 mit Ranken, welche herzförmig zusammenlaufen. So einfach in den meisten Fällen die Erklärung der Streifung und der durch sie bedingten Lichtlinien, so räthselhaft ist eine Erscheinung wie die zuletzt genannte und deutet auf eine Lagerung der Molecüle und ein verschiedenartiges Verhalten ihrer Theile hin, welche den Krystallbau in seinem innersten Wesen geradezu als ein unergründliches Räthsel darstellen. Bei diesen Erscheinungen verhalten sich gleichartige Flächen immer gleich und verschiedenartige häufig verschieden. So bringt

Fig. 87.          Fig. 88.

Aetzen mit Wasser auf den am Alaun vorkommenden Würfelflächen ein rechtwinkliches Kreuz hervor, auf den Flächen des Rhombendodecaeders eine Lichtlinie, welche die Lage der kurzen Diagonale der Rhombenflächen hat. — Interessante Resultate des Aetzens an Krystallen von Calcit hat Haushofer erhalten und Baumhauer am Apatit, Gyps, Topas, Muskovit, Biotit 2c. (Jahresber. der Chemie).

Zusammenhängend mit diesen Erscheinungen sind die Beobachtungen von Sadebeck, daß die Krystalle aus Theilchen bestehen, welche nicht immer die Form haben, wie der Krystall, welchen sie aufbauen. Sadebeck nennt sie Subindividuen.

### Strahlenbrechung und Polarisation des Lichtes.

Wenn ein schief einfallender Lichtstrahl das Medium wechselt, durch welches er geht, so wird er von seiner ursprünglichen Richtung abgelenkt, er wird gebrochen. Der Winkel, welchen er mit einer auf die Fläche des brechenden Mediums gefällten Senkrechten macht, heißt der Einfallswinkel, der Winkel, welchen er in dem brechenden Medium mit dieser Senkrechten bildet, heißt der Brechungswinkel. Wenn ein Lichtstrahl von einem dünneren Medium durch ein dichteres geht, z. B. von Luft durch Wasser, so ist der Brechungswinkel kleiner als der Einfallswinkel, wenn er aber aus einem dichteren in ein dünneres tritt, so ist es umgekehrt und der Brechungswinkel ist größer als der Einfallswinkel. Ein Lichtstrahl, der rechtwinklich auf die Fläche des Mediums fällt, erleidet keine Brechung.

Bei der gewöhnlichen Strahlenbrechung steht der Sinus des Einfalls-

winkels, sin i, zum Sinus des Brechungswinkel, sin r, in einem conſtan-
ten Verhältniß und wenn man den erſteren durch letzteren dividirt, ſo erhält
man den Brechungsexponenten oder Brechungsindex. Wird dieſer
mit n bezeichnet, ſo iſt daher $n = \dfrac{\text{sin } i}{\text{sin } r}$. S. Fig. 1.

Dieſes iſt die einfache Strahlenbrechung und unter den Kryſtallen
kommt ſie in jeder Richtung denen zu, welche das teſſerale Syſtem
bilden; die Kryſtalle der übrigen Syſteme zeigen aber nur in einer oder
in zwei Richtungen die einfache Brechung, in anderen theilt ſich ein einfallender Strahl in zwei Strahlen und iſt die-
ſes die doppelte Strahlenbrechung, zuerſt
am isländiſchen Kalkſpath von dem Dänen
Erasmus Bartholin um das Jahr 1670
beobachtet.

Bei der Doppelbrechung folgt bei den Kryſtallen des quadratiſchen und hexagonalen Syſtems der eine der gebrochenen Strahlen dem
gewöhnlichen Brechungsgeſetz und zeigt daſſelbe
Brechungsverhältniß für verſchiedene Einfallswinkel; dieſes iſt der ordinäre oder O Strahl;
bei dem extraordinären E Strahl beſteht kein
conſtantes Verhältniß zwiſchen dem Sinus des
Einfallswinkels und dem des Brechungswinkels. Bei den Kryſtallen der
Syſteme, welche drei oder mehr kryſtallographiſche Axen haben, folgt keiner
der doppelt gebrochenen Strahlen dem gewöhnlichen Brechungsgeſetz.

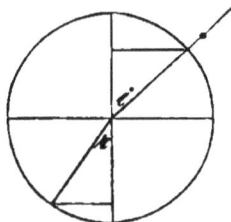

Fig. 1.

Die Richtungen oder die ſie beſtimmenden Linien, in welchen die doppeltbrechenden Kryſtalle nur einfache Brechung zeigen, heißen optiſche
Axen und theilen ſich die Kryſtalle nach der Zahl dieſer Axen in zwei
Gruppen, nämlich in ſolche mit einer optiſchen Axe: optiſch einaxige,
und in ſolche mit zwei optiſchen Axen, optiſch zweiaxige.

Zu der erſten Gruppe gehören die Kryſtalle des quadratiſchen und
des hexagonalen Syſtems und iſt deren kryſtallographiſche Hauptaxe zugleich optiſche Axe. Zu den optiſch zweiaxigen gehören die Kryſtalle des
rhombiſchen, klinorhombiſchen und klinorhomboidiſchen Syſtems.

Bei den rhombiſchen Kryſtallen liegen die optiſchen Axen in einem der
Schnitte, in welchen die drei einzelnen kryſtallographiſchen Axen liegen oder
es iſt die baſiſche oder die makrodiagonale oder die brachydiagonale Fläche
die optiſche Axenebene. Von den drei einzelnen kryſtallographiſchen Axen
halbirt eine den ſpitzen Winkel, unter welchem ſich die optiſchen Axen im
Innern des Kryſtalls kreuzen, eine zweite halbirt ihren ſtumpfen Winkel
und die dritte ſteht auf ihrer Ebene rechtwinklich. Die erſtere heißt die
Mittellinie (Biſectrix).

Bei den klinorhombiſchen Kryſtallen liegen die optiſchen Axen in einer
dem klinodiagonalen Hauptſchnitt oder der Symmetrie-Ebene parallelen oder

auch in einer der Endfläche oder eines Hemidomas parallelen Ebene. Die Mittellinie ist nicht zum voraus zu bestimmen. In den klinorhomboidischen Krystallen besteht keine allgemeine Regel für die Lage der optischen Axen.

Die optischen Axen sind nicht einzelne Linien, sondern Richtungen und es zeigt daher jeder Punkt einer Fläche, durch welche eine optische Axe geht, die von einer solchen abhängigen Erscheinungen, ein Beweis, daß jeder Kry= stall ein regelmäßiges Aggregat unendlich vieler kleiner Krystallindividuen ist. Man kann sich von dem eigenthümlichen Verhältniß der Doppelbrechung leicht überzeugen, wenn man ein klares Spaltungsrhomboeder von Calcit auf ein Blatt Papier, welches mit einem Punkt bezeichnet ist, auflegt, man sieht dann den Punkt doppelt, legt man aber ein solches Rhomboeder, an welchem die basischen Flächen angeschliffen sind, auf das Blatt, so sieht man

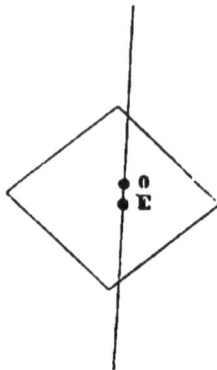

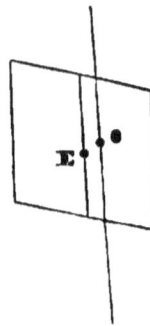

Fig. 2.         Fig. 3.

durch diese das Zeichen nur einfach, da man nun in der Richtung der opti= schen Axe sieht, in welcher keine Doppelbrechung stattfindet.

Welches der Doppelbilder dem ordinären und welches dem extraordi= nären Strahl angehört, läßt sich erkennen, wenn man als Zeichen eine ge= rade Linie mit einem Punkt in der Mitte wählt und die Linie so lang macht, daß sie über das aufgelegte Calcitrhomboeder hinausreicht. Man dreht dann den Krystall auf der Unterlage bis die Bilder übereinander fallen, also die gerade Linie gemeinschaftlich zu haben scheinen; man fixirt nun mit unver= rücktem Auge die Punkte auf der Linie und dreht den Krystall wieder. Da= bei bleibt ein Punkt stehen und die ganze Linie ist sichtbar, wie beim Durch= sehen durch ein aufgelegtes Glas, der andere Punkt mit seiner Linie bewegt sich aber von der Stelle und die Linie setzt nicht wie die erste über den Kry= stall hinaus fort, sondern endet an der Grenze des Krystalls. S. Figur 2 und 3. In der Richtung der langen Diagonale der Rhomboederfläche sind die Bilder am weitesten von einander entfernt. Der bei solchem Drehen stehenbleibende Punkt gehört dem O Strahl, der bewegliche dem E Strahl;

der erstere liegt dem Scheiteled, der zweite dem Randeck näher und das Bild des letzteren ist blasser als das des O Strahls.

Man kann Doppelbrechung an allen Krystallen beobachten, welche nicht zum tesseralen System gehören, wenn man durch Flächen sieht, welche die gehörige Neigung zu den optischen Axen haben; da diese Flächen aber meistens künstlich angeschliffen werden müssen und auch die Doppelbrechung oft nur schwach ist und die Bilder nur wenig auseinander treten, so wäre von dieser Eigenschaft als Kennzeichen nur ein sehr beschränkter Gebrauch zu machen, wenn wir nicht auf einem anderen Wege zu ihrer Kenntniß gelangen könnten. Dieses geschieht aber durch das Verhalten im polari=firten Lichte und ist damit nicht nur die Doppelbrechung leicht nachzu=weisen, sondern auch die Zahl und Lage der optischen Axen zu bestimmen.

Polarisirtes Licht entsteht entweder durch Reflexion als beim Durch=gehen durch gewisse Substanzen. Wenn man aus einem durchsichtigen Prisma von grünem oder braunem Turmalin der Hauptaxe parallel zwei dünne Tafeln herausschneidet, so werden sie, in derselben Richtung wieder aufeinandergelegt, das Licht wie vorher durchlassen; dreht man aber die eine Tafel um 90° herum, so bemerkt man, daß nun das Licht nicht mehr oder nur sehr wenig durchfällt, daß es absorbirt wird. Lichtstrahlen, welche dieses Verhalten von Durchgehen und Absorbtion unter den geeigneten Um=ständen zeigen, heißen polarisirte und diese Eigenschaft Polarisation des Lichtes.

Die Polarisation des Lichtes ist von Huyghens (1706) zunächst be=obachtet, aber erst (1808) von Malus genauer untersucht worden.

Wenn man durch eine der erwähnten Turmalintafeln auf einen schwar=zen Glasspiegel unter etwa 33° sieht, so ist der Effect derselbe, nämlich in einer Richtung fällt Licht durch die Turmalintafel und beim Drehen der=selben um 90° wird es absorbirt und die Tafel erscheint dunkel. Diese Me=thode mit Spiegel und Turmalin zu beobachten, ist für die hier anzustellen=den Versuche die bequemste. Dabei heißt der Spiegel oder das Medium, welches zuerst das Licht polarisirt, Polarisator, der Turmalin oder sonst ein entsprechendes polarisirendes Medium; durch welches man beobachtet, Analysator.

Der Winkel, unter welchem reflectirtes Licht polarisirt wird, ist für verschiedene Sub=stanzen verschieden. Brewster nennt Pola=risationswinkel den Winkel, welchen bei der Polarisation der einfallende Strahl mit einer zu der reflectirenden Ebene senkrechten Linie bildet Fr A; er ist für Glas 56° 45'. Die Tangente (AF) dieses Polarisa=tionswinkels (Fr A) ist gleich dem Brechungs=Index. S. Fig. 4.

Der vorhergenannte Winkel von 33° ist das Compl. zu dem Brewster'schen Polarisa=tionswinkel (33° 15'). —

Um mittelst des polarisirten Lichtes die Art der Strahlenbrechung an

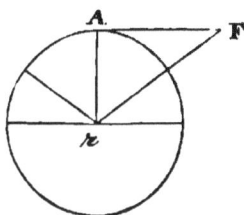

Fig. 4.

einen Kryſtall auszumitteln, hat man nur zwiſchen den Turmalin, der zum Dunkelwerden geſtellt worden, und den Spiegel einen durchſichtigen Kryſtall zu bringen und zu ſehen, ob der Turmalin in irgend einer Lage dieſes Kryſtalls erhellt wird oder nicht. Im erſteren Falle beſitzt er Doppelbrechung, im letzteren iſt er einfach brechend.

Es erklärt ſich dieſes aus Folgendem:

Man nimmt an, daß in einem polariſirten Strahl die Aetherſchwingungen nur in einer Richtung ſtattfinden, während ſie in einem nicht polariſirten nach verſchiedenen Richtungen erfolgen. Befinden ſich zwei polariſirende Subſtanzen in einer ſolchen Stellung gegeneinander, daß das durchfallende Licht in beiden in gleicher Richtung ſchwingt, ſo bemerkt man keine Abſorption; es zeigt ſich aber dieſe, wenn der polariſirte Strahl der erſten Platte rechtwinklich ſchwingt gegen den der zweiten. In einer Turmalintafel, geſchnitten wie vorher geſagt, nimmt man die Schwingungen parallel der Kryſtallhauptaxe an, es tritt alſo die Verdunklung ein, wenn ſich die Hauptaxen beider Platten rechtwinklich kreuzen oder wie man ſagt, bei rechtwinklich gekreuzten Polariſationsebenen, worunter man die Ebenen verſteht, gegen welche die Schwingungen rechtwinklich ſtattfinden.*) Nun ſind in allen doppeltbrechenden Körpern die beiden Strahlen polariſirt und zwar beide entgegengeſetzt und ſchwingen rechtwinklich gegeneinander. Dreht man alſo eine doppeltbrechende Platte zwiſchen den gekreuzten auf dunkel geſtellten Turmalinen (oder ſo geſtelltem Turmalin und Spiegel), ſo werden zwei Richtungen ſein, wo das Dunkel unverändert bleibt, in allen übrigen aber und beſonders in den um 45° dazwiſchen liegenden wird mehr oder weniger Helligkeit eintreten, weil die Mittelplatte weder gegen die erſte Turmalinplatte, durch welche das Licht einfällt, noch gegen die zweite, durch welche man ſieht, rechtwinklich ſchwingt. Daß aber die beiden Strahlen einer doppeltbrechenden Subſtanz entgegengeſetzt polariſirt ſind, davon kann man ſich leicht überzeugen. Man nehme ein Spaltungsſtück von Calcit, welches hinlänglich dick iſt um zwei Bilder deutlich nebeneinander zu zeigen. Man klebe ein ſchwarzes Papier, an welchem ein kleines Loch durchgeſtochen, auf eine Fläche des Kryſtalls, ſo erblickt man, indem man durch die parallele nicht beklebte Fläche gegen die Luft ſieht, zwei Lochbilder. Sieht man aber gegen einen horizontalen ſchwarzen Spiegel und hält den Kryſtall ſo, daß die kurze Diagonale der Rhombenfläche ebenfalls horizontal liegt, ſo verſchwindet eines der Lochbilder und zwar das dem Scheiteleck des Rhomboeders näher liegende, welches dem O Strahl angehört, während das andere dem E Strahl angehörende Bild verſchwindet, wenn man die kurze Diagonale aus der horizontalen Richtung um 90° dreht. Der Strahl des verſchwindenden Bildes hat alſo eine Schwingung, welche der des vom Spiegel reflectirten Strahls entgegengeſetzt iſt, ſie unter 90° kreuzt; ſteht aber die Calcitplatte ſo, daß eine ihrer Diagonalen aus der horizontalen Stellung um 45° gedreht wird, ſo zeigen ſich beide Lochbilder gleich hell.

Die Polariſationsebenen der beiden Strahlen eines doppeltbrechenden

---

*) Beim ſog. Nikol geht die Schwingung des polar. Strahls parallel der kurzen Diagonale des Spaltungsrhomboeders wie am E Strahl.

Kryſtalls oder ihre Schwingungsrichtungen haben eine beſtimmte Lage gegen die Begrenzung ſeiner Flächen, gegen ſeine Kanten und Axen und bezeichnen (Grailich) die Lage der ſog. optiſchen Hauptſchnitte (Ebenen, welche auf der Einfallsebene des Strahls normal und zugleich in der Richtung der optiſchen Axe liegen). Dieſe Lage läßt ſich durch das Stauroſkop be-

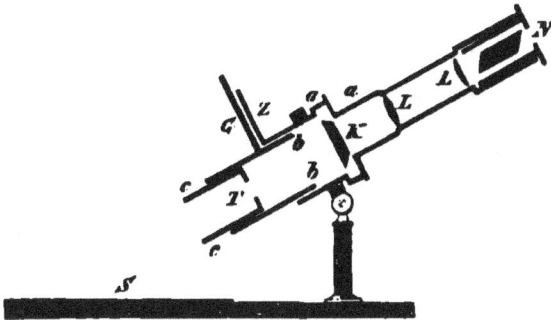

Fig. 72.

ſtimmen. Das Weſentliche des Apparates (Fig. 72) beſteht aus drei Cylindern, der eine, der Nicolcylinder aa, trägt den Nicol N, unter dieſem zwei Linſen L und eine Calcitplatte mit angeſchliffener baſiſcher Fläche K, ferner den feſtſtehenden Zeiger Z. In dieſem Cylinder iſt ein zweiter bb drehbar, welcher den Gradbogen G trägt mit dem Nullpunkt in der Mitte und nach links und rechts in 90 Grade getheilt. Dieſer Bogen liegt am Zeiger Z an; in dieſem Cylinder iſt ein dritter cc einſchiebbar und mit ihm durch einen eingreifenden Schieber ſo verbindbar, daß beide, bb und cc, mit einander gedreht werden können. Dieſer dritte Cylinder trägt über T eine Platte, in welcher in der Mitte eine runde Oeffnung von dem Durchmeſſer einer Linie (nach Bedürfniß größer oder kleiner), um welche ein Quadrat gravirt iſt (Fig. 73). Der Nicolcy

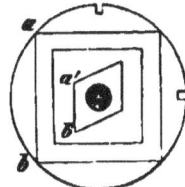

Fig. 73.

linder wird mit einem Schraubenring auf einer kurzen Säule ſo befeſtigt, daß er gegen den horizontalen ſchwarzen Spiegel S beliebig geneigt werden kann. Der Spiegel iſt in einem Bret eingelaſſen, auf welchem auch der kleine ſäulenförmige Träger des Ganzen eingeſchraubt iſt. Iſt der Nicol gegen den Spiegel zur Abſorption geſtellt, ſo erblickt man das Polariſationsbild des Calcit, wovon noch unten die Rede ſein wird und welches in einem, von concentriſch farbigen Ringen umgebenen Kreuz beſteht. Das dunkle Feld, welches ſich ohne die Calcitplatte zeigen würde, iſt durch dieſe im Kreuze ſchärfer beſtimmt. Wenn der dritte Cylinder eingeſchoben und deſſen Schieber in den zweiten eingepaßt und der Gradbogen auf 0 geſtellt wird, so ist die Construction der Art, daß dann zwei Seiten des gravirten Quadrats dieselbe Lage haben, wie die Apsorbtionsrichtung des Nicols, und folglich die zwei andern zu dieser rechtwinklich liegen.

Wenn man nun die Richtungen, in welchen die polarisirten Strahlen eines doppeltbrechenden Krystalls zu den Seiten einer beobachteten Fläche schwingen, bestimmen will, so legt man die Krystallplatte auf die Oeffnung des Trägers, an dem sie mit etwas weichem Wachs befestigt wird und schiebt sie so, daß eine ihrer Seiten die Lage einer Seite des gravirten Quadrats hat, schiebt den Cylinder ein, dreht auf Null und beobachtet. Sieht man das Kreuz unverändert in seiner Stellung, so schwingen die polarisirten Strahlen des Krystalls in der Richtung der eingestellten Seite der Fläche und rechtwinklich zu ihr, erscheint aber kein Kreuz oder ein in seiner Lage verändertes, so schwingen die Strahlen nicht in der Richtung der eingestellten Seite und man hat um einen bestimmten Winkel zu drehen, bis dieses geschieht und das Kreuz wieder normal erscheint. Der Winkel wird am Nonius des Zeigers abgelesen.

Ein Beispiel wird das erläutern. Es sei Fig. 74 a b c d die Seiten-

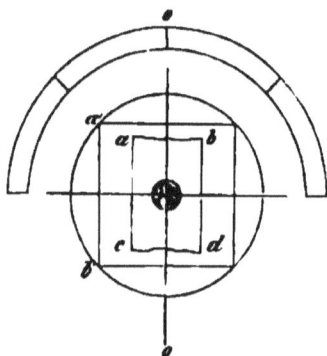

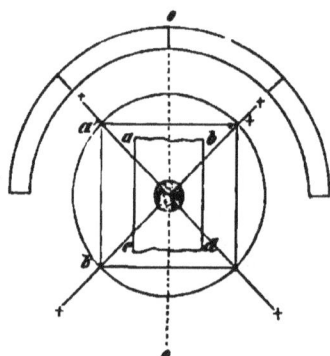

Fig. 74.　　　　　Fig. 75.

fläche eines Topasprisma's und mit der Seitenkante a c parallel der Quadratseite a'b' eingestellt. Für diese Stellung sieht man im Staurostop das schwarze Kreuz unverändert, die polarisirten Strahlen schwingen also im Topasprisma in der Richtung der Hauptaxe oo und rechtwinklich zu ihr; wäre aber die Fläche a b c d die Fläche eines Prisma's von Gyps und wie die vorige nach der Seitenkante oder nach der Krystallhauptaxe oo mit a'b' parallel eingestellt, so zeigt sich das Kreuz im Staurostop gedreht (wie Fig. 69) und hat nicht die Lage a'b' oder oo, sondern die Lage xx Fig. 75, welche man durch den Winkel kennen lernt, um welchen gedreht werden muß, bis das Kreuz normal erscheint. Am Gyps schwingen also die polarisirten

Strahlen nicht in der Richtung der
Krystallhauptare, wie man diese ge=
wöhnlich wählt, sondern machen mit
ihr Winkel von 44° und 46° (die
beiden beim Links= und Rechtsdrehen
sich zu 90° ergänzenden Drehwinkel *).

In dieser Weise erhält man durch
das Stauroskop eine optische Charak=
teristik der Krystallsysteme, welche in
vielen Fällen noch Entscheidung giebt,
wo die mathematische nicht mehr aus=
reicht.

Fig. 69.

## I. System der einfachstrahlenbrechenden Krystalle.

### Tesserales System.

Die tesseralen Krystalle zeigen in jeder Lage, welche man ihnen auf
dem Träger giebt, das Kreuz im Stauroskop normal und beim Drehen
des Trägers unverändert.

Steinsalz, Alaun, Spinell, Liparit ꝛc.

Ebenso verhalten sich amorphe Massen.

## II. System der doppeltbrechenden Krystalle.

Alle doppelt brechenden Krystalle zeigen in gewissen Richtungen
das Kreuz gedreht oder löschen beim Drehen das normale Kreuzbild aus,
nur in der Richtung der optischen Axen verhalten sie sich zum Theil wie die
tesseralen.

### Systeme mit einer optischen Axe.

#### 1. Quadratisches System.

1) Auf den Flächen der Quadratpyramide stellt sich das Kreuz nach
den Höhenlinien der Dreiecke oder rechtwinklich auf die Rand=
kante.
2) Auf allen vorkommenden Prismen hat das Kreuz die Lage der
Hauptaxe.
3) Auf den basischen Flächen erscheint das Kreuz normal und beim
Drehen des Krystalls unverändert.

Apophyllit, Vesuvian, Zirkon, Mejonit ꝛc.

#### 2. Hexagonales System.

1) Auf den Flächen der Hexagonpyramide stellt sich das Kreuz nach
den Höhenlinien der Dreiecke oder rechtwinklich auf die Randkante.

*) Ein vollständiges Stauroskop liefert die Firma Böhm und Wiede-
mann in München für 51 M. 50 Pf.

5*

2) Auf den Flächen des Rhomboeders stellt sich das Kreuz nach den Diagonalen.

3) Auf den Flächen des Skalenoeders stellt sich das Kreuz nach den Höhenlinien der Flächen seiner holoedrischen dihexagonalen Pyramide oder rechtwinklich auf die Seite seines horizontalen 12 seitigen Querschnitts.

4) Auf allen vorkommenden Prismenflächen erscheint das normale Kreuz in der Richtung der Hauptaxe.

5) Auf der basischen Fläche erscheint das Kreuz normal und beim Drehen des Kryſtalls unverändert.

Apatit, Quarz, Calcit, Smaragd ꝛc.

Syſteme mit zwei optiſchen Axen.

3. Rhombiſches Syſtem.

1) Auf den Flächen der Rhombenpyramide ſteht, entſprechend dem ungleichſeitigen Dreieck, das Kreuz mit dreierlei Winkeln auf den Seiten.

2) Auf den Prismenflächen, wie auf der makro- und brachybiagonalen Fläche, ſteht das Kreuz in der Richtung der Hauptaxe, entſprechend auf den Domen in der Richtung der Domenkante.

3) Auf der basiſchen Fläche, wenn ſie als Rhombus erſcheint, ſteht das Kreuz nach den Diagonalen und entſprechend in der Richtung der Seiten, wenn ſie als Rectangulum erſcheint.

(Beim Drehen des Kryſtalls wird das Kreuz gebleicht oder mit Farben verändert.)

Baryt, Topas, Epſomit, Aragonit, Chryſolith ꝛc.

4. Klinorhombiſche Syſtem.

1) Auf den Seitenflächen des Hendyoeders erſcheint das Kreuz gegen die Hauptaxe (Prismenkante) gedreht, ebenſo auf den Flächen eines Klinodoma's gegen die Domenkante. Die Drehwinkel ſind auf den zuſammengehörenden Flächen gleich und die Kreuze dem klinodiagonalen Hauptſchnitt von links und rechts mit gleichem Winkel zu- oder abgeneigt, wechſelnd auf der Vorder- und Rückseite des Kryſtalls.

2) Auf der orthobiagonalen Fläche erſcheint das Kreuz in der Richtung der Hauptaxe normal.

3) Auf der klinobiagonalen Fläche erſcheint das Kreuz gegen die Hauptaxe gedreht.

4) Auf der Endfläche des Hendyoeders ſtellt ſich das Kreuz nach den Diagonalen, ebenſo auf den Hemidomen.

Diopſid, Gyps, Orthoklos, Epidot, Tinkal ꝛc.

5. Klinorhomboidiſches Syſtem.

Das Kreuz erſcheint auf jeder Fläche mit einem beſonderen Winkel gedreht, wenn irgend eine ihrer Seiten oder entsprechenden Kanten vertikal oder horizontal auf dem Träger eingestellt wird.

Disthen, Albit, Chalkanthit ꝛc.

Man ersieht, daß mittelst des Stauroskops Krystallverhältnisse bestimmbar sind, welche durch die Form selbst, durch Messen der Winkel und durch die Spaltbarkeit nicht erkannt werden können. Mit Zuziehung der Spaltung und der physikalischen Beschaffenheit der Flächen erweitert sich solche Kenntniß.

Ein als rhombisches Prisma erscheinender Krystall, wenn weiter an ihm keine Flächen vorhanden, wird als dem rhombischen System angehörig erkannt, wenn bei sonst gleichem physikalischem Charakter der Flächen das Kreuz die Lage der Prismenkante hat; hat es diese Lage bei verschiedenem physikalischem Charakter der Flächen, so besteht das Prisma aus Hemidomen des klinorhombischen Systems; hat es das Kreuz gegen die Prismenkante gedreht und ist der Drehwinkel nach derselben Richtung, z. B. nach links auf jeder Fläche ein anderer, so gehört das Prisma in's klinorhomboidische System, sind aber die Winkel der gedrehten Kreuze auf je zwei Flächen, ebenfalls nach derselben Richtung, gleich, so gehören die Flächen einem Prisma oder Doma des klinorhombischen Systems. .

Wie man aus der Lage der Kreuze an einem klinorhombischen Prisma die Lage des klinobiagonalen Hauptschnitts bestimmen kann, ist schon oben angegeben.

Kennt man bei einem klinorhombischen oder klinorhomboidischen Prisma auch eine Endfläche und sind die Drehungen mit Rücksicht auf die Lage dieser Endfläche bestimmt, so ergeben sich solche Unterschiede der Drehwinkel auf den prismatischen Flächen, daß man daraus auch an Individuen derselben Art, wo die Endflächen fehlen, auf ihre Lage schließen kann. Auf den Seitenflächen m des Hendyoeders vom Orthoklas (Fig. 48) sind die Drehwinkel an der stumpfen Seitenkante, zu welcher die Endfläche p unter dem stumpfen Winkel geneigt ist, 32°, auf der linksstehenden m Fläche beim Drehen nach rechts gegen die Kante nnd auf der rechtsstehenden m Fläche beim Drehen nach links; auf den m Flächen an der Rückseite, wo p den spitzen Winkel mit der Seitenkante bildet, sind diese Drehungen für 32° in entgegengesetzter Richtung; beobachtet man daher auf einer solchen links an der stumpfen Seitenkante gelegenen Fläche

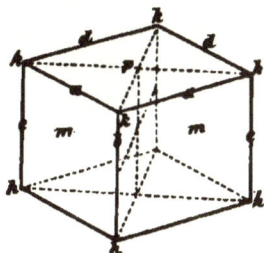

Fig. 48.

das normale Kreuz, wenn man nach links um 32° gedreht hat, so weiß man, daß mit dieser Seitenkante die p Fläche den spitzen Winkel bilden würde. Für dieselbe Richtung des Drehens ergänzen sich die Drehwinkel paralleler Flächen (vorne und hinten am Krystall) zu 90°.

Die gegebene stauroskopische Charakteristik der Krystalle führt in Betreff der Kreuzstellung zu dem allgemeinen, von Quenstedt ausgesprochenen Satze, daß bei allen symmetrisch halbirbaren Flächen

ein Arm des Kreuzes mit der Halbirungslinie zusammen=
fällt.

Man kann daher, wie ich schon früher gezeigt, mittelst des Stauro=
stops auch bestimmen, ob eine Fläche im normalen Zustande einem Rhom=
bus oder einem Rhomboid angehört, indem bei dem ersten die Drehwinkel
zweier zusammengeneigter Seiten, auf jeder derselben gleich, bei letzterem
aber verschieden sind. Mit dergl. Beobachtungen lassen sich annähernd auch
ebene Winkel messen.

Es ist nothwendig, daß zu der Fläche, welche man im Staurostop be=
obachten will, eine parallele angeschliffen werde, im Fall solche nicht von
Natur vorhanden. Dieses Anschleifen *) geschieht bei den weicheren Salzen
mit einer Feile und einem mit Wasser befeuchteten feinen Wetzstein; durch
Reiben auf Taffet mit sog. Eisenroth bekommt die Fläche leicht die gehörige
Politur. Kann man die Krystallfläche selbst auf den Träger legen und
einstellen, wie es oft vorkommt, so ist nicht von Belang, wenn die ange=
schliffene, dem Auge zugekehrte Fläche nicht vollkommen parallel ist. —

Wenn man im gewöhnlichen Polarisationsapparat zwischen Turmalin
oder Nicol und Spiegel einen Krystall des quadratischen oder hexagonalen
Systems, also einen optisch einaxigen, in eine Lage bringt, daß man durch
dessen basische Flächen sehen kann, so bemerkt man ein schönes Polarisa=
tionsbild, bestehend in concentrisch far=
bigen Ringen, welche von einem schwar=
zen Kreuze durchschnitten sind, wenn
der Turmalin oder Nicol zur Absorp=
tion gestellt war, während wenn dieses
nicht der Fall, das Kreuz weiß er=
scheint. **) Die Farben der Ringe
(isochromatische Curven) sind für bei=
derlei Stellungen complementär, roth
und grün, blau und orange, gelb und
violett. Die Farbe und die Größe der
Ringe ändert sich mit der Dicke der
Platten; dünnere Platten zeigen die
Ringe größer als dickere. Bei gleich
dicken Platten zeigen kleinere Ringe

Fig. 68.

eine größere Doppelbrechung an.

Beispiele sind Calcit, Eis, Biotit, Apophyllit, Vesuvian ꝛc. Wenn
der Krystall optisch zweiaxig ist, so sieht man durch Flächen, durch welche
die Axenebene geht, in der Richtung der beiden Axen ein ähnliches System
von Ringen, welche aber etwas elliptisch und nur von einem dunklen Strich

―――――――

*) Vergl. darüber J. Grailich, Krystallographisch=optische Untersuchungen
p. 10. Daselbst auch dessen mathematische Theorie des Stauroskops p. 26.
**) Man kann durch Benutzung dieses Bildes ebenfalls deutlich zeigen, daß
die beiden durch Doppelbrechung erzeugten Strahlen entgegengesetzt oder recht=
winklich aufeinander polarisirt sind. Man belege, wie oben erwähnt, ein dickes
Spaltungsstück von Calcit auf einer Fläche mit einem durchstochenen Papier,
halte es so, daß die kurze Diagonale aufrecht und schalte zwischen dieses Stück

ober zwei Büscheln ähnlich Fig. 70 durchschnitten sind. Die Richtung des dunklen Striches giebt die Richtung der optischen Axenebene an.

Bei den einaxigen Krystallen ist das Polarisationsbild leicht zu finden, weil die optische Axe und die Krystallhauptaxe eines sind, bei den zweiaxigen ist darüber keine allgemeine Regel aufzustellen und das Betreffende oben gesagt worden.

Beim Topas und Muskowit wird die optische Axenebene von der ba=sischen Fläche, welche die Hauptspaltungsfläche ist, rechtwinklig geschnitten und man sieht daher durch diese Fläche bei geeigneter Neigung derselben nach einer und der andern Seite das Polarisationsbild; manchmal steht eine der

Fig. 70.                    Fig. 71.

optischen Axen ziemlich rechtwinklig auf einer einzelnen Spaltungsfläche (doppelt chromsaures Kali) oder auf einer prismatischen Fläche (unter=schwefelsaures Natron) 2c.

Die Winkel, welche die optischen Axen unter sich bilden, kann man durch geeignetes Anbringen einer Krystallplatte an ein Reflexionsgoniometer messen, indem man (den Kreisbogen auf Null gestellt) das Polarisations=bild einer Axe beobachtet und dann den Kreisbogen mit dem Krystall dreht, bis das Polarisationsbild der zweiten Axe an dem=selben Platze erscheint. Man erhält so den sog. schein=baren Winkel der optischen Axen, da die Lichtbrechung eine Ablenkung der Strahlen verursacht, der wirkliche Winkel daher mit Rücksicht auf diese Brechung berech=net werden muß. Man bestimmt aber gewöhnlich nur den scheinbaren Winkel.

Wenn sich die zwei optischen Axen unter einem sehr spitzen Winkel schneiden, so fließen ihre Ring=systeme öfters zusammen und schließen zwei dunkle Hyperbeln ein, Fig. 71, die manchmal ein Kreuz zu bilden scheinen, aber

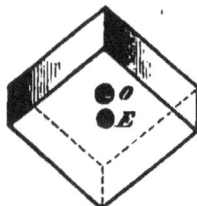

Fig. 66.

und den Spiegel eine Calcitplatte mit den basischen Flächen ein. Sieht man nun durch die parallele nicht belegte Fläche und durch die beiden Lochbilder, so er=blickt man in dem Bilde O Fig. 66 das weiße Kreuz mit den Farbenringen, in E aber das schwarze Kreuz mit diesen Ringen. Es ist dazu nur ein kleines Verrücken des Auges und eine kleine Neigung des Calcitstückes erforderlich.

beim Drehen des Kryſtalls um die Axe der beobachteten Fläche auseinander treten; Talk, Phlogopit, Salpeter ꝛc.

Beſondere Erſcheinungen zeigt der Quarz in Platten, welche recht= winklich zur Kryſtallhauptaxe geſchnitten ſind. Man bemerkt Farbenringe, welche eine einfarbige Scheibe umſchließen und die Kreuzarme ſind nur nach

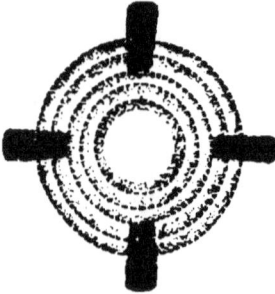 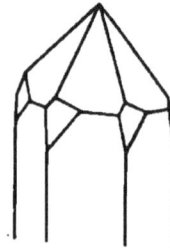 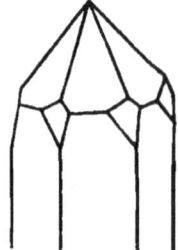

Fig. 76.        Fig. 64.        Fig. 65.

Außen ſichtbar, ohne bis in's Centrum fortzuſetzen (Fig. 76). *) Die Farbe dieſer Scheibe ändert ſich, je nachdem der Analyſator nach links oder nach rechts gedreht wird und Kryſtalle, an welchen die Flächen des trigonalen Trapezoeders (Fig. 64 und Fig. 65) verhalten ſich dabei entgegengeſetzt; verändert z. B. einer beim Linksdrehen des auf Dunkel geſtellten Nicols die Farbe der Mittelſcheibe von Gelb in Violett und Blau, ſo ver= ändert ſie ein Kryſtall mit entgegengeſetzt geneigten Trapezflächen in dieſer Farbenfolge beim Rechtsdrehen des Nicols. Für denſelben Kryſtall, der beim Linksdrehen das Violett zeigt, erſcheint dieſes nicht beim Rechts= drehen, ſondern an ſeiner Stelle ein blaſſes Grün oder blaſſes Grünlichblau.

Biot nennt linksdrehende Kryſtalle diejenigen, deren Trapeze (für den Beſchauer) nach rechts geneigt ſind (Fig. 64) und rechtsdrehende, wo dieſe Flächen nach links geneigt ſind (Fig. 65). Die angegebene Farben= folge von Gelb, Violett und Blau beim Linksdrehen des Nicols gehört alſo einem linsdrehenden Kryſtall zu oder einem von der Form Fig. 64, während dieſelbe Farbenfolge beim Rechtsdrehen des Nicols einen rechts= drehenden Kryſtall Fig. 65 anzeigt. Linksdrehende Kryſtalle zeigen beim Linksdrehen des Nicols auch eine Erweiterung der Ringe und beim Rechts= drehen ein Verengen derſelben, rechtsdrehende verhalten ſich entgegengeſetzt, verengen die Ringe beim Linksdrehen des Nicols und erweitern ſie beim Rechtsdrehen.

Legt man zwei ſolche Quarzplatten von gleicher Dicke aufeinander, deren eine von einem Kryſtall mit linksliegenden, die andere mit rechts= liegenden Trapezflächen, ſo ſieht man das Bild Fig. 77 mit vier vom Cen= trum ausgehenden Spiralen; je nachdem eine links= oder eine rechtsdrehende

---

*) Nur Platten von weniger als 2 Millimeter Dicke zeigen die Ringe mit dem ſchwarzen Kreuz, wie andere einaxige Kryſtalle.

Platte dem Auge zunächst liegt, sind die Spiralen in ihrer Richtung entge=
gengesetzt. Es kommen in der Natur auch Combinationen links= und rechts=
drehender Individuen vor, welche stellenweise das Bild der Spirale zeigen.
Solche Krystalle sind aber sehr selten.
Am Amethyst ist an manchen Platten
das schwarze Kreuz bis in's Centrum
gehend, beim Drehen der Platte aber
sich in zwei dunkle Hyperbeln öff=
nend wie bei zweiaxigen Krystallen.
Die Verwachsung links= und rechts=
drehender Individuen kann hier auch
im polarisirten Lichte nachgewiesen
werden.

    Die erwähnte Polarisation im
Quarz ist die von Arago und Biot
(1811 und 1812) entdeckte Circu=
larpolarisation; im Gegensatz
heißt die gewöhnliche die gerad=
linige.*) Descloizeaux fand

Fig. 77.

ähnliche Circularpolarisation am
Zinnober, bei welchem übrigens keine Trapezflächen vorkommen.**)
    Zwillingsbildungen zeigen im polarisirten Lichte öfters Erscheinungen,
welche sie von einfachen Krystallen unterscheiden. Eine Combination dieser
Art am Calcit, wo die Drehungsfläche die Rhomboederfläche ist, welche die
Scheitelkante der Stammform abstumpft (— ½ R) zeigt durch angeschliffene
basische Flächen das schwarze Kreuz mit einem etwas gebogenen Arm,
welcher der Zwillingsstreifung entspricht und statt der Ringe ein buntes
Farbengewirr zwischen den Kreuzarmen. Wird die Platte um die Axe ge=
dreht, so bleibt das Kreuz nicht unverändert wie bei einem einfachen Kry=
stall, sondern wird bei einer Drehung von 45° nach links oder rechts ge=
bleicht.
    Am Disthen können die Zwillinge, an welchen sich die Schwingungs=
richtungen auf der vollkommenen Spaltungsfläche schief kreuzen, im Stau=
roskop leicht erkannt werden, indem sie nach der Prismenkante eingestellt ein
normales, meist farbloses oder gelbliches, Kreuz zeigen, welches beim Drehen

---

    *) Dove bezeichnet die Art der Circularpolarisation in folgendem Bilde:
„Die Schwingungsrichtungen eines polarisirten Strahls liegen sämmtlich in einer
Ebene, wie die Sprossen einer Leiter, während ein unpolarisirter Strahl einem
Stamme zu vergleichen ist, dessen Aeste sich horizontal nach allen Richtungen
verbreiten. Jene Leiter, deren Sprossen in einer Ebene liegen, verwandelt sich,
geht polarisirtes Licht durch die Axe eines Bergkrystalls, in eine Wendeltreppe."
Farbenlehre p. 103.
    **) Marbach entdeckte die Circularpolarisation am chlorsauren Natron,
bromsauren Natron und essigsauren Uranoxyd=Natron, welche tesseral illf.
Descloizeaux entdeckte sie auch am quadratischen illf. schwefelsauren Strychnin
und am hexagonalen Benzil, beide zeigen keine Hemiedrie, die dem Quarz
analog wäre. Das schwefelsaure Strychnin ist bis jetzt der einzige Körper,
welcher sowohl in Krystallen als auch in Lösung die Polarisationsebene dreht.

des Kryſtalls ſich dreht oder ſie zeigen auch die ſeltſame Erſcheinung eines
ſchief ſtehenden Kreuzes, welches beim Drehen des Kryſtalls ſeine Stellung
nicht verändert

Die an ſich ſowohl, als zur Charakteriſtik der Kryſtalle ſo intereſſanten
Erſcheinungen, welche durch Turmalin oder Nicol und Spiegel oder durch
das Stauroſkop ſich zeigen, werden mit Anwendung eines Polariſations=
Mikroſkops noch vermehrt und können damit auch ſehr kleine Kryſtalle
unterſucht werden. Dabei gelangt das gewöhnlich von einem Spiegel polar=
riſirte Licht durch ein geeignetes Linſenſyſtem zur Kryſtallplatte und wird
nach dem Durchgang in ähnlicher Weiſe dem Nikol zugeführt und analyſirt.
Das von Nörrenberg conſtruirte Polariſations=Mikroſkop wird viel=
fach angewendet und entſpricht den nächſten Anforderungen.

Mittelſt dieſes Apparates zeigen die zweiaxigen Kryſtalle, wenn man
in der Richtung der Mittellinie*) durchſieht und wenn der Winkel der op=
tiſchen Axen nicht zu groß, beide ihnen angehörende Polariſationsbilder neben
einander und bilden ihre dunklen, die Axenebenen bezeichnenden Striche
den einen Arm eines Kreuzes, während zwiſchen den beiden Ringſyſtemen
rechtwinklich ein zweiter dicker ſolcher Arm erſcheint. 

Im rhombiſchen Syſtem zeigen ſich die Ringe und deren Farben gegen
den dicken Mittelarm des Kreuzes ganz gleich und ſymmetriſch**) angeordnet,
in den kliniſchen Syſtemen finden ſich mancherlei Verſchiedenheiten des links
und rechts ſtehenden Ringſyſtems, theils in der Größe, theils in der Far=
benanordnung. Beim Drehen der Platten um 45⁰ treten die Kreuzarme in
hyperboliſch gekrümmten Büſcheln auseinander und verfließen die Ringe
beide Syſteme zu lemniskatiſchen Curven in Form eines liegenden ∞. Von
vorzüglicher Schönheit zeigen ſich die Erſcheinungen der Circularpolariſation
am Quarz und die erwähnten Diſthenzwillinge ſowie ähnliche Combination
am Gyps zeigen, in nicht zu dünnen Platten das eigenthümliche Bild eines
meiſt farbigen Kreuzes, zwiſchen deſſen Armen nach auswärts geöffnete
hyperboliſche Farbencurven liegen.

Die Polariſationsbilder dienen auch zur Beſtimmung, ob in einem
einaxigen Kryſtall der ordentliche oder der außerordentliche Strahl ſtärker
gebrochen wird; man nennt im erſten Fall den Kryſtall negativ, im zweiten
poſitiv. Das Polariſationsbild mit dem ſchwarzen Kreuze zeigt nämlich
an dieſen Kryſtallen entgegengeſetzte Veränderungen, wenn man in das
Polariſationsmikroſkop ein ſehr dünnes Blatt von Muskowit oder zweiaxi=
gem Glimmer einſchaltet und dreht. Kryſtalle, welche ſich in dieſer Beziehung

---

*) Im klinorhombiſchen Syſtem wird die Lage der Mittellinie meiſtens durch
die Kreuzrichtung angedeutet, welche man im Stauroſkop auf der klinodiagonalen
Fläche beobachten kann, wenn dieſe zugleich Axenebene: durch Flächen, rechtwink=
lich zu dieſer Kreuzrichtung geſchliffen, ſieht man die beiden Ringſyſteme. Steht
die Axenebene auf der klinodiagonalen Fläche rechtwinklich, ſo ſieht man unmit=
telbar durch dieſe das Bild.
**) Dabei iſt die Art der Axenzerſtreuung für verſchiedene Farben bemerkens=
werth und zeigen ſich z. B. in dem innerſten Ring zunächſt der Mittellinie nach
links und rechts rothe Flecken, wenn der Winkel der Axen für Roth kleiner iſt
als für andere Farben (Aragonit), oder blaue, wenn für Blau der Winkel
kleiner (Topas) ꝛc.

wie Calcit verhalten sind negativ, wenn sie sich wie Quarz verhalten, positiv. Das Verfahren ist folgendes: Man legt ein sehr dünnes, mit Canadabalsam auf eine Glasplatte befestigtes, Blatt von Muskowit unter den Nikol des Polarisationsmikroskops und auf dessen Trägern eine dünne Calcitplatte mit den basischen Flächen oder eine Lamelle von Biotit. Man dreht dann, durch den Nikol sehend, das Muskowitblatt in seiner Ebene, bis das schwarze Kreuz der untern Platte vollkommen erscheint, dann dreht man noch (nach links oder rechts) um 45° weiter und dabei löst sich das Kreuz in zwei dunkle Punkte. Die Richtung dieser Punkte oder ihrer Verbindungslinie bemerkt man auf dem Muskowitblatt durch einen entsprechen-Strich an den Rändern des Blattes. Diese Richtung ist die der Axenebene des angewendeten Muskowits und jeder Krystall, an welchem die besagten Punkte in diese Richtung fallen, ist negativ, während der Krystall positiv, wenn die Verbindungslinie der Punkte zu der vorigen rechtwinklich steht, bei manchem Quarz auch schiefwinklich.

Negativ verhalten sich Calcit, Apatit, Biotit, Smaragd (die klaren sibirischen Beryll), positiv Quarz, Brucit, Eis (durch die Tafeln gesehen, welche beim Gefrieren von ruhig stehendem Wasser sich bilden). Beim Quarz sind die erwähnten Punkte Ausgangspunkte von Spiralen, welche nach links laufen ℃ wenn der Krystall ein linksdrehender (Biot), an welchem die Trapezflächen für den Beobachter nach rechts geneigt sind; oder die Spiralen sind nach rechts laufend ℃ wenn der Krystall ein rechtsdrehender, dessen Trapezflächen nach links geneigt sind.

Die Deutlichkeit der Erscheinungen ist nicht immer gleich, dünnere Platten eignen sich besser dafür als dickere.*)

Zur Charakteristik einer Species kann die Bestimmung des + oder — der Doppelbrechung nicht dienen, da Individuen derselben Species bald + bald — zeigen, wie Apophyllit, Chabasit, Pennin u. a.

Untersucht man in ähnlicher Weise das Kreuz zwischen den Ringsystemen zweiaxiger Krystalle, wenn man durch Flächen sieht, welche auf der Mittellinie rechtwinklich stehen, so zeigen sich ebenfalls Verschiedenheiten, welche eine Theilung in positive und negative veranlaßt haben, doch ist die Bestimmung weniger sicher als bei den vorigen.**)

Der Winkel der optischen Axen und selbst die Lage der Axenebene ist für dieselbe Species nicht immer constant. Bei den Muskowiten wechselt der Axenwinkel zwischen wenigen bis zu 76 Graden und liegt die Axenebene bei vielen in der Richtung der langen, bei andern in der Richtung der kurzen Diagonale der rhombischen basischen Fläche; beim Topas wechselt der Axenwinkel zwischen 49° und 65°.

Ausnahmen von dem gewöhnlichen Verhalten sind nicht selten. So zeigen sich zuweilen Krystalle des tesseralen Systems doppeltbrechend, wie manche Granaten, Boracit, Leucit, Senarmontit, Alaun, quadratisch und

*) Die wichtigsten Apparate und Präparate zu krystalloptischen Untersuchungen liefert sehr gut und billig der Optiker W. Steeg in Homburg v. d Höhe.
**) S. Krystalloptische Untersuchungen von J. Grailich p 204.

hexagonal krystallisirende Mineralien zeigen zuweilen den Charakter zweiaxiger Krystalle, so mancher Mejonit, Scheelit, Mimetesit, oder auch nur
stellenweise, wie manche Berylle; der klinorhombische Sphen zeigt in Beziehung auf die Farbenvertheilung 2c. das Polarisationsbild rhombischer
Krystalle 2c.

Diese Ausnahmen erklären sich zum Theil durch besondere Blätter-
schichtungen; auch hat man beobachtet, daß Druck und Temperaturerhöhung
solche hervorbringen. Desloizeaux hat am Orthoklas, Zoisit und Chrysoberill durch hohe Temperatur bleibende Winkelveränderung der optischen
Axen hervorgebracht, während Albit, Oligoklas und Arnothit keine Veränderung erleiden, beim Leadhillit verkleinert sich der spitze Winkel der Axen bis 0, bei
125 ° C. erscheinen die Krystalle einaxig; durch einseitigen Druck erlangen
Liparit, Steinsalz und auch amorphe Gläser Doppelbrechung, Pfaff hat
dadurch am Calcit eigenthümliche und bleibende Polarisationsbilder bekommen, welche auf eine innere durch den Druck entstandene Zwillingsbildung schließen lassen 2c. Diese Erscheinungen constatiren die Bewegungs-
fähigkeit der physischen Molecüle in einem starren Körper.*)

### 6. Vom Glanze.

Wir unterscheiden an den Mineralien verschiedene Arten des Glanzes
und zwar Metallglanz (Gold, Silber, Fahlerz, Arsenopyrit 2c.); Diamantglanz (Diamant, Weißbleierz 2c.); Glasglanz (Quarz, Topas 2c.);
Perlmutterglanz (Apophyllit, Talk 2c.); Seidenglanz (Asbest, Faser-
gyps); Fettglanz, wozu auch der Wachsglanz gehört (Pechstein, Halbopal 2c.). Die Pellucidität hat großen Einfluß auf die Art des Glanzes,
so daß z. B. ein und dasselbe Mineral, wenn es durchsichtig vorkommt,
Glasglanz zeigen kann, während es durchscheinend vorkommend, Perl-
mutter- oder auch Fettglanz zeigt. Ebenso ist die Structur der Substanz
von Einfluß; die Kieselerde zeigt als Quarz Glasglanz, auch Fettglanz,
als Opal Wachsglanz; aus Biotit, der durch Schwefelsäure zersetzt wurde,
dargestellt zeigt sie Perlmutterglanz und durch ähnliche Zersetzung von Chrysotil erhalten, ist sie seidenglänzend. Der vollkommene Metallglanz ist
immer mit Undurchsichtigkeit verbunden. Der Perlmutterglanz wird manchmal metallähnlich (Broncit) und es finden überhaupt Uebergänge des Glanzes statt, wie denn auch der Glanz der Krystallflächen und der Bruchflächen
öfters verschieden ist. Es zeigt sich hier wieder das Gesetz, daß die Art
des Glanzes auf gleichartigen Flächen (an demselben Indivi-

---

*) Die verschiedenen Längen der durchgehenden Lichtwellen erzeugen in den
Polarisationsbildern die Regenbogenfarben.
Brewster entdeckte (1813) zuerst das schwarze Kreuz mit den Ringen am
Rubin, Eis 2c. und die Farbenringe um die Axen der zweiaxigen Krystalle,
Wollaston (1814) das Kreuzbild am Calcit. Arago entdeckte (1811) die
glänzenden Farben sehr dünner Gypsblätter im polarisirten Lichte.
Nicol construirte seinen Apparat 1828. Die polarisirende Eigenschaft des
Turmalins hatte Seebeck schon 1813 und Biot 1814 entdeckt.

duum) immer dieselbe und daß Flächen, welche im Glanze ver=
schieden, auch krystallographisch ungleichartig sind. Die prisma=
tischen Flächen von Calcit sind z. B. immer glasglänzend, die basischen perl=
mutterglänzend; ähnliche Unterschiede finden sich an den Flächen des Apo=
phyllits, Desmins, Stilbits ꝛc. Sehr auffallend ist auch die Verschiedenheit
des Glanzes auf den Würfel= und Oktaederflächen eines Alauns, welcher
aus einer wässrigen Lösung krystallisirt, in die man ein Eisenblech gelegt,
bis sie eine gelbliche Farbe angenommen hat. Die Würfelflächen zeigen
Perlmutterglanz, die Oktaederflächen Glasglanz.

## 7. Von der Farbe.

Man unterscheidet je nach der Art des dabei vorkommenden Glanzes
metallische und nichtmetallische Farben. Die Arten der metallischen
Farben sind:

### 1. Weiß.
a. Silberweiß (gediegen Silber).
b. Zinnweiß (Quecksilber).

### 2. Gelb.
a. Goldgelb (gediegen Gold).
b. Messinggelb (Chalkophrit).
c. Speisgelb (Pyrit).
d. Broncegelb (Pyrrothin).

### 3. Roth.
Kupferroth (gediegen Kupfer).

### 4. Grau.
a. Bleigrau (Galenit).
b. Stahlgrau (Tennantit).

### 5. Schwarz.
Eisenschwarz (Magnetit).

Diese Farben sind als Kennzeichen von Wichtigkeit, da sie bei der=
selben Species ziemlich constant sind. Die nichtmetallischen Farben sind
weniger wesentlich und werden oft durch ganz zufällige Spuren von
Metalloxyden hervorgebracht, in einigen Fällen sind sie aber ebenso con=
stant, wie die metallischen. Ihre Arten sind:

1. Weiß.     Schneeweiß, röthlich=, gelblich=, graulichweiß, milchweiß
(Calcit, Chalcedon, Opal ꝛc.)

2. Grau.     Bläulichgrau, perlgrau (Perlstein), rauchgrau (mancher
Feuerstein), grünlichgrau, gelblichgrau (mancher Mergel).

3. Schwarz.     Graulichschwarz, sammetschwarz, pechschwarz (Steinkohlen),
rabenschwarz (manche Hornblende), bläulichschwarz.

4. Blau.     Schwärzlichblau, lasurblau (Lasurit), violblau (Liparit,
Amethyst), lavendelblau (manches Steinmark), pflaumen=
blau, berlinerblau, smalteblau (mancher Chalcedon), indigo=
blau, himmelblau (Saphir, Disthen).

5. Grün.     Spangrün (Chrysokoll), seladongrün (mancher Beryll),
lauchgrün (Prasem), smaragdgrün, apfelgrün (Chrysopras),
grasgrün (Pyromorphit), pistaziengrün, spargelgrün, schwärz=
lichgrün, olivengrün (Olivin), ölgrün (mancher Sphalerit),
zeisiggrün (mancher Chalcolith).

6. **Gelb.**  Schwefelgelb, strohgelb, wachsgelb, honiggelb, citronengelb (Operment), ockergelb, weingelb (Topas), isabellgelb (Siberit), pomeranzgelb (mancher Wulfenit).

7. **Roth.**  Morgenroth (Krokoit), hyazinthroth (Hyazinth), ziegelroth, scharlachroth (mancher Zinnober), blutroth (Pyrop), fleischroth, karminroth (rother Korund), koscheniltroth (Zinnober), rosenroth, karmesinroth (rother Korund), pfirsichblüthroth, kolombinroth (mancher Granat), kirschroth, bräunlichroth.

8. **Braun.**  Röthlichbraun, nelkenbraun (Axinit), kohlbraun, kastanienbraun (mancher Jaspis), gelblichbraun, schwärzlichbraun.

Die Zwischen-Nüancen bezeichnet man mittelst der Ausdrücke: „die Farbe geht über, zieht sich in —, die Farbe hält das Mittel ꝛc.", die Intensität wird bezeichnet mit hoch, dunkel, blaß ꝛc.

Kommen mehrere Farben zusammen vor, so bilden sie öfters eine Art von Zeichnung, dahin gehört das Gestreifte, Geflammte, Punktirte, Dendritische ꝛc. (Achat, Marmor ꝛc.). Die Farbe des Pulvers oder des Striches ist oft anders, als die der compacten Masse, und dieses Verhältniß ist oft charakteristisch; so z. B. hat Hämatit (von eisenschwarzer Farbe) kirschrothen Strich, Limonit (von brauner Farbe) ockergelben Strich ꝛc.

Bei den meisten Mineralien sind metallische Verbindungen die Ursache der Farbe; Eisenoxyd färbt roth und braun, Eisenoxydhydrat gelb, Chromoxyd grün ꝛc. Die blaue Farbe des Disthen, Spinell und Korund, des Liparit und Apatit rührt nach Forchhammer von einer Spur von phosphorsaurem Eisenoxydul her, ebenso nach Wittstein die blaue Farbe des Cölestin von Jena. An manchem Amethyst, Chalcedon, am nelkenbraunen Quarz, rührt die Farbe von organischen Substanzen her.

Die Farbe kann, auch bei ganz durchsichtigen Krystallen, von einer mechanischen Einmengung herrühren. So erhält man, wenn man Wolframsäure aus der Kalilösung mit Salzsäure gefällt und das Präcipitat mit concentrirter Salzsäure und Staniol gekocht wird, eine blaue Flüssigkeit, welche verdünnt, vollkommen klar und doch nur von fein zertheilt suspendirtem blauem Wolframoxyd gefärbt ist und farblos filtrirt. Ebenso kann suspendirter Goldpurpur eine Flüssigkeit roth färben und diese vollkommen klar erscheinen, selbst so filtriren; einige Zeit ruhig stehend setzt sie aber den Purpur ab und wird farblos. —

Manche Mineralien zeigen in bestimmten Richtungen bei auffallendem Lichte, andere bei durchfallendem Lichte verschiedene Farben. Man nennt erstere Erscheinung Farbenwandlung (Labrador), letztere Dichroismus, Trichroismus. So zeigen manche Turmaline rechtwinklich zur Prismenaxe eine grüne Farbe, parallel dieser Axe aber sind sie fast schwarz; so zeigt der Cordierit nach den drei rechtwinklichen einzelnen Axen eine tiefviolblaue Farbe oder eine blaßbläuliche oder eine gelbliche, mancher Topaskrystall vom Ural in der Richtung der Hauptaxe eine dunkel röthlichgelbe Farbe, in der Richtung der Makrobiagonale eine blaß bläulichgrüne, in der Richtung der Brachybiagonale eine dunkel weingelbe Farbe. (v. Kokscharow.) Diese Erscheinungen hängen mit der Polarisation des Lichtes innig zusammen und werden unter dem allgemeinen Namen Pleochroismus zusammengefaßt. Pleochroische Krystalle sind doppeltbrechende Krystalle, deren entgegengesetzt polarisirte Strahlen verschiedene Farben haben, und zwar, wie beim Cordierit, nach verschiedenen Richtungen auch andere. Die beim Durchsehen unmittelbar beobachtete Farbe besteht aus zwei Componenten, deren eine dem O Strahl, die andere dem E Strahl angehört. Diese Componenten kann man kennen lernen, wenn ein solcher Krystall mit einer andern Quelle des polarisirten Lichtes in Berührung und Wirkung kommt, z. B. mit einer Turmalinplatte, deren Schwingungen nach der Krystallhauptaxe gehen. Geht das Licht durch eine solche Platte und den pleochroischen Krystall und liegt die Turmalinaxe horizontal, so wird die Farbe eines ebenso schwingenden Strahles durchgehen und sichtbar werden, die Farbe des entgegengesetzt schwingenden Strahles wird aber wegen der Kreuzung absorbirt. Stellt man die Turmalinaxe senkrecht, ohne den vorhin beobachteten Krystall aus seiner Lage zu bringen, so wird die Farbe des vertical schwingenden Strahles nur durchgehen und die erstere absorbirt werden. Ist die Stellung so, daß die polarisirten Strahlen des beobachteten Krystalls und des Turmalins unter 45° gegen einander schwingen, so gehen beide Farbcomponenten durch, wie beim Durchsehen ohne Turmalin. Es ist dabei gleichgültig, ob man den Krystall als Polariseur oder als Analyseur gebraucht, d. h. ob man ihn mit dem Turmalin beobachtet oder den Turmalin mit ihm. Am zweckmäßigsten bedient man sich zu derlei Untersuchungen der dichroskopischen Loupe, welche Haidinger beschrieben hat. Sie besteht wesentlich in einem kleinen Cylinder von Messing, welcher ein geeignetes Spaltungsstück von Calcit einschließt und beim Durchsehen zwei quadratische Bilder, den beiden Strahlen der Doppelbrechung entsprechend, zeigt. Stehen diese Bilder senkrecht über einander, so ist das eine wie ein Turmalin mit verticaler, das andere aber wie ein solcher mit horizontaler Axe anzusehen. Bringt man vor diese Quadratbilder einen pleochroischen Krystall, so kann man, wie aus dem eben Gesagten klar ist, die beiden Farbcomponenten in den beiden Quadraten erkennen. Das Maximum der Farbendifferenz kann man natürlich nur dann beobachten, wenn die Farbstrahlen auch wie die der Bilder vertical und horizontal schwingen, über welche Richtungen das Stauroskop Aufschluß giebt.

Manche Topaskrystalle von honiggelber Farbe, durch die basischen (Spaltungs=) Flächen gesehen, zeigen in dem einen Feld der Loupe eine fast rosenrothe, im andern eine gelbe Farbe, aber nur, wenn die Diagonalen dieser rhombischen Fläche, nach welcher die polarisirten Strahlen schwingen, die Lage der Quadratseiten der Bilder der Loupe haben. Blauer Disthen zeigt auf der vollkommene Spaltungsfläche ein dunkelblaues und ein lichtblaues Feld, wenn die Axe seines Prisma's um 30° gegen die Seiten der Quadratbilder gedreht wird, weil nicht in der Richtung der Prismenaxe seine doppeltgebrochenen Strahlen vertical und horizontal schwingen, sondern in einer zu dieser unter 30° geneigten, wie das Stauroskop angiebt.

Einen lebhaften Farbenwechsel, wie ihn der edle Opal zeigt, nennt man Farbenspiel und das Erscheinen prismatischer Farben auf Sprungflächen durchsichtiger Mineralien — Irisiren.

Unter Opalisiren versteht man die Entstehung eines Lichtscheins in in bestimmten Richtungen. Orthoklas, Chrysoberill ꝛc. — Mancher Liparit und Flußspath hat die Eigenschaft, die Farbe auffallenden Lichtes im Innern zu verändern. Man nennt diese Erscheinung Fluorescenz.

Farben, die sich nur auf der Oberfläche eines Minerals befinden, heißen angelaufene, sie sind einfache oder bunte und rühren nach Hausmann öfters von einem sehr dünnen Ueberzuge eines andern Minerals her, z. B. Limonit oder, wie auf arsenikalischen Erzen, Wismuth ꝛc., von einem dünnen Ueberzuge von Oxyd, welches sich besonders unter Zutritt feuchter Luft bildet.

Die Farben mancher Mineralien bleichen sich am Lichte, so beim gelben Topas und Phenakit vom Ural, beim Rosenquarz ꝛc., bei manchen ändert sich die Farbe durch Zersetzung unter dem Einflusse des Lichtes, so beim Realgar, dessen rothe Farbe in Orange sich verändert, während sich die Mischung in Operment und Arsenik zersetzt.

Der Chalkopyrit läuft mit schönen bunten Farben an, wenn man eine Fläche mit Kupfervitriollösung befeuchtet und dann einige Male mit Zink berührt, abwäscht und trocknet. Es kommen dann purpurfarbige Stellen vor und wenn man diese wieder mit Kupfervitriol befeuchtet, so überlaufen sie beim Berühren mit Zink augenblicklich mit einem prachtvollen Blau.

## 8. Termisches Verhalten.

Das Verhalten der Krystalle zur Wärme ist analog dem zum Lichte. Es läßt sich nachweisen, daß einfach lichtbrechende Krystalle auch für die Wärmestrahlen keine doppelte Brechung erleiden und sich gegen dieselben in allen Richtungen gleich verhalten. Durchsichtige Krystalle lassen übrigens die Wärmestrahlen nicht immer so durch wie die Lichtstrahlen. Zu den durchlassenden, diathermen, gehören die Chloride von Kalium, Natrium, Silber und das Schwefelzink, zu den bei vollkommener Durchsichtigkeit wenig Wärme durchlassenden gehört der Kalialaun. Wenn dieser 12 Wärmemengen durchläßt, so läßt das Steinsalz (Chlornatrium) 92 durch.

Die Wärmeleitung ist in den einfach strahlenbrechenden Krystallen nach allen Richtungen gleich, auf einer mit dünner Wachsschicht überzogenen Fläche bringt eine aufgesetzte erwärmte Silbernadel vom abschmelzenden Wachs die Figur eines Kreises hervor, in den doppeltbrechenden Krystallen zeigt sich diese Kreisfigur nur auf Flächen, die zu den optischen Axen rechtwinklich liegen, in anderen Richtungen bilden sich Ellipsen.

Für die Ausdehnung durch die Wärme gilt, daß die einfach brechenden Krystalle (die tesseralen) sich nach allen Richtungen gleich ausdehnen, eine Winkeländerung mit dem Temperaturwechsel also nicht eintritt. Doppeltbrechende Krystalle verhalten sich nach verschiedenen Axen verschieden.

Ein System von Flächen, welches bei irgend einer Temperatur eine Zone bildet, bleibt bei jeder andern Temperatur zu einer solchen verbunden, die Kantenwinkel aber können sich dabei ändern. Das Krystallsystem bleibt bei veränderter Temperatur unverändert und ein irrationales Parameterverhältniß kann nicht in ein rationales verwandelt werden. (Grailich und Lang.)

## 9. Phosphorescenz, Elektricität, Galvanismus, Magnetismus.

§. 1. Die Eigenschaft der Körper, nach einer gewissen Behandlung im Dunkeln einen leuchtenden Schein ohne Flamme und Wärme zu verbreiten, nennt man Phosphorescenz.

Die Phosphorescenz wird entweder durch Erwärmen oder durch Schlagen und Reiben hervorgebracht. Beim Erwärmen phosphoresciren Liparit, Apatit ꝛc. mit grünem, blauem, röthlichem Lichtschein, beim gegenseitigen Reiben oder Schlagen der Quarz, Feuerstein, beim Schlagen mit einem Hammer der Pektolith ꝛc. Der Diamant phosphorescirt, wenn man ihn einige Zeit den Sonnenstrahlen ausgesetzt hat.

Das durch Erwärmen erregte Phosphoresciren nimmt bei mehrfacher Wiederholung ab und muß die Hitze immer mehr gesteigert werden, noch vor dem Glühen der Substanz aber hört die Erscheinung ganz auf. Bei diesem Abnehmen ändert sich auch die Farbe des Lichtscheins zuweilen, so bei einem Flußspath aus dem Salzburgischen, wo sie anfangs grün, dann blasser, dann in's Violette übergeht, ähnlich beim sog. Chlorophan und Strontianit aus Schottland, der mit rosenrothem Scheine phosphorescirt. Die Phosphorescenz hat ihren Grund nicht in einer Art von Verbrennen, sondern gehört zu den Erscheinungen der Molecularbewegungen, es wird dabei nicht Elektricität frei, durch elektrische Schläge kann aber die verlorene Eigenschaft einer Substanz, zu phosphoresciren, wieder hergestellt werden. —

Die Phosphorescenz ist nur für wenige Mineralien charakteristisch, denn sie kommt bei derselben Species oft nur einzelnen Varietäten zu und andern wieder nicht. Der Calcit, welcher den Sphenoklas von Gjellebäck in Norwegen begleitet, phosphorescirt beim Erwärmen mit auffallend röthlichgelbem Lichte, der feinkörnige Dolomit vom St. Gotthard, in welchem der grüne Tremolit vorkommt, phosphorescirt mit schönem rosenfarbenem Lichte, während andere Calcite und Dolomite keine Phosphorescenz zeigen. Um die mitunter sehr schönen Erscheinungen zu beobachten, bediene ich mich des kleinen Apparates Fig. 89, bestehend in einer Röhre a (von 7" Länge und ¾" Durchmesser) von geschwärztem Messing, an deren einem Ende rechtwinklich die kleine Röhre b befindlich, in welche man ein Glasröhrchen c mit Bruchstücken der Probe einschieben und dieselbe mit einem Deckel schließen kann. Der Apparat wird von einem Träger gehalten und die Röhre b mit der Probe durch eine Gasflamme erhitzt, während man durch den Trichter d sieht und mit den Händen das Seitenlicht abhält.

Fig. 89.

§. 2. Man nennt Elektricität die Eigenschaft der Körper, nach einer gewissen Behandlung andere leichte Körper anzuziehen und auch wieder abzustoßen. Die Elektricität wird durch Reiben (Druck, Schlag) und durch Erwärmen erregt. Dabei behalten die Nichtleiter oder Isolatoren die in ihnen erregte Elektricität mehr oder weniger lang, die Leiter aber behalten ben elektrischen Zustand nur, wenn sie mit Nichtleitern umgeben ober isolirt worden sind. Es geschieht dieses, indem man sie mit Wachs ober Schellack auf einer Unterlage von Glas ober Siegellack befestigt, ober auf die Fläche eines Wachskuchens, der in eine kleine flache Schachtel gegossen ist, festbrückt. Für die Beobachtung der Reibungselektricität ist eine gleichförmige Be= schaffenheit der geriebenen Fläche und des Reibzeuges zu beachten. Die Flächen sollen glatt sein, als Reibzeug dient Hirschleder, welches über ein in Form eines Pistills gedrehtes Holz gespannt wird.

Um zu erkennen, ob ein Mineral durch Reiben ober Erwärmen elek= trisch geworden, kann man sich der von Hauy eingeführten elektrischen Na= del bedienen, welche in einem Messingbraht mit kleinen Knöpfchen an den Enden besteht und sich mittelst eines Hütchens wie eine Magnetnadel auf einem Stift bewegen kann. Ein elektrisch gemachtes Mineral wirkt an= ziehend auf die Nadel. Da es zweierlei einander entgegengesetzte Elektrici= täten giebt, die positive ober + Elektricität, wie sie von geriebenem Glas entwickelt wird, und die negative ober — Elektricität, wie sie beim Reiben von Siegellack entsteht, so hat man an einem elektrisch gemachten Mineral auch die Art der Elektricität zu bestimmen. Dazu muß man der erwähnten Nadel eine bekannte Elektricität, z. B. durch Berühren mit geriebenem Siegellack, ertheilen; ein gleichnamig elektrischer Krystall stößt dann die Nadel ab, ein ungleichnamig elektrischer zieht sie an. Es können aber dabei leicht Täuschungen vorkommen, welche sich vermeiden lassen, wenn man ein Gemsbartelektroskop anwendet. Die langen Haare, welche einem vier= jährigen Gemsbock im Spätherbst über den Rücken hinstehen und Gems= bart heißen, werden zwischen den Fingern von ihrer Wurzel nach der Spitze gestrichen, stark + elektrisch, von der Spitze gegen die Wurzel gestrichen werden sie aber, jedoch schwächer, — elek= trisch *). Man befestigt zu Untersuchungen ein solches Haar mit der Wur= zel mittelst Wachs an eine Siegellack= ober Glasstange und dieses heißt der plus (+) Zeiger, ein zweites befestigt man umgekehrt ebenso mit der Spitze und dieses heißt der minus (—) Zeiger, ein drittes solches Haar wird vergoldet gebraucht. Dazu zieht man es durch Damarfirniß und legt es auf Goldblatt, bedeckt es auch mit solchem durch leichtes Andrücken unter Papier und hängt es dann zum Trocknen auf. Wenn der Firniß trocken, werden die nicht haftenden Flitter mit den Fingern abgestreift und das Haar etwas gequirlt. Dieses Haar heißt der Fühler. Ein elektrisch gemachtes Mineral zieht den Fühler an und wenn dieses beobachtet worden, kann die weitere Untersuchung mit den Zeigern geschehen. Dabei giebt nur das Abgestoßenwerden der Zeiger sichere Anzeige, die betreffende Stelle des Krystalls ist dann mit dem Zeiger von gleichem Zeichen. Das An= gezogenwerden eines Zeigers kann zwar von entgegengesetzter Elektricität der Probe herrühren, es kann aber auch davon herrühren, daß die Probe nicht elektrisch ist ober ihre Elektricität während des Versuches verloren

*) Durch öfteren Gebrauch werden die Haare auch + elektrisch, wenn sie von der Spitze nach der Wurzel gestrichen werden. Soll ein Haar als — Zeiger dienen, so muß es elektrisirt von einer geriebenen Siegellackstange abge= stoßen werden.

hat. — Trockene Luft ist eine Hauptbedingung für das Gelingen der betreffenden Experimente.

Von besonderem Interesse sind die mit der Elektricität durch Erwärmen, Pyroelektricität, verbundenen Erscheinungen. Pyroelektrische Krystalle zeigen nämlich an bestimmten Axenenden beide Arten der Elektricität und ist an den verschiedenen Polen auch öfters eine ungleiche Flächenbildung bemerkbar. Dabei wechseln die Pole bei zu= und abnehmender Temperatur. Man nennt den Pol, der bei zunehmender (+) Temperatur positiv elektrisch wird, den analogen (+) Pol, denjenigen aber, der beim Erwärmen des Krystalls negativ wird, den antilogen (—) Pol.

Der zu untersuchende Krystall wird von einer gestielten Pincette mit langen Spitzen festgehalten und der Stiel in eine Korkscheibe gebohrt, welche in eine Metallkapsel gefaßt an einem Stativ höher und niederer gestellt werden kann. Man erwärmt den Krystall mit einer Weingeistlampe und wenn er ziemlich heiß geworden, wird, nach Entfernung der Lampe, die Elektricität gewöhnlich beim Erkalten beobachtet. Dabei wird nur der + Zeiger gebraucht. Er wird vom + Pol des Krystalls deutlich abgestoßen und nach dem — Pol geworfen.

Der Turmalin zeigt Pyroelektricität an allen Varietäten, die elektrische Axe fällt mit der Krystallhauptaxe zusammen, am Boracit sind 4 elektrische Axen bemerkbar, welche den Eckenaxen des Würfels entsprechen, seine Krystalle sind aber nicht immer in gleichem Grade elektrisch; am Topas finden sich zwei gegen einander gekehrte elektrische Axen, deren analoge Pole im Inneren des Krystalls zusammenfallen, seine Krystalle von verschiedenen Fundorten sind aber sehr ungleich elektrisch, die brasilianischen stark elektrisch, die sächsischen und sibirischen fast gar nicht. Außer diesen werden noch Stolezit, Calamin, Prehnit und Rhodizit pyroelektrisch.

§. 3. Die Eigenschaft, ein Isolator oder ein Leiter zu sein, und der Grad der Leitungsfähigkeit giebt in manchen Fällen sehr brauchbare Kennzeichen. Man gebraucht zu solcher Untersuchung das vergoldete Gemshaar, den Fühler, welchem man Elektricität ertheilt. Es geschieht dieses, indem man eine auf Tuch geriebene Siegellackstange dem Fühler nähert, bis er abgestoßen wird, oder einen mit den Fingern gestrichenen Streifen von Muskowit von Grafton, welcher dadurch sehr stark (+) elektrisch wird. Wird dann dem elektrisirten Fühler ein nichtelektrisches Mineral genähert, so wird er immer angezogen, er springt aber von der Probe sogleich wieder ab, wenn diese ein Leiter ist (da sie ihn rasch entladet), bleibt dagegen auf der Probe liegen, wenn sie ein Isolator, indem er durch einen solchen nur langsam entladen wird. Manche Mineralien, wie Topas und Saphir bleiben, gerieben, mehrere Stunden lang elektrisch, andere, wie der Diamant, unter gleichen Verhältnissen nur eine halbe Stunde oder weniger. Auffallend zeigt sich auch der Unterschied für galvanische Elektricität. Die mineralischen Leiter erregen nämlich mit metallischem Zink, gegen welches sie alle negativ sind, in Verbindung gebracht und in eine Lösung von Kupfervitriol getaucht, einen galvanischen Strom, der öfters stark genug ist, die Flüssigkeit zu zersetzen und das Mineral mit metallischem Kupfer zu belegen. Man bedient sich dabei eines Streifens von Zinkblech, welchen man zu einer Kluppe zusammenbiegt, faßt damit frisch geschlagene Bruchstücke der Probe und taucht Zink und Probe etwa eine Minute lang in die Vitriollösung. Alle guten Leiter werden mehr oder weniger schnell mit glänzendem metallischem Kupfer überzogen. Man kann auf diese Weise sogleich Galenit, Magnetit und Graphit, welche gute Leiter, von Antimonit, Franklinit und Molybbänit unterscheiden, da letztere schlechte Leiter sind und nicht oder nur sehr langsam mit Kupfer belegt werden.

Um zu vermeiden, daß sich auf dem Zink selbst Kupfer fälle, kann man auch ein Diaphragma anwenden, in welches man einen Zinkcylinder stellt, an dem ein dicker Messingdraht anzuschrauben, welcher gebogen in eine federnde Pincette endigt, welche die Mineralprobe festhält. Der Cylinder des Diaphragma's steht in einem hinlänglich weiten Glascylinder, welcher mit Kupfervitriollösung gefüllt ist, während zum Zink verdünnte Schwefelsäure gegossen wird. Man muß die Probe zum Eintauchen in den Vitriol bringen, ohne daß die Pincette mit eingetaucht wird. Der Cylinder des Diaphragma's kann etwas über einen Zoll im Durchmesser haben und 2¼ Zoll Höhe, der äußere Glascylinder hat gegen 3 Zoll Durchmesser und dieselbe Höhe.

Nach ihrem elektrischen und galvanischen Verhalten bilden die Mineralien folgende Gruppen:

## I. Gruppe der guten Isolatoren.

Sie wirken für sich gerieben anziehend auf den Fühler.

### 1) Positiv elektrische Isolatoren.

Sie wirken, elektrisirt, abstoßend auf den + Zeiger.

Beispiele: Calcit, Aragonit, Liparit, Baryt (Cölestin, schwach), Brongniartin, Gyps, Anhydrit, Apatit, Quarz, Topas, Smaragd, Grossular, Besuvian, Disthen, Orthoklas, Albit, Turmalin, Axinit, Zirkon, Muskovit, Spinell, Alaun, Steinsalz ꝛc.

### 2) Negativ elektrische Isolatoren.

Sie wirken, elektrisirt, abstoßend auf den — Zeiger.

Beispiele: Talk, Schwefel, Operment, Bernstein, Asphalt.

## II. Gruppe der guten Leiter.

Sie wirken, für sich gerieben, nicht anziehend auf den Fühler und belegen sich, mit einer Zinkkluppe gefaßt und in Kupfervitriollösung getaucht, mehr oder weniger schnell mit metallischem Kupfer.

Beispiele: Graphit, gediegen Gold, Silber, Platin, Galenit, Pyrit, Arsenopyrit, Chalkopyrit, Kobaltin, Smaltin, Magnetit, Glaukodot, Domeykit, Kobellit ꝛc.

## III. Gruppe der (relativ zu II.) schlechten Leiter (und schlechten Isolatoren).

Sie wirken, für sich gerieben, nicht oder nur sehr schwach anziehend auf den Fühler und belegen sich nicht mit Kupfer, wenn sie mit der Zinkkluppe in eine Lösung von Kupfervitriol getaucht werden.

Beispiele: Diamant, Cölestin, Almandin, Melanit, Biotit und Phlogopit, Ripidolith und Klinochlor, Pennin, Analcim, Syhen, Antimonit, Hämatit, Franklinit, Zinkenit, Jamesonit, Enargit, Chromit, Cuprit, Pyrolusit, Manganit, Psilomelan, Hausmannit, Bismuthin ꝛc.

Um die Art der Elektricität bei den Mineralien der Gruppen II. und III. zu bestimmen, müssen die Proben isolirt werden. —

Durch Galvanismus vermittelt ist die Erscheinung, daß viele Sulphurete, welche für sich von Salzsäure nicht zersetzt werden, diese Zersetzung und Entwicklung von Schwefelwasserstoff zeigen, wenn ihr Pulver, mit Eisen gemengt, mit der Säure (1 vol. concentrirte Salzsäure, 1 vol. Wasser) geschüttelt wird. Am besten macht man den Versuch in einem Cylinderglas von 2¼″ Höhe und 1″ Durchmesser, welches man mit einem Kork schließt, um welchen ein Streifen Bleipapier*) gelegt und eingeklemmt wird, so daß der Streifen auf der in's Glas hineinragenden Korkfläche liegt. Innerhalb einer Minute wird das Papier gebräunt oder geschwärzt. So mehr oder weniger bei allen Sulphureten, mit Ausnahme von Realgar, Operment und Molybdänit. Man kann damit sehr ähnliche Mineralien sogleich unterscheiden, z. B. Clausthalit und Galenit, Chloanthit und Arsenopyrit ꝛc.

§. 4. Magnetismus heißt die Eigenschaft gewisser Mineralien, auf die Magnetnadel zu wirken. Solche Mineralien sind manchmal polarisch und ziehen dann an einzelnen Stellen einen Pol der Nadel an, während sie ihn an andern abstoßen. In Michigan ist am obern Theil magnetischen Eisenerzes in der Lagerstätte immer der Südpol, am untern der Nordpol.

Nach Delesse besteht keine bestimmte Beziehung der Lage der magnetischen Axen zu den krystallographischen. — Glühen zerstört die Polarität.

Das Kennzeichen des Magnetismus ist für diejenigen Mineralien von Wichtigkeit, welche zu den Eisen- und Nickelerzen gehören, oder welche überhaupt viel Eisen und Nickel enthalten. Dergleichen sind manchmal schon unmittelbar magnetisch, wie Magneteisenerz, Franklinit, Magnetkies ꝛc., theils werden sie es, wenn sie vorher gehörig erhitzt oder geschmolzen wurden, wovon bei den Löthrohrversuchen noch die Rede sein wird.

## 9. Von den Kennzeichen des Geruchs, Geschmacks und Anfühlens.

Für sich besitzen die eigentlichen Mineralien wenig Geruch, entwickeln aber zuweilen einen solchen beim Reiben, so empyreumatischen oder brenzlichen der Quarz, chlorartigen mancher Liparit (Antozonit), Thongeruch die Thone, bituminösen Geruch mancher Kalkstein, Mergel ꝛc., oder sie

---

*) Man tränkt Filtrirpapier mit Bleizuckerlösung, trocknet das Papier und bewahrt daraus geschnittene Streifen in einem verschlossenen Glase. Das Eisenpulver muß frei von Schwefel sein. Es eignet sich dazu meistens das sog. ferrum alcoholisatum der Apotheker.

entwickeln einen eigenthümlichen, oft sehr charakteristischen Geruch beim Er-hitzen 2c., wovon bei den Löthrohrproben.

Geschmack erregen alle im Wasser auflöslichen Salze und man unter-scheidet süßsalzig (Steinsalz), süßzusammenziehend (Alaun), tin-tenartig herb (Kupfervitriol), salzigbitter (Bittersalz), salzigkühlend (Salpeter), laugenartig (Soda), stechendscharf (Salmiak).

In Beziehung auf den Eindruck des Anfühlens unterscheidet man: fett anzufühlen, mager anzufühlen und kalt anzufühlen. (Letzteres unter-scheidet echte Steine, welche als Edelsteine gelten, ziemlich bestimmt von nachahmenden Glasflüssen.)

# Von den chemischen Eigenschaften der Mineralien.

## A. Von den chemischen Eigenschaften auf trockenem Wege.

§. 1. Die chemischen Eigenschaften auf trockenem Wege werden durch die Veränderungen erkannt, welche die Mineralien durch Erhitzen und Zu-sammenschmelzen mit gewissen Zuschlägen zeigen. Zu diesen Untersuchungen dient das Löthrohr. Das Brennmaterial ist eine Wachs- oder Stearin-kerze oder eine Oellampe. Beim Blasen, welches mit den Wangenmuskeln geschieht, hat man an der Flamme zwei verschiedene Theile zu beachten. Es bilden sich nämlich zwei Flammenkegel, wovon der innere blau, der äußere gelblich ist. Die Spitze des blauen Kegels ist die Reductions-flamme, denn sie entzieht einer desoxydirbaren Substanz den Sauerstoff, die Spitze des äußern Kegels (überhaupt der Saum der Flamme) ist Oxy-dationsflamme, in welcher eine oxydable Substanz bei Luftzutritt erhitzt und so oxydirt wird.

Als Träger oder Unterlage für die Probe dient eine Pincette mit Platinspitzen, eine gut gebrannte Holzkohle, manchmal ein Platindraht, eine Glasröhre 2c. Zum nöthigsten Löthrohr-Apparat gehört ferner: Hammer und Ambos, ein Mikroskop, eine Reibschale von Chalcedon, Mag-netnadel, Spritzflasche und von Reagentien: Soda (rein und besonders frei von Schwefelsäure), Borax, Phosphorsalz, Salpeter, saures schwefelsaures Kali, Chankalium, salpetersaure Kobaltauflösung, Salzsäure und Schwefel-säure, Flußspathpulver, Zinn, Silber (wofür jede blanke Silbermünze brauchbar), Kupferoxyd und Reactionspapiere von Curcuma und Lakmus.

§. 2. Zu den Schmelzversuchen, wobei die Pincette zu gebrauchen, wählt man möglichst feine Splitter und bestimmt den Schmelzgrad ver-gleichungsweise mit ähnlichen Splittern der folgenden Mineralien.

1. Antimonit. ⎫ In dickern oder dünnern Splittern ohne Blasen, schon am
2. Natrolith. ⎭ Saume einer Wachsflamme schmelzend.

3. **Almandin.** Nicht mehr am Kerzenlicht, leicht auch in stumpfen Stücken vor dem Löthrohre schmelzbar.

4. **Amphibol** (sog Strahlstein aus dem Zillerthale). Ziemlich schwer und nur in dünnen Splittern vor dem

5. **Orthoklas** (Adular vom St. Gotthard). Löthrohre schmelzbar.

6. **Broncit** (von Kupferberg, Ultenthal). Nur in den feinsten Spitzen vor dem Löthrohre etwas abzurunden.

Die Schmelzbarkeit muß bei einer guten raschen Flamme untersucht werden, durch längeres schwaches Glühen können manche Verbindungen, wie z. B. Schwefelmangan, zersetzt und dadurch unschmelzbar werden, während sie, sogleich mit rascher Flamme angeblasen, schmelzen.

Beim Schmelzen oder überhaupt beim Erhitzen zeigen die Minetalien verschiedene Erscheinungen, welche wohl zu beachten sind, Anschwellen, Bersten, Aufblähen, Schäumen und Sprudeln, Verpuffen (auf Kohle), Krystallisiren ꝛc. Es ist dabei die Veränderung der Farbe oft charakteristisch: alle farbigen Liparite, Quarze, Zirkone u. a. werden durch Glühen weiß oder farblos; die gelben brasilianischen Topase brennen sich weiß, nehmen aber beim Erkalten eine Rosenfarbe an, Siderite werden schwarz ꝛc., andere, wie die grünen brasil. Turmaline behalten beim Glühen Farbe und Durchsichtigkeit, die rothen Pyrope werden beim Glühen schwarz, beim Erkalten wieder roth ꝛc.

Manche metallische Verbindungen werden auf Kohle reducirt, z. B. Oxyde und viele Oxyd-, auch andere Verbindungen von Blei, Kupfer, Zinn, Silber ꝛc. Das erhaltene Metallkorn nennt man Regulus und hat auf dem Ambos mit dem Hammer zu untersuchen, ob es geschmeidig oder spröde ꝛc. Das Schmelzproduct ist auch näher, seinem Aussehen nach, zu bestimmen, es ist glasartig, porcellanartig, schlackig, porös ꝛc.

Viele Mineralien scheiden beim Erhitzen flüchtige Substanzen aus und daran werden mancherlei Mischungstheile erkannt.

**Schwefelverbindungen** entwickeln, im Oxydationsfeuer auf Kohle oder an dem Ende einer offenen Glasröhre erhitzt, den Geruch der schweflichten Säure.

**Selenverbindungen** geben so behandelt den Geruch von verfaultem Rettig.

**Arsenikverbindungen** entwickeln, auf der Kohle erhitzt, knoblauchartigen Geruch.

**Hydrate** geben, in einer Glasröhre oder im Glaskolben erhitzt, Wasser an den kältern Theilen des Rohres, manche Quecksilberverbindungen ebenso metallisches Quecksilber.

Auf Kohle erhitzt, werden durch den Beschlag, welchen ihre Oxyde um die Probe geben, erkannt:

**Antimonverbindungen.** Der Beschlag ist weiß und leicht flüchtig und färbt die Löthrohrflamme nicht merklich, während der ähnliche von Tellurverbindungen die Reductionsflamme schön blau und grün färbt.

**Zinkverbindungen.** Der Beschlag ist in der Hitze gelblich, nach dem Erkalten weiß und schwer flüchtig.

Wismuthverbindungen. Der Beschlag ist theils weiß, theils orangegelb und färbt die Flamme nicht. Werden Wismutherze mit Schwefel zusammengeschmolzen und dann mit Jodkalium, so erhält man einen zum Theil hochroth gefärbten Beschlag.

Bleiverbindungen. Der Beschlag ist grüngelb.

Auch die Färbung, welche manche Mineralien der Löthrohrflamme ertheilen, ist bemerkenswerth.

So ertheilen Strontianit und Lithionit eine schöne rothe Färbung, Chlorkupfer eine blaue, Boracit eine grüne, Baryt eine gelblichgrüne ꝛc.

Charakteristisch ist ferner die alkalische Reaction mancher Minera= lien nach dem Glühen oder Schmelzen und die magnetische Reaction nach dieser Behandlung. Zur Ausmittelung der alkalischen Reaction wird die geglühte oder geschmolzene Probe auf Curcumapapier gelegt und mit einem Tropfen Wasser befeuchtet, es bilden sich dann bräunliche oder röth= lichbraune Flecken auf dem Papier, wenn alkalische Reaction stattfindet. Das Glühen muß anhaltend geschehen. Diese Reaction zeigen alle Ver= bindungen der Alkalien und alkalischen Erden mit Kohlensäure, Schwefelsäure, Salpetersäure, Chlor und Fluor und Wasser. Auch Silicate reagiren oft alkalisch (vor oder nach dem Schmelzen) jedoch nur, wenn sie zu feinem Pulver zerrieben, auf Curcumapapier mit Wasser befeuchtet worden. Auf die Magnetnadel wirken nach anhaltendem Glühen oder Schmelzen im Reductionsfeuer fast alle Eisen= und Nickel= erze.

§. 3. Die Wichtigkeit der Löthrohrversuche steigert sich noch durch die Anwendung gewisser Flußmittel und Zuschläge, mit welchen man die Probe schmilzt oder erhitzt. Dabei kommt in Betracht:

1. Das Verhalten zum Borax und Phosphorsalz*).

Die meisten Mineralien sind in diesen Flüssen beim Schmelzen, welches in dem Oehr eines Platindrahts geschieht, auflöslich, nur die Kieselerde und viele kieselsaure Verbindungen sind im Phosphorsalz nicht oder nur wenig auflöslich und können daran erkannt werden. Charakteristische Färbung ertheilen den Gläsern dieser Flüsse die nachstehenden Metallver= bindungen:

Die Manganerze färben das Glas von Borax und Phosphorsalz im Oxydationsfeuer violettroth und diese Farbe kann, wenn nur wenig von der Probe eingeschmolzen wurde, im Reductionsfeuer ganz fortgeblasen werden.

Alle kobalthaltigen Mineralien färben diese Flüsse schön saphir= blau, alle chromhaltigen smaragdgrün, alle Eisenerze und überhaupt eisenhaltige Mineralien ertheilen ihnen im Reductionsfeuer eine bouteillengrüne Farbe, die sich beim Erkalten des Glases bleicht oder auch ganz verschwindet. Viele Kupferverbindungen geben mit Borax im Oxydationsfeuer ein blaues oder grünes Glas, welches im Reductions=

*) Borax ist zweifach borsaures Natron, Phosphorsalz — phosphorsaures Ammoniak — Natron.

feuer braun und trübe wird; die meisten Uranverbindungen geben mit Phosphorsalz im Oxydationsfeuer ein dunkelgelbes, im Reductionsfeuer schön grünes Glas, dessen Farbe sich beim Abkühlen erhöht.

Die Vanadin=Verbindungen geben mit Borax im Reductionsfeuer ein smaragdgrünes Glas, wie die Chromverbindungen, es färbt sich aber im Oxydationsfeuer gelb und bleicht sich. Mit Salpeter im Platinlöffel ge= schmolzen, ist der Fluß bei Chrom=Verbindungen schwefelgelb und er= theilt, in Wasser gebracht, diesem eine gelbe Farbe; salpetersaures Silber= oxyd bringt darin ein rothes Präcipitat hervor. Vanadin=Verbindungen ertheilen dem Wasser keine Farbe und Silberauflösung giebt ein blaßgelb= liches Präcipitat. Die Farben der Niederschläge werden deutlicher, wenn nach der Fällung etwas Schwefelsäure zugesetzt wird.

Von mehreren Verbindungen kann mit Borax bei gutem Feuer ein . klares Glas, auch bei großem Zusatz der Probe erhalten werden, welches aber dann, mit einer flackernden Flamme angeblasen, trüb und emailartig wird. Man nennt dieses Blasen Flattern, das Glas kann unklar ge= flattert werden.

## 2. Das Verhalten zur Soda *).

Man behandelt feine Splitter oder das Pulver der Probe mit der Soda gewöhnlich auf Kohle und nimmt etwa das 3 fache Volum an Soda.

Die Kieselerde und mehrere Silicate schmelzen damit unter Brausen zu einem auch nach dem Erkalten klar bleibenden Glase zu= sammen.

Schwefel= und schwefelsäurehaltige Mineralien geben, auf Kohle damit geschmolzen und anhaltend erhitzt, eine Masse (Hepar), welche, auf Silber gelegt und mit Wasser befeuchtet, auf diesem (von sich ent= wickelndem Schwefelwasserstoff) bräunliche oder schwärzliche Flecken hervor= bringt. Wird die Masse mit etwas Wasser übergossen und dann ein Tropfen Nitroprussidnatrium zugesetzt, so nimmt die Flüssigkeit eine schöne violett= rothe Farbe an **). Zu diesen Versuchen darf keine Gasflamme angewendet werden, da man mit einer solchen beim Schmelzen von Soda auf Kohle ge= wöhnlich schon Schwefelnatrium erhält, wenn auch die Soda schwefelfrei.

Aus sehr vielen Verbindungen können durch Schmelzen mit Soda auf Kohle regulinisch dargestellt werden: Wismuth, Zinn, Blei, Silber, Gold, Kupfer, Nickel u. a. Die Soda kann auch hier durch Chankalium ersetzt oder damit gemengt angewendet werden, da dieses noch kräftiger re= ducirend wirkt. Zinnoxyd wird damit sehr leicht reducirt.

Die Quecksilber=Verbindungen geben, mit Soda gemengt und

---

*) Man gebraucht gewöhnlich das zweifach kohlensaure Natron.
**) Um natürliche Schwefelverbindungen, die nur sehr wenig Schwefel enthalten, z. B. Haupn, von schwefelsauren Verbindungen zu unterscheiden, schmilzt man ihr Pulver im Platinlöffel mit Kalihydrat, stellt dann den Löffel in ein kleines Glas mit Wasser, säuert dieses mit etwas Salzsäure an und stellt dazu eine blanke Silberspatel. Wenn Schwefel vorhanden, läuft das Silber nach einiger Zeit gelblich an; bei einem bloßen Gehalt an Schwefelsäure läuft es nicht an.

im Glaskolben oder einer Glasröhre erhitzt, metallisches Quecksilber, welches sich in kleinen Kügelchen sublimirt, die beim Auswischen des Rohres mit einer Feder leicht erkannt werden. Statt mit Soda kann man noch besser dergl. Verbindungen mit Eisenpulver mengen, das Gemenge in Kupferfolie wickeln und so in die Glasröhre schieben und glühen. Aus Zinnober, Selenquecksilber ꝛc. erhält man auf diese Weise das Quecksilber sehr rein.

### 3. Das Verhalten zur Kobaltauflösung.

Die Probe wird mit der Kobaltauflösung befeuchtet und in der Pincette als Splitter oder auch auf der Kohle als Pulver scharf geglüht. Die Reactionen sind nur bei unschmelzbaren Mineralien sicher.

Die Thonerde und mehrere Verbindungen derselben nehmen dabei eine schöne blaue Farbe an, das Zinkoxyd und viele Zinkverbindungen eine grüne (auch der Zinkbeschlag auf der Kohle wird damit grün), die Magnesia und mehrere ihrer Verbindungen eine blaßfleischrothe. Die Proben, welche diese Reactionen zeigen sollen, müssen für sich geglüht weiß oder nur wenig gefärbt sein. Die Kieselerde wird auch mit Kobaltauflösung bläulich, doch wenig und lichter als die Thonerde.

### 4. Das Verhalten zu Reagentien, welche eine Färbung der Flamme hervorbringen.

Alle kupferhaltigen Mineralien färben, nach vorhergegangenem Schmelzen mit Salzsäure befeuchtet, die Löthrohrflamme schön blau.

Strontianverbindungen, nach starkem Glühen oder Schmelzen mit einem Tropfen Salzsäure befeuchtet, färben die Flamme eines Kerzenlichtes (ohne Löthrohrblasen) roth, wenn sie an den Saum des blauen Theiles gehalten werden.

Phosphorsaure und borsaure Verbindungen färben, mit Schwefelsäure befeuchtet, die Löthrohrflamme blaß bläulichgrün oder rein grün.

Lithionhaltige Mineralien, mit saurem, schwefelsaurem Kali geschmolzen, färben die Flamme roth, und kieselborsaure Verbindungen, damit gemengt und mit Zusatz von Flußspath, färben sie vorübergehend grün. Dazu kann der Platindraht angewendet werden und die Proben in Pulverform.

Der Gebrauch des Löthrohrs, des für den Mineralogen und Chemiker wichtigsten und unentbehrlichsten Instrumentes, ist vorzüglich durch die Schweden Cronstedt, Gahn und Berzelius zu wissenschaftlichen Untersuchungen eingeführt worden. Ausführliche Arbeiten darüber geben Berzelius: „Anwendung des Löthrohrs in der Chemie und Mineralogie", und Plattner: „Die Probirkunst mit dem Löthrohre."

## B. Von den chemischen Eigenschaften auf nassem Wege.

§. 1. Wo die Versuche vor dem Löthrohre nicht ausreichen, die Mischungstheile eines Minerals auszumitteln, da giebt ihr Verhalten auf nassem Wege die ergänzenden Kennzeichen. Für die dabei anzustellenden

Versuche ist die Probe meistens zu einem feinen Pulver zu zerreiben und bei den Auflösungen die Wärme anzuwenden. Wo mit den geeigneten Auf=lösungsmitteln kein Angriff stattfindet, muß die Probe aufgeschlossen, d. h. mit dem 3—4 fachen Gewichte von kohlensaurem Kali oder Natron oder mit Kalihydrat oder mit dem 5—6 fachen Gewichte von kohlensaurem Baryt geglüht oder geschmolzen und dadurch eine in Säuren auflösliche Ver=bindung künstlich hergestellt werden. Dazu werden Platin= und Silbertiegel angewendet. Die gewöhnlichen Auflösungsmittel sind: Wasser, Salzsäure für die meisten nichtmetallischen und Salpetersäure, zuweilen Salpetersalzsäure für die meisten metallischen Verbindungen, Schwefelsäure, Kalilauge, Aetz=ammoniak. Die Gefäße, deren man sich bedient, sind Glaskolben, Porzellan=schalen, Platin= und Silbertiegel, Cylindergläser, Filtrirtrichter ꝛc.

Bei Präcipitationen ist darauf zu achten, ein zweites Präcipitations=mittel nicht eher zuzusetzen, bevor man sich überzeugt hat, daß das erste keinen Niederschlag mehr hervorbringt, und die Niederschläge dabei jedes Mal zu filtriren. Die Wahl und Reihenfolge der Präcipitationsmittel lehrt die analytische Chemie und kann hier nur das zur Bestimmung der Mineralien Wichtigste angeführt werden. —

§. 2. Es lassen sich auf dem nassen Wege folgende Mischungstheile erkennen, welche vor dem Löthrohre nicht oder nicht sicher ausgemittelt werden können:

Die Kohlensäure wird in ihren Verbindungen leicht durch das Brausen erkannt, welches entsteht, wenn das Probepulver mit verdünnter Salzsäure behandelt wird. Das sich entwickelnde Gas ist geruchlos. Manche kohlensaure Verbindungen brausen erst, wenn die Säure erwärmt wird, Dolomit, Magnesit ꝛc.

Die Borsäure wird in ihren Verbindungen erkannt, wenn man die Probe (vor oder nach dem Aufschließen) mit Schwefelsäure eindampft und dann Weingeist zusetzt und diesen anzündet. Die Borsäure ertheilt ihm die Eigenschaft, mit grüner Flamme zu brennen.

Die Phosphorsäure wird erkannt, wenn die Probe (vor oder nach dem Aufschließen) mit Salpetersäure in Ueberschuß gelöst und der sauren Lösung molybdänsaures Ammoniak zugesetzt wird. Man erhält dann beim Erwärmen ein ockergelbes Präcipitat (phosphormolybdänsaures Ammoniak).

Zur Ausmittlung von Chlor bereitet man eine salpetersaure Auf=lösung (mit chemisch reiner Säure) und setzt dann salpetersaure Silberauf=lösung zu. Chlor wird damit als Chlorsilber weiß gefällt und dieser Nieder=schlag wird am Licht schnell bläulichgrau.

Fluorverbindungen (ohne Kieselerde) entwickeln, im Platintiegel mit concentr. Schwefelsäure erhitzt, Flußsäure, welche ein Glasplättchen, womit man ein kleines Loch im Deckel des Tiegels bedeckt, corrodirt.

Die Kieselerde erkennt man in den Verbindungen, welche in Salzsäure vollkommen auflöslich sind, durch die Gallertbildung, welche beim langsamen Abdampfen der Auflösung entsteht. In andern Verbin=dungen wird sie bei Behandlung mit starken Säuren pulverförmig ausge=schieden und durch ihre Auflöslichkeit in Kalilauge und vor dem Löthrohr erkannt. Bei Silicaten, welche mit Kali aufgeschlossen werden, findet bei der Behandlung mit Salzsäure jedesmal Gallertbildung statt. Aus der Auflösung in Kali wird die Kieselerde durch Zusatz einer hinreichenden Menge von Salmiaklösung als Hydrat gefällt. Silicate, welche unmittelbar von Salzsäure nicht aufgelöst werden, sind als solche erkennbar, wenn sie als feines Pulver mit einer hinreichenden Menge concentrirter Phosphorsäure bis zum anfangenden Fortrauchen der Säure gekocht werden. Nach dem Erkalten setzt man Wasser zu und löst abermals in der Wärme, wobei sich die Kieselerde, öfters in gelatinösen Klumpen, ausscheidet.

Wolframsaure Verbindungen geben mit Phosphorsäure eingekocht einen dunkelblauen Syrup, welcher auf Zusatz von Wasser entfärbt wird. Die ziemlich verdünnte Lösung wird beim Schütteln mit Eisenpulver wieder schön blau.

Zur Erkennung der Molybbänsäure bereitet man eine salzsaure Auflösung der Probe. Diese, hinlänglich verdünnt, nimmt beim Umrühren mit einem Stanniolblech sogleich eine schöne blaue Farbe an.

Zur Erkennung der Titansäure und ihrer Verbindungen bereitet man (öfters ist dazu Aufschließen mit Kalihydrat nothwendig) eine salzsaure Auflösung, filtrirt nöthigenfalls und legt dann ein Blech von Stanniol hinein und kocht sie damit. Durch die erfolgende Reduction der Titansäure zu Titansesquioxyd (von Fuchs entdeckt), oder zum entsprechenden Chlorid, nimmt die Flüssigkeit bald eine schöne violettrothe Farbe an. Mit Wasser verdünnt, wird diese Flüssigkeit rosenroth. Es muß ein Ueberschuß an concentrirter Salzsäure und an Stanniol vorhanden sein. Man kann, wenn Aufschließen nothwendig, das Probepulver mit dem 6—7 fachen Gewicht an saurem schwefelsaurem Kali zusammenschmelzen und durch Kochen mit concentrirter Salzsäure die geeignete Lösung erhalten. Kocht man den Schmelzfluß mit Wasser, filtrirt, verdünnt das Filtrat mit dem 7—8 fachen Vol. Wasser und kocht abermals, so wird die Flüssigkeit milchig trübe von ausgefällter Titansäure.

Tellurverbindungen ertheilen concentrirter Schwefelsäure bei gelindem Erhitzen eine schöne Purpurfarbe, Naghagit eine hyazinthrothe Farbe. Man nimmt am besten soviel Schwefelsäure, daß das Pulver in einem kleinen Glaskolben 1″ hoch bedeckt ist. Die rothe Flüssigkeit wird von Wasser, unter Abscheidung eines schwärzlichgrauen Präc. von Tellur, entfärbt.

Alle Manganverbindungen geben mit Phosphorsäure eingekocht, entweder unmittelbar (bei Gegenwart von Mn oder Mn) oder auf Zusatz von Salpetersäure (bei Gegenwart von Mn und Mn) eine violettrothe Flüssigkeit, deren Farbe verschwindet, wenn man sie mit Krystallen von schwefelsaurem Eisenoxydul-Ammoniak schüttelt. — Zur Erkennung der Tantal- und Niobsauren Verbindungen schmilzt man das Probepulver im Silbertiegel mit Kalihydrat, behandelt die Masse mit Wasser und filtrirt. Aus dem Filtrat werden diese Säuren beim Neutralisiren der Lauge mit Salzsäure in weißen Flocken gefällt. Man filtrirt die Flüssigkeit ab und kocht die gefällten Metallsäuren einige Minuten lang mit einem Ueberſchuß von concentrirter Salzſäure, in der ſie nicht gelöſt werden. Sie geben trübe weißliche Flüſſigkeiten. In ein Glas gegoſſen und (noch kochendheiß) mit etwas Waſſer verſetzt, erhält man von der Niobſäure ſogleich eine klare Löſung, während Tantal- und viel Tantal enthaltende Niobſäure ungelöſt ſich ausſcheiden. Die Niobſäure kann aus der erhaltenen klaren Löſung durch Zuſatz von concentrirter Salz- oder Salpeterſäure (durch Waſſerentziehung) wieder gefällt werden. Setzt man beim Kochen dieſer Säuren mit Salzſäure Stanniol zu, ſo erhält man ſmalteblaue trübe Flüſſigkeiten, wovon ſich die von Niobſäure auf Zuſatz von Waſſer mit ſaphirblauer Farbe klärt; bei den übrigen tritt dieſe Löſung nicht ein und die ungelöſten Säuren entfärben ſich allmälig. Die blaue Löſung der Niobſäure behält bei Luftabſchluß ihre Farbe längere Zeit, unter dem Zutritt von Luft wird ſie bald olivengrün und allmälig farblos.

Auch für die Nachweiſung der folgenden Metalle in gewiſſen Verbindungen ſind die Verſuche auf naſſem Wege die geeignetſten.

Silberhaltige Mineralien, in Salpeterſäure aufgelöſt, fällen mit Salzſäure Chlorſilber, welches, anfangs weiß, am Licht ſchnell bläulichgrau ſich färbt. Es iſt leicht in Ammoniak löslich und wird daraus durch Kupfer ſogleich metalliſch ſchwammig gefällt, mit dem Piſtill auf Chalcedon gerieben, Silberfarbe und Glanz annehmend.

Bleihaltige Mineralien geben in der nicht zu ſauren ſalpeterſauren Auflöſung mit Schwefelſäure ein Präcipitat von ſchwefelſaurem Bleioxyd, welches vor dem Löthrohr leicht zu reduciren.

Wismuthhaltige Mineralien geben in der conc. ſalpeterſauren Auflöſung mit Waſſer ein weißes, vor dem Löthrohr leicht reducirbares Präcipitat.

Kupferhaltige Mineralien geben in der ſalpeterſauren Löſung mit Ammoniak ein bläuliches, im Ueberſchuß mit laſurblauer Farbe auflösliches Präcipitat. Wird dieſe Löſung mit Schwefelſäure angeſäuert, ſo wird auf einer blanken Eiſenlammelle metalliſches Kupfer gefällt.

Nickelhaltige Mineralien geben mit Salpeterſalzſäure zerſetzt und nach Zufügung von Aetzammoniak, doch nur bis zur alkaliſchen Reaction filtrirt (in möglichſter Concentration) ein himmelblaues Filtrat, in welchem Kalilauge ein grünliches, vor dem Löthrohr zu Nickel reducirbares Präcipitat hervorbringt.

Zur Erkennung von Eiſenoxydul in einer eiſenhaltigen ſalzſauren Löſung, verdünnt man dieſe ziemlich ſtark und ſetzt Chamäleonlöſung, ebenfalls ſtark verdünnt, allmälig unter Umrühren zu. Iſt Eiſenoxydul (als Eiſenchlorür) vorhanden, ſo wird die Chamäleonlöſung in geringerer oder größerer Menge entfärbt.

Gold und Platin ſind nur in Salpeterſalzſäure auflösbar, Gold wird durch Eiſenvitriol braun gefällt, der Niederſchlag nimmt getrocknet beim Reiben die Goldfarbe an. Eine geſättigte ſalzſaure Goldlöſung, bis zum Verſchwinden der gelben Farbe mit Waſſer verdünnt, nimmt, mit Stanniol erwärmt, eine Purpurfarbe an und ſetzt Goldpurpur ab (zinnſaures Goldoxydul), eine Platinlöſung, ſo behandelt, giebt keinen Purpur,

sondern ein bräunliches Präcipitat. Platin wird durch Kalisalze gelb ge=
fällt. — Bei nichtmetallischen Mineralien werden von ben öfter vorkom=
menden Mischungstheilen aus der salzsauren Auflösung durch Aetzam=
moniak Thonerde, Berillerde, Zirkonerde und Eisenoxyd gefällt, weiter
im Filtrat durch kleesaures Ammoniak Kalkerbe und im Filtrat dieses
Niederschlages durch phosphorsaures Natron und Aetzammoniak die Mag=
nesia, wenn deren vorhanden ist. Diese 3 Präcipitationsmittel werden un=
mittelbar nach einander der Auflösung zugesetzt und wenn badurch nur
Spuren von Niederschlägen entstehen, so ist es als ein Zeichen zu nehmen,
daß die Probe von Säuren nicht zersetzt wird; geben sie aber dabei einen
starken Niederschlag, so wird die Probe meistens vollkommen zersetzt, wenn
sie hinlänglich fein gerieben ist 2c.

Wie man auf eine sehr einfache Weise mittelst des Löthrohrs und
einiger Versuche auf nassem Wege die Mineralien systematisch bestimmen
kann, zeigen meine „Tafeln zur Bestimmung der Mineralien" 2c.
10. Aufl. München 1873. Lindauer'sche Buchhandlung.

## C. Von der chemischen Constitution.

Die chemische Constitution eines Minerals und die Gesetze seiner
Mischung werden durch die chemische Analyse und durch die stöchiometrische
Berechnung ihrer Resultate erkannt.

Unter Stöchiometrie versteht man die Lehre von den Quantitätsver=
hältnissen, in welchen sich die Elemente der Körper (dem Gewichte nach)
chemisch verbinden. Diese Verhältnisse lassen sich in Zahlen ausdrücken,
welche stöchiometrische Zahlen oder Mischungsgewichte*), Atom=
gewichte, heißen, wenn sie sich auf eine Einheit beziehen, als welche das
Mischungsgewicht irgend eines Elements angenommen wird.

Nimmt man das Mischungsgewicht des Sauerstoffs, als des in der
Natur am meisten verbreiteten Elements, als Einheit an, so drückt für
diese Annahme das Maximum, in welchem irgend ein anderes
Element mit dem = 1 (oder 100) gesetzten Sauerstoff (dem Ge=
wicht nach) Verbindung eingeht, die stöchiometrische Zahl dieses
Elements aus.

Ist nur eine Oxydationsstufe oder Sauerstoffverbindung eines Ele=
ments bekannt, so gilt vorläufig die Menge des mit dem Sauerstoff ver=
bundenen Elements als dieses Maximum, wenn nicht besondere Gründe zu
einer andern Annahme berechtigen.

Das Eisenoxydul besteht, wie solches die Analyse angiebt, in 100
Gewichtstheilen aus 77,77 Eisen und 22,23 Sauerstoff. Man hat keinen
Grund, die Mischung anders anzusehen als bestehend aus 1 Mg. Eisen
und 1 Mg. Sauerstoff. Für letzteres = 1 ist daher: 22,23 : 1 =
77,77 : 3,498 oder 3,5, welches das Mg. oder die stöch. Zahl des Eisens.

Für das analog zusammengesetzte Kupferoxyd, welches in 100 Gthl.

---

*) Im folgenden Text abgekürzt mit **Mg.** bezeichnet.

79,85 Kupfer und 20,15 Sauerstoff enthält, ist ähnlich 20,15 : 1 =
79,85 : 3,962 und daher 3,962 die stöch. Zahl oder das Mg. des
Kupfers. *)

Bei mehreren Oxydationsstufen ist es natürlich die niedrigste bekannte,
in welcher wir ein Mg. Sauerstoff mit einem Mg. des andern Elements
verbunden annehmen, die höheren Stufen enthalten dann 2,3 oder mehr
Mg. Sauerstoff. Von den Oxyden des Schwefels ist das niedrigste die
unterschweflige Säure, bestehend aus 66,7 Schwefel und 33,3 Sauer=
stoff. Es ist 33,3 : 1 = 66,7 : 2, also 2 die stöch. Zahl des Schwefels.
Dividirt man die Schwefelmengen der höheren Oxyde mit diesem 2, so er=
giebt sich die Zahl der darin enthaltenen Mischungsgewichte, so für die
Schwefelsäure mit 40 Schwefel und 60 Sauerstoff zu 20 Mg. Schwefel
gegen 60 Mg. Sauerstoff oder das Verhältniß von 1 Mg. Schwefel gegen
3 Mg. Sauerstoff; für die Schweflige Säure mit 50 Schwefel und 50
Sauerstoff zu 25 Mg. Schwefel gegen 50 Mg. Sauerstoff oder das Ver=
hältniß 1 : 2 u. s. w.

Man ersieht, wie durch diese Bestimmung der Mischungsgewichte Ge=
setze der Verbindungen sich herausstellen, welche die Angabe der Analyse
unmittelbar nicht erkennen läßt. —

In ähnlicher Weise sind aus den Oxyden die meisten stöch. Zahlen be=
rechnet worden, zu einigen ist man auch aus andern Verhältnissen gelangt.

Nachstehende Tafel enthält die stöch. Zahlen oder Mischungsgewichte
der bekanntesten Elemente, die stöch. Zahl des Sauerstoffs = 1,000 gesetzt.
Die Zeichen für die Elemente sind beigefügt. Für ein Doppel=Atom oder
doppeltes Mischungsgewicht ist das Zeichen horizontal durchstrichen.

| Namen. | Zeichen. | Stöch. Zahl. | Namen. | Zeichen. | Stöch. Zahl. |
|---|---|---|---|---|---|
| Aluminium | Al | 1,712 | Bor | B | 1,370 |
| " " | Al | 3,424 | Brom | Br | 5,000 |
| Antimon | Sb | 7,625 | " | Br | 10,000 |
| " " | Sb | 15,250 | Cadmium | Cd | 7,000 |
| Arsenik | As | 4,687 | Calcium | Ca | 2,500 |
| " " | As | 9,375 | Cäsium | Cs | 8,310 |
| Baryum | Ba | 8,562 | Cerium | Ce | 5,750 |
| Berillium | Be | 0,575 | Chlor | Cl | 4,436 |
| Blei | Pb | 12,940 | Chrom | Cr | 3,250 |

*) Die neuere Chemie nimmt das Mischungsgewicht des Wasserstoffs als
Einheit an, wo dann das Mg. des Sauerstoffs die Zahl 16 erhält. Das
Wasser besteht aus 2 Mg. (Volumen) Wasserstoff und 1 Mg. (Vol.) Sauerstoff,
dem Gewichte nach in 100 Thl. aus 11,1 Wasserstoff und 88,9 Sauerstoff. Da
diese 11,1 zwei Mg. repräsentiren, so ist ein Mg. desselben = 5,555 ··, wenn
1 Mg. Sauerstoff = 88,9. Setzt man 1 Mg. Wasserstoff = 1, so hat
man 5,555 ·· : 1 = 88,9 : 16, also 16 für die Zahl des Sauerstoffs. Für
obiges Eisenoxydul wäre dann zu rechnen: 22,23 : 16 = 77,77 : 56. Mit
obigem verglichen ist das Resultat das nämliche, denn es ist 1 : 3,5 = 16 : 56.

| Namen. | Zeichen. | Stöch. Zahl. | Namen. | Zeichen. | Stöch. Zahl. |
|---|---|---|---|---|---|
| Didym | D | 5,937 | Rhodium . | Rh | 6,500 |
| Eisen | Fe | 3,500 | Rubibium | Rb | 5,330 |
| Fluor | F | 2,375 | Ruthenium | Ru | 6,500 |
| Gold | Au | 24,500 | Sauerstoff | O | 1,000 |
| Indium | In | 7,080 | Schwefel | S | 2,000 |
| Jod | I | 7,935 | Selen | Se | 4,310 |
| " | Ɉ | 15,870 | Silber | Ag | 6,750 |
| Iridium | Ir | 12,320 | " " | Ag | 13,500 |
| Kalium | Ka | 4,900 | Silicium | Si | 1,750 für Kieselerde S̈i |
| Kobalt | Co | 3,687 | " " | " | 2,625 für Kieselerde S̈i |
| Kohlenstoff | C | 0,750 | Stickstoff | N | 1,750 |
| Kupfer | Cu | 3,962 | Strontium | Sr | 5,475 |
| Lanthan | La | 5,780 | Tantal | Ta | 11,320 |
| Lithium | L | 0,875 | Tellur | Te | 8,000 |
| Magnesium | Mg | 1,500 | Thallium | Tl | 12,750 |
| Mangan | Mn | 3,437 | Thorium | Th | 14,430 |
| Molybbän | Mo | 6,000 | Titan | Ti | 3,125 |
| Natrium | Na | 2,875 | Uran | U | 7,500 |
| Nickel | Ni | 3,625 | Vanabium | V | 3,200 |
| Niobium | Nb | 5,875 | Wasserstoff | H | 0,125 |
| Osmium | Os | 12,450 | Wismuth | Bi | 13,120 |
| Palladium | Pd | 6,620 | Wolfram | W | 11,500 |
| Phosphor | P | 1,937 | Yttrium | Y | 3,810 |
| " | P | 3,874 | Zink | Zn | 4,062 |
| Platin | Pt | 12,370 | Zinn | Sn | 7,370 |
| Quecksilber | Hg | 12,500 | Zirkonium | Zr | 5,620 |

Um diese stöchiom. Zahlen für den Wasserstoff als Einheit umzurechnen, hat man sie nur mit 16 zu multipliciren. Daß die Zahl des Sauerstoffs als Einheit viele Rechnungen gegenüber den mit der Zahl des Wasserstoffs = 1 einfacher macht, ist für sich klar, da im ersten Fall bei allen Oxyden die Menge des Sauerstoffs keiner Division unterliegt, wenn man die Anzahl der darin enthaltenen Mischungsgewichte kennen lernen will, während im letzteren Fall diese Menge mit 16 dividirt werden muß.

Die angeführten Zahlen drücken nicht nur die Gewichts= mengen aus, nach welchen sich die Elemente mit dem Sauerstoff verbinden, sondern sie bezeichnen auch genau die Gewichtsver= hältnisse, nach welchen sie sich unter einander verbinden, wenn sie Verbindungen eingehen. Dergleichen Verbindungen geschehen immer so, daß 1 Mischungsgewicht eines Elements mit 1, 2, 3, n

Mischungsgewichten eines andern, seltner daß sich 2 Mg. des einen mit 3 oder 5 des andern verbinden. *)

So verbinden sich z. B. (s. die vorige Tafel):

12,94 Gewichtstheile oder 1 Mg. Blei

               mit 1    Gwthl. Sauerstoff,

               „ 2    „    Schwefel,

               „ 4,436 „    Chlor,

               „ 4,3   „    Selen u. s. f.

und wieder 2,0 Gwthl. Schwefel

               mit 4,062 Zink

               „ 4,687 Arsenik

               „ 3,500 Eisen u. s. f.

Uebrigens sind bei weitem nicht alle Verbindungen beobachtet, die möglicherweise vorkommen können; man kennt z. B. nur eine Oxydations= stufe des Calciums, Aluminiums u. a.

Die stöch. Zahl oder das Mischungsgewicht einer Verbindung erhält man, wenn man die stöch. Zahlen der verbundenen Elemente addirt und jede so oft nimmt als die Mischung anzeigt. Die Kalkerde besteht aus 1 Mg. Calcium = 2,5 und 1 Mg. Sauerstoff = 1, ihre stöch. Zahl ist also 2,5 + 1 = 3,5; das Eisenoxyd besteht aus 2 Mg. Eisen = 2 . 3,5 = 7 und 3 Mg. Sauerstoff = 3, seine Zahl ist daher 7 + 3 = 10; der gelbe Schwefelarsenik besteht aus 2 Mg. Arsenik = 2 . 4,687 = 9,374 und 3 Mg. Schwefel = 3 . 2 = 6, seine Zahl ist also 9,374 + 6 = 15,374 und so ist es mit noch zusammengesetzteren Verbindungen.

Nachstehende Tafel enthält die stöch. Zahlen der am häufigsten vor= kommenden Oxyde und ihren Sauerstoffgehalt nach Procenten.

(Tafel II.)

| Namen. | Zeichen. | Stöch. Zahl. | Sauerstoff in 100 Gwthl. |
|---|---|---|---|
| Arseniksäure . . . . . . | A̋s | 14,375 | 34,79 |
| Baryterde . . . . . . | Ḃa | 9,562 | 10,45 |
| Berillerde . . . . . . | Ḃe | 1,575 | 63,49 |
| Bleioxyd . . . . . . . | Ṗb | 13,940 | 7,17 |
| Borsäure . . . . . . | B̋o | 4,370 | 68,65 |
| Chromoxyd . . . . . . | C̈r | 9,500 | 31,57 |
| Chromsäure . . . . . . | C̋r | 6,250 | 48,00 |
| Eisenoxydul . . . . . . | Ḟe | 4,500 | 22,22 |
| Eisenoxyd . . . . . . | F̋e | 10,000 | 30,00 |

*) Die gewöhnlich zu beobachtenten Verbindungen haben einfache Verhält= nisse, doch giebt es Ausnahmen. Debray stellte eine Phosphormolybdänsäure dar, worin 20 Mg. Molybdänsäure gegen 1 Mg. Phosphorsäure vorkommen.

| Namen. | Zeichen. | Stöch. Zahl. | Sauerstoff in 100 Gwtbl. |
|---|---|---|---|
| Kali . . . . . . . . . . | K̇a*) | 5,900 | 16,95 |
| Kalkerbe . . . . . . . | Ċa | 3,500 | 28,57 |
| Kieselerbe für . . . . . . | S̈i | 3,750 | 53,33 |
| „ „ „ . . . . . . . | S̈i | 5,625 | 53,33 |
| Kohlensäure . . . . . . | C̈ | 2,750 | 72,72 |
| Kupferoxyd . . . . . . . | Ċu | 4,962 | 20,15 |
| Lithion . . . . . . . . | L̇ | 1,875 | 53,33 |
| Magnesia (Talkerbe) . . . . | Ṁg | 2,500 | 40,00 |
| Manganoxydul . . . . . | Ṁn | 4,437 | 22,53 |
| Manganoxyd . . . . . . | M̈n | 9,874 | 30,38 |
| Molybbänsäure . . . . . | M̈o | 9,000 | 33,33 |
| Natron . . . . . . . . | Ṅa | 3,875 | 25,78 |
| Nickeloxydul . . . . . . | Ṅi | 4,625 | 21,62 |
| Phosphorsäure . . . . . . | P̈ | 8,874 | 56,34 |
| Salpetersäure . . . . . . | N̈ | 6,750 | 74,07 |
| Schwefelsäure . . . . . | S̈ | 5,000 | 60,00 |
| Strontianerbe . . . . . . | Ṡr | 6,475 | 15,44 |
| Thonerbe . . . . . . . | Äl | 6,424 | 46,82 |
| Titansäure . . . . . . . | T̈i | 5,125 | 39,02 |
| Uranoxyd . . . . . . . | Ü | 18,000 | 16,66 |
| Vanabinsäure . . . . . . | V̈ | 11,400 | 43,86 |
| Wasser . . . . . . . . | Ḧ | 1,125 | 88,90 |
| Wismuthoxyd . . . . . . | B̈i | 29,250 | 10,25 |
| Wolframsäure . . . . . . | Ẅ | 14,500 | 20,69 |
| Zinkoxyd . . . . . . . | Żn | 5,062 | 19,75 |
| Zinnoxyd . . . . . . . | S̈n | 9,375 | 21,33 |
| Zirkonerbe . . . . . . . | Żr | 7,620 | 26,24 |

§. 2. Um die stöchiometrischen Verhältnisse einer chemischen Verbindung übersehen zu können, hat man Formeln, in welchen die Elemente mit den Zeichen, wie sie in den vorhergehenden Tafeln angegeben, zusammengestellt werden. Man gebraucht Formeln (I) in welchen die Elemente nur mit der Anzahl der Mischg. angegeben werden, mit welchen sie in der Mischung enthalten sind, z. B. für den Leucit Ka . 2 Al . 4 Si . 12 O,

*) Für Kalium, Natrium, Lithium, wird auch die Hälfte der in Tafel I angeführten Zahl angenommen, dann ist Kali K̇a, Natron Ṅa, Lithion L̇.

für den Bournonit 4 Pb . 4 Cu . 4 Sb . 12 S, oder es werden die näheren Verbindungen dieser Elemente angegeben (II), wobei der Kürze wegen die Mschg. des Sauerstoffs mit Punkten, die des Schwefels mit Kommazeichen über das Zeichen des oxydirten oder geschwefelten Elements gesetzt werden*).

So für den Leucit $\dot{K}a.\ddot{A}l.$ 4 $\ddot{S}i$, für den Bournonit 4 $\dot{P}b$ . 2 $\ddot{C}u$ . 2 $\ddot{S}b$, oder es werden auch die Verbindungen dieser näheren Mischungstheile angegeben, wie sie wahrscheinlich vorkommen können (III). Dabei multiplicirt ein Coefficient alle Mischungsgewichte der Zeichen, vor welchen er steht, ein Exponent aber bezieht sich nur auf das Zeichen, wo er steht. So ist die Formel des Leucit $\dot{K}a\,\ddot{S}i + \ddot{A}l\,\ddot{S}i^3$ aufzulösen in $\dot{K}a$, $\ddot{A}l$, 4 $\ddot{S}i$; die des Bournonit in $\dot{P}b^4\,\ddot{S}b + \ddot{C}u^2\,\ddot{S}b$ in 4 Pb, 4 Cu, 4 Sb, 12 S; die des Smaragd 3 $\dot{B}e\,\ddot{S}i + \ddot{A}l\,\ddot{S}i^3$ in 3 $\dot{B}e$, $\ddot{A}l$, 6 $\ddot{S}i$. Die Formeln der ersten Art (I) sagen nichts aus über die Verbindung der Elemente der Mischung, sie geben nur wenig Material zur Beurtheilung des chemischen Verhaltens und der Reactionen, welche zu ihrer Bestimmung dienlich sind, dafür verlangen sie auch keine eingehenden chemischen Kenntnisse; es genügt eine Division der gegebenen Menge des Mischungstheils mit seiner stöchiometrischen Zahl und ebenso einfach ist die Berechnung des Sauerstoffgehaltes eines Oxyds. Die Formeln der zweiten Art (II) geben das Material für das chemische Verhalten der Substanz und für die möglichen Reactionen, abstrahiren aber von der weiteren Verbindung der Mischungstheile, sie geben, so zu sagen, die Bausteine zum Bau, die Farben zum Bild, ohne weiter auf die Ausführung einzugehen.

Die dritte Art (III) geht auf diese Ausführung ein und erfordert mannigfache chemische Kenntnisse, um der Natur entsprechende Combinationen zu formuliren, sie ist rationell gegenüber den vorigen empirischen, welche übrigens leicht daraus abgelesen werden können. So ist aus der rationellen Formel des Leucit $\dot{K}a\,\ddot{S}i + \ddot{A}l\,\ddot{S}i^3$ leicht zu ersehen, daß er $\dot{K}a$ . $\ddot{A}l$ . 4 $\ddot{S}i$ enthält und ebenso, daß er aus Ka . 2 Al . 4 Si und 12 O besteht. Für Mischungen, die nur aus zwei Elementen oder deren näheren Verbindungen bestehen, ergiebt sich die rationelle Formel von selbst, für solche aber, in welchen mehr als zwei Mischungstheile vorkommen, ist derjenige, welcher den Charakter der Säure (electronegativ) gegenüber den andern vom Charakter der Basen (electropositiv) repräsentirt, unter diese zu vertheilen, welches in verschiedener Weise geschehen kann.

So ist in einer Mischung, bestehend aus Pb . 2 Sb . 4 S, der Schwefel S als electronegativ mit den beiden andern, ihm gegenüber electropositiven Metallen zu verbinden. Das kann, gleiche Resultate für die Berechnung gebend, in folgenden Formeln geschehen:

---

*) Wenn man sich dieser Abkürzung nicht bedient, so erhält man nur unnöthig längere Formeln, die übrigens auch gebraucht werden. So für den Dolomit statt $\dot{C}a\,\ddot{C} + \dot{M}g\,\ddot{C}$ die Formel CaO . CO² + MgO . CO². Statt Zahlen in der Form von Exponenten zum Zeichen zu schreiben, wie früher allgemein geschah, schreibt man sie auch, ebenfalls als unnöthige Variation, rechts unten neben das Zeichen, C O₂ statt C O².

$$\ddot{P}b + 2\,\dot{S}b,$$
$$\ddot{P}b + \dot{S}b,$$
$$\ddot{P}b + \ddot{S}b,$$
$$\dot{P}b + \ddot{S}b.$$

Nur die letzte Formel, deren Glieder in der Natur für sich beobachtet werden und welcher das chemische Verhalten entspricht, ist annehmbar. Es kann als Regel gelten, in den zusammengesetzten Formeln mög= lichst solche Glieder aufzunehmen, deren Vorkommen, wie am vorigen Beispiel, für sich constatirt ist. Hat man dafür keine Anhaltspunkte, so gebe man die Formeln mit Bezeichnung der näheren Mischungstheile nach der Anzahl ihrer Mischungs= gewichte.

Bei Oxydverbindungen kann man auch, statt der Mischungsgewichte, die Sauerstoffmengen für jeden Mischungstheil berechnen. Man schreibt dann die chemischen Zeichen der Mischungstheile, wie sie geeinigt zu denken, an und stellt durch Coefficienten und Exponenten das Sauerstoffverhältniß derselben her. Der Chrysolith besteht aus:

|  |  |  |  | Sauerstoff |
|---|---|---|---|---|
| Kieselerde | 43 | „ 22,93 | „ | 1 |
| Magnesia | 57 | „ 22,80 | „ | 1 |
|  | 100. |  |  |  |

In der Formel ist dieses Verhältniß hergestellt durch Angabe von 2 $\dot{M}g$ gegen $\ddot{S}i$ oder $Mg^2\,\ddot{S}i$.

Die meisten Schwierigkeiten für eine rationelle Formel bietet das Vor= kommen eines Wassergehalts. Man hat Constitutionswasser und Krystall= wasser unterschieden und das letztere dadurch charakterisirt, daß es beim Er= hitzen des betreffenden Hydrats leichter fortgeht als der andere Theil. Es ist aber klar, daß ein Hydrat all' sein Wasser zu seiner Con= stitution nothwendig hat, um zu sein, was es ist.

Man ist noch weiter gegangen und hat von dem Constitutionswasser angenommen, daß der Wasserstoff desselben in der Mischung nicht mit dem vorhandenen Sauerstoff verbunden sei und solche Verbindung erst beim Glühen erfolge, während das Krystallwasser schon fertig gebildet im Hy= drat enthalten. Es ist kein Zweifel, daß, wenn Wasserstoff neben Sauer= stoff gelagert, erhitzt wird, Wasser sich bilden muß, es müssen dann aber auch gleichzeitig andere oxydirbare Elemente, wie Kalium, Natrium, Cal= cium, Aluminium, Silicium, Phosphor ꝛc. mit dem angelagerten Sauer= stoff sich verbinden und könnte ein geglühter Orthoklas, Apatit ꝛc. die Ele= mente nicht mehr unoxydirt nebeneinander liegend enthalten, es müßten daher auch die Silicate der Laven, Leucit, Augit, Feldspäthe ꝛc. anders for= mulirt werden, als die oft gleichartigen, welche in nicht pyrogenen Fels= arten, im Granit, Syenit, Glimmerschiefer und ähnlichen Gesteinen vor= kommen. Es ist aber beim Erhitzen von derlei Mineralien, auch wenn ein solches rasch erfolgte, ebensowenig als beim Erhitzen von Hydraten jemals ein Aufglimmen, eine plötzliche Temperaturerhöhung oder sonstiges Zeichen von Verbrennung beobachtet worden. *)

Es geht aus allem diesem hervor, daß die empyrischen Elementar=formeln den chemischen Charakter einer Mineralmischung nicht naturgemäß darstellen, daß vielmehr mit guten Gründen anzunehmen, die electronegativen Elemente seien nicht von den electropositiven getrennt, sondern mit ihnen verbunden in den Mischungen enthalten.

Somit sind auch deren nähere Mischungstheile in den Formeln zu be=zeichnen und zu verwenden.

Was man Krystallwasser genannt hat, ist weiter nichts, als Wasser, welches ausgeschieden wird, wenn durch Erhitzen ein Hydrat in ein anderes sich verwandelt, wo letzteres das Wasser fester gebunden hält als ersteres. **)

Im Allgemeinen ist das Wasser eines Hydrats mit der Zahl seiner Mischungsgewichte neben die Formel zu schreiben, welche sich mit den übrigen Mischungstheilen construiren läßt, wenn es dieser selbst nicht ungezwungen eingereiht werden kann.

§. 3. Um aus einer gegebenen Formel die Mischung für 100 Gewichts=theile zu berechnen und mit der Angabe der betreffenden Analyse vergleichen zu können, hat man zunächst auszumitteln, wie viele Mischungsgewichte von jedem Element oder Oxyd vorhanden, dann die betreffenden stöchiometrischen Zahlen ebenso oft zu nehmen, zu addiren und auf 100 zu berechnen.

Die Formel des Orthoklas $\ddot{K}a\, \ddot{S}i^3 + \ddot{A}l\, \ddot{S}i^3$ zeigt, daß enthalten sind:

$$6\ \ddot{S}i = 6 \cdot 3{,}75 = 22{,}500\ \text{Kieselerde,}$$
$$1\ \ddot{A}l = \phantom{0} = 6{,}424\ \text{Thonerde,}$$
$$1\ \dot{K}a = \phantom{0} = 5{,}900\ \text{Kali,}$$
$$\overline{\phantom{0000}34{,}824.}$$

Man hat daher:

$$34{,}824 : 22{,}500 = 100 : 64{,}6\ \text{Kieselerde,}$$
$$\text{„}\quad : 6{,}424 = 100 : 18{,}4\ \text{Thonerde,}$$
$$\text{„}\quad : 5{,}900 = 100 : 17{,}0\ \text{Kali,}$$
$$\overline{\phantom{0000}100{,}0.}$$

Wo nähere Verbindungen, wie die Oxyde, nicht bekannt, berechnet man auch nur die Elemente. Es geschieht dieses meistens bei den unoxydirten Metallmischungen, da auch die Analysen gewöhnlich nur die Gewichtsmengen angeben, mit welchen jedes Element enthalten ist.

Die Formel des Plagionit $\dot{P}b^4\, \ddot{S}b^3$ zeigt, daß enthalten sind:

$$13\ S = 13 \cdot 2 = 26{,}00\ \text{Schwefel,}$$
$$4\ Pb = 4 \cdot 12{,}94 = 51{,}76\ \text{Blei,}$$
$$6\ Sb = 6 \cdot 7{,}625 = 45{,}75\ \text{Antimon,}$$
$$\overline{\phantom{0000}123{,}51.}$$

*) S. m. Abhdlg. „Zur Frage über die Einführung der modernen chemischen Formeln in die Mineralogie". Poggend. Ann. Ergänzb. VI. 1874. p. 318.
**) S. m. Abhandl. „Ueber Krystallwasser". Poggend. Ann. CXLI. 1870. p. 446.

Man hat daher:

123,51 : 26,00 = 100 : 21,05 Schwefel,
„    : 51,76 = 100 : 41,90 Blei,
„    : 45,75 = 100 : 37,05 Antimon,
100,00.

Man kann aber auch den Gehalt der näheren Verbindungen Pb und Sb berechnen und erhält dann 48,38 Pb (Galenit),

51,62 Sb (Antimonit),
100,00.

§. 4. In gewissen Mischungen hat man beobachtet, daß sich verschiedenartige Mischungstheile gegenseitig so vertreten und ganz oder theilweise auswechseln können, daß dadurch das allgemeine stöchiometrische Verhältniß nicht verändert wird und auch die Krystallisation wesentlich dieselbe bleibt. Solche Mischungstheile heißen vicarirende oder isomorphe. So findet man von nahezu gleicher Krystallisation die Mischungen des Magnesit, Dolomit und Mesitin.

| Magnesit. | | Dolomit. | | Mesitin. | |
|---|---|---|---|---|---|
| | Sauerstoff | | Sauerstoff | | Sauerstoff |
| C 52,38 | „ 38,09 | C 47,83 | „ 34,78 | C 44 | „ 32 |
| Mg 47,62 | „ 19,05 | Mg 21,74 | „ 8,69 | Mg 20 | „ 8 |
| 100. | | Ca 30,43 | „ 8,69 | Fe 36 | „ 8 |
| | | 100. | | 100. | |

Im Magnesit ist der Sauerstoff von Mg zum Sauerstoff von C = 1 : 2; im Dolomit ist es ebenso, wenn O von Mg und Ca abbirt werden, und im Mesitin dasselbe, wenn O von Mg und Fe abbirt werden. Man kann die allgemeine Formel dieser Carbonate mit R C bezeichnen, im Magnesit ist R = Mg, im Dolomit ist R = Mg + Ca, im Mesitin ist R = Mg + Fe. Es ersetzen sich also Mg, Ca, Fe stöchiometrisch und da ihre stöch. Zahlen verschieden sind, so ist auch die Zahl der Gewichtstheile verschieden, in denen sie für einander wechseln. So vicariren für 35 Gewichtstheile Kalkerde nicht 35 Gewichtstheile Magnesia, sondern nur 25, d. i. Mischungsgewicht für Mischungsgewicht oder hier solche Mengen, daß sie gleichviel Sauerstoff enthalten.

Die vicarirenden Mischungstheile haben, wenn sie nicht Elemente sind, gewöhnlich analoge Zusammensetzung und wenn sie für sich allein vorkommen, meistens sehr ähnliche Krystallisation und Spaltungsverhältnisse. Es gehören dahin:

Ca u. Mg, Fe, Mn, Zn ꝛc.,

Al u. Fe, Mn, Cr,

P u. As, As u. Sb, As u. Sb, Ka Cl u. Na Cl, Fluor und Sauerstoff ꝛc.

Bei Entwerfung der Formel addirt man die Mischungsgewichte oder bei den Oxyden auch die Sauerstoffmengen solcher als vicarirend erkannter Mischungstheile und entwirft die Formel, als wären sie nur einem Mischungstheil angehörig und giebt diesem ein allgemeines Zeichen $\ddot{R}$, $\overset{\cdot}{R}$ ꝛc. Will man aber die vicarirenden Mischungstheile selbst anzeigen, so schreibt man ihre Zeichen neben oder unter einander und faßt sie in eine Klammer. Die Mischung des Granat hat die allgemeine Formel $\ddot{R} \ddot{S}i + \overset{\cdot}{R}^3 \ddot{S}i^2$; ist $\ddot{R}$ durch $\ddot{A}l$ repräsentirt und $\overset{\cdot}{R}$ durch $\overset{\cdot}{C}a$, $\overset{\cdot}{F}e$, $\overset{\cdot}{M}n$, so schreibt man

$$\ddot{A}l\,\ddot{S}i + \left.\begin{array}{c} \overset{\cdot}{C}a^3 \\ \overset{\cdot}{F}e^3 \\ \overset{\cdot}{M}n^3 \end{array}\right\} \ddot{S}i^2 \text{ oder } \ddot{A}l\,\ddot{S}i + (\overset{\cdot}{C}a, \overset{\cdot}{F}e, \overset{\cdot}{M}n)^3\,\ddot{S}i^2.$$

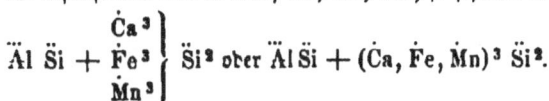

Die Quantitäten aber, in welchen $\overset{\cdot}{C}a$, $\overset{\cdot}{F}e$ u. $\overset{\cdot}{M}n$ enthalten sind, können nur durch Bruchzahlen angegeben werden. Man hat, um solche Bruchtheile für eine Einheit anzugeben, die Verhältnißzahlen der Atommenge der Mischungstheile zu addiren und in Brüche mit der Summe als Nenner zu verwandeln. Wäre z. B. die allgemeine Formel $\overset{\cdot}{R}^3 \ddot{S}b$ und $\overset{\cdot}{R} = \overset{\cdot}{F}e$, $\overset{\cdot}{C}u$ und stünden deren Atommengen in dem Verhältniß 1 : 2, so wäre (1 + 2 = 3; $^1/_3 + {}^2/_3 = 1$) zu setzen $\left.\begin{array}{c} {}^2/_3\,\overset{\cdot}{C}u^3 \\ {}^1/_3\,\overset{\cdot}{F}e^3 \end{array}\right\} \ddot{S}b.$

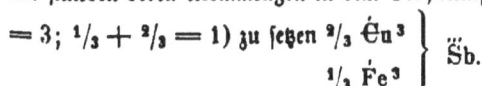

Für andere Verhältnisse als die Einheit hat man die Brüche mit der Zahl, die das Verhältniß angiebt, zu multipliciren. —

Mischungen von gleicher oder sehr ähnlicher Krystallisation und nur durch vicarirende Mischungstheile verschieden, bilden eine chemische Formation.

So, mit sehr ähnlichem Spaltungsrhomboeder die Mischungen Calcit $\overset{\cdot}{C}a\overset{\cdot\cdot}{C}$, Dolomit $\overset{\cdot}{C}a\,\overset{\cdot\cdot}{C} + \overset{\cdot}{M}g\,\overset{\cdot\cdot}{C}$ oder $\left.\begin{array}{c} \overset{\cdot}{C}a \\ \overset{\cdot}{M}g \end{array}\right\} \overset{\cdot\cdot}{C}$, Magnesit $\overset{\cdot}{M}g\,\overset{\cdot\cdot}{C}$, Siberit $\overset{\cdot}{F}e$ $\overset{\cdot\cdot}{C}$, Dialogit $\overset{\cdot}{M}n\,\overset{\cdot\cdot}{C}$, Smithsonit $\overset{\cdot}{Z}n\,\overset{\cdot\cdot}{C}$ u. s. a.

Ferner die Spinellarten (tesseral)

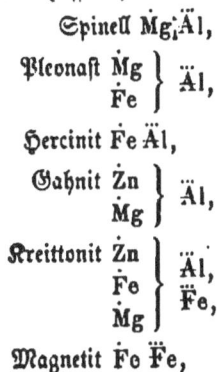

$$\text{Spinell } \overset{\cdot}{M}g\,\ddot{A}l,$$

$$\text{Pleonast } \left.\begin{array}{c} \overset{\cdot}{M}g \\ \overset{\cdot}{F}e \end{array}\right\} \ddot{A}l,$$

$$\text{Hercinit } \overset{\cdot}{F}e\,\ddot{A}l,$$

$$\text{Gahnit } \left.\begin{array}{c} \overset{\cdot}{Z}n \\ \overset{\cdot}{M}g \end{array}\right\} \ddot{A}l,$$

$$\text{Kreittonit } \left.\begin{array}{c} \overset{\cdot}{Z}n \\ \overset{\cdot}{F}e \\ \overset{\cdot}{M}g \end{array}\right\} \begin{array}{c} \ddot{A}l, \\ \ddot{F}e, \end{array}$$

$$\text{Magnetit } \overset{\cdot}{F}e\,\ddot{F}e,$$

$$\text{Chromit}\ \begin{matrix}\dot{Fe}\\\dot{Mg}\end{matrix}\Big\}\ \begin{matrix}\ddot{Er},\\\ddot{Al},\end{matrix}$$

$$\text{Jakobſit}\ \dot{Mn}\ \ddot{Fe},$$

$$\text{Franklinit}\ \begin{matrix}\dot{Mn}\\\dot{Fe}\\\dot{Zn}\end{matrix}\Big\}\ \begin{matrix}\ddot{Mn},\\\ddot{Fe}.\end{matrix}$$

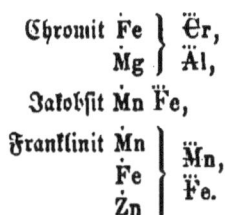

Ebenſo wie wir aus einer Kryſtallcombination die einzelnen Formen entwickeln und ein mögliches Erſcheinen derſelben für ſich allein ankündigen können, ebenſo können wir aus zuſammengeſetzten Verbindungen mit vica= rirenden Miſchungstheilen das Vorkommen ſolcher vorherſagen, die nach gleichem Geſetz gebildet, nur einen der vicarirenden Beſtandtheile ent= halten.

So ſind z. B. aus der Formel des Kreittonit nachſtehende Miſchungen zu erſehen:

$\dot{Zn}\ddot{Al}$, von Ebelmen künſtlich dargeſtellt.

$\dot{Fe}\ddot{Al}$, als Hercinit vorkommend.

$\dot{Mg}\ddot{Al}$, als Spinell vorkommend.

$\dot{Zn}\ddot{Fe}$, von Ebelmen künſtlich dargeſtellt.

$\dot{Fe}\ddot{Fe}$, als Magnetit vorkommend.

$\dot{Mg}\ddot{Fe}$, im Chloroſpinell angedeutet ꝛc.

Es würde aber nicht überraſchen, wenn einmal $\dot{Mg}\ddot{Fe}$ ganz rein vor= käme und ließe ſich vorausſagen, daß es dann in Oktaedern kryſtalliſire.

In ähnlicher Weiſe laſſen ſich aus complicirten Verbindungen mit iſo= morphen Miſchungstheilen eine Reihe einfacher ableiten, welche unter gün= ſtigen Verhältniſſen vorkommen und voraus geſagt werden können.

Auf die Verhältniſſe des Vicarirens hat Fuchs zuerſt aufmerkſam ge= macht, die Beziehungen zur Kryſtalliſation hat erſt Mitſcherlich voll= ſtändig nachgewieſen.

Nach Descloizeaux kann in gewiſſen Fällen ein iſomorpher Miſchungstheil einen anderen nur bis zu einer gewiſſen Quantität erſetzen, ohne daß die Kryſtalliſation weſentlich geändert wird. So bleibt ſie beim Orthoklas weſentlich dieſelbe (klinorhombiſch), wenn er nur bis 8 Proc. Natron enthält, wenn aber der Natrongehalt weiter geht, wie im Albit, wird die Kryſtalliſation klinorhomboidiſch. Wenn für die Formel R Si Mag= neſia dominirt, iſt die Kryſtalliſation rhombiſch (Enſtatit), wenn nur Kalk die Baſis, iſt ſie klinorhombiſch (Wollaſtonit), wenn Manganoxydul domi= nirt (30 — 40 Proc.), iſt ſie klinorhomboidiſch; kommen ſämmtliche baſ. Miſchungstheile vor, ſo erſcheint die eigentliche klinorhombiſche Augit= form.

Neben dieſem Iſomorphismus kommt ein anderer vor, in welchem weder analoge Miſchung, noch überhaupt nähere Beziehung der Miſchungs= theile zu beobachten iſt. Eine Menge ſehr verſchieden zuſammengeſetzter (kryſtallographiſch monoaxer) Mineralſpecies zeigen gleiche oder ſehr ähn=

liche, von derselben Stammform ableitbare Krystallformen. So sind auf gleiche Krystallreihen zu reduciren: Quarz $\ddot{S}i$ und Chabasit $\left.\begin{array}{l}\ddot{C}a \\ \dot{N}a\end{array}\right\} \ddot{S}i +$

$\ddot{A}l \ddot{S}i^3 + 6 \ddot{H}$, Korund $\ddot{A}l$ und Phenakit $\dot{B}e \ddot{S}i$, Chrysolith $\dot{M}g^3 \ddot{S}i$ und Epsomit $\dot{M}g \ddot{S} + 7 \ddot{H}$, Calcit $\dot{C}a \ddot{C}$ und Nitratin $\dot{N}a \ddot{N}$ ꝛc.

Nach Scheerer können in einigen Verbindungen 3 $\ddot{H}$ für 1 $\dot{M}g$, überhaupt für 1 $\dot{R}$ vicariren, während in anderen 1 $\ddot{H}$ für 1 $\dot{M}g$ vicarirt, nach Dana sind 3 $\dot{R}$ mit $\ddot{H}$, nach Kenngott $\dot{R} \ddot{S}i$ mit $\ddot{A}l$ isomorph, auch kann $\ddot{A}l$ in $\dot{A}l$ und $\ddot{A}l$ getheilt vicarirend vorkommen, nach Sabebeck sind $\dot{M}g \ddot{S}i$ vertretbar durch $\ddot{A}l$ ꝛc.

Man hat den Isomorphismus, wo m Atome eines Mischungstheils als vicarirend für n Atome eines anderen angesehen werden, polymeren Isomorphismus genannt und im Gegensatz dazu die isomorphe Vertretung von Atom für Atom monomeren Isomorphismus.

Ein allgemeines Gesetz über diese Verhältnisse ist unbekannt, sie können auch nicht allgemein durch Aehnlichkeit des Atomvolums (erhalten durch Division des Mischungsgewichts der Verbindung mit deren spec. Gewicht) erklärt werden (Schröder). Ebenso räthselhaft ist das Verhältniß des Dimorphismus, Trimorphismus, Polymorphismus, daß dieselbe Mischung mit wesentlich verschiedener Krystallisation vorkommt, so $\dot{C}a \ddot{C}$ als Calcit hexagonal, als Aragonit rhombisch, $\ddot{S}b$ und $\ddot{A}s$ tesseral und auch rhombisch, Andalusit und Disthen $\ddot{A}l \ddot{S}i$, ersterer rhombisch, letzterer klinorhomboidisch, $\ddot{T}i$ als Rutil und Anatas quadratisch, aber von verschiedenen Krystallreihen, als Brookit rhombisch u. s. w.

# II. Systematik.

Die Systematik lehrt die Begriffe der Gleichartigkeit und Aehnlichkeit auf die Mineralien in der Art anwenden, daß sie damit die Klassifikationsstufen bestimmt, welche Species, Geschlecht, Ordnung und Klasse heißen und in einer entsprechenden Reihung das System bilden.

Unter Mineralspecies versteht man den Inbegriff solcher Mineralien (oder Mineralindividuen), welche in ihren wesentlichen Eigenschaften gleichartig sind. Diese Eigenschaften und darunter vorzüglich Krystallisation und Mischung, als die Bedingungen der übrigen, sind aber in ihren innern Einheiten zu betrachten. Die verschiedenen Formen einer Krystallreihe begründen daher keine verschiedenen Species, weil sie aus einer innern Einheit, welche durch die Stammform bestimmt ist, hervorgehen und bei absolut gleicher Mischung sich einfinden. Sie verändern auch), wie verschieden sie erscheinen mögen, die übrigen Eigenschaften eines Minerals in keiner Weise.

In der Mischung giebt es, streng genommen, nichts einer Krystallreihe Analoges, denn die vicarirenden Mischungen, welche noch am meisten den Krystallreihen analog zu halten wären, zeigen sich niemals bei absolut gleichen übrigen Eigenschaften, sondern bedingen immer Aenderungen und sogar in der Krystallisation oft kleine Winkeldifferenzen. Mineralien von derselben Species haben daher gleiche Mischung. Uebrigens hat man bei Differenzen in Krystallisation und Mischung wohl zu beachten, daß sie sehr oft zufällig sind und ihren Grund nur in einer unregelmäßigen Aggregation der Krystallindividuen haben, in chemischen Einmengungen und dergleichen. Bei sehr kleinen Differenzen in der einen oder andern Eigenschaft hat man daher mit der Aufstellung einer neuen Species behutsam zu sein, um nicht statt einer solchen nur einen die unliebe Synonymik vergrößernden Namen in die Wissenschaft einzudrängen. Es ist namentlich bei der Beurtheilung einer Analyse auf mögliche Einmengungen zu achten und daher die Begleitung eines Minerals von andern zu berücksichtigen. In vielen Fällen kann man durch geeignete stöchiometrische Berechnung auf das Wahre oder wenigstens auf das Wahrscheinlichste geführt werden. Es möge ein Beispiel dergleichen Verfahren zeigen. Ein sogen. Weißkupfererz von Schneeberg, auf frischem Bruche von fast zinnweißer Farbe, gab bei der Analyse:

Schwefel 48,93 Mischungsgew. 24,46,
Eisen 43,40 „ „ 12,40,
Kupfer 3,00 „ „ 0,76,
Arsenik 0,67 „ „ 0,14,
Quarz 4,00
‾‾‾‾‾‾
100,00.

Die Mischung bezeichnet offenbar einen unreinen Pyrit oder Markasit $\overset{..}{Fe}$, wahrscheinlich mit etwas Chalkopyrit und Arsenopyrit gemengt. Um diese Vermuthung zu prüfen, hat man nach den Formeln dieser Species $\overset{.}{Cu}$ $\overset{..}{Fe}$ und $Fe\,S^2 + Fe\,As^2$ zu rechnen.

Es verlangen, wie letztere Formel zeigt, obige 0,14 Mischungsgewichte Arsenik eben so viele Mischungsg. Eisen und Schwefel, 0,76 Mischg. Kupfer verlangen aber zur Bildung von Chalkopyrit eben so viele Mischg. Eisen und das Doppelte Schwefel oder der enthaltene Arsenopyrit besteht aus

0,14 Mischg. Arsenik,
0,14 „ Eisen,
0,14 „ Schwefel,

der enthaltene Chalkopyrit aber aus

0,76 Mischg. Kupfer,
0,76 „ Eisen,
1,52 „ Schwefel,

Man hat daher 0,14 + 0,76 = 0,9 Mischg. Eisen und 0,14 + 1,52 = 1,66 Mischg. Schwefel für diese beigemengten Verbindungen abzuziehen.

12,40 Mischg. Eisen,  24,46 Mischg. Schwefel,
  0,90              1,66
 ─────             ─────
11,50.              22,80.

Der Rest entspricht $FeS^2$ und man sieht, daß das Mineral keine eigen=
thümliche Species ist und daß sich seine besondere Farbe, sowie sein vom ge=
wöhnlichen Pyrit etwas abweichendes Löthrohrverhalten ꝛc. durch die er=
wähnten Beimengungen erklärt.

Um zu beurtheilen, in wie weit vicarirende Mischungstheile zur
Aufstellung von Species berechtigen, hat man Folgendes zu beachten. Es
zeigt sich, daß die Grenzglieder vicarirender Mischungen, nämlich die Glieder
mit einer Basis oder, im Falle sie aus zwei Verbindungen verschiedener
Art bestehen, in jeder von diesen nur mit einer Basis, daß diese Grenz=
glieder vorzugsweise zu gleichen Atomen 1 : 1 in den Mittelgliedern zusam=
mentreten und andere Verhältnisse weniger bestimmt und constant sind. So
sind die Grenzglieder der vicarirenden rhomboedrischen Carbonate $\overset{..}{Ca}\overset{.}{C}$,
$\overset{..}{Mg}\overset{.}{C}$, $\overset{..}{Fe}\overset{.}{C}$, $\overset{..}{Mn}\overset{.}{C}$ ꝛc. und die durch allgemeinere Verbreitung und eigen=
thümlichen physikalischen Charakter ausgezeichneten Mittelglieder sind

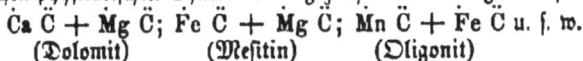

$$\overset{..}{Ca}\overset{.}{C} + \overset{..}{Mg}\overset{.}{C}; \quad \overset{..}{Fe}\overset{.}{C} + \overset{..}{Mg}\overset{.}{C}; \quad \overset{..}{Mn}\overset{.}{C} + \overset{..}{Fe}\overset{.}{C} \text{ u. s. w.}$$
(Dolomit)    (Mesitin)    (Oligonit)

So sind in der Reihe der Chrysolithe die Grenzglieder

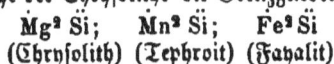

$$\overset{..}{Mg}{}^2\overset{...}{Si}; \quad \overset{..}{Mn}{}^2\overset{...}{Si}; \quad \overset{..}{Fe}{}^2\overset{...}{Si}$$
(Chrysolith) (Tephroit) (Fayalit)

und die Mittelglieder $\overset{..}{Ca}{}^2\overset{...}{Si} + \overset{..}{Mg}{}^2\overset{...}{Si}; \overset{..}{Mn}{}^2\overset{...}{Si} + \overset{..}{Fe}{}^2\overset{...}{Si}$ ꝛc (Batrachit)
So bei den Augiten, Granaten, Epidoten ꝛc. Ueberall zeigt sich die vor=
herrschende Verbindung solcher Mischungen zu gleichen Mischungsgewichten.
Um nun eine zusammengesetztere Mischung solcher Art der ihr zugehörigen
Species einzureihen oder zu beurtheilen, ob sie eine eigne Species bilde, hat
man die in ihr enthaltenen Mittelglieder aufzusuchen und bildet ein solches
die vorherrschende Mischung, so bezeichnet es auch die Species.

Die Analyse eines Magnesit aus dem Zillerthale von Strohmeyer gab:

| | | stöch. Zahl | |
|---|---|---|---|
| $\overset{..}{Mg}\overset{.}{C}$ | 84,79, | 5,25, | |
| $\overset{..}{Fe}\overset{.}{C}$ | 13,82, | „ „ | 7,25, |
| $\overset{..}{Mn}\overset{.}{C}$ | 0,69, | „ „ | 7,20, |
| | 99,30; | | |

dividirt man mit den entsprechenden stöch. Zahlen, so ergeben sich 16,1
Mischungsgewichte $\overset{..}{Mg}\overset{.}{C}$ gegen 1,90 Mg. $\overset{..}{Fe}\overset{.}{C}$; bildet man mit letzterem
das Mittelglied $\overset{..}{Mg}\overset{.}{C} + \overset{..}{Fe}\overset{.}{C}$, so sind für dieses 1,9 Mg. $\overset{..}{Mg}\overset{.}{C}$ erforder=
lich; zieht man diese von den 16,1 ab, so sind die Mischungen 14,2 Mg.
$\overset{..}{Mg}\overset{.}{C}$ und 1,9 Mg. ($\overset{..}{Mg}\overset{.}{C} + \overset{..}{Fe}\overset{.}{C}$). Das Mineral gehört also zur Species
Magnesit, als eine mit Mesitin (molecular) gemengte Varietät.

Ein ganz neu auftretendes Grenzglied, wenn auch untergeordnet,
kann zur Aufstellung einer Species berechtigen, wenigstens so lange, bis
dieses Grenzglied selbstständig gekannt ist. Der Chlorospinell enthält z. B.
auf 5. Mg. $\overset{..}{Mg}\overset{...}{Al}$ nur ungefähr 1 Mg. ($\overset{..}{Mg}\overset{...}{Fe} + \overset{..}{Mg}\overset{...}{Al}$). Wir werden

ihn wegen des neuen Grenzgliedes Mg F̈e zweckmäßig als eine besondere Species aufzustellen haben, bis dieses oder das Mittelglied Mg F̈e + Mg Äl selbstständig bekannt ist. Dann aber wäre der jetzige Chlorospinell als gewöhnlicher Talkspinell zu betrachten, dem etwas Chlorospinell beigemengt ist.

Die Individuen einer Mineralspecies, in so fern sie in Krystallisation, Glanz, Pellucidität ꝛc. verschieden sein können, heißen Varietäten.

Den übrigen Klassifikationsstufen liegt der Begriff der Aehnlichkeit zum Grunde: Geschlecht ist der Inbegriff ähnlicher Species, Ordnung der Inbegriff ähnlicher Geschlechter und Klasse der Inbegriff ähnlicher Ordnungen.

Wie bei der Species die Gleichartigkeit, so soll sich hier die Aehnlichkeit auf die wesentlichen Eigenschaften der Krystallisation und Mischung beziehen. Hieraus ergiebt sich sehr einfach, daß die natürlichsten Geschlechter diejenigen Gruppen von Mineralien bilden werden, die wir oben als chemische Formationen bezeichnet haben, wie z. B. eine solche die Species Spinell, Gahnit, Magnetit, Chromit ꝛc. enthält. Zur Zeit aber sind diese Geschlechter noch zu wenig bekannt, als daß damit ein System gebaut werden könnte, denn es ließen sich nicht viel über dreißig, als mehrere Species zählend, aufstellen, während die übrigen, gegen fünfhundert, nur immer eine Species enthalten würden. Es kann sich daher gegenwärtig nicht um die Aufstellung eines einigermaßen vollkommenen Systems handeln, sondern nur, so zu sagen, aushilfsweise, um die Bildung größerer Gruppen, welche das Ueberschauen und Auffinden der Mineralspecies erleichtern. Indem wir hierbei den chemischen Eigenschaften, als denjenigen, welche unabhängig von Krystallisation und dem Aggregatzustande überhaupt wahrgenommen werden können, den Vorzug vor den physischen einräumen, wollen wir zunächst metallische und nichtmetallische Elemente sondern und bei der Gruppirung ihrer Verbindungen zu Geschlechtern, Ordnungen ꝛc. besonders berücksichtigen, daß diese Stufen durch chemische Kennzeichen charakterisirt werden. Eine aus diesem Gesichtspunkte zu betrachtende Anordnung ist in der Charakteristik und Physiographie zu Grunde gelegt worden. Der Kürze wegen sind übrigens nur dann die Geschlechter hervorgehoben worden, wenn mehrere Species dafür angegeben werden konnten.

## III. Nomenklatur.

Die mineralogische Nomenklatur ist eine systematische, irgend einem System entsprechend, oder eine populäre. Die letztere, von irgend einem Systeme unabhängig und eben darum allgemein brauchbar, ist auch zur Zeit die vorzugsweise übliche.

Der Name einer Species soll wo möglich kurz, wohlklingend, an irgend eine charakteristische Eigenschaft erinnernd, und einer überall bekannten und auch sonst geeigneten Sprache, z. B. der griechischen, entnommen sein. Dergleichen Namen sind z. B. Apophyllit, Pyromorphit, Orthoklas ꝛc., für alle Mineralspecies aber solche zu finden, zeigt sich als eine Unmöglichkeit. Die Mineralnamen waren demnach von jeher der buntesten Abstammung.

Wir haben 1) Namen aus der griechischen und skandinavisch-deutschen Mythologie. Dergleichen sind Cerit (von Cerium) nach der Ceres, Martit nach dem Mars, Titanit, Tantalit, Niobit, Aegyrin nach Aegyr, dem altskandinavischen Gott des Meeres, Tyrit nach dem Kriegsgott Tyr ꝛc.

2) Namen nach Personen, Wernerit, Haupn, Corvierit, Wollastonit, Tavpn ꝛc., Leuchtenbergit, Johannit, Christianit, Cancrinit, Uwarovit, Göthit, Puschkinit ꝛc.

3) Namen nach Fundorten, Vesuvian, Aragonit, Strontianit, Tirolit, Clausthalit, Spessartin, Caledonit (Caledonia — Schottland), Columbit (Columbien — Amerika) ꝛc.

4) Nach Krystallisation und Structur, Axinit von *ἀξίνη*, Beil, Orthoklas von *ὀρϑός* und *κλάω*, rechtwinklich spaltbar, Periklin von *περικλινής*, sich ringsum neigend, Staurolith von *σταυρός*, Kreuz, und *λίϑος*, Stein, Chondrodit von *χόνδρος*, Korn (Pille), Fibrolith von fibra, Faser, Krokydolith von *κροκύς*, Faden, Nemalith von *νῆμα*, Faden ꝛc.

5) Nach der Farbe, Asbolan von *ἀσβόλη*, Ruß, Melanit von *μέλας*, schwarz, Anthophyllit von anthophyllum, die Gewürznelke, Olivenit und Olivin nach der Olivenfarbe, Rutil von rutilus, roth, Rubin von rubeus, Rhodonit von *ῥοδόν*, die Rose, Rhodochrosit von *ῥοδόχροος*, rosenfarbig, Rhodicit von *ῥοδίζω*, der Rose gleichen, Rhodalit von *ῥοδαλος*, rosig, Roselan von rosellus, feurig, Rubellan, von rubellus, roth, Erubescit von erubescere, erröthen ꝛc.

6) Nach der Härte, Pellucidität, Glanz, Elektricität ꝛc., Analcim von *ἀναλκίς*, kraftlos, Augit von *αὐγή*, Glanz, Disthen von *δίς* und *σϑένος*, von doppelter Kraft, Baryt von *βαρύς*, schwer, Eläolith von *ἔλαιον*, Oel, Stilbit von *στίλβη*, Glanz ꝛc.

7) Nach dem chemischen Verhalten oder nach der Mischung, Apophyllit von *ἀποφυλλίζω*, sich aufblättern (vor dem Löthrohre), Eudialyt von *εὐδιάλυτος*, leicht aufzulösen, Dyslytit von *δυσλυτος*, unlösbar, Diaspor von *διασπείρω*, zerstäuben (vor dem Löthrohre), Antimonit, Arsenit, Argentit, Cuprit, Polybasit ꝛc.

8) Nach allerlei Beziehungen und Deutungen, Amphibol von *ἀμφίβολος*, zweideutig, Apatelit von *ἀπατηλός*, betrügerisch, Apatit von *ἀπάτη*, Betrug, Paragonit von *παράγω*, verführen, Phenakit von *φέναξ*, Betrüger, Dolerit von *δολερός*, trügerisch, Dolerophanit, trügerisch scheinend, Eremit von *ἐρῆμος*, einsam, Eukairit von *εὔκαιρος*, zur rechten Zeit, Eugenit von *εὐγενής*, wohlgeboren ꝛc.

9) Alte Namen, zum Theil unbekannter Abkunft, Beryll, Gyps, Jaspis, Kaolin, Korund ꝛc.

Man sieht schon aus diesen wenigen Namen, wie man über ihre Bildung in Verlegenheit war, wie man z. B. alle Worte aus der griechischen und lateinischen Sprache zusammensuchte, um ein rothes Mineral zu taufen

ober ein faferiges u. f. w. Das Beffermachenwollen, Ueberfeten, Unkennt=
niß des Vorhandenen, oberflächliche Unterfuchung 2c. haben noch ein Heer
leibiger Synonymen geliefert und foll der Verwirrung gefteuert werden,
fo mögen nachftehende Punkte Beachtung und Annahme finden.

1) Die Mineral=Namen überhaupt und insbefondere die Namen
nach Perfonen und Orten follen ihrer Abftammung gemäß gefchrie=
ben und nicht diefer oder jener Sprache angepaßt werden.

2) Sie follen möglichft der griechifchen Sprache entnommen werden.
Technifch wichtige Mineralien haben in jedem Lande ihren befonderen
Namen und follen ihn behalten; zum Zweck allgemeiner wiffen=
fchaftlicher Verftändigung ift aber ein einer allgemein bekannten
(am beften todten) Sprache entnommener Name nothwendig.

3) Der Name, welcher einer fich bewährenden Mineralfpecies zuerft
gegeben wurde, ift anzuerkennen und zu gebrauchen, wenn er nicht
gegen 1) und 2) verftößt.

4) Die fyftematifche Nomenklatur foll die fpecififchen Namen der
Mineralien nur durch Zufäte verändern oder dadurch, daß fie die=
felben in Beiwörter verwandelt.

S. m. Schrift: „Die Mineral=Namen und die mineralogifche Nomen=
klatur."

## IV. Charakteriftik und Phyfiographie.

Die Charakteriftik wendet den vorbereitenden Theil der Mineralogie
auf die Mineralien in der Art an, daß fie von diefen als Species und von
ihren Gruppen als Gefchlechter, Ordnungen und Klaffen angiebt, was zu
ihrer Erkennung und Unterfcheidung nothwendig ift; die Phyfiographie
aber befchreibt die Species nach allen Erfahrungen, die über fie in natur=
hiftorifcher Beziehung bekannt find, und ergänzt die Charakteriftik, wenn
eine vollftändige Kenntniß derfelben gegeben werden foll.

In den folgenden Artikeln der Charakteriftik und Phyfiographie kommen
häufig nachftehende Abkürzungen vor:

Küfyftem == Kryftallfyftem, Küfirt == kryftallifirt,
Stf. == Stammform,
fpltb. == fpaltbar,
H. == Härte,
G. == fpecififches Gewicht,
v. d. L. == vor dem Löthrohre,
aufl. == auflöslich,
Aufl. == Auflöfung,
Präc. == Präcipitat,

Die Winkelangaben der Stammformen betreffend, so ist bei der Qua=
dratpyramide der zuerst angegebene Winkel immer der Scheitelkantenwinkel,
der zweite der Randkantenwinkel, ebenso bei der hexagonalen Pyramide.

Beim Rhomboeder ist der angegebene Winkel der Scheitelkantenwinkel
(der Randkantenwinkel sein Supplement).

Bei der Rhombenpyramide sind die ersten beiden Winkel die Scheitel=
kantenwinkel, der dritte angegebene der Randkantenwinkel.

Beim Hendyoeder ist der zuerst angegebene Winkel der Winkel der
Seitenkanten, auf welchen die Endfläche ruht, der zweite Winkel ist der
Winkel der Endfläche mit den (vordern) Seitenflächen.

---

# Charakteristik und Physiographie.

## I. Klasse.

### Nichtmetallische Mineralien.

Ihr spec. Gewicht ist gewöhnlich unter 4, nicht über 5, sie besitzen keinen
Metallglanz, geben v. d. L. mit Soda kein Metallkorn oder farbigen Be=
schlag der Kohle, entwickeln keinen Geruch nach Arsenik, Selen oder schwef=
lichter Säure und ihre sauren Auflösungen werden von Schwefelwasserstoff=
gas nicht gefällt.

(Ausnahmen in einigen Eigenschaften machen Schwefel und Graphit.)

### I. Ordnung. Kohlenstoff.

Unschmelzbar. Von Säuren nicht angegriffen. In sehr starkem Feuer
unter dem Zutritt der Luft zu Kohlensäure verbrennend.

### Diamant.

Krystem: tesseral. Stf. Oktaeder. Spltb. primitiv deutlich. Br.
muschlig. Durchsichtig — durchscheinend.

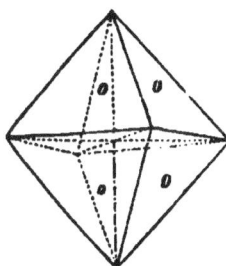  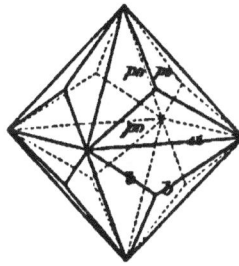

Fig. 9. Fig. 12. Fig. 11.

Diamantglanz. H. = 10. G. = 3,5 — 3,6. Reiner Kohlenstoff
= C. Farblos und lichte gelb, braun, blau, roth und grün. Durch Reiben
+ el.

Die gewöhnlichen Formen sind: Oktaeder, Hexakisoktaeder, Trialis=

oftaeber, Rhombenbodekaeder, Hexakistetraeder. S. b. Fig. 9, 12, 11, 13, 19. Die Fl. des Oktaeders eben, die übrigen meistens gewölbt.

Dichter, wahrscheinlich mit amorpher Kohle gemengter Diamant von schwarzer Farbe und von spec. G. = 3,01 — 3,41, kommt in kleinen Stücken in Brasilien vor (sog. Carbonat). Göppert will algenartige Einschlüsse im Diamant beobachtet haben.

Der Diamant findet sich in ringsum ausgebildeten Kryftallen und in Körnern in eisenhaltigem Conglomerat und in Sandfteinbreccie, im Schuttland und Sand der Flüsse. Die berühmtesten Fundgruben sind Oftindien (Golconbah, Hybrabad, Pannah), die Insel Borneo und Brasilien (Minas-Geraes). Von daher kommen jährlich gegen 13 Pfund nach Europa. Es wurde in Bagagem, Minas-Geraes, 1853 ein Diamant von 254 Karat gefunden. Die Ausbeute in Indien ist gegenwärtig sehr gering. Auch in Südafrika sind Diamanten von ¼ — 150 Karat vorgekommen; der größte Cap-Diamant (Stewart) wiegt 288¾ Karat.

Auch in Auftralien hat man Diamanten gefunden und angeblich i. J. 1870 einen in den Granatgräbereien von Leitmeritz in Böhmen.

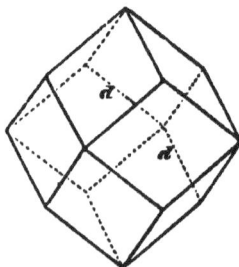
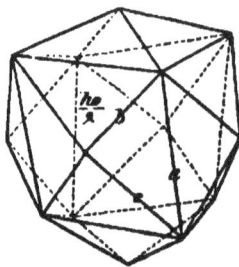

Fig. 13.   Fig. 19.

Die Diamanten werden mit ihrem eigenen Pulver auf Drehscheiben von Gußeisen oder Stahl geschliffen. Dieses Schleifen wurde erft 1456 von Ludwig van Berquen aus Brügge erfunden. Je nach der Art des Schliffes unterscheidet man Brillanten, Rosetten, Tafelsteine. Die besten Steine werden als Brillanten geschliffen, in der Hauptform doppelt konisch und vielfach facettirt.

Rohe, zum Schnitt taugliche, Diamanten werden das Karat (= 4 Grän, ein Loth köln. zu 72 Karat) mit 20—24 Gulden bezahlt, ist aber der Stein über 1 Karat schwer, so wird das Quadrat des Gewichts mit dem Preise des einfachen Karats multiplicirt. Aehnlich ist es bei geschliffenen Steinen, doch kostet bei diesen (reine Brillanten) das Karat 100 fl.; also ein Stein von 4 Karat 4mal 4mal 100 = 1600 fl. Bei Steinen über 8 Karat steigt der Preis oft noch höher. Die Preise sind in neuefter Zeit über die Hälfte gestiegen. Diamanten von ¼ Loth sind schon außerordentliche Kostbarkeiten, doch giebt es einzelne sehr große, z. B. der des Raja von Mattun auf Borneo gegen 5 Loth, der des türkischen Kaisers 4 Loth, ein dergleichen im ruffischen Scepter 2⅓ Loth. Dieser hat im größten Durchmesser 1 Zoll, in der Höhe 10 Linien. Im öfterreichischen und franzöfischen Schaß befinden sich auch Diamanten von 2 Loth und einer der vollkommenften nach Reinheit und Schliff ist der franzöfische, Pitt oder Regent genannte, welcher gegen zwei Loth wiegt. Er wurde für Ludwig XV. für die Summe von 135,000 Pfd. Sterling angekauft, soll aber auf mehr als das Doppelte geschäßt sein. Der Kohinor, gegenwärtig im Schaß von England, stammt aus Indien. Er war vor dem vollkommenen Schleifen über 1½″ lang

und 1" dick und wog 2⅔ Loth. Vergl. Handbuch der Edelsteinkunde ꝛc. von Karl
.Emil Kluge. Leipzig 1860. —
Unreine Diamanten werden als Schleifpulver und zum Glasschneiden ver-
wendet.

Daß der Diamant aus Kohlenstoff bestehe, weiß man erst in Folge der Versuche über sein Verhalten im Feuer, mit welchen 1694 zu Florenz der Anfang
gemacht wurde. Man fand, daß der Diamant in starkem Feuer zerstört werde.
Fortgesetzte Untersuchungen in Wien und vorzüglich in Paris unter den Gelehrten
d'Arcet, Rouelle, Maquer und Lavoisier zeigten aber, daß solches nur bei Zutritt
der Luft geschehe. Diese Beobachtungen wurden zum Theil in Folge der Ein-
würfe der französischen Juweliere Le Blanc und Maillard gemacht, von welchen
es Letzterem gelang, einen in Kohlenpulver wohl eingepackten Diamanten in einer
Thonkapsel dem heftigsten Feuer auszusetzen, ohne daß er verletzt wurde. Mit
Rücksicht hierauf wurden später Diamanten im Sauerstoffgas verbrannt und dabei Kohlensäure als Produkt erhalten u. s. w. Uebrigens hatte schon Newton
vor den Versuchen in Florenz aus dem großen Lichtbrechungsvermögen des Diamants geschlossen, daß er eine verbrennliche Substanz sein müsse.

### Graphit.

Krsystem: hexagonal (?). Es finden sich hexagonale Tafeln. Spltb.
basisch, sehr vollkommen. Br. uneben. Eisenschwarz — stahlgrau. H. 1,5
Milde, in dünnen Blättchen biegsam. Fett anzufühlen und abfärbend. G.
1,8 — 2,4. Guter galvan Leiter. Mit Salpeter im Platinlöffel geschmolzen
verpufft er und bildet sich kohlensaures Kali. Von Säuren wird nur beige-
mengtes Eisenoxyd ausgezogen. Kohlenstoff, mit Eisenoxyd, Kieselerde, Thonerde und Titanoxyd mehr oder weniger verunreinigt. Gewöhnlich in derben
schuppigen oder erdigen Massen.

In Urgebirgen, Granit, Gneiß, Glimmerschiefer, Urkalk ꝛc. manchmal in
bedeutenden Massen. Selten in tafelförmigen Krystallen zu Gelette in den Pyrenäen und zu Borrowdale in Cumberland. Großblättrig auf Ceylon, in schuppigen Massen zu Hafnerszell und Griesbach im Passauischen, Schottwien und
Spitz in Oesterreich, Arendal in Norwegen, Tunaberg in Schweden, Schottland,
Nordamerika. Ein feiner dichter Graphit findet sich auch bei Wunsiedel und Gefrees im Bayreuthischen.

Die Graphitkrystalle sind vielleicht (nach Fuchs) Pseudomorphosen von Koh-
leneisen, woraus das Eisen auf irgend eine Weise aufgelöst wurde; ähnliche
blättrige Krystalle bilden sich in Hochöfen und geben, wenn das Eisen mit Säuren extrahirt wird, Graphit, ohne daß die Blätterform dabei zerstört wird.

Der Graphit wird zu Bleistiften verwendet und entweder in die taugliche
Form geschnitten und gesägt, oder es werden die Abfälle mit Schwefel und
Colophonium zusammengeschmolzen und verarbeitet. Mit Thon gemengt, wird
er zu Hafnerszell zu Schmelztiegeln, welche vorzüglich für Metalle gebraucht
werden, verwendet. Er dient ferner als Ofenschwärze und zum Einreiben und
Leitendmachen von Stearin-, Wachs- und Gypsmodellen in der Galvanoplastik.

An den Graphit schließt sich der **Anthracit** (Kohlenblende) an, welcher
wesentlich nur Kohlenstoff ist und mit verkokten Steinkohlen theilweise über-
einkommt. Er findet sich derb, schwarz metallähnlich glänzend. Er ist an
der Flamme eines Kerzenlichts nicht entzündlich, giebt im Kolben außer
etwas Wasser keinen oder nur einen sehr geringen Beschlag von Theer und
verbrennt v. d. L. allmälig, ohne zu schmelzen. Mit Kalilauge gekocht,

ertheilt er der Lauge keine Färbung. Vorzüglich im Uebergangsgebirge. In mächtigen Lagern in Pennsylvanien, dann in Frankreich, England, Schottland, Norwegen, am Harz, in Hessen, Sachsen ꝛc. Er ist, obwohl schwer entzündlich, ein gutes Brennmaterial und wird zur Eisenfabrikation gebraucht. Pennsylvanien producirt jährl. über 60 Millionen Centner.

Es schließen sich hier ferner die Stein= und Braunkohlen an, welche die Reste einer untergegangenen Pflanzenwelt sind. Sie bestehen aus amorphen, schwarzen oder schwärzlichbraunen Substanzen, von geringer Härte, Glas — Fettglanz, sp. G. 1,2 — 1,5, und sind vorzüglich durch die Verhältnisse ihres Vorkommens und durch ihre Mischung und chemische Reaction zu unterscheiden. Sie sind an der Flamme eines Kerzenlichts entzündlich und brennen mit Entwicklung eines brenzlichen Geruches. V. d. L. im Kolben geben sie bräunliche und bräunlich=gelbe Theertropfen.

Die eigentlichen Steinkohlen oder auch Schwarzkohlen (Pechkohle, Schieferkohle, Kännelkohle) enthalten zwischen 75 und 90 pCt. Kohlenstoff, ferner Wasserstoff, Sauerstoff, etwas Stickstoff und erdige Theile. In einem bedeckten Tiegel erhitzt oder trocken bestillirt, entwickeln sie brennbare Gasarten, vorzüglich Kohlenwasserstoffgase, welche im Großen nach mancherlei Reinigung von gleichzeitig sich bildendem kohlensaurem Gase, kohlensaurem Ammoniak, Theer ꝛc. zur Gasbeleuchtung verwendet werden. Dabei schmelzen einige, die harzreichern, und hinterlassen eine mehr oder weniger aufgeblähte Kohle (Coaks), welche schwer verbrennlich ist, aber eine sehr intensive Hitze giebt. Die schwammartigen Coaks sind die brauchbarsten. Manche Kohlen geben bis zu 85 pCt. Coaks, andere nur 55 pCt. Die reinsten Steinkohlen enthalten nur 1—2 pCt. erdige Theile, welche in den Coaks zurückbleiben.

Werden diese Kohlen mit Kalilauge gekocht, so ertheilen sie der Lauge keine oder nur eine sehr blaß weingelbe Farbe und dieses Verhalten ist ein vorzügliches Unterscheidungskennzeichen von den Braunkohlen.

Die Steinkohlen oder Schwarzkohlen bilden mit dem Kohlensandstein, Schieferthon und rothen Sandstein eine große Formation im Flötzgebilde an der Grenze des Uebergangsgebildes. In kleinen Quantitäten kommen sie auch in jüngern Formationen vor, doch sind wohl viele dieser Kohlen mehr Braunkohlen.

Im nördlichen Frankreich, in Belgien und England (vorzüglich Newcastle) sind die bedeutendsten Steinkohlengruben, die man kennt. In Deutschland sind sie am linken Rheinufer verbreitet, bei St. Ingbert, Eschweiler, Saarbrücken ꝛc., in Westphalen, am Harz, in Sachsen bei Dresden, Zwickau, Haynichen ꝛc., in Böhmen und Schlesien. England und Schottland produciren über 620 Mill. Centner Kohlen, Belgien 100 Mill., Frankreich 80, Preußen 70, Oesterreich 8; die Nordamerikanischen Staaten über 90 Mill.

Als Brennmaterial sind diese Kohlen von hohem Werthe und zur Gasbeleuchtung viel vorzüglicher als die Braunkohlen.

Die **Braunkohlen** sind in ihren physischen Eigenschaften manchmal von den eigentlichen Steinkohlen nicht zu unterscheiden, doch haben viele eine ins Braune sich ziehende Farbe und manchmal deutliche Holztextur (bituminöses Holz). Sie haben dieselben Mischungstheile, wie die Schwarzkohlen, doch meistens in andern Verhältnissen, enthalten weniger Kohlenstoff, zwischen 20 und 60 pCt. und geben mehr Asche, bis 18 pCt. Ihr Verhalten im Feuer ist dem der Schwarzkohlen ähnlich, doch zerklüften und zerfallen die meisten Varietäten und geben nur schlechte Coaks. Mit Kalilauge gekocht,

geben sie mehr oder weniger braun gefärbte Auflösungen, welche, mit Salz=
säure neutralisirt, einen braunen Niederschlag von Huminsäure ausscheiden.

Die Braunkohlen finden sich vorzüglich im tertiären Gebilde über der Kreide=
formation mit Sandstein (Molasse), thonigen Schichten und Schieferthon, am
Fuße der Gebirge, öfters die Erdoberfläche berührend oder von Geröllen bedeckt.
Sie sind sehr allgemein verbreitet, im Mansfeldischen und in Thüringen, Sach=
sen, Wetterau, in der Rhön, in Hessen, im Rheinthal zwischen Bonn und Cöln,
Bayern, Böhmen, am Fuße der Alpen, in Frankreich, England, Island (sog.
Surturbrand) ꝛc. Die Braunkohlen dienen als Brennmaterial, wie die Schwarz=
kohlen, doch stehen sie diesen an Werth nach. — Hirschwald beobachtete Um=
wandlung verstürzter Holzzimmerung in Braunkohle zu Clausthal am Harz. Das
Holz war Fichtenholz und ist in höchstens 400 Jahren in Lignit und sogar in
Pechkohle verwandelt.

Im Anschlusse an diese Kohlen sind als vielleicht von ähnlichem Ursprunge
noch das Erdöl und Erdpech (Asphalt) zu nennen und der Bernstein. Das
Erdöl (Naphta) ist sehr dünnflüssig, leicht flüchtig und entzündlich. Es besteht
aus 88 Kohlenstoff und 12 Wasserstoff und kommt manchmal in bedeutender Menge
vor, in Parma, Modena, Zante, Baku am casp. Meere, Persien ꝛc. (das v.
Tegernsee enthält Paraffin aufgelöst). Es wird zur Beleuchtung, zum Auflösen
von Harzen, als Medicament, zur Firnißbereitung ꝛc. gebraucht. — Das Erdpech
ist fest, von muscheligem Bruche, braunschwarz, leicht schmelzbar, wie Siegellack
fließend und entzündlich. In Aether leicht auflöslich. Kommt zum Theil in be=
deutenden Lagern vor in der Schweiz, Albanien, Cornwallis ꝛc. Wird zum
Theeren, zum Straßenpflaster, als Aetzfirniß ꝛc. gebraucht. Aus den bituminösen
Schiefern von Seefeld in Tyrol werden jährlich gegen 12,000 Ctr. Asphalt ge=
wonnen, in Dalmatien 1000 Ctr. — Der Bernstein ist eine harzähnliche, eine
eigenthümliche Säure, die Bernsteinsäure, enthaltende Substanz, durchsichtig —
durchscheinend, von geringer Härte und verschieden gelber Farbe. Er ist entzündlich
und brennt, einen angenehmen Geruch verbreitend. Findet sich, öfters Insekten,
Blätter und dergleichen einschließend, vorzüglich an der preußischen Küste, wo er
meistens vom Meere ausgeworfen wird, aber auch in Sachsen, Spanien, Sicilien,
China ꝛc. hat man ihn gefunden, theils im Sande, theils in Braunkohlen. Be=
kanntlich wird er als Schmuckstein, zu Pfeifenspitzen ꝛc. verarbeitet. Der jährliche
Pacht für den Bernstein um Königsberg beträgt 10,000 Thaler.

## II. Ordnung. Schwefel.

Schmelzbar = 1, entzündlich und zu schweflichter Säure verbrennend.

### Schwefel.

Krystem: rhombisch. Stf. Rhombenpyramide 84° 58'; 106° 38';
143° 16'. Spltb. unvollkommen primitiv und prismatisch. Fig. 41. Br.
muschlig — uneben. Pellucid. Fettglanz, auch Glasglanz. H. 2,3. Spröde.
G. 1,9 — 2,1. Ist ein Element, dessen Zeichen S, zuweilen mit erdigen und thonigen
Theilen gemengt. Gelb in verschiedenen Abänderungen, gräulich, bräunlich.
In den Combinationen die Stf. vorherrschend. Oefters 2 Pyramiden
und das Prisma. Auch Combinationen ähnlich Fig. 42, derb, erdig. Aus
dem Schmelzfluß krystallisirt der Schwefel klinorhombisch, unter Umständen
aber auch rhombisch.

Der Schwefel findet sich in ältern und neuern Formationen und in allen
brennenden Vulkanen, in bedeutenden Massen aber liefert ihn nur Sicilien.

(Vom Gestein wird er durch Destillation geschieden.) Schöne Varietäten kommen vor zu Conilla bei Cadix, Girgenti und Catalbo in Sicilien, an der Solfatara des Vesuvs, auf dem Aetna, den liparischen Inseln, in den Vulkanen der Andes 2c. Sicilien liefert jährlich über 1½ Mill. Ctr., Neapel und die toskanischen Solfataren 20—30,000 Ctr. gediegenen Schwefel, Oesterreich mit Schwefel aus

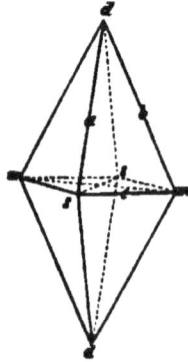 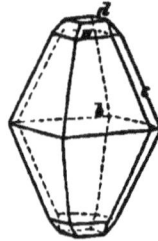

Fig. 41.                              Fig. 42.

Kiesen gegen 32,000 Ctr. Die europäische Gesammtproduction an Schwefel betrug i. J. 1867 gegen 7 Millionen Centner.

Der im Handel vorkommende Schwefel wird zum Theil künstlich aus Eisenkies und andern Kiesen gewonnen, indem diese Erze in irdenen konischen Röhren erhitzt und die Schwefeldämpfe in eiserne, mit Wasser gefüllte Vorlagen geleitet werden. Dieser Rohschwefel giebt dann durch Umschmelzen den sogenannten Stangenschwefel, wie er im Handel vorkommt.

Der Gebrauch des Schwefels als Zündmaterial, zur Bereitung des Schießpulvers, der englischen Schwefelsäure 2c. ist bekannt. Wenn der Schwefel einige Zeit geschmolzen und dann in Wasser gegossen wird, so wird er amorph und bildet eine zähe, plastische, zu Pasten brauchbare Masse. Nach einiger Zeit geht er wieder in den krystallinischen Zustand über und wird spröde.

### III. Ordnung. Fluoride. Fluor=Verbindungen.

V. d. L. in Phosphorsalz leicht aufl. Mit Schwefelsäure viel flußsaures Gas entwickelnd, ohne, damit befeuchtet, die Löthrohrflamme grünlich zu färben.

#### Liparit. Flußspath.

Krystallsystem: tesseral. Stf. Oktaeder. Spltb. primitiv sehr vollkommen. Br. muschlig — uneben. Pellucid. Glasglanz. H. 4. G. 3,1—3,2. Erwärmt phosphorescirend.

V. d. L. schmelzbar = 3 zu einem alkalisch reagirenden Email. In Salzsäure leicht auflöslich. Ca F = Calcium 51,28, Fluor 48,72.

Selten farblos, meist in lichten, zum Theil sehr schönen Abänderungen von Blau, Grün und Gelb, auch rosenroth, bräunlich, graulich 2c. Manche Krystalle sind violett bei auffallendem Lichte und grün, auch gelblich und rosenroth bei durchfallendem Lichte.

Die herrschende Form ist der Würfel. Außerdem Oktaeder, Tetralis=hexaeder und Rhombendodekaeder mit dem Würfel Fig. 7 und 6 und sämmt=liche holoedr. Formen des tesseralen Systems.

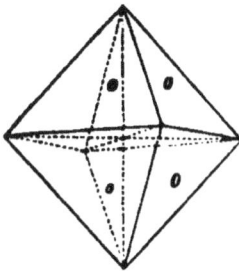
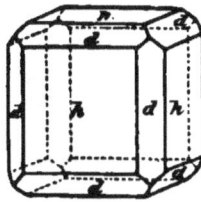
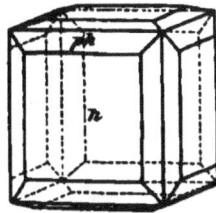

Fig. 9.　　Fig. 6.　　Fig. 7.

Derb, körnig, stänglich, selten dicht; erdig. Häufig auf Erzgängen, auch auf Lagern.

Ausgezeichnete Varietäten kommen vor in England, Cornwallis, Derbyshire, Devonshire und Cumberland; im sächsischen und böhmischen Erzgebirge zu Frei=berg, Gersdorf, Annaberg, Johanngeorgenstadt, Zinnwald 2c., in Baden zu Badenweiler; in Bayern zu Bach bei Regensburg, Wunsiedel in Oberfranken und zu Welsendorf in der Oberpfalz, hier eine dunkelviolette, beim Reiben chlor=ähnlichen Geruch verbreitende Varietät, enthält Schönbein's Antozon ($+$ el. Sauerstoff). — Der Flußspath dient zur Bereitung der Flußsäure. Die Mur=rhinischen Gefäße der Alten bestanden wahrscheinlich auch aus Flußspath.

Liparit kommt von λιπαρός, glänzend, stattlich.

Als Seltenheit findet sich (nach Strüver) bei Moutiers in Savoyen der Sellait Mg F.

### Kryolith.

Krystem: klinorhomboidisch n. Websky. Spltb. prismatisch und basisch, fast rechtwinklig. Br. uneben, unvollkommen muschlig. Durch=scheinend. Glasglanz, zum Fett= und Perlmutterglanz geneigt. H. 2,5. G. 2,9 — 3,0. V. d. L. schmelzbar = 1 zu einem alkalisch reag. Email. In Schwefelsäure auflöslich. Mit Wasser übergossen, wird er eigenthüm=lich gallertartig und durchscheinend.

3 NaF $+$ Al F$^3$. Fluor 51,04. Natrium 32,93, Aluminium 13,03. Weiß, gelblich, röthlich.

Gewöhnlich derb, auf Lagern in Gneiß, in Grönland, wo jährlich 3000 Tonnen (à 20 Centner) ausgeführt werden. Auch zu Miast im Ural, wo sich noch eine andere Mischung dieser Art, der Chiolith mit 24 pr. Ct. Natrium, findet. — Dient zur Gewinnung des Aluminiums und zur Alaunfabrikation.

Kryolith kommt von κρύος, Eis, und λίθος, Stein, weil er sehr leicht schmilzt; Chiolith von χιών, Schnee, wegen der weißen Farbe.

Aehnliche, Kalk und z. Thl. Wasser enthaltende, mit dem Kryolith in Grönland vorkommende Verbindungen sind: der Pachnolith, Hage=mannit, Thomsenolith, Arksutit und Chodneffit. Der Ralstonit aus Grönland ist n. Brush wasserhaltiges Fluor=Aluminium.

**Yttrocerit.** Verbindung von Fluor, Calcium, Cerium und Yttrium. Sehr selten. Finbo in Schweden.

---

## IV. Ordnung. Chloride. Chlor-Verbindungen.

In Wasser sehr leicht auflöslich. Die Auflösung giebt mit salpeter= saurem Silberoxyd ein reichliches weißes Präc., welches in Salpetersäure unauffl. ist und am Lichte schnell eine blaugraue und schwarze Farbe an= nimmt (Chlorsilber).

### Steinsalz.

Krystem: tesseral. Stf. Heraeder. Spltb. primitiv, vollkommen. Br. muschlig. Pelluc. Glasglanz. H. 2. G. 2,2 — 2,3. Geschmack an= genehm salzig. V. b. L. schmelzbar — 1,5 zu einer krystallinischen alkal. reag. Perle.

Na Cl. Chlor 60,68, Natrium 39,32.

Farblos und gefärbt, weiß, grau, gelblich, blau, roth ꝛc. Die rothe Farbe öfters von Infusorien herrührend. Gewöhnlich in der Stammform krystallisirt. Derb, körnig, fasrig.

Im Uebergangs= und vorzüglich im Flötzgebirge, bunten Sandstein, Muschel= kalk, Keuper, Jurakalk ꝛc. Immer mit Gyps und Thon (Salzthon), aus wel= chem es oft durch Wasser in gehauenen Kammern aufgelöst und als Soole ver= sotten wird. Die berühmtesten Gruben sind die von Wielitzka und Bochnia bei Krakau. Sie liefern jährlich 1 Million Centner Salz, welches meistens in der= ben Stücken gebrochen wird. Sehr reiche Salzbergwerke finden sich auch zu Hallstadt, Ischl, Hallein und Hall in Oesterreich und zu Berchtesgaden in Bayern, ferner zu Sulz am Neckar und zu Staßfurt in Preußen. Spanien, Frankreich und England sind weniger reich. Eine große Salzformation findet sich am mexikanischen Meerbusen (Santa Fe de Bogota) und als ausgedehnte Efflorescenz des Bodens kommt es in Afrika (Habesch) vor. Ferner in den Sublimaten von Vulkanen, in Salzquellen und im Meerwasser (2,5 pr. Ct.).

Der Gebrauch als Speisewürze, zum Einsalzen ꝛc. ist bekannt. Es dient ferner zur Darstellung der Salzsäure und des Chlors, zur Amalgamation, zu manchen Verfilberungen (Chlorsilber in Kochsalzlösung aufgelöst zum Verfilbern des Kupfers), zur Glasur und in der Landwirthschaft.

### Salmiak.

Krystem: tesseral. Stf. Oktaeder. Spltb. primitiv. Br. muschlig — uneben. Pellucid. Glasglanz. H. 1,5. G. 1,45. Geschmack scharf und stechend. V. b. L. flüchtig, ohne zu schmelzen. Mit Kalilauge Ammo= nialgeruch entwickelnd. N H⁴ Cl. Chlor 66,3, Ammonium 33,7. In der Natur als Sublimat, rindenartig, flockig, erdig ꝛc. Weiß gelblich.

In Vulkanen und brennenden Steinkohlenflötzen. Vesuv, Aetna, die lipa= rischen Inseln, Lüttich, Himalaja ꝛc. Gebrauch zur Darstellung des Ammoniaks, als Arzneimittel ꝛc.

Salmiak von sal ammoniacum, dieses von sal und hama nijak, arab. b. i. Salz „aus Kameelmist".

Chlorkalium, Sylvin kommt am Vesuv und in Galizien vor und in großer Menge zu Staßfurt in Preußen. Ist durch den gelben Niederschlag, welchen es mit Platinlösung giebt, leicht von dem Steinsalz zu unterscheiden.

Verbindungen von Chlormagnesium, Chlorcalcium und Wasser sind der Carnallit und der Tachydrit von Staßfurt.

Ein Kalium — Ammonium — Eisenchlorid aus den Fumarolen des Vesuvs ist der Kremersit nach der Anal. v. Kremers. —

# V. Ordnung. Nitrate. Salpetersaure Verbindungen.

V. d. L. leicht schmelzbar = 1, und auf der Kohle lebhaft verpuffend. In Wasser leicht auflöslich.

### Kalisalpeter.

Krystem: rhombisch. Stf. Rhombenpyr. 90° 56'; 131° 36'; 108° 40'. Spltb. unvollkommen brachydiagonal und prismatisch. Br. muschlig. Pellucid. Glasglanz. H. 2. G. 1,9—2. Geschmack salzig kühlend. V. d. L. in Platindraht die Flamme bläulich färbend mit einem Stich ins Rothe. K̈aN̈. Salpetersäure 54,42, Kali 46,58. — In der Natur gewöhnlich verunreinigt. Farblos und weiß. Vorwaltende Form: rhombisches Prisma von 119°, öfters mit einem oder mehreren Domen an den Enden.

Als erdige, fasrige und flockige Masse sich fortwährend bei der Verwesung organischer Substanzen erzeugend.

In größeren Mengen in Spanien, Italien und Ungarn, auf Ceylon in Höhlen, in Südamerika als Ausblühung des Bodens 2c. Zur Bereitung des Schießpulvers, der Salpetersäure, in der Medicin 2c.

### Nitratin. Natronsalpeter.

Krystem: hexagonal. Stf. Rhomboeder von 106° 33'. Spltb. primitiv sehr vollkommen. Br. muschlig. Pellucid. Glasglanz. H. 1,5. G. 2,19. Geschmack bitter kühlend. V. d. L. im Platindraht die Flamme stark gelb färbend. N̈aN̈. Salpetersäure 63,56, Natron 36,44. Ungefärbt und weiß. In der Natur in körnigen Massen schichtenweise mit Thon in Atakama in Peru in großer Menge. In der Provinz Tarapaca in Süd-Peru sind ebenfalls vorzügliche Fundorte. Die Dicke der Lager erreicht bis 7 Fuß. — Zur Darstellung von Salpetersäure und Glaubersalz.

Mit diesen Salzen finden sich auch in geringen Mengen zusammen: salpetersaurer Kalk und salpetersaure Magnesia.

# VI. Ordnung. Carbonate. Kohlensaure Verbindungen.

In verdünnter Salzsäure mit Brausen auflöslich; vorzüglich in Pulverform und bei Einwirkung der Wärme. Nach heftigem Glühen v. d. L. alkalisch reagirend.

## 1. Gruppe. Wasserfreie Carbonate.

K. d. L. im Kolben kein oder nur Spuren von Wasser gebend.

## Aragonit.

Küsystem: rhombisch. Stf. Rhombenpyr. 93° 30′ 50″, 129° 35′ 38″, 107° 32′ 26″. Spltb. brachydiagonal ziemlich deutlich. Br. unvoll= kommen muschlig. Pellucid. Glasglanz. H. 3,5. G. 3. V. d. L. unschmelz= bar und zerfallend. Mit einem Tropfen Salzsäure be= feuchtet lebhaft brausend. C̶a C̶ mit 1 — 4 pCt. kohlen= saurem Strontian. Wesentlich: Kohlensäure 44,0, Kalk= erde 56,0. — Farblos und gelblich, graulich, bläulich ꝛc. Vorwalt. Form: rhombisches Prisma von 116° 16′ 24″, mit einem brachydiagonalen Doma von 108° 27′. Häufig in Zwillingen, Drillingen und Hemitropieen, deren Zu= sammensetzungsfläche eine Seitenfläche des Prisma's von 116°. Fig. 55. Die Krystalle oft spießig, fasrig, derb.

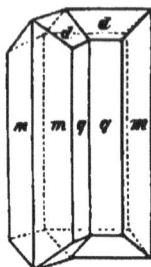

Fig. 55.

Ausgezeichnete Varietäten zu Leogang im Salzburgischen, Joachimsthal in Böhmen, Molina in Aragonien, Mingra= nilla in Valencia, Harz, Thüringen, Steyermark, Antiparos (zugleich mit rhomboedrischem Calcit). Ausgezeichnet große Zwillingskrystalle zu Bastennes (Landes).

Zum Aragonit (der Name von Aragonien) gehört die sog. Eisenblüthe aus Steyermark und der Erbsenstein und Sinter von Carlsbad. Ein Aragonit mit 3,86 pr. Ct. P̶b C̶ ist der Tarnowitzit von Tarnowitz in Schlesien.

Ein Aragonit mit Manganorydul, Kalk und Magnesia ist der Mangano= calcit v. Schemnitz in Ungarn.

## Strontianit.

Küsystem: rhombisch. Stf. Rhombenpyr. 92° 14′ 8″, 130° 0′ 24″, 108° 32′ 58″ Spltb. unvollkommen prismatisch und brachydiagonal. Br. unvollkommen muschlig — uneben. Pellucid. Glas — Fettglanz. H. 3,5. G. 3,6—3,7. V. d. L. wird er ästig, leuchtet; färbt die Flamme purpur= roth und rundet sich nur an sehr dünnen Kanten. Die salzsaure Aufl. wird, auch stark verdünnt, von Schwefelsäure getrübt.

S̶r C̶. Kohlensäure 29,79, Strontianerde 70,21. — Weiß, gelblich, grünlich. — Kstlle. meist rhomb. Prismen von 117° 16′ mit der brachydiag. Fläche; Zwillinge wie beim Aragonit, stängliche Massen ꝛc.

Nicht häufig vorkommend. Strontian (daher der Name) und Leadhills in Schottland, Braunsdorf bei Freiberg, Leogang im Salzburgischen ꝛc.

## Witherit.

Küsystem: rhombisch. Stf. Rhombenpyr. 89° 56′ 38″, 130° 13′ 6″, 110° 48′ 40″. Spltb. prismatisch und basisch unvollkommen. Br. unvoll= kommen muschlig — uneben. Pellucid. Glas — Fettglanz. H. 3,5. G. 4,2—4,4. V. d. L. schmelzbar = 2 zu einem alkalisch reagirenden Email, dabei die Flamme schwach, aber deutlich gelblichgrün färbend. Die stark verdünnte salzsaure Aufl. giebt mit Schwefelsäure ein reichliches Präc. B̶a C̶. Kohlensäure 22,33, Baryterde 77,67. Weiß. Krystalle öfters als Combina= tion der Stammform mit einem brachydiagonalen Doma, wodurch eine pyra= midale Gestalt, ähnlich einer Hexagonpyramide, entsteht; prismatisch und in Zwillingen wie der Aragonit; stänglich.

Auf Bleigängen ausgezeichnet in England, Alstonmoor, Cumberland, West-
moreland. — Mariazell, Steyermark. — Ist giftig und wird als Rattengift gebraucht. — Die drei eben angeführten Species bilden eine chemische Formation.
Der Name ist nach dem Entdecker Dr. Withering gegeben.

Als Seltenheit ist anschließend zu erwähnen:

**Barytocalcit** = B̶a̶ C̈ + C̶a̶ C̈, kohlensaurer Baryt 66,1, kohlensaurer Kalk
33,9. Krystallisirt klinorhombisch. Alstonmoor in Cumberland.
Von gleicher Mischung, aber rhombischer Krystallisation, ist der **Alstonit**
von Alston.

## Calcit. Kalkstein (Kalkspath).

Krystsystem: hexagonal. Stf. Rhomboeder 105° 5'. Spltb. primitiv,
vollkommen. Br. muschlig, splittrig, eben. Pellucid. Zeigt ausgezeichnete
doppelte Strahlenbrechung durch die Flächen der Stammform. Glasglanz,
auf den basischen Flächen Perlmutterglanz. H. 3. G. 2,5 — 2,8. V. d. L.
unschmelzbar. Mit einem Tropfen Salzsäure befeuchtet lebhaft aufbrausend.
C̶a̶ C̈. Kohlensäure 44,0, Kalkerde 56,0.

Varietäten. 1) Krystallisirter und krystallinischer Kalkstein. Die Krystallreihe höchst mannigfaltig durch die Combination verschiedener Rhomboeder, Skalenoeder und des hexagonalen Prisma's. Zippe führt 42 Rhomboeder an und gegen 80 Skalenoeder. Oefters Hemitropieen, Zusammen-
setzfl. die basische oder die eines Rhomboeders (öfters desjenigen, welches

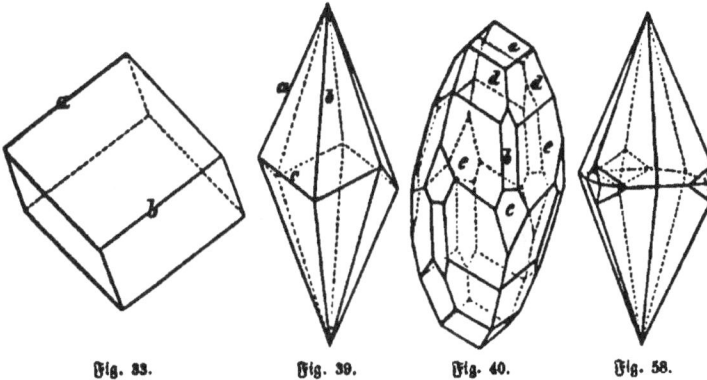

Fig. 33.    Fig. 39.    Fig. 40.    Fig. 58.

die Schltf. der Stammform abstumpft). Oefters vorkommende Form sind
Fig. 33, 39, 40, 58.

Das hexagonale Prisma oft vorherrschend. Stänglich, körnig, fasrig,
schiefrig, nach der basischen Fläche zusammengesetzt (Schieferspath). Farblos und mannigfaltig gefärbt. Der durch beigemengte Kohle schwarz gefärbte heißt **Anthrakonit**, der bitumenhaltige **Stinkstein**. — Zum krystallinischen Kalkstein gehört auch der meiste Kalksinter, Kalktuff.

Die schönsten und mannigfaltigsten Krystalle liefern: Der Harz (Andreasberg,
Jberg), Derbyshire und Cumberland, Frankreich (Poitiers, Cousons bei Lyon,
Chalanches, Fontainebleau, wo eine stark mit Sand gemengte Varietät in spitzen
Rhomboedern vorkommt); Sachsen (Freiberg, Schneeberg, Bräunsdorf, Tha-

rand 2c.), Ungarn (Schemnitz 2c.). Island liefert die reinsten und größten Stücke derben Kalkspaths (Doppelspath).

Der Calcit gab Bergmann (1780) die erste Idee der krystallographischen Korpusculartheorie, welche Hauy dann durchgeführt hat. — An diesem Mineral wurde auch zuerst die Erscheinung der doppelten Strahlenbrechung durch Erasmus Bartholin (in Kopenhagen, um 1670) entdeckt. — Calcit von calx, Kalk.

2) **Dichter Kalkstein.** Von verschiedenen Farben. Oft Eisenoxyd, Eisenoxydhydrat, Thon, Bitumen 2c. enthaltend. Hierher der sogenannte **Marmor, dichte Stinkstein, Rogenstein (Oolith)** aus rundlichen Körnern, wie Fischrogen, zusammengesetzt. Der **lithographische Stein** gehört auch zum dichten **Kalkstein**, ebenso mancher **hydraulische Kalk.**

Der hydraulische Kalk, welcher auch oft erdig als Mergel vorkommt, ist immer thonhaltig (zu 20—30 pr. Ct.). Er giebt, gehörig gebrannt und pulverisirt, ohne weitern Zusatz einen unter Wasser vortrefflich erhärtenden Mörtel. Durch das Brennen bildet sich eine chemische Verbindung zwischen dem Thon und der Kalkerde (wie das Gelatiniren mit Salzsäure beweist); zum Theil wird diese aber erst durch die Gegenwart des Wassers langsam hervorgebracht. Zugleich wird von letzterem eine gewisse Quantität chemisch gebunden.

3) **Erdiger Kalkstein.** Hierher gehört die **Kreide, Bergmilch** und (thonhaltig) der meiste **Mergel.**

Der krystallinische Kalkstein, wie der dichte und erdige, kommen als Gebirgsarten vor. Die wichtigsten Formationen, welche sie bilden, sind folgende:

I. **Der Urkalk.** Krystallinisch körnig, weiß, graulich, ohne Versteinerungen. In Urfelsarten, Gneiß, Glimmerschiefer, Thonschiefer 2c. eingelagert. Hierher der bekannte carrarische Marmor, der pentelische und parische. ihres feinen Kornes und ihrer Reinheit wegen zu plastischen Kunstwerken vorzüglich geeignet. Von pentelischem Marmor sind das Parthenon und andere Tempel Athens gebaut.

II. **Der Uebergangskalk oder Grauwackenkalkstein.** In diesem erscheinen schon Versteinerungen (Trilobiten, Orthoceratiten, Korallen 2c.). Am Harz, in Westphalen, in Sachsen und Böhmen, Norwegen, Schweden, Rußland, England. Auf Thonschiefer oder Grauwacke gelagert und damit wechselnd, häufig vom alten rothen Sandstein bedeckt.

III. **Der Bergkalk oder Kohlenkalkstein,** dicht, meist dunkelgrau, reich an Petrefakten (Terebrateln, Orthoceratiten, Korallen 2c.). Vorzüglich in England, wo sich ihm das Steinkohlengebirge anschließt, Belgien, Westphalen 2c. — Von den folgenden Formationen, welche zum Flötzgebilde gehören, trennt den Bergkalk das sogenannte **rothe Todtliegende** (rothe Sandsteine und Conglomerate).

IV. **Der Zechstein,** ein mergliger, oft dünnschiefriger Kalkstein, mit dem Kupferschiefer vorkommend (einem schwarzen, kupferhaltigen Mergel). Er bildet die älteste Kalkformation der Flötzgebilde, welche wesentlich aus wechselnden Formationen von Kalkstein und Sandstein bestehen. Am Harz, im Mansfeldischen, im Thüringer Waldgebirg, Hessen, Wetterau, Speßart, England. — Verhältnißmäßig gegen die folgenden Formationen wenig ausgedehnt und mächtig vorkommend. Auf den Zechstein folgt, theils auf-, theils eingelagert, der bunte Sandstein und auf diesen

V. **der Muschelkalk,** graulich und thonhaltig, mit muschligem Bruche und deutlicher Schichtung, reich an Petrefakten. Würtemberg, zwischen dem Schwarzwald und Odenwald, Niederfranken, Thüringen, Vogesen, Göttingen und Pyrmont, Niederschlesien 2c. — Folgen die **Keuper-Mergel** und Sandsteine. Hierauf

VI. **der Lias.** Meistens bituminöser und mergliger Kalkstein (mit Skeletten und Gebeinen von Ichthyosauren, Plesiosauren 2c. und vielen Schaalthieren, besonders Gryphäen, daher Gryphitenkalk, Posidonien, Posidonienschiefer 2c. In

Würtemberg, am Fuß der rauhen Alp, Bayern (Mittelfranken), in Frankreich, England, Yorkshire, Lyme-Regis, die hohen Alpen ꝛc.

Es folgen Liasmergelschiefer und Liassandstein und dann

VII. der Jurakalk, bald dicht, bald rogenartig oder oolithisch (Oolith). Sehr verbreitet im Jura, durch die rauhe Alp fortsetzend nach Bayern bis an die Ufer des Mains und nach Koburg. In den Bayerischen und Salzburger Alpen, im westlichen Frankreich und in England. — Dahin gehört der lithographische Stein von Solenhofen, Pappenheim ꝛc. Auf diese Formation folgen wieder Sandsteine, (Grünsand, Quadersandstein) und dann

VIII. die Kreide, wohin auch der sog. Plänerkalk. Sehr ausgedehnt im nördlichen Frankreich, im südöstlichen England, in den Apenninen, im Gebiete der Ostsee, Dänemark und Seeland, Rügen, Rheinpreußen, Niederlande, Morea ꝛc. Auf die Kreide folgen im Tertiärgebilde die Braunkohlen- und Molasseformation und dann

IX. Der Grobkalk (Ceritbenkalk), manchmal fast ganz aus Muscheln und Schneckenschalen bestehend, welche oft nur calcinirt und sehr gut erhalten sind. Vorzüglich in der Gegend von Paris, in den Niederlanken, im Rheinthal, um Wien, in Italien ꝛc. Diese Formation überdeckt

X. der Süßwasserkalk, charakterisirt durch Süßwasser- und Landmuscheln. In Frankreich (Paris, Montpellier ꝛc.), um Würzburg, Ulm, Baden bei Wien, England.

XI. Der Kalktuff (Kallsinter), bildet die jüngste Formation des Kalls und wird fortwährend aus kalkführenden Wässern abgesetzt.

Der Gebrauch des Kalksteins als Baustein, zur Bereitung des Mörtels (als gebrannter Kalk, Aetzkalk) ist bekannt. Auch bei der Glasfabrikation wird er als Zuschlag gebraucht, beim Schmelzen der Eisenerze ꝛc.

### Dolomit. Bitterkalk. Bitterspath.

Krystsystem: hexagonal. Stf. Rhomboeder von 106° 15'. Spltb. primitiv vollkommen. Br. muschlig. Pellucid. Glasglanz, manchmal zum Perlmutterglanz. H. 3,5. G. 2,8—3. V. d. L. unschmelzbar. In ganzen Stücken mit Salzsäure befeuchtet, braust er nicht, als Pulver ist er in der Wärme leicht aufl. Die gesättigte Aufl. giebt mit Schwefelsäure ein Präc. von Gyps. Ca C̈ + Mg C̈. Kohlensaurer Kalk 54,35 kohlens. Magnesia 45'65. Weiß gelblich, graulich ꝛc. — Stf. herrschend. Die Kureihe enthält nur wenige Rhomboeder, sehr selten Skalenoeder. Stänglich, fasrig, körnig.

Dem Dolomit schließt sich der Braunspath an, welcher sich wesentlich nur durch einen Gehalt von kohlensaurem Eisen- und Manganoxydul, bis zu 10 pr. Ct., unterscheidet, weshalb er v. d. L. schwarz und magnetisch wird. Mancher rundet sich an dünnen Kanten.

Der Dolomit kommt in schönen Varietäten vor im Binnenthal in der Schweiz (von ganz normaler Mischung), zu Traversella im Piemontesischen, auf dem Greiner und im Fassathal in Tyrol, Miemo in Toskana, am St. Gotthard, Bleiberg und Raibel in Kärnthen ꝛc. Der Braunspath im Erzgebirge, zu Schemnitz und Kremnitz in Ungarn, am Harz ꝛc.

Der Dolomit bildet eine Felsart. Er ist zum Theil in Urfelsarten eingelagert, zum Theil kommt er mit dem Zechstein und häufig mit dem Jurakalk vor. In den Bayerischen und Tyroler Alpen, Oberpfalz, Franken, St. Gotthard, Ungarn ꝛc. Dient als Baustein, zur Bereitung des Mörtels, hydraulischen Kalks ꝛc. Der Name Dolomit ist zu Ehren des Geognosten und Mineralogen Dolomieu gegeben.

### Magnesit.

Krystem; hexagonal. Stf. Rhomboeder von 107° 10′—22′. Spltb. primitiv vollkommen. Br. muschlig. Pellucid. Glasglanz. H. 4,5. G. 3. V. d. L. wie der vorhergehende. In Salzsäure als Pulver erst bei Einwirkung der Wärme mit Brausen auffl. Die gesättigte Aufl. wird von Schwefelsäure nicht gefällt. Mg C̈. Kohlens. 52,38. Magnesia 47,62.

Gewöhnlich mit etwas Eisen= und Mangancarbonat gemengt. — Gelb, grau, braun. — Krystalle: Stammform, körnig und dicht.

Fundorte: St. Gotthard, Faßathal, Greiner im Zillerthal, Hall, Snarum in Norwegen, Hrubschitz in Mähren, Baudissero in Piemont 2c. Nicht häufig. — Der Name von dem Gehalte an Magnesia = Talkerde.

Calcit, Dolomit und Magnesit bilden eine chem. Formation, zu welcher aus der II. Klasse noch Siderit, Dialogit und Smithsonit gehören. —

## 2. Gruppe. Wasserhaltige Carbonate.

V. d. L. im Kolben viel Wasser gebend.

### Soda.

Krystem: klinorhombisch. Stf. Hendyoeder: 79° 41′; 109° 20′ 40″, Spltb= nach den Diagonalen undeutlich. Br. muschlig. Pellucid. Glasglanz. H. 1,5. G. 1,423. Geschmack scharf alkalisch. V. d. L. leicht schmelzbar = 1. In Wasser leicht aufl. Na C̈ + 10 Ḧ; Kohlensäure 15,39, Natron 21,66, Wasser 62,95. An der Luft verwitternd zu Na C̈ + Ḧ; in diesem Zustand (Thermonatrit Kll. rhombisch) meist in der Natur vorkommend als Effloreszenz 2c. — Weiß, gelblich, graulich 2c.

In den Umgebungen der Natronsee'n Aegyptens; zu Debreczin in Ungarn, wo man jährlich gegen 10,000 Ctr. sammelt. In Mexiko, Tibet, Persien, der Tartarei, Armenien 2c. Mit dieser Species kommt noch eine andere von rhombischer Krystallisation vor, welche aus 82,57 kohlensaurem Natron und 17,43 Wasser besteht.

### Trona. Urao.

Krystem; klinorhombisch. In den Kryst. die orthodiag. Fl. und eine Endfl., die sich unter 103° 15′ schneiden, vorherrschend. Spltb. nach der Endfläche sehr vollkommen. Br. uneben. Pellucid. Glanzglas. H. 2,5. G. 2,11. Geschmack alkalisch. Verhält sich chemisch wie Soda, verwittert aber nicht an der Luft. Na² C̈³ + 4 Ḧ. Kohlensäure 40,26, Natron 37,78, Wasser 21,96. Strahlig, körnig. Weiß, gelblich 2c.

An den Natronsee'n Aegyptens und in großer Menge in Sulena in Fezzan in Afrika, zu Merida in Columbien, aus dem See von Lalagumilla krystallisirend, so daß gegen 1600 Ctr. jährlich gewonnen werden sollen.

Soda und Trona werden zur Seifen= und Glasfabrikation gebraucht, in der Färberei 2c.

Als selten und nur in geringer Menge vorkommend, sind hier zu nennen: Kalicin aus Wallis, nach Pisani Ka C̈ + Ḧ.

Gaylussit, klinorhombisch. Kohlensäure 27,99, Kalkerde 16,00, Natron 19,75, Wasser 34,26. Merida in Columbien. Der Name nach dem französischen Chemiker Gaylussac.

Hydromagnesit (Magnesia alba). Strahlig und erdig. Kohlensäure 35,77, Magnesia 44,75, Wasser 19,48. Hoboken, in New-York, Kumi auf Negroponte. Eine ähnliche Mischung, worin die Hälfte der Talkerde durch Kalkerde ersetzt ist, findet sich sinterartig am Vesuv, Hydromagnocalcit oder Hydrodolomit; der Predazzit und der Pencatit von Predazzo in Tyrol sind Gemenge von Calcit und Brucit. —

## VII. Ordnung. Sulphate. Schwefelsaure Verbindungen.

### V. d. L. mit Soda auf Kohle Hepar gebend*).

### 1. Gruppe. Wasserfreie Sulphate.

### V. d. L. im Kolben kein oder nur Spuren von Wasser gebend.

### Baryt. Schwerspath.

Krystallsystem: rhombisch. Stf. Rhombenpyr. 91° 22'; 128° 36' 40"; 110° 37' 10". Spltbr. brachydiagonal sehr vollkommen, domatisch unter 101° 40' weniger vollkommen. Br. unvollkommen muschlig. Pellucid. Glasglanz. H. 3,5. G. 4,3—4,58. V. d. L. schmelzbar = 3 zu einer alkalisch reagirenden Perle; manchmal verknisternd, die Flamme schwach gelblichgrün färbend. In Salzsäure unaufl. Ba S. Schwefelsäure 34,2, Baryterde 65,8. Farblos und gefärbt, weiß, grau, röthlich ꝛc.

In den Krystallcombinationen ist ein rhombisches Prisma von 102° 17' vorherrschend, auch ein Doma von 105° 24', die Krystalle sind sehr oft tafelartig und die Stf. erscheint nebst andern vorkommenden Rhomben- pyramiden immer untergeordnet. — Sehr häufig schaalig, stänglich, körnig, fasrig, zum Theil in plattgedrückten Kugeln (der sog. Bologneserspath). Selten dicht, erdig.

Ausgezeichnete krystallisirte Varietäten finden sich im Erzgebirge zu Freiberg, Marienberg, Joachimsthal, Przibram und Mies in Böhmen, Klausthal am Harz, Schemnitz und Kremnitz in Ungarn, Offen- und Felsobanya in Siebenbürgen, Alstonmoor in Cumberland, von daher in der Londoner Ausstellung von 1852 ein prismat. Kr. von 110 Pfund. — Krystallinische Varietäten finden sich häufig, in Bayern zu Erbendorf und Wölsendorf in der Oberpfalz, zu Bach bei Regens- burg, Kaulsdorf in Oberfranken ꝛc, der dichte kommt bei Pillersee in Tyrol vor, auf dem Rammelsberg bei Goslar, Freiberg ꝛc.

Es wird damit häufig das Bleiweiß verfälscht; er dient zur Bereitung der Barytpräparate. Der Name stammt von βαρύς, schwer. —

Bildet mit der folgenden Species und dem Bleivitriol eine chemische For- mation.

### Cölestin. Schwefelsaurer Strontian.

Krystallsystem: rhombisch. Stf. Rhombenpyr. 89° 26'; 128° 46'; 112° 36'. Spltb. brachybiag. sehr vollkommen, weniger domatisch unter 75° 58'. Br. unvollkommen muschlig, uneben. Pellucid. Glasglanz, zum Fett- und Perlmutterglanz. H. 3,5. G. 3,6—4,0. V. d. L. zum Theil verknisternd, schmelzbar = 3 zur alkalisch reagirenden Perle, die Flamme schwach pur-

---

*) Mit Säuren nicht gelatinirend.

purroth färbend. Wenn man auf ein geschmolzenes Stück einen Tropfen Salzsäure fallen läßt und hält es an den Saum einer Lichtflamme, so zeigen sich an dieser purpurrothe Streifen. In Salzsäure unauflöslich. Sr S. Schwefelsäure 43,56, Strontianerde 56,44. Ungefärbt, weiß, bläulich, gelblich ꝛc. In den Krystallcombinationen ist das brachybiag. Doma von 104⁰ 8' vorherrschend, es erscheint meistens als ein Prisma mit dem Doma von 104⁰ 2' zugeschärft. Die Stf. untergeordnet. — Derb, strahlig, schaalig ꝛc.

Ausgezeichnet in Sicilien, mit Schwefel zu Girgenti, Catalbo ꝛc., zu Leogang im Salzburgischen, Bristol in England, Aarau in der Schweiz, Montmartre bei Paris ꝛc.

Dient zur Bereitung von Strontianpräparaten, welche in der Feuerwerkkunst gebraucht werden. Der Name stammt von Coelestis, himmelblau, welche Farbe aber die wenigsten Varietäten zeigen. —

Es kommen als Seltenheiten auch Verbindungen von schwefelsaurem Kalk und schwefelsaurem Baryt, sowie mehrere von letzterem mit schwefelsaurem Strontian vor.

### Anhydrit. Muriacit.

Krystsystem: rhombisch. Stf. Rhombenpyr. 108⁰ 30'; 121⁰ 44'; 99⁰ 2'. Spltb. nach den Diagonalen und basisch vollkommen. Pellucid. Glas — Perlmutterglanz. H. 3,5 G. 2,7—3. V. d. L. schmelzbar = 3 zu einem alkalisch reag. Email. In viel Salzsäure auflöslich. Die verdünnte Lösung fällt mit salzsaurem Baryt schwefelsauren Baryt, mit kleesaurem Ammoniak kleesauren Kalk. Ca S̈. Schwefelsäure 58,82, Kalkerde 41,18. — Weiß, gelb, roth, blau, violett ꝛc. — Krystalle sehr selten, krystallinisch derbe Massen häufig, körnig, strahlig. Zu Staßfurth kamen neuerlich kleine Krystalle vor als rhomb. Prismen von 120⁰ mit einem Doma von 95⁰.

Im Steinsalzgebirge ziemlich häufig vorkommend. Berchtesgaden, Hall in Tyrol, Bex in der Schweiz, Sulz am Neckar, Wiliczka und Bochnia in Galizien (zum Theil dicht und in darmartigen Windungen, Gekröstein). Der Name Anhydrit stammt von ἄνυδρος, wasserlos, weil er sich durch das Fehlen des Wassers vom Gyps unterscheidet.

Als Seltenheiten sind noch zu erwähnen: Schwefelsaures Kali (Glaserit) Ka S̈, welches am Vesuv vorkommt, und schwefelsaures Natron Na S̈ (Thenardit), welches in den Salzwerken von Espartinas bei Madrid vorkommt. Beide krystallisiren rhombisch. Ferner der Brongniartin oder Glauberit = Na S̈ + Ca S̈. schwefelsaurer Kalk 49, schwefelsaures Natron 51. Krystallisirt klinorhombisch und kommt zu Villarubia in Spanien, zu Berchtesgaden in Bayern, Priola in Sicilien und zu Iquique in Peru vor. — Der Name ist nach dem Entdecker, dem Mineralogen Alex. Brongniart, gegeben.

## 2. Gruppe. Wasserhaltige Sulphate.

V. d. L. im Kolben viel Wasser gebend.

### Mirabilit. Glaubersalz.

Krystsystem; klinorhombisch. Stf. Hendyoeder: 93⁰ 29'; 102⁰ 49' 40". Spltb. orthobiagonal vollkommen. Br. muschlig. Pellucid. Glasglanz. H. 1,5, G. 1,5. Geschmack kühlend bitter. V. d. L. schmelzbar = 1, auf Kohle alkalisch und hepatisch reagirend. In Wasser leicht auflöslich, durch Ammoniaksalze

nicht gefällt. An der Luft zu einem weißen Pulver zerfallend. — Na S̈ +
10 H. Schwefelsäure 24,59, Natron 19,23, Wasser 55,88. — Farblos,
weiß.

In der Natur meistens verwittert, als Na S̈ + 2 H, vorkommend, als Ausblühung, mehlartig ꝛc. im Steinsalz- und Gypsgebirge, an Mauern, auf Lava
am Vesuv, in den Mineralquellen von Sedlitz, Saidschütz, Püllu, Karlsbad in
Böhmen und in den Salzsee'n von Ungarn und Aegypten. — Wird zur Glasfabrikation gebraucht, zur Bereitung von Soda, als Medicament. — Mirabilit
stammt von dem ehemaligen Namen des Salzes sal mirabile Glauberi. —

Schwefelsaures Ammoniak **Mascagnin**, kommt in geringer Menge auf dem
Vesuv und Aetna vor. Der Lecontit aus Honduras ist eine wasserhaltige Verb.
von schwefl. Natron und schwefl. Ammoniak. —

Der **Kainit** von Staßfurt ist eine wasserhaltige Verbindung von schwefl.
Magnesia und Chlorkalium.

### Epsomit. Bittersalz.

Kristsystem: rhombisch. Stf. Rhombenpyr. 127° 22'; 126° 48'; 78°
7'. Spltb. brachydiag. vollkommen. Br. muschlig. Pellucid. Glasglanz.
H. 2,5. G. 1,75. Geschmack bitter. V. d. L. anfangs schmelzend, dann giebt
er eine schwach alkalisch reagirende weiße Masse, welche, mit Kobaltaufl. befeuchtet und geglüht, blaßfleischroth wird. In Wasser aufl.; Aetzammoniak giebt
einen Niederschlag. Mg S̈ + 7 H. Schwefelsäure 32,52, Magnesia 16,26,
Wasser 51,22*). — Farblos, weiß ꝛc. — Gewöhnlich kommt er in der
Natur nur in haarförmigen Massen und als Efflorescenz vor; die künstlichen Krystalle zeigen häufig die Combination der Stammform mit dem
rhombischen Prisma von 90° 38'.

In großer Menge auf der Oberfläche des Bodens in den sibirischen Steppen;
in Spanien und in kleinen Quantitäten zu Klausthal am Harz, Ibria, Berchtesgaden, Hall ꝛc. In vielen Mineralwässern, Seidlitz, Eger, Saidschütz ꝛc., in
Böhmen, Epsom in England, daher der Name Epsomit.

Wird in der Medizin gebraucht und zur Darstellung anderer Magnesiasalze.

### Polyhallit.

Kristsystem: rhombisch. Man findet rhombische Prismen von 115°.
Gewöhnlich strahlige und fasrige Massen. Br. splittrig, uneben. Pellucid.
Perlmutterglanz zum Fettglanz. H. 2,5. G. 2,72. Geschmack schwach salzig
bitter. V. d. L. schmelzbar = 1, auf Kohle zur alkal. reagirenden Masse.
In Wasser mit Ausscheidung von schwefsaurem Kalk aufl. Ka S̈ + Mg S̈
+ Ca S̈ + 2 H. Schwefels. Kalk 45,23, schwefl. Magnesia 20,04, schwe-
fels. Kali 28,78, Wasser 5,95. Gewöhnlich mit Steinsalz, Eisenoxyd ꝛc.
verunreinigt, von letzterem roth gefärbt.

Im Steinsalzgebirge zu Berchtesgaden, Ischl, Aussee, Hall, Galizien. Ist
von dem oft ähnlichen Gyps durch die leichte Schmelzbarkeit und den geringen
Wassergehalt zu unterscheiden. (Verliert beim Glühen nur 6 pr. Ct., der Gyps
21 pr. Ct.) Der Name stammt von πολύς, viel, — und ἅλς, Salz.

Der Blödit ist eine Verb. von schwefl. Natron und schwefl. Magnesia

---

*) Bildet mit dem Zinkvitriol eine chemische Formation.

mit Waſſer. Iſchl, Aſtrakan, Staßfurth. Eine andere ähnliche Verbindung iſt der Löweit v. Iſchl und der Simonyit v. Hallſtadt.

Der Syngenit (Kaluszit), von Kalusz in Galizien, iſt eine Verbindung von $\dot{C}a\ddot{S} + \dot{K}a\ddot{S} + \dot{H}.$

## Gyps.

Kryſtem: klinorhombiſch. Stf. Hendyoeder 111° 14'; 108° 53' 31". Spaltbarkeit klinobiagonal ſehr vollkommen, orthobiagonal unvollkommen, brechend, muſchlig, nach der Endfläche unvollkommen, biegſam, faſrig. Pellucib. H. 1,5. G. 2,3. V. b. L. ſchmelzbar = 2,5 — 3 zu einem alkal. reagirenden Email. In viel Salzſäure aufl. In Waſſer ſehr wenig aufl. $\dot{C}a\ddot{S} + 2\dot{H}.$ Schwefelſäure 46,57, Kalkerde 32,53, Waſſer 20,90. — Farblos und verſchieben gefärbt. Die Endfläche der Kryſtalle gewöhnlich durch ein Klinoboma n, von 138° 28' verbrängt. Dazu ſehr häufig ein hinteres Klinodoma k von 143° 42' Fig. 51.; die Kryſtalle oft nach der vollkommenen Spaltungsfläche tafelartig ausgedehnt. Häufig hemiotropiſch, die orthodiag. Fläche als Drehungsfläche, auch die Fläche, welche das Klinoboma k abſtumpft. Defters mit zugerundeten Enden und linſenförmig, auch nabelförmig. — Derb, zum Theil ſehr großblättrig (Frauen-eis), körnig, ſchuppig, ſtrahlig, faſrig, dicht und erbig.

Fig. 51.

Der Gyps iſt ein ſehr verbreitetes Mineral und bildet, körnig und dicht, Formationen im Flötzgebilde (Zechſtein, Muſchelkalk, Keuper) und im Tertiärgebilde, in Würtemberg, Thüringen, Bayern, am Harz, im Holſteiniſchen, bei Paris ꝛc. Er iſt ferner der beſtändige Begleiter des Steinſalzes.

Ausgezeichnete kryſtalliſirte Varietäten kommen vor zu Leogang im Salzburgiſchen, Berchtesgaden, Hall, Ber in der Schweiz, Girgenti in Sicilien, Montmartre bei Paris, Schemnitz in Ungarn ꝛc.

Der feinkörnige Gyps (der meiſte ſog. Alabaſter) wird zu plaſtiſchen Kunſtwerken verarbeitet. Der gemeine wird pulveriſirt zur Wieſenverbeſſerung verwendet. Ein vorzüglicher Gebrauch wird aber von dem gelinde gebrannten Gyps als Formmaterial für Stuccaturarbeit, zu Abgüſſen ꝛc. gemacht. Das Formen geſchieht mit Zuſatz von Waſſer, wobei der Gyps erhärtet, indem er das Waſſer wieder aufnimmt, welches er beim gelinden Brennen verloren hat. Würde er aber zu ſtark gebrannt (in Anhydrit verwandelt), ſo nimmt er das Waſſer nicht mehr auf und ſolchen nennt man todt gebrannt.

## Kalialaun.

Kryſtem: teſſeral. Stf. Oktaeder. Br. muſchlig. Pellucib. Glasglanz. H. 2,5. G. 1,7. Geſchmack ſüßlich zuſammenziehend. V. b. L. ſchmilzt er anfangs und giebt dann eine unſchmelzbare Maſſe, welche mit Kobaltaufl. ſchön blau wird. In Waſſer leicht aufl., Aetzammoniak giebt ein weißes, Platinaufl. ein gelbes Präc. Mit Kalilauge übergoſſen, keinen Ammoniakgeruch entwickelnd. $\dot{K}a\ddot{S} + \dot{A}l\ddot{S}^3 + 24\dot{H}$, Schwefelſäure 33,76, Thonerde 10,80, Kali 9,93, Waſſer 45,49. — Farblos, weiß, gelblich ꝛc. In den Kryſtallcombinationen iſt das Oktaeder vorherrſchend, außerdem erſcheinen häufig die Flächen des Würfels und Rhombendodekaeders.

In der Natur findet er ſich meiſtens als Effloreſcenz auf Thon- (Alaun-) ſchiefer, Kohlenſchiefer ꝛc. zu Reichenbach in Sachſen, Duttweiler in der Rheinproviz, auf den liparischen Inseln zu Segarie, Tolfa am Monte nuovo, Grotte di Alume in Italien ic. Er wird in der Färberei und Gerberei gebraucht. — Diese Species ist das Glied einer chemischen Formation, welche noch mehrere andere umfaßt. Dabei treten andere vicarirende Basen in die Mischung ein, theils für das Kali, theils für die Thonerde. In der Natur kommen, doch nicht in bedeutender Menge, vor:

$$Na\ddot{S} + \ddot{Al}\ddot{S}^3 + 24\dot{H} = Sobalumen$$ zu St. Jean in Südamerika und auch auf Milo im Archipel.

$$N\dot{H}^4\ddot{O}\ddot{S} + \ddot{Al}\ddot{S}^3 + 24\dot{H} = Tschermigit,$$ in Braunkohle zu Tschermig in Ungarn. Entwickelt mit Kalilauge Ammoniakgeruch.

$$\left.\begin{array}{c}Mg\\Mn\end{array}\right\}\ddot{S} + \ddot{Al}\ddot{S}^3 + 24\dot{H} = Pickeringit,$$ nach dem Engländer John Pickering. Südafrika.

$$F\ddot{S} + \ddot{Al}\ddot{S}^3 + 24\dot{H} = Halotrichit,$$ von ἅλς, Salz, und τρίχινον, Haar, aus dem Zweibrückschen und aus Island (Herfalt).

$$Mn\ddot{S} + \ddot{Al}\ddot{S}^3 + 24\dot{H} = Apjohnit,$$ nach dem englischen Chemiker J. Apjohn, von der Algoa-Bay am Kap der guten Hoffnung.

Die Chemie hat noch einen Chrom- und einen Eisenoxyd-Alaun dargestellt, welche in diese interessante Reihe gehören. Zum letzteren gehört vielleicht der Voltait von Pozzuoli.

## Alunit. Alaunstein.

Kristallsystem: hexagonal. Etf. Rhomboeder von 89° 10′. Spltb. basisch ziemlich deutlich. Br. uneben. Pellucid. Glasglanz. H. 5. G. 2,7. V. d. L. unschmelzbar, mit Kobaltaufl. blaue Masse gebend. Von Salzsäure wenig angegriffen. Nach dem Glühen wird ein kleiner Theil von Wasser ausgezogen. Die Auflösung giebt, langsam verdunstet, Alaunkrystalle. Die Analysen geben im Durchschnitt: Schwefelsäure 38,56, Thonerde 37,10 Kali 11,33, Wasser 13,01. (100). — Auch ammoniakhaltig. — Farblos, gelblich, röthlich, grau ic. — Die Krystalle, Etf., meistens sehr klein, körnig, dicht.

Tolfa bei Civita-Vecchia im Kirchenstaate, Puy de Sancy in Frankreich, Insel Milo und Argentiera, Beregszaj in Ungarn.

Wird zur Alaunbereitung gebraucht, daher der Name.

## Aluminit. Websterit.

Bisher nur in knolligen und nierförmigen Stücken gefunden, von erdiger Formation. G. 1,7. V. d. L. unschmelzbar, einschrumpfend, mit Kobaltaufl. blau werdend. In Salzsäure leicht aufl. $\ddot{Al}\ddot{S} + 9\dot{H}$. Schwefelsäure 23,25, Thonerde 29,79, Wasser 46,96. — Weiß, gelblich, graulich.

In Mergel zu Morl bei Halle, in der Kreide zu Newhaven in Suffex und bei Eperney in Frankreich. Bei Halle kommen mehrere Verbindungen vor, welche als Aluminit mit wechselnden Mengen von $\ddot{Al}\dot{H}^a$ angesehen werden können. Der Name von Alumen in Beziehung auf die schwefelsaure Thonerde.

Bei Koloforul bei Bilin kommt auch neutrale schwefelsaure Thonerde vor = $\ddot{Al}\ddot{S}^3 + 18\dot{H}$. Schwefelsäure 36,05, Thonerde 15,40, Wasser 48,55 (Rammelsberg). In Wasser ziemlich leicht aufl. Ein anderes Thonsulphat mit 16 pr. Ct. Schwefels. und 37 Wasser ist Hauer's Felsobanyit von Felsobanya. Ein Mineral, welches auch viel schwefelsaure Thonerde enthält, ist der Pissophan von Garnsdorf bei Saalfeld, von πίσσα, Pech, und φανός, leuchtend.

VIII. Ordnung. **Phosphate. Phosphorsaure Verbindungen.**

B. v. L. mit Schwefelsäure befeuchtet die Flamme blaß bläulichgrün färbend. (Mit Schwefelsäure und Weingeist keine grüne Färbung der Flamme hervorbringend, wie die Borate.) Die salpetersaure (mit oder ohne Aufschließen hergestellte) Lösung giebt, mit molybdänsaurem Ammoniak versetzt, beim Erwärmen ein ockergelbes pulvriges Präcipitat (phosphor-molybdänsaures Ammoniak).

### 1. Gruppe. Wasserfreie Phosphate.

B. v. L. im Kolben kein Wasser gebend.

#### Apatit.

Krstystem: hexagonal. Stf. Hexagonpyr. von 142° 21' und 80° 2S'. Spltb. basisch und prismatisch ziemlich vollkommen. Br. muschlig. Pellucid. Glasglanz, auf Bruchflächen Fettglanz. H. 5. G. 3,2. B. v. L. schmelzbar = 5. In Salzsäure und Salpetersäure leicht aufl. Die concentr. salpeters. Aufl. giebt mit essigsaurem Bleioxyd, ein Präcipitat von phosphors. Bleioxyd, mit Schwefels. wird schwefels. Kalk gefällt.

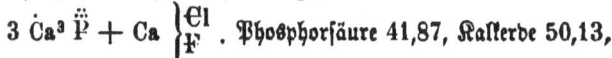

$$3 \ \dot{C}a^3 \ \ddot{\ddot{P}} + Ca \left. \begin{matrix} Cl \\ F \end{matrix} \right\} . \text{ Phosphorsäure } 41,87, \text{ Kalkerde } 50,13,$$

Fluor- und Chlorcalcium 8,00. Das Chlorcalcium beträgt selten über 1 pr. Ct. — Farblos, weiß, blau (Moroxit), gelb, spargelgrün (Spargelstein), rosenroth ꝛc.

In den Krystallcombinationen das hexagonale Prisma vorherrschend, untergeordnet kommen mehrere hexagonale Pyramiden von normaler und diagonaler Stellung und auch dergleichen von abnormer Stellung vor. Außer in Krystallen auch derb, fasrig, dicht, erdig.

Ausgezeichnete Krystallvarietäten kommen vor im Erzgebirge zu Ehrenfriedersdorf, Zinnwald, auf dem St. Gotthard, zu Arendal und Snarum in Norwegen, Greiner im Zillerthale, Cornwallis, Petersburg, wasserhelle Krystalle von vorzüglicher Schönheit zu Untersulzbach im Pinzgau. Fasrig und dicht (Phosphorit) zu Amberg, Schlackenwalde, Estremadura. Der Apatit gehört mit dem Pyromorphit zu einer chemischen Formation. Apatit von ἀπάτη, Betrug, Täuschung, weil sich manche Mineralogen in der Bestimmung des Minerals geirrt haben. — Liefert mit Schwefelsäure aufgeschlossen ein sehr geschätztes Material zur Bodenverbesserung. — Ein innig mit kohlens. Kalk gemengter, ziemlich leicht schmelzbarer, in der Wärme leicht in Salzs. mit Brausen löslicher Apatit ist der Staffelit v. Staffel in Nassau. Der Bergbau auf Phosphorit in Nassau hat i. J. 1867 über 1 Million Centner geliefert.

Ein zersetzter Apatit, wesentlich $\dot{C}a^3 \ \ddot{\ddot{P}}$, scheint der Osteolith von Hanau und Amberg zu sein; der Name von ὀστίον, Knochen, wegen des Gehalts an phosphors. Kalk.

Der Brushit von der Insel Avis im caraibischen Meer ist $\dot{C}a^2 \ \ddot{\ddot{P}} + 5 \ \dot{H}$, wasserhaltige Kalkphosphate sind ferner: der Metabrushit, Zeugit, Kollophau und Ornithit aus dem Guano der Insel Sombrero und der Isollas von Joachimsthal.

Als Seltenheiten sind anschließend zu erwähnen:

**Wagnerit.** Klinorhombisch. 2 Mg² $\ddot{\ddot{P}}$ + R Fl² (R = Na, Ca), u. m. Analyse, Phosphorf. 45,70, Magnesia 37,18, Natrium 3,97, Calcium 1,81, Fluor 11,34. In Schwefelsäure mit Entwicklung von Flußsäure aufl. Höllgraben bei Werfen im Salzburgischen. Der Name nach dem bayer. Bergdirector v. Wagner. Dem Wagnerit nahestehend ist der derb vorkommende Kjerulfin von Bamles in Norwegen.

**Amblygonit.** Krystallinisch, Spltb. unter 106° 10'. B. d. L. sehr leicht schmelzbar — 2. In Schwefelsäure aufl. Der Amblygonit von Penig in Sachsen enthält: $\ddot{\ddot{P}}$ 49,17 $\ddot{\ddot{A}}$l 35,67 Li 2,91 Na 2,39 Fl 9, 86. Penig und Chursdorf, Montebras in Frankreich (Montebrasit). Ein ähnliches Phosphat mit 4 pr. Ct. Wasser ist der Hebronit von Hebron und Auburn in Maine. Der Name von ἀμβλύς, stumpf, und γωνία, Winkel.

**Xenotim.** Quadratisch G. 4,1. Unschmelzbar. In Säuren unaufl. Phosphorsaure Yttererbe mit 8 — 11 pr. Ct. Ceroxydul. Lindesnäs in Norwegen, Ytterby in Schweden, St. Gotthard, Binnenthal in der Schweiz. Der Name von ξένος, fremd, und τιμή, Ehre, weil Berzelius darin seine erste Thonerde zu finden geglaubt hatte, die sich aber dann als phosphorsaure Yttererbe erwies. —

## 2. Gruppe. Wasserhaltige Phosphate.

B. d. L. im Kolben Wasser gebend.

### Lazulith.

Krystsystem: klinorhombisch. Deutliche Krystalle sehr selten. Spltb. prismatisch unter 91° 30'. Br. uneben. Pellucid wenig, Glasglanz. H. 5,5. G. 3,1. B. d. L. unschmelzbar, zerfallend und weiß werdend, mit Kobaltaufl. wieder blau beim Glühen. Von Säuren nicht angegriffen, die blaue Farbe nicht verändernd. Anal. von Fuchs: Phosphorsäure 41,81 Thonerde 35,73, Magnesia 9,34, Eisenoxydul 2,64, Wasser 6,06, Kieselerde 2,10.

Krystallisirt und derb. — Himmelblau.

Ziemlich selten im Radelgraben bei Werfen und bei Krieglach in Steyermark, Horrsjöberg in Wermland in Schweden, Brasilien, Nord-Carolina. Der Name nach der Farbenähnlichkeit mit dem Lasursteine lapis lazuli.

In Begleitung des schwedischen Lazuliths findet sich der Svanbergit, eine wasserhaltige Verbindung von schwefels. Thonerde mit phosphorf. Kalk und Natron (nach Igelström).

### Wavellit.

Krystsystem: rhombisch. Selten in rhombischen Prismen von 126° 25' mit einem makrobiagon. Doma von 106° 46'. Spltb. brachydiagonal deutlich. Pellucid. Glas—Perlmutterglanz. H. 4. G. 2,3. B. d. L. unschmelzbar, mit Kobaltaufl. blaue Masse gebend. In Säuren und Kalilauge aufl. Mit Schwefelsäure flußsaures Gas entwickelnd. $\ddot{\ddot{A}}$l³ $\ddot{\ddot{P}}$ + 12 $\ddot{H}$ mit etwas Fluor. $\ddot{\ddot{P}}$ 35,16 $\ddot{\ddot{A}}$l 38,10 $\ddot{H}$ 26,74.

Krystalle nadelförmig. Meistens in schmalstrahligen und sternförmig fasrigen Massen, kuglig und nierförmig. — Weiß, grau, gelblich, grün ꝛc.

Barnstaple in Devonshire, Schwarzenberg und Striegis im Erzgebirge, Montebras im Dep. Creuse, Außig in Böhmen, Amberg in der Oberpfalz ꝛc. Der Name Wavellit nach dem Entdecker Dr. Wavell.

**Kalait. Türkis zum Theil.**

Derb in dichten Massen, traubig, nierförmig ꝛc. Br. flachmuschlig — uneben. Schimmernd — matt. An den Kanten wenig durchscheiuend — unburchsichtig. H. 5,5. G. 2,7—3. V. d. L. unschmelzbar, schwarz werdend, bie Flamme grün färbend. In Säuren aufl., auch größtentheils in Kalilauge. Anal. von Hermann: Phosphorsäure 27,34, Thonerde 47,45, Kupferoxyd 2,02, Eisenoxyd 1,10, Wasser 18,18, phosphorsaurer Kalt 3,41. — Himmelblau und grün.

Nichapor in Persien, Jordansmühl in Schlesien. — Wird rundlich geschliffen als Schmuckstein getragen. — Der sogen. Zahntürkis besteht aus fossilen Thierzähnen, welche mit Kupferoxybhybrat gefärbt sind. Dieser ist in Kalilauge fast ganz unauflöslich. Der Name Kalait nach καλαις, ein meergrüner Edelstein bei Plinius.

Andere selten vorkommende wasserhaltige Thonphosphate sind: der Amphithälit, Berlinit und Trolleit aus Schweden, der Barrandit und Sphärit aus Böhmen, der Planerit vom Ural, der Evausit aus Ungarn, der Zepharovichit aus Böhmen, der Variscit von Plauen, der Augelith, Attakolith, Kirrolith, Fischerit, Redontit und Henwordit.

Struvit ist phosphorf. Ammoniak-Magnesia. Hamburg, Guano der Salbanha Bay an der Küste von Afrika.

---

# IX. Ordnung. Borsäure und Borate. Borsaure Verbindungen.

Mit Schwefelsäure bigerirt eine Masse gebend, welche barüber angezündetem Weingeiste die Eigenschaft ertheilt, mit grüner Flamme zu brennen. V. b. L. in Phosphorsalz auflöslich.

**Sassolin. Borsäure.**

Klystem: klinorhomboibisch. — Gewöhnlich in lose verbundenen Schuppen und Blättchen, auch fasrig. Pellucid. Perlmutterglanz H. 1. G. 1,5. Fett anzufühlen. V. b. L. leicht schmelzbar, die Flamme grün färbend. Im Kolben viel Wasser gebend. In Wasser und Weingeist etwas schwer aufl. $\ddot{B}o + 3\ddot{H}$. Borsäure 56,37, Wasser 43,63. — Ungefärbt, weiß, gelblich ꝛc.

Aufgelöst und an den Ufern der Lagunen von Sasso bei Siena (baher der Name), auf der liparischen Insel Vultano mit Schwefel, in Tibet.

**Boracit.**

Klystem: tesseral. Stf. Tetraeber. Spltb. sehr wenig, oktaebrisch. Br. muschlig. Pellucid. Glasglanz. H. 6,5. G. 3. Durch Erwärmen elektrisch. V. b. L. mit Schäumen schmelzend, 2,5 zu einer weißen krystallinischen Perle. Die Flamme grün färbend. In Salzsäure vollkommen aufl. $Mg\,Cl + 2\,Mg^3\ddot{B}^4$, Borsäure 62,50, Magnesia 26,87, Chlor 7,94, Magnesium 2,69. (H. Rose und Heintz).

Bis jetzt nur in rundum ausgebildeten Kryſtallen gefunden, Combi=
nation von Hexaeder, Tetraeder und Rhombendodekaeder, von welchen bald
die eine, bald die andere Form vorherrſchend.

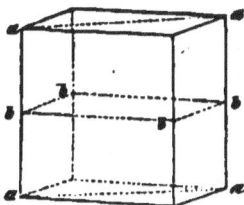

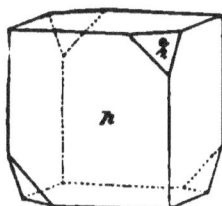

Fig. 1.

Fig. 8.

In den Gypsfelſen von Lüneburg und Segeberg im Holſteiniſchen. (Hat 4
elektriſche Axen und zeigt ausnahmsweiſe doppelte Strahlenbrechung.) Der Name
vom Gehalt an Borſäure.

Der Staßfurthit von Staßfurth im Magdeburg'ſchen iſt Boracit mit 1
At. Waſſer, nach Anderen nur Boracit. Der Eiſenſtaßfurthit enthält 50 pr.
Ct. borſaures Eiſenoxydul. Der Szajbelyit v. Rezbanya iſt waſſerhaltige bor-
ſaure Magneſia.

Am Kaukaſus findet ſich eine ähnliche, waſſerhaltige Miſchung, welche
Hydroboracit genannt wurde. Enthält nach Heß: Borſäure 49,22, Kalkerde
13,74, Magneſia 10,71, Waſſer 26,13. Kryſtalliniſch leicht ſchmelzbar, in Säuren
leicht auflöslich. — Aus borſaurem Kalk beſteht der Rhodicit aus Sibirien,
aus borſaurem Kalk mit Waſſer der Borocalcit aus Peru und der Priceit
von Curry Cty. Oregon. Der Warwickit von Warwik N. Y. enthält: Borſäure
30,57, Titanſ. 23.5⁶, Magneſia 35,36, Eiſenoxydul 10,49. Eine Verbindung von
borſaurer Magneſia mit Fe Fe iſt der Ludwigit von Morawitza in Banat.

### Tinkal. Borax.

Kryſtſyſtem: klinorhombiſch. Stf. Hendyoeder von 87° und 101° 20'.
Spltb. unvollkommen prismatiſch und nach den Diagonalen. Br. muſchlig.
Pellucid. Glanz fettartig. H. 2,5. G. 1,7. Geſchmack ſüßlich alkaliſch.
V. d. L. ſchmelzbar = 1 zur klaren Perle. In Waſſer aufl. Na B̄² + 10 Ḧ.
Borſäure 36,52, Natron 16,37, Waſſer 47,11. — Farblos, weiß. An den
Kryſtallen (Stf.) häufig die orthodiagon. Fläche erſcheinend und ſtark aus=
gedehnt.

In der Natur als Ausblühung des Bodens an den See'n in Tibet, Indien
und Chili, Californien. — Dient als Schmelzmittel, zur Glaſur, Bereitung
mancher Gläſer und zur Darſtellung der Borſäure.

Borſaures Ammonial mit Waſſer iſt der Larderellit aus den Borſäure-
Lagunen von Toskana.

Der Boronatrocalcit (Ulexit) aus Peru enthält nach Ulex: Borſäure 49,5,
Kalkerde 15,7, Natron 8,8, Waſſer 26,0. —

Eine waſſerhaltige Verbindung von phosphorſaurer und borſaurer Magneſia
iſt der Lüneburgit v. Lüneburg.

S. die kieſelborſauren Verbindungen bei den Silicaten.

## X. Ordnung.  Kieselerde und Silicate ober kieselsaure Verbindungen.

V. d. L. in Phosphorsalz unvollkommen (mit Ausscheidung eines Kieselskeletts) aufl.  Von Salzsäure vor oder nach dem Aufschließen mit Gallertbildung oder Ausscheidung von Kieselerde zersetzbar.  In Wasser unaufl.  Nach dem Glühen oder Schmelzen nicht alkalisch reagirend.

### 1. Geschlecht.  Kieselerde (Kieselsäure).

Von Säuren (die Flußsäure ausgenommen) nicht angegriffen.  Mit Kalihydrat geschmolzen ein in Wasser größtentheils aufl. Glas gebend.  Aus der Lösung wird durch Ueberschuß an Salmiak Kieselerdehydrat gefällt.

### Quarz.

Kryst.ystem: hexagonal.  Stf. Hexagonpyr. von 133° 44' und 103° 34'.  Spltb. wenig primitiv, nach der einen hemiedrischen Hälfte der Pyramide etwas deutlicher*).  Br. muschlig.  Pellucid.  Glasglanz, manchmal fettartig.

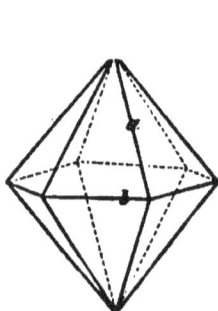 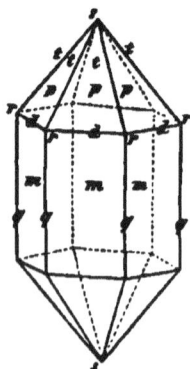 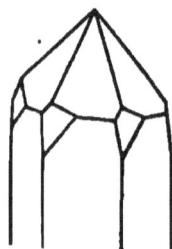

Fig. 32.  Fig. 36.  Fig. 64.

H. 7.  G. 2,6—2,8.  V. d. L. für sich unschmelzbar, mit Soda unter Brausen zu einem klaren Glase zusammenschmelzend.  Im reinsten Zustande: Kieselerde Si = Silicium 46,67, Sauerstoff 53,33.  Häufig Spuren von Eisenoxyd, Manganoxyd ꝛc. enthaltend.  Der Quarz kommt in sehr zahlreichen Varietäten vor, welche in folgende Hauptabtheilungen gebracht werden können.

---

*) Die angegebene Hexagonpyramide findet sich öfters halbflächig als Rhomboeder, welches auch als Stammform angenommen wird.  Sein Scheitelktw. ist 94° 15'.  Der Tridymit ist nach Rath Kieselerde von anderer (obwohl auch hexagonaler) Krystallisation als der Quarz.  Pachuca in Mexiko, Alleret (Dep. Haute Loire), Siebenbürgen, Insel Bulcano (Liparen).  Als eine dritte rhombisch krystallisirte Species der Kieselerde wird Maskelins Asmanit aus dem Meteorit von Breitenbach an der sächs. böhm. Grenze bezeichnet.  Das sp. G. des Quarzes = 2,6, das des Tridymit 2,3, das des Asmanit 2,24.

1) **Kryſtalliſirter** und **kryſtalliniſcher Quarz.** Die vorherrſchende Com=
bination iſt die Stammform mit dem hexagon. **Prisma, Fig.** 36,
deſſen Flächen immer horizontal geſtreift ſind. Es ſind außer=
dem noch 5 Pyramiden, doch immer nur untergeordnet, beobachtet
und über 50, die als Rhomboeder (normal oder verwendet) auf=
treten. Die Kryſtallreihe iſt merkwürdig durch die häufige Er=
ſcheinung der tetartoedriſchen Formen der trigonalen Trapezoeder.
Ihre Flächen bilden ſchiefe (bald nach rechts, bald nach links) ge=
neigte Abſtumpfungen der Combinations=Ecken der Stammform
mit dem hexagon. Prisma. Descloizeaux giebt deren gegen 50 ver=
ſchiedene Arten an, auch trigonale Pyramiden kommen öfters vor.
— Außer in Kryſtallen derb, körnig, ſtänglich, faſrig. Die durch=
ſichtigeren Varietäten dieſer Abtheilung, welche meiſtens farblos,
manchmal auch gelblich, graulich, braun ꝛc. gefärbt ſind, nennt man
auch **Bergkryſtall**, die weniger durchſichtigen **gemeinen Quarz.**

Der Bergkryſtall findet ſich vorzüglich im Urgebirge, in Granit, Gneiß,
Glimmerſchiefer in Druſenräumen (Kryſtallgewölben oder Kellern) manchmal in
bedeutender Menge und mitunter in Säulen bis zu 1400 Pfund und darüber.
So in den Alpen der Schweiz und Savoyens (Zinken, St. Gotthard, Grimſel ꝛc.),
Bourg d'Oiſans in der Dauphiné, Schemnitz und Marmoroſch in Ungarn,
Zinnwald in Böhmen, vorzüglich auch auf Madagaskar, wo Kryſtallblöcke bis
zu 20 Fuß im Umfange angetroffen werden. Am Tiefengletſcher im Kanton
Uri hat man (1868) im Granit eine Kryſtallhöhle entdeckt, welche gegen 300
Centner vollkommen ſchwarzen Bergkryſtall (Morion) lieferte, darunter Säulen
bis zu 267 Pfd., die Farbe rührt von einer organ. Subſtanz her. — Der gemeine
Quarz iſt eines der verbreitetſten Mineralien und bildet theils einzelne Gebirgs=
ſtöcke (der Pfahl bei Bodenmais, der Weißenſtein bei Regen in Bayern, der
Hohenſtein und Bohrſtein im Odenwalde, Frauenſtein im Erzgebirge ꝛc.) und
mächtige Lager (als Flötzquarz in den Anden von Peru, als ſog. Mühlſteinquarz
in der Gegend von Paris), theils erſcheint er als weſentlicher Gemengtheil anderer
Felsarten. So im Granit, ein körniges Gemeng von Quarz, Feldſpath und
Glimmer; im Gneiß, ein ähnliches körnig=ſchiefriges Gemeng; im Glimmerſchiefer,
ein ſchiefriges Gemeng von Quarz und Glimmer; in den Porphyren als Einmen=
gung; in den Kieſelconglomeraten und in den meiſten Sandſteinen.

Quarzkryſtalle von beſonderer Farbe oder durch gewiſſe Einmengungen aus=
gezeichnet, führen zum Theil auch eigenthümliche Namen. Dergleichen ſind:

Der **Amethyſt**, violblau, mit Uebergängen ins Braune und Roſenrothe.
Die Farbe nach Heintz vielleicht von Eiſenſäure, nach Kuhlmann aber enthält der
Amethyſt kein Metalloxyd. Er kommt auf Gängen im Urgebirge und in Blaſen=
räumen des Mandelſteines in Achatkugeln oder in Geſchieben vor. Schöne Ame=
thyſte kommen vor auf Ceilon, zu Murſinsk im Ural, Oberſtein im Zweibrück=
ſchen, Wieſenbach und Wolkenſtein in Sachſen, Schemnitz in Ungarn ꝛc. Der
Name kommt von ἀμέθυστος, gegen die Trunkenheit, wofür ihn Ariſtoteles und
Andere empfohlen haben.

Der **Roſenquarz**, roſenroth, findet ſich zu Zwiſel und Bodenmais in Bayern
und zu Kolywan in Sibirien. Iſt nach Sudow von Titanſäure gefärbt.

Der **Praſem** iſt ein mit lauchgrünem Amphibol gemengter Quarz, kommt zu
Brettenbrunn im Erzgebirge vor und zu Liſenz in Tyrol. Praſem von πράσιος,
lauchgrün.

Das **Katzenauge** iſt ein mit faſrigem Diſthen oder auch mit Amianth ge=
mengter Quarz, welcher, rundlich geſchliffen, ein eigenthümliches Schillern zeigt.
Die Farbe iſt meiſt grünlich= oder gelblichgrau, bräunlich, röthlich ꝛc. Die ſchön=
ſten Varietäten kommen als Geſchiebe auf Ceilon vor und in Hindoſtan, auch
bei Hof im Bayreuthiſchen und auf Treſeburg am Harz findet ſich dergleichen.

Der **Avanturin** ist ein gleichmäßig mit kleinen Glimmerschuppen gemengter Quarz, wodurch er geschliffen einen besonderen Schimmer erhält. Der schönste kommt aus Sibirien.

Mancher krystallinische Quarz ist stark mit Eisenoryd und Eisenorybhybrat gemengt, undurchsichtig, roth, gelb, braun ꝛc. Dergleichen heißt **Eisenkiesel**, findet sich auch dicht und nähert sich dann dem Jaspis. Er kommt auf Erzgängen im Erzgebirge vor, im Bayreuthischen, in Sibirien und schön krystallisirt zu Compostella in Spanien.

### 2) Dichter Quarz. Hierher gehören der **Hornstein** und der **Jaspis**.

Der **Hornstein** findet sich derb, kuglig oder auch als Versteinerungsmittel von Holz (**Holzstein**). Br. muschlig — splittrig, schimmernd, an den Kanten durchscheinend, grau, grünlich, roth, braun ꝛc. Im Großen ist er oft schiefrig und bildet den **Kieselschiefer**. Dieser ist zuweilen durch kohlige Theile schwarz gefärbt und führt dann den Namen **Lydischer Stein**.

Der **Hornstein** kommt auf Gängen im Urgebirge vor, so im Erzgebirge, in Kugeln im Flötzkalk, ausgezeichnet zu Haunstadt bei Ingolstadt, oder als Holzstein im Sandstein und Alluvium, im Zweibrückschen, bei Chemnitz in Sachsen, Katharinenburg und Irkutzk in Sibirien. Als **Kieselschiefer** bildet er Stückgebirge und mächtige Lager in Böhmen, Sachsen, Schlesien, am Harz ꝛc.

Der **Jaspis** ist ein dichter Quarz, welcher mit viel Eisenoryd und Eisenorybhybrat gemengt ist. Er ist undurchsichtig, roth, gelb, grün, braun ꝛc. in mancherlei Abänderungen, matt; Br. muschlig — uneben. Der farbig gestreifte heißt **Bandjaspis**.

Schöne Varietäten kommen als Geschiebe in Aegypten vor, zu Orsk in Sibirien, Gnandstein in Sachsen, Erzgebirge, Ungarn ꝛc.

### 3) Erdiger Quarz. Derb, tropfsteinartig, porös, matt mit erdigem Bruche, meist unrein, undurchsichtig, weiß, gelblich, graulich ꝛc.

Mehr oder weniger fest und hart. Hierher gehört der **Kieselsinter**, **Schwimmstein**, **Trippel** ꝛc.

Bildet zum Theil Lager im Flötzkalk und Sandstein, Gegend von Amberg und Bodenwöhr, Dresden, Böhmen ꝛc. Der Kieselsinter kommt vor an den Quellen des Geisers, in Kamtschatla, auf Teneriffa ꝛc. Ein Theil des erdigen Quarzes enthält amorphe, opalartige Kieselerde und besteht aus Schildern von Infusorien, so auch der sog. Polierschiefer, welcher zum Theil mächtige Lager bildet, bei Bilin in Böhmen, in Sachsen ꝛc.

Als Gemenge von Quarz und Opal (folgende Species) sind hier anschließend zu nennen der **Chalcedon** und der **Feuerstein**.

Der **Chalcedon** findet sich in rundlichen u. stalaktitischen Formen, auch in Pseudomorphosen, durchscheinend, wenig glänzend, wachsartig, von mancherlei Farben. Der rothe heißt **Karneol** (nach Heinz von Eisenoryd gefärbt), der lauchgrüne **Heliotrop**, der apfelgrüne **Chrysopras**, der mit verschiedenen Lagen, weiß und braun ꝛc. heißt **Onyx**. Gemenge von Chalcedon, Quarz, Jaspis ꝛc. heißen **Achate** und diese kommen von den mannigfaltigsten Farbenzeichnungen vor.

Karniol, Karneol von carneus, fleischfarben, Heliotrop von ἡλιοτρόπιον, bei Plinius ein Edelstein; Chrysopras von χρυσός, Gold, und πράσιος, lauchgrün; Onyx von ὄνυξ, ein streifiger Edelstein, sonst Kralle, Fingernagel; Chalcedon von Kalcedonien in Kleinasien; Achat vom Flusse Achates in Sicilien. —

Der Chalcedon und seine Gemenge finden sich in Blasenräumen des Mandelsteins auf Island, den Faroer-Inseln, zu Oberstein im Zweibrückschen, in Porphyr in Ungarn, Siebenbürgen, Chemnitz in Sachsen, Lichtenberg und Naila in Oberfranken. Die schönsten Karniole kommen aus Arabien, der Heliotrop aus der Bucharei, Sibirien ꝛc. Der Chrysopras von Gläsendorf und Kosemitz in Schlesien. Der Chalcedon enthält zuweilen Einschlüsse von Wasser. Brasilien.

Der Feuerstein findet sich tuglig und knollig von vollkommen muschligem Bruche, schimmernd, verschieden durchscheinend, grau, gelblich, schwarz ꝛc. Er kommt in Flötzkalk und vorzüglich in der Kreide vor. Auf der Insel Rügen, in Frankreich, England, Galizien, Polen ꝛc. Auch von diesem sollen einige Varietäten größtentheils aus Infusorienpanzern bestehen.

Die reinen oder schön gefärbten Abänderungen des krystallisirten Quarzes werden als Ringsteine, Dosen, Petale ꝛc. geschliffen, auch in der Optik verwendet, zu feinen Gewichten ꝛc. Der Amethyst ist ein vorzüglich beliebter Stein und zugleich ziemlich wohlfeil, indem das Karat 5—9 Fl. kostet. Die farblosen Quarzkrystalle sind noch viel wohlfeiler, sie steigen im Werthe, wenn sie andere Mineralien, namentlich Rutil, Asbest, Göthit ꝛc., eingeschlossen enthalten. Das Katzenauge und der Avanturin werden ebenfalls als Schmucksteine geschliffen. Der gemeine Quarz ist ein Hauptbestandtheil des Glases, zu dessen Erzeugung er mit Pottasche oder Soda (auch Glaubersalz) und mit Kalk zusammengeschmolzen wird. Ein Glas ohne Kalk, welches in Wasser auflöslich, ist das sog. Wasserglas. Der Quarzsand dient ferner zur Bereitung des Mörtels, in Verbindung mit Kalkhydrat, als Zuschlag bei der Fabrikation des Steinguts und Porzellans, bei dem Verschmelzen mancher Eisenerze, als Schleif- und Formmaterial ꝛc.

Der sogenannte Holzstein, Jaspis, Chalcedon und Achat werden zu mancherlei Schmuckgeräthen geschliffen und verarbeitet, zum Belegen von Tischplatten, zur Florentiner Mosaik, der Chalcedon zu Reibschalen ꝛc. Karniol und Heliotrop geben sehr gute Siegelsteine. Besonders war sonst der Onyx geschätzt (von welchem unter andern berühmte, bis zu 41,000 Thaler geschätzte Platten im grünen Gewölbe in Dresden), man verfertigt Ringsteine, Cameen und dergl. daraus. Auch der Chrysopras ist ziemlich geschätzt und kosten vollkommen schöne Steine von 1" Länge und ¼" Breite bis zu 30 und mehr Dukaten.

Der Gebrauch des Feuersteins ist bekannt. Das Flintensteinschlagen hat sonst in Frankreich viele Gemeinden beschäftigt; das Knallfeuer hat diesen Erwerbszweig aufgehoben.

## Opal.

Amorph. Br. muschlig. Pellucid. Glas-, Wachsglanz, je nach dem Grade der Pellucidität. H. 6. G. 2,2. B. d. L. meistens verknisternd und im Kolben Wasser gebend, sonst wie Quarz. In Kalilauge größtentheils aufl., während der Quarz nur schwer angegriffen wird.

Kieselerde mit 3—12 pr. Ct. Wasser, welches aber wahrscheinlich nicht chemisch gebunden.

Wasserhell, Hyalith, getraubt, traubig, tropfsteinartig; milchweiß, manchmal mit schönem Farbenspiel, edler Opal; gelblich, gelb, braun, röthlich, zum Theil mit Holztextur, Halbopal, Holzopal, Menilit ꝛc.

Der sog. Hydrophan ist ein schwach durchscheinender Opal, der, in Wasser gelegt, größere Pellucidität, manchmal auch Farbenspiel erlangt.

Der Opal findet sich in Gangtrümmern und Nestern in Porphyr, Mandelstein, Trachyt ꝛc. Der schönste sogen. edle Opal findet sich zu Czerwenitza zwischen Kaschau und Eperies in Ungarn. Er wird rundlich geschliffen und ist ein sehr geschätzter Edelstein, so daß Steine von 5—6 Linien Größe bis zu 1000 Fl. bezahlt werden. Die berühmtesten edlen Opale finden sich im kaiserlichen Schatze

in Wien, darunter ein Stück von 34 Loth, welches auf ¼ Million Gulden geschätzt ist. Auch in Queensland (Südaustralien) hat man schöne Edelopale entdeckt.
Die übrigen Varietäten des Opals kommen vor in Ober- und Niederungarn,
zu Kosemitz in Schlesien, Steinheim bei Hanau, Siebengebirg, Paris, Island
und Faroer-Inseln ꝛc. Der Hyalith bei Frankfurt a. M., auf dem Kaiserstuhl ꝛc.
Ein rosenrother Opal findet sich zu Mehun im Departement Du Chere.
Mancher Opal enthält viel Eisenoxyd eingemengt und heißt Jaspopal, er
ist braunroth und wird, wie auch mancher Halbopal, zu Dosen, Messergriffen ꝛc.
verarbeitet. N. G. Rose enthalten viele Opale Tridymit.
ὁπάλλιος, heißt ein Edelstein bei Dioscorides; Hyalith kommt von ύαλος,
Glas; Menilit von Menil-Montant bei Paris.

## 2. Geschlecht. Wasserfreie Silicate.

Mit Kalihydrat geschmolzen nur zum Theil und wenig in Wasser aufl.
V. d. L. im Kolben kein oder nur Spuren von Wasser gebend.

### 1. Gruppe. Wasserfreie Silicate mit Thonerdegehalt.

Formation des Granats. Die Krystallisation ist tesseral. Stf.
Rhombendodekaeder, die Mischung kann durch die allgemeine Formel
Ṙ³ S̈i² + R̈ S̈i bezeichnet werden. Dabei wechseln in den verschiedenen
Species als Ṙ: Eisenoxydul, Kalkerde, Manganoxydul und Magnesia, als
R̈: Thonerde, Eisenoxyd, Manganoxyd und Chromoxyd. Es gehören fol-
gende Species hierher:

#### a. Almandin.

Klisation wie oben angegeben. Nur Spuren von Spaltbarkeit. Br.
muschlig, uneben, splittrig. Pellucid. Glasglanz. H. 7—7,5. G. 3,5—
4,3. V. d. L. schmelzbar = 3, ruhig zu einer stahlgrauen magnetischen Perle.
Von Salzsäure wenig angegriffen, nach vorhergegangenem Schmelzen
gelatinirend. Fe³ S̈i² + Äl S̈i. Kieselerde 37,08, Thonerde 20,62, Eisenoxydul 42,30. Roth, kolombin-, blut-, bräunlichroth, braun ꝛc.

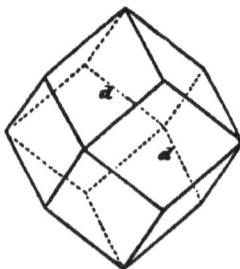 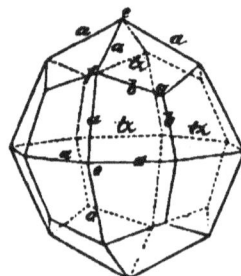

Fig. 13.   Fig. 10.

Vorwaltende Form ist das Rhombendodekaeder, außerdem auch das
Trapezoeder und die Combination beider. Hessenberg hat dazu an einem
rothbraunen Granat von Pfitsch (ob Almandin?) das Triakisoktaeder ⅜ O
und das Hexakisoktaeder 3 O ⅜ beobachtet. Derb, körnig.

Sehr verbreitet, in Urfelsarten eingewachsen, auch in Geschieben. In Schweden und Norwegen, Kärnthen und Tyrol oft in faustgroßen Krystallen vorkommend, Silberberg bei Bodenmais, Albernreuth in der Oberpfalz, in Ungarn, Sachsen, Spanien ꝛc. Die schönsten Granaten, die sogen. syrischen, kommen aus dem Orient, Ceylon, Indien ꝛc. Gute Steine, als Ringsteine ꝛc., von 6 — 8 Linien Größe werden manchmal bis zu 1500 Fl. bezahlt. Die großen, weniger reinen, werden zu Dosen und dergl. geschnitten und dienten den alten deutschen Büchsen häufig statt des Feuersteins. — Almandin stammt von Alabanda, einer Stadt in Carien (Kleinasien). — Der Name der Formation Granat, wie früher auch der Almandin hieß, bezieht sich auf die Farbenähnlichkeit mit der Granatblüthe.

### b. Grossular.

Krystallisation wie die vorige. Derb, körnig und dicht. Pellucid. Glas — Fettglanz. H. 7. G. 3,4 — 3,66. V. d. L. ruhig schmelzend = 3 zu einem nichtmagnetischen Glase. Wird von concentrirter Salzsäure zum Theil stark angegriffen und gelatinirt nach dem Schmelzen. $\overset{..}{Ca}^3 \overset{..}{Si}^3 + \overset{..}{Äl} \overset{..}{Si}$. Kieselerde 40,31, Thonerde 22,41, Kalkerde 37,28. Weiß (selten), grün, gelb, gelblichbraun, hyazinthroth.

An einer Varietät von Beressowsk kommen nach G. Rose auch die Flächen des Würfels und Oktaeders mit dem Rhombendodekaeder vor. Auf Elba findet er sich in Oktaedern. Das Tetrakishexaeder kommt vor an Gr. v. Dognazka und Schwarzenberg.

Hierher der sog. Hessonit oder Kanelstein. Schöne Varietäten finden sich zu Orawitza und Cziklowa im Banat, Mussaalpe im Piemontesischen, Wiluifluß in Sibirien, Arendal, Sala in Standinavien, Tyrol, Ceylon ꝛc. Vorzüglich der hyazinthrothe wird als Edelstein geschätzt und gewöhnlich als Hyazinth verkauft. — Grossular von grossularia, Stachelbeere.

### c. Allochroit *).

Krystallisation wie die vorigen. Körnige Massen. Pellucid wenig, Glas — Fettglanz. H. 7. G. 3,66 — 3,96. V. d. L. ruhig schmelzbar = 3 zu einem schwarzen magnetischen Glase. Von concentrirter Salzsäure zum Theil zersetzt zu einer gallertähnlichen Masse. Nach dem Schmelzen vollkommen gelatinirend. $\overset{..}{Ca}^3 \overset{..}{Si}^3 + \overset{..}{Fe} \overset{..}{Si}$ als normal: Kieselerde 36,08, Eisenoxyd 30,56, Kalk. 33,36 **). Grün, gelb, braun, schwarz. — Hierher der sogenannte Melanit, welcher nach Knop auch 3 pr. Ct. Titansäure enthält.

An Varietäten des Allochroit aus Finnland findet sich die Combin. zweier Tetrakishexaeder.

Findet sich zum Theil in Lagern, so daß er als Zuschlag zum Ausschmelzen der Eisenerze gebraucht wird. Im Erzgebirge, in Thüringen, zu Zermatt in Wallis (die Mischung fast rein), zu Drammen und Arendal in Norwegen, Sala in Schweden, Frascati bei Rom ꝛc. — Allochroit von ἀλλόχροος, von veränderter Farbe, in Beziehung auf das Verhalten v. d. L.

Weit seltener ist der Spessartin (von seinem Vorkommen im Spessart). $\overset{..}{Mn}^3 \overset{..}{Si} + \overset{..}{Äl} \overset{..}{Si}$. Kiesel. 36,5, Thon. 20,3, Manganoxydul 43,2. Bräun=

---

*) Ist hier angeführt, weil darin das Eisenoxyd für die Thonerde vicarirt.
**) Der Kürze wegen wird in Folgendem Kiesel. statt Kieselerde, Thon. statt Thonerde, Kalk. statt Kalkerde ꝛc. gesetzt.

lichroth, reagirt mit Borax stark auf Mangan. Speffart, Schweden, dicht zu Pfitsch in Tyrol, Nordcarolina.

Bis jetzt nur im Ural und zu Texas in Pennsylvanien gefunden, ist der **Uwarowit** (nach dem russischen Akademiker Uwarow benannt) hier noch zu erwähnen, welcher gegen 23 pr. Ct. Chromoxyd Čr (für Äl vicar.) und 30 pr. Ct. Ċa enthält. Er ist von smaragdgrüner Farbe.

Höchst wahrscheinlich gehört auch zur Granatformation der

## Pyrop.

Bis jetzt nur in rundlichen Körnern gefunden. (Von Einigen werden undeutliche Würfel angegeben.) Br. muschlig. Pellucid. Glasglanz. H. 7,5. (G. 3,7. B. d. L. schmelzbar = 3,5 — 4, dem Borax smaragdgrüne Farbe ertheilend. Von Säuren nicht angegriffen. Nach m. Anal. Kiesel. 43,00, Thon. 22,26, Chromoxyd 1,80, Magnesia 18,55, Kalk. 5,68, Eisenoxydul 8,74. Nach Moberg ist das Chrom als Oxydul Čr. enthalten und die Formel ganz die der andern Granaten. — Pyrop stammt von πυρωπός, feueraugig. — Farbe blutroth.

Findet sich im Schuttland bei Merouitz ꝛc., bei Bilin in Böhmen und im Serpentin zu Zöblitz in Sachsen. Er ist unter dem Namen böhmischer Granat den Juwelieren bekannt und wird meistens facettirt und gebohrt auf Schnüren gezogen verkauft (1000 Stück zu 120 bis 140 Fl.).

## Vesuvian.

Krystem: quadratisch. Stf. Quadratpyramide 129° 21′; 74° 27′. Spltb. diagonal prismatisch. Br. unvollkommen muschlig, uneben, splittrig. Pellucid. Glasglanz, auf Bruchflächen zum Fettglanz. H. 6,5. G. 3,2 — 3,4. B. d. L. schmelzbar = 3 mit Schäumen zu einem grünlichen oder bräunlichen Glase. Von concentrirter Salzsäure stark angegriffen. Nach dem Schmelzen gelatinirend. Die Mischung ähnlich der des Großular. Die Anal. der Var. von Wilvi geben: S̈i 38,17, Äl 14,36, F̈e 5,56, Ċa 34,70 Mg 6,61. Nach Scheerer enthalten einige Varietäten gegen 2 pr. Ct. Wasser, welches er als wesentlich und polymer vicarirend für Mg ansieht.

Vorwaltende Combinations-Formen sind die beiden quadratischen Prismen, vertikal gestreift. Es sind außer der Stammform noch 5 andere Quadratpyramiden und eben so viele Dioktaeder bekannt, welche jedoch nur untergeordnet vorkommen. Außer in Krystallen auch körnig, selten dicht. — Grün und braun, selten blau.

Schöne Varietäten kommen vor am Vesuv (daher auch der Name), in den Dolomitblöcken des Monte Somma bei Neapel, am Wilwifluß in Sibirien und am Baikalsee, ferner auf der Mussaalpe im Piemontesischen, Monzoni im Fassathal, Eger in Böhmen, Souland in Norwegen, Pfunders in Tyrol ꝛc. Reine Krystalle werden zu Schmucksachen geschliffen.

In der Mischung nähert sich, mit 3 pr. Ct. Natron und 1 Kali, der Sarkolith vom Vesuv. Kryst. quadratisch, gelatinirt.

**Formation des Epidots.** Klinorhombisch. Annähernd Ṙ⁵ S̈i³+3R̈ S̈i.

Außer Pistazit und Manganepidot gehören hierher der Allanit, Orthit und andere Ceroxyd enthaltende Mineralien, welche in der Ordnung Cerium erwähnt sind.

### a. Piſtazit.

Krhſtem: klinorhombiſch. Etf. Hendhoeder von 109° 27'; 104° 44' 9". Spltb. nach der Endfläche ſehr vollkommen, etwas weniger nach einem hintern Hemidoma, zur Endfläche unter 114° 30' geneigt. Br. uneben, ſplittrig. Pellucid. Glasglanz. H. 6,5. G. 3,2—3,45. B. d. L. ſchmelzbar, anfangs = 3, unter Schäumen zu einer dunkelbraunen oder ſchwarzen Maſſe, welche manchmal magnetiſch iſt. Von Salzſäure ſchwer angegriffen. Nach dem Schmelzen gelatinirend.

$\dot{C}a^5 \ddot{S}i^3 + \ddot{\mathfrak{R}} (\ddot{R}l \ddot{F}e) \ddot{S}i.$ Die Anal. des Piſtazit von Unterſulzbach im Pinzgau von Ludwig gab: $\ddot{S}i$ 37,83, $\ddot{A}l$ 22,63, $\ddot{F}e$ 15,02 und 0,93, $\dot{F}e$, $\dot{C}a$ 23,27, $\ddot{H}$ 2,05.

Die Kryſtalle ſind in der Richtung der Orthobiagonale verlängert, ſo daß die Spaltungsflächen wie priſmatiſche Flächen erſcheinen, die orthodiagonale Fläche findet ſich auch in den meiſten Combinationen, einige vorkommende Klinodomen ſind untergeordnet. Außerdem nadelförmig und ſchilfförmig, ſtänglich, körnig, dicht. Grün in mancherlei Abänderungen.

In Urfelsarten eingewachſen, ausgezeichnet zu Arendal in Norwegen, Langbanshyttan in Schweden, Breitenbrunn in Sachſen, Allemont in der Dauphiné, Floß in der obern Pfalz, von vorzüglicher Schönheit zu Unterſulzbach im Pinzgau. Am Obern See in NAmerika auf der Königsinſel kommt Piſtazit als Gangmaſſe bis zu 6 Fuß mächtig vor und führt metalliſches Kupfer. —

Der Name Piſtazit kommt von πιστάκια, die Piſtazie, wegen der ähnlichen Farbe; der Name Epidot von ἐπίδοσις, Zugabe. —

### b. Manganepidot (Piemontit).

Stängliche und ſtrahlige Maſſen. Kirſchroth. Färbt das Boraxglas ſtark amethyſtroth und ſchmilzt ſehr leicht. Die Thonerde zum Theil durch Manganoxyd vertreten. Anal. v. Deville: Kieſel 37,3, Thon. 15,9, Eiſenoxyd 4,8, Manganoxyd 19,0, Kalkerde 22,8, Magneſia 0,2 (100). St. Marcel im Piemonteſiſchen. —

### Zoiſit.

Kryſtalle ſelten deutlich, ſchilfförmig; ſtängliche und ſtrahlige Maſſen. Nach Descloizeaux iſt die Kryſtalliſation rhombiſch. B. d. L. anſchwellend ſchmelzend = 3 — 3,5, mit Schäumen zu einer blaſigen, blumenkohlähnlichen Maſſe von weißer oder gelblicher Farbe. Von Salzſäure angegriffen. Nach ſtarkem Glühen gelatinirend. Die Miſchung weſentlich die eines Epidots mit geringem Eiſengehalt. — Grau, gelblichgrau, weiß.

Fichtelgebirg, Saualpe in Kärnthen, Bacher in Steyermark, Faltigl und Sterzing in Tyrol. Der Name Zoiſit nach dem öſterreichiſchen Mineralogen Baron von Zois. —

### Meſonit.

Kryſtem: quadratiſch. Etf. Quadratpyramide 136° 7'; 63° 48'. Spltb. unvollkommen priſmatiſch und nach den Diagonalen. Br. unvollkommen muſchlig — uneben. Pellucid. Glasglanz. H. 5,5. G. 2,3 — 2,6. B. d. L. ſchmelzbar = 3, mit Schäumen und Leuchten zu einem blaſigen durchſcheinenden Glaſe. Mit Salzſäure gelatinirend. Die Miſchung ſteht der des Zoisit sehr nahe. Vorwaltende Combination die Stammform mit dem diagonalen Prisma. Meistens krystallisirt. — Farblos, weiß, graulich. In der Lava des Monte Somma bei Neapel. Mejonit von μικρός, μείων, kleiner, wegen der stumpfern Pyramide im Vergleich zu Vesuvian. In die Nähe des Mejonit gehört der Mizzonit von Monte Somma.

## Nephelin.

Krystem: hexagonal. Stf. Hexagonpyramide 139° 19'; 88° 6'. Spltb. unvollkommen basisch und prismatisch. Br. uneben. Pellucid. Glas=glanz, auf Bruchfläche Fettglanz. H. 5,5. G. 2,6. V. d. L. ruhig schmelz=bar = 3, zu einem farblosen, etwas blasigen Glase. Mit Salzsäure gelatinirend.

$R^3 Si + 2 \ddot{Al} Si, \dot{R} = \dot{Na}, \dot{Ka}$. Anal. einer Varietät von Monte Somma von Scheerer: Kiesel. 44,03, Thon. 33,28, Natron 15,44, Kali 4,94, Spuren von Ca, Fe und Aq.

Die vorwaltende Form ist das hexagonale Prisma.

In Krystallen und derb (Eläolith).

Hierher der Davyn und Cavolinit vom Vesuv und der Cancrinit (mit kohlens. Kalk gemengt) vom Ilmengebirg.

Kommt in Drusenräumen der Dolomitblöcke des Monte Somma bei Neapel vor, im Dolerit am Katzenbuckel im Odenwald, im Syenit zu Friedrichswärn und Laurwig in Norwegen. Nephelin kommt von νεφέλη, Wolke, weil die Krystalle in Säuren, wegen der Zersetzung, trüb werden.

Andere gelatinirende Silicate, welche vorzüglich aus Kieselerde, Thonerde, und Kalkerde bestehen und selten vorkommen, sind der Gehlenit (nach dem Chemiker Gehlen) von Monzoniberg in Tyrol; der Humboldtilith (nach Alex. v. Humboldt) vom Vesuv und der Barsowit nach dem Fundort Barsowsk im Ural.

## Wernerit.

Krystem: quadratisch. Stf. Quadratpyramide 136° 7'; 63° 48'. Spltb. ziemlich vollkommen prismatisch und nach den Diagonalen. Br. uneben, unvollkommen muschlig, splittrig. Pellucid. Glasglanz, auf Spaltfl. zum Perlmutterglanz, auf Bruchflächen zum Fettglanz geneigt. H. 5,5. G. 2,7. V. d. L. mit Schäumen schmelzbar = 2,5 zum weißen, durch=scheinenden, blasigen Glase. Von concentrirter Salzsäure zersetzbar, ohne zu gelatiniren.

$3 \dot{R} Si + \ddot{Al}^2 Si^3$. Anal. einer Varietät von Arendal von Rath: Kiesel. 45,05, Thon. 25,31, Eisenoxyd 2,02, Kalk. 17,30, Magnesia 0,30, Kali 1,55, Natron 6,45, Wasser 1,24.

Vorwaltende Form: quadrat. Prisma, vertikal gestreift. — Derb, körnig, stänglich. — Weiß, graulich, gelblich ꝛc.

Im Urgebirge häufig in Norwegen und Schweden zu Arendal, Lang=banshyttan ꝛc. Franklin und Warwick in Nordamerika. Finnland. (Syn. Skapolith.) — Der Name nach dem Mineralogen Werner. Es gehören hierher: der Nuttalit, Glaukolith und Stroganowit.

Als mehr oder weniger zersetzter Wernerit sind zu betrachten der Algerit v. Franklin, Atheriastit v. Arendal, Couzeranit v. Couzeran in den Pyrenäen, Dipyr v. Mauleon in den Pyrenäen und der Wilsonit v. Canada.

**Cordierit. Dichroit.**

Krystystem: rhombisch. Stf. Rhombenphyramide 135° 54'; 110° 28'; 95° 36'. Spltb. brachydiagonal unvollkommen. Br. muschlig, uneben. Pellucid. Einige Varietäten zeigen Dichroismus, parallel der Hauptaxe blau, rechtwinklich darauf gelblichgrau. Glasglanz. H. 7. G. 2,6. V. b. L. schwer schmelzbar = 5,5 zu einem weißen Glase. Von Säuren schwer angegriffen. 2 Mg Si + Äl³ Si³. Anal. einer Varietät von Krageröe von Scheerer: Kiesel. 50, 44, Thon. 32,95, Eisenoxyd 1,07, Magnesia 12,76, Kalk. 1,12, Waffer 1,02 (99,36).

In den Combinationen ist ein rhombisches Prisma von 119° 10' mit der brachydiagonalen und basischen Fläche herrschend. Derb und körnig.

In Urfelsarten zu Bodenmais in Bayern, Orrjerfoi in Finnland, Brasilien, Grönland. In Geschieben auf Ceylon. Der reine und gut gefärbte wird zu Schmucksteinen geschliffen und heißt Luchssaphir.

Der Cordierit (nach dem französischen Mineralogen Cordier benannt) kommt in verschiedenen Zuständen der Zersetzung vor, wobei er bis zu 9 pr. Ct. Waffer aufnimmt. Es gehören dahin der Fahlunit, Gigantolith, Praseolith, Aspasiolith, Pinit. Scheerer nimmt diese Mineralien als eigenthümliche Species an.

**Labrador.**

Bis jetzt nicht in Krystallen vorgekommen. Es finden sich derbe Maffen, nach zwei Richtungen spaltbar, ungefähr unter Winkeln von 86° und 94°. Auf den vollkommenen Spaltfl. Glas — Perlmutterglanz und eigenthümliche zarte Streifung, auf den weniger vollkommenen Glasglanz und öfters Farbenwandlung, blau und grün, gelb, seltner kupferroth ꝛc. durchscheinend. H. 6,0. G. 2,7. V. b. L. schmelzbar = 3 zu einem dichten, ungefärbten Glase. Von concentrirter Salzsäure zersetzt, doch nicht ganz vollkommen.

R Si + Äl Si³, R = Ca, Na. Kiesel. 53,42, Thon. 29,71, Kalk. 12,35, Natron 4,52. — Grau, in verschiedenen Abänderungen, auch weiß ꝛc.

Die krystallinischen Maffen sind fast immer Zwillingsbildungen, deren Zusammensetzungsfläche die weniger vollkommene Spaltungsfläche. Daher die einspringenden Winkel von 171°, welche die Streifung hervorbringen. Der Labrador wird auch als ein Gemisch von Albit und Anorthit angesehen.

Der farbenwandelnde Labrador findet sich in Geschieben auf der Paulsinsel an der Küste von Labrador und zu Ingermannland und Peterhof in Finnland. Ohne Farbenwandlung kommt er öfters vor und bildet mit Amphibol den meisten Eßenit, mit Augit den Dolerit und Basalt. Auch im sog. Phonolith und Kugelporphyr kommt er in eingewachsenen Krystallen vor.

Der farbenwandelnde Labrador wird zu Dosen u. dergl. geschliffen. Hier schließt sich der sog. Saussurit an, welcher nach Delesse ein dichter, unreiner Labrador ist. Er bildet mit Diallage den sog. Gabbro, eine Felsart, welche am Bachergebirg in Steyermark, am Genfersee, im Walliserland, auf Corsika ꝛc vorkommt.

Der Anorthit, von klinorhomboidischer Krystallisat., wird, wie der Labrador, von conc. Salzsäure zersetzt. Er ist Ca Si + Äl Si. Kiesel. 43,2, Thon. 36,8, Kalk. 20,0. Vesuv, Corsika, Schweden, Finnland, auch im Meteorstein v. Juvenas in Frankreich. Dahin gehören der Lepolith, Amphodelit, Diploit, Linseit,

Rofin, Polyargit. — Anorthit kommt von ἀνορϑός, nicht rechtwinklich, in Beziehung auf den Spaltungswinkel 85⁰ 45'. —

## Leucit.

Kryſtem: teſſeral.*) Stf. Trapezoeder Fig. 10. a = 131⁰ 48' 36". Spltb. hexaedriſch in Spuren. Br. muſchlig. Pellucid. Glasglanz. H. 5,5. G. 2,5. B. d. L. unſchmelzbar, mit Kobaltaufl. blau wer= dend. Von Salzſäure vollkommen ohne Gallertbildung zerſetzt. K̇a S̈i + Äl S̈i³. Kieſel. 55,06, Thon. 23,43, Kali 21,51. In ausgebildeten Kry= ſtallen (Stf.) und Körnern. — Weiß, gelblich, graulich, röthlich.

Der körnige Leucit enthält 8,83 Natron und 10,40 Kali, kann daher als eine Mittelſpecies zwiſchen dem bekannten Kali=Leucit und einem mög= lichen Natron=Leucit gelten. = Leucit kommt von λευκός, weiß. —

In Laven am Beſuv, bei Frascati, Tivoli, Albano in der Gegend von Rom, am Laacherſee ꝛc.

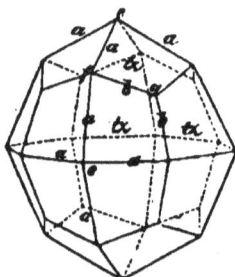

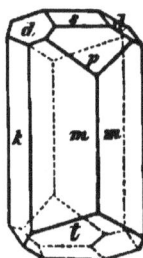

Fig. 10.  Fig. 49.

## Orthoklas. Feldſpath zum Theil.

Kryſtem: klinorhombiſch. Stf. Hendyoeder 118⁰ 50'; 112⁰ 22'. Spltb. nach der Endfläche und klinodiagonal (alſo unter 90⁰) vollkommen, in Spuren nach den Seitenflächen. Br. uneben, unvollkommen muſchlig. Pellucid. Glasglanz, auf den vollkommenſten Spaltflächen (Endflächen) Perlmutterglanz. H. 6. G. 2,4 — 2,58. B. d. L. ruhig ſchmelzbar = 5. Von Säuren nicht angegriffen. K̇a S̈i³ + Äl S̈i³. Kieſelſ. 64,6, Thon. 18,4, Kali 17. — Farblos und weiß, röthlich, gelblich, grün ꝛc. Der grüne ruſſiſche Orthoklas (Amazonenſtein) iſt von Kupferoxyd gefärbt.

Manchmal mit Farbenwandlung auf dem unvollkommenen ortho= diagonalen Blätterburchgang, manchmal mit einem perlmutterartigen Scheine im Innern (Mondſtein).

In den Kryſtallcombinationen iſt oft die Stammform herrſchend, oft aber ſind die Flächen der vollkommenen Blätterburchgänge die ausgedehn= teren und dann erhalten die Kryſtalle das Anſehen eines quadratiſchen oder

*) An manchen Kryſtallen quadratiſchen Formen ſich nähernd.

rektangulären Prisma's. Häufig kommt ein hinteres Hemidoma vor, zur Endfläche unter 129° 40' geneigt und ein anderes zur Endfläche unter 99° 5' geneigt, untergeordnet zwei Klinodomen.

Die vorkommenden Zwillinge und Hemitropieen dieses Minerals sind in dem Kapitel von den Zwillings= krystallen erwähnt.

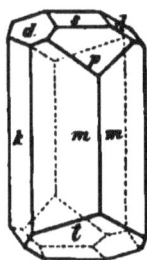

Außer in Krystallen, derb, körnig, dicht. Der Orthoklas ist eines der verbreitetsten Mineralien, er bildet im Urgebirge einen wesentlichen Gemengtheil des Granits, Gneißes und manches Diorits und Syenits (mit Amphibol).

Als feinkörnige Masse bildet er eine Felsart, welche Weißstein oder Eurit heißt. Als dichter sogenannter Felsit bildet er die Hauptmasse vieler Porphyre, auch des Trachyts.

Fig. 19.

Ausgezeichnete Varietäten kommen vor zu Karlsbad und Ellenbogen in Böh= men, Bischoffsheim im Fichtelgebirg, Friedrichswärn in Norwegen, St. Gotthard, Baveno bei Mailand, Elba ꝛc.

Der sog. Mondstein und eine andere schillernde Varietät, welche Sonnenstein heißt und in Rußland und Norwegen vorkommt, werden zu Ringsteinen und dergl. geschliffen. Das Schillern des Sonnensteins rührt her von einer regel= mäßigen Einmengung mikroskopisch kleiner Krystalle von Eisenglanz und Titan= eisen. — Orthoklas stammt von ὀρθός, rechtwinklig, und κλάω, spalten. —

**Albit. Feldspath zum Theil.**

Krystem: klinorhomboidisch. Spaltungsform: klinorhomboidisches Prisma, m : t — 117° 53'; p : t = 93° 36'; p : m = 115° 5'. Br. uneben. Pellucid. Glasglanz, auf p Perlmutterglanz. H. 6. G. 2,56. V. d. L. schmelzbar = 4. Von Säuren nicht angegriffen. $Na\ \ddot{S}i^3 + \ddot{A}l\ \ddot{S}i^2$. Kieself. 68,6, Thon. 19,6, Natron 11,8. — Wasserhell, weiß, graulich, gelblich ꝛc.

Die Spaltungsform erscheint häufig als äußere Form, an den scharfen Seitenkanten abgestumpft und hemitropisch nach einem Schnitte parallel mit der Fläche m, wodurch an den Enden ein= und ausspringende Winkel von 172° 48' entstehen. Diese oft vorkommende Bildung, noch mehr aber die leichtere Schmelzbarkeit geben ein gutes Unterscheidungskennzeichen zwischen Albit und Orthoklas. Außer in Krystallen kommt der Albit derb vor, kör= nig, blumigblättrig, strahlig und dicht.

Schöne Varietäten kommen vor zu Arendal in Norwegen, Zell im Ziller= thal, Baveno bei Mailand, Sibirien, Schweden, Finnland, Schlesien ꝛc. Der Albit bildet die Grundmasse vieler sog. Schriftgranite und manches Phonoliths.

Hier schließt sich der **Perillin** an, welcher als ein Albit angesehen werden kann, in dem ein kleiner Theil des Natrons durch Kali vertreten wird. Er findet sich in schönen Krystallen auf dem St. Gotthard, Greiner und Schwarzenstein im Zillerthale ꝛc. und bildet mit Hornblende die Masse mancher Grünsteine oder Diorite, sowie des Aphanits, welche Gesteine zu den Urfelsarten gehören.

Der **Oligoklas** $\dot{R}$ $\ddot{Si}\frac{3}{2}$ $+$ $\ddot{Al}$ $\ddot{Si}^3$. Kiesel. 62,3, Thon. 23,5, Kalk. und Natron 14,2 (Kalkerde meistens nur bis 4 pr. Ct.). Aehnliche Klle. wie Albit, fettglänzend, leichter schmelzbar als Albit. Laurwig und Arendal in Norwegen, Ural, Quenast in Belgien, Boden bei Marienberg in Sachsen ꝛc. Nach Potyka ist der grüne Feldspath v. Bobenmais dem Oligoklas sehr nahestehend. Ebenfalls nahestehend ist der Magnesiahaltige Tschermakit von Bamble in Norwegen. — Nach Tschermak sind die eigentlichen Feldspathtypen: Orthoklas, Albit und Anorthit und bilden diese durch lamellare Verwachsung zahlreiche Zwischenglieder. —

Albit kommt von albus, weiß; Periklin von περικλινής, sich ringsum neigend; Oligoklas von ὀλίγος, wenig, und κλάω, spalten.

Es gehört dahin der Andesin aus den Cordilleren. Nach Heffenberg ist der Oligoklas ein veränderter Albit oder Periklin und hat keine eigenthümliche Krystallisation.

Hier schließt sich der seltene Hyalophan aus dem Binnenthal in der Schweiz an. Er ist $\left.\begin{matrix}\ddot{Ba}\\ \dot{Ka}\end{matrix}\right\}$ $\ddot{Si}$ $+$ $\ddot{Al}$ $\ddot{Si}^3$ mit 15 pr. Ct. Baryterde und hat die Form des Orthoklas. Kommt auch am Jakobsberg in Wermland vor.

Als vulkanische Gläser, durch Schmelzen mehrerer Natron- und kalkhaltiger Silicate entstanden, sind zu betrachten: der **Obsidian**, **Pechstein**, **Perlstein** und **Bimsstein**. Diese Mineralien sind amorph, mehr oder weniger pellucid, hart = 5,5 — 6,0. G. 2,2 — 2,5 und schmelzen v. d. L. bald schwerer, bald leichter, ruhig oder mit Schäumen. Der Obsidian hat ausgezeichnet muschligen Bruch, Glasglanz und schwarze oder braune Farbe (Marekanit). Er findet sich oft in großen Massen auf Island, Lipari, Tolay in Ungarn, Mexiko, Peru, Sibirien, Madagaskar. Er wird zu Spiegeln geschliffen, zu Messern ꝛc.

Der **Pechstein** ist fettglänzend, von muschligem Bruche und mannigfaltigen Farben, grün, braunroth, gelblich ꝛc. Er bildet öfters grobkörnige Massen und kommt als Felsart vor bei Meißen, Schemnitz, Kremnitz, Tolay, in Schottland und auf den griechischen Inseln.

Der **Perlstein** ist perlmutterglänzend, gewöhnlich grau und bildet rundkörnige Massen. Er findet sich ausgezeichnet in Ungarn, Tolay, Tellebanya, Schemnitz, Glashütte ꝛc.

Der **Bimsstein** ist wenig perlmutterartig- und selbenglänzend; weiß, graulich, gelblich ꝛc. und bildet poröse, schaumartige Massen. Er kommt in Vulkanen mit Lava vor, auf den liparischen Inseln, im griechischen Archipel, bei Andernach ꝛc. Er dient zum Schleifen, zur Bereitung des Mörtels ꝛc.

Alle diese Gesteine bilden zuweilen porphyrartige Massen, der Bimsstein auch verschiedene Breccien.

### Triphan. Spodumen.

Isomorph mit Augit. Es finden sich Hendyoeder mit Seitenkantenwinkeln von 93° und 87°, nach den Seitenflächen spaltbar und orthodiagonal. Br. uneben. Pellucid. Perlmutterglanz, auf den vollkommenen Spaltfl. sonst Glasglanz. H. 6,5. G. 3,2. V. d. L. sich aufblähend und schmelzend = 3,5 zu einem klaren oder weißen Glase, färbt dabei die Flamme schwach purpurroth. Von Säuren nicht angegriffen. 3 Li Si + 4 Äl Si³. Kiesel. 64,98, Thon. 28,68, Lithion 6,14. — Zuweilen ist das Lithion zum Theil durch Natron ersetzt. — Grünlich oder gelblichweiß, ins Berggrüne und Graue.

In Urfelsarten auf der Insel Utön bei Stockholm, Sterzing und Lisenz in Tyrol, Irland, Neu-Jersey, Norwich in Massachusetts. Triphan von τρι-φανής, dreifach erscheinend. —

### Petalit.

In derben, krystallinischen Massen. Spaltbar deutlich in einer Richtung, weniger nach einer zweiten unter 142°. Bruch uneben, splittrig. Durchscheinend. Perlmutterglanz auf den vollkommenen Spaltfl., Fettglanz auf dem Bruche. H. 6,5. G. 2,4. V. d. L. ruhig schmelzend = 3,5, die Flamme vorübergehend schwach purpurroth färbend. Von Säuren nicht angegriffen.

$$\left.\begin{array}{c} 3\,\mathrm{Li} \\ \mathrm{Na} \end{array}\right\} \ddot{S}i^2 + 4\,\ddot{A}l\,\ddot{S}i^6.$$ Anal. von Hagen: Kiesel. 77,81, Thon. 17,19, Lithion 2,69, Natron 2,30.

Findet sich in Blöcken auf Utön bei Stockholm, in Kanada und Massachusetts. — In diesem Mineral wurde 1817 das Lithion durch Arfvedson entdeckt. — Petalit von πέταλον, Blatt, blättriger Structur.

Zum Petalit gehört der Kastor v. Elba.

Der Pollux von Elba ist nach Pisani ein Thonsilicat und Cäsiumsilicat mit 34 pr. Et Cäsiumoxyd. —

### Biotit. Einaxiger Glimmer.

Krystsystem: hexagonal. Selten in ausgebildeten Krystallen, welche meistens hexagonale Tafeln, gewöhnlich in blättrigen, basisch sehr vollkommen spaltbaren Massen. Pellucid. Zeigt im polarisirten Lichte durch die Spaltfl. farbige Ringe, mit einem schwarzen Kreuz durchschnitten. Stark glänzend von metallähnlichem Perlmutterglanz. H. 2,5. Elastisch biegsam. G. 2,8. V. d. L. schwer schmelzbar, 5,5. Von Schwefelsäure durch anhaltendes Kochen vollkommen zersetzbar. Annähernd $\ddot{R}^3\,\ddot{S}i^2 + \ddot{A}l\,\ddot{S}i$, $R =$ Mg, Ka, $\ddot{R} = \ddot{A}l$, $\ddot{F}e$. Meine Anal. einer braunen Varietät von Bodenmais gab: Kiesel. 40,86, Thon. 15,13, Eisenoxyd 13,00, Magnesia 22,00, Kali 8,83, Wasser 0,44. — Gewöhnlich grün und braun.

Der Name Biotit ist nach dem französischen Physiker Biot gegeben, der zuerst auf die optische Verschiedenheit der Glimmer aufmerksam gemacht hat. —

Findet sich in Urfelsarten, Basalt und Lava. Sehr großblättrig zu Monroe und Neu-Jersey; Miast in Sibirien, Karosulit in Grönland, Schwarzenstein im Zillerthal, Vesuv, Bodenmais in Bayern. Kommt nicht so häufig vor, wie der Muscovit.

Ein Mangan-Biotit mit 21,4 pr. Et. Manganoxydul scheint der Manganophyll Igelströms zu sein, von Pajsberg in Schweden.

### Muscovit. Zweiaxiger Glimmer.

Krystsystem: rhombisch. Man findet rhombische Prismen von 119° — 120°. Spltb. basisch höchst vollkommen. Pellucid. Zeigt durch die Spaltfl. im polarisirten Lichte bei gehöriger Neigung farbige Ringe, mit einem

dunkeln Strich durchschnitten.*) Stark glänzend von metallähnlichem Perl=
mutterglanz. H. 2,5. G. 2,8—3. V. b. L. schwer schmelzbar, 5,5. Wird
von Schwefelsäure nicht zersetzt. Wesentlich R̈ Si + A̅l Si. Anal. einer
Varietät von Kinito von H. Rose: Kiesel. 46,35, Thon. 36,80, Eisenoxyd
4,50, Kali 9,22, Fluor 0,67, Wasser 1,84. Manche Muscovite enthalten
bis 5 pr. Ct. Wasser. — Gewöhnlich weiß, graulich, bräunlich. — Zuweilen
in sehr großblättrigen Massen, so daß er zu Fensterscheiben benutzt werden
kann, körnig und schiefrig (Glimmerschiefer).

Ist eines der verbreitetsten Mineralien und bildet einen Gemengtheil des
Granits, Gneißes, Thonschiefers, Grauwackenschiefers ꝛc. Ausgezeichnet unter
andern in Sibirien, Grönland, Norwegen und zu Bodenmais und Aschaffenburg
in Bayern. In großen Platten an mehreren Orten in Nord=Amerika.

Dieses Mineral könnte auch zu den kieselflußsauren Verbindungen in die
Nähe des Lithionit gestellt werden, da der Fluorgehalt constant zu sein scheint.
Der Name Muscovit (besser Moscovit von Moscovia — Rußland) begreift
mehrere Species, die zur Zeit nicht genau unterschieden sind. Ein stark perl=
mutterglänzender Muscovit (Margarit) von Sterzing in Tyrol enthält 5,5
pr. Ct. Baryterde. — Ein Natron=Muscovit ist der Paragonit v. Gotthard.

Zwischen Biotit und Muscovit steht der Phlogopit (von φλογωπός, von
feurigem Ansehen). Er zeigt sich optisch deutlich zweiaxig, steht aber dem Biotit
in der Mischung nahe und wird, wie dieser, von conc. Schwefelsäure zersetzt.
Findet sich an mehreren Orten in Nord=Amerika.

Hier schließen sich, von Salzsäure zersetzbar, an: der Aspidolith aus dem
Zillerthal, bläht sich v. b. L. außerordentlich auf in der zu den Blättern recht=
winklichen Richtung; der Lepidomelan v. Rockport in Massachusetts, schmilzt ⚊ 3
zu einem stark magnetischen Email; der Astrophyllit v. Brewig in Norwegen,
mit ähnlichem Verhalten. —

### Staurolith.

Krystsystem: rhombisch. Es finden sich rhombische Prismen von 128°
42'. Spltb. brachydiagonal ziemlich vollkommen. Br. unvollkommen muschlig
— uneben. Wenig pellucid. Glasglanz. H. 7. G. 3,4—3,8. Unschmelz=
bar. Von Salzsäure wenig angegriffen. R̈ Si + A̅l² Si. Anal. einer
Varietät vom St. Gotthard von Lasaulx: S̈i 29,81, A̅l 48,26, F̈e 5,31,

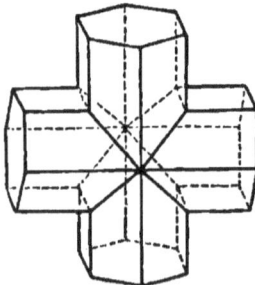
Fig. 56.

F̈e 12,03, M̈g 3,25, L̈ 0,86. — Bräunlich=
roth, braun. Bis jetzt immer krystallisirt ge=
funden. An den angegebenen Prismen er=
scheint häufig die brachydiagonale Fläche.

Nicht selten kommen Zwillinge vor, indem
zwei Individuen so verwachsen sind, daß ihre
Hauptaxen sich rechtwinklich, Fig. 56, manch=
mal auch unter 60° kreuzen.

In Urfelsarten, ausgezeichnet auf dem St.
Gotthard, zu St. Jago di Compostella in Spa=
nien, Quimper im Dep. Finistère, Bieber und
Aschaffenburg, Mähren, Ural, Nord=Carolina ꝛc.
Staurolith von σταυρός, Kreuz, und λίθος, Stein.—

*) Der Winkel der optischen Axen wechselt zwischen wenigen Graden bis zu
70° und die optische Axenebene hat bei den einen Var. die Lage der brachydiago=
nalen, bei andern die der makrodiagonalen Fläche. Das Zusammenkrystallisiren
solcher Var. bedingt das verschiedene optische Verhalten (Senarmont).

### Andalufit.

Kryſtem: rhombiſch. Es finden ſich rhombiſche Prismen von 90° 44'. Spltb. nach den Seitenflächen manchmal deutlich. Br. uneben, ſplittrig. Pellucid, gewöhnlich nur an den Kanten. Glasglanz. H. 7,5. G. 3,2. V. d. L. unſchmelzbar, mit Kobaltaufl. blau. Von Säuren wenig angegriffen. Äl Si. Nach Damour (Var. aus Braſilien): Kieſel. 37,24, Thon. 62,07, Eiſenoxyd 0,61. Mit der Miſchung des Diſthens übereinkommend. — Pfirſichblüthroth, graulich, gelblich, bräunlich.

Bis jetzt immer in Kryſtallen beobachtet, vorherrſchend das angegebene Prisma. Oefters ſind vier Individuen mit paralleler Hauptaxe ſo zuſammengewachſen, daß ein hohler Raum zwiſchen ihnen bleibt, der aber gewöhnlich mit Thonſchiefermaſſe ausgefüllt iſt (Hohlſpath, Chiaſtolith). Manche Kryſtalle dieſer Art haben eine Zerſetzung erlitten und ſind viel weicher als das friſche Mineral.

In Urfelsarten, ausgezeichnet (ſtark mit Glimmer gemengt) zu Liſenz in Tyrol, Herzogau in der Oberpfalz, Iglau in Mähren, Landeck in Schleſien, Elba, Irland, Schottland, Andaluſien (daher der Name). Die Chiaſtolith genannten Verwachſungen ausgezeichnet zu St. Jago di Compoſtella in Spanien, am Simplon, zu Gefrees im Bayreuthiſchen ꝛc. — Chiaſtolith ſtammt von χιάω, mit einem x bezeichnen, etwas kreuzweiſe ſtellen.

### Diſthen. Cyanit.

Kryſtem: klinorhomboidiſch. Man findet klinorhomboidiſche Prismen, m : t = 106° 15'; p : t = 93°; p : m = 101°. Spltb. nach m ſehr vollkommen, weniger nach t. Pellucid. Glasglanz, auf den Spaltfl. zum Perlmutterglanz. H. 6, auf den m Flächen merklich weicher. Spec. G. 3,5 — 3,7. V. d. L. unſchmelzbar, mit Kobaltauflöſung blau. Von Säuren nicht angegriffen. Äl Si. Kieſel. 37,48, Thon. 62,52. — Farblos, himmelblau, gelblich, graulich, grünlich ꝛc. Häufig in ſtrahligen Maſſen; faſrig.

In Urfelsarten, ausgezeichnet auf dem St. Gotthard, Greiner und Pfitſch in Tyrol, Saualpe in Kärnthen, Miask und Kolotkina in Sibirien, Pennſylvanien, Spanien, Schottland ꝛc. Der faſrige häufig bei Aſchaffenburg. — Diſthen von δίς und ſθίνος, von zweierlei Kraft, in Bez. auf die Härte.

Von ähnlicher Miſchung, aber nach Descloizeaux von rhombiſcher Kryſtalliſation iſt der Sillimanit von Cheſter in Connecticut, zu welchem gehören der Monrolit, Bucholzit, Fibrolith, Bamlit, Xenolith und Wörthit.

### Smaragd.

Kryſtem: hexagonal. Stf. Hexagonpyramide. 151° 5' 45"; 53° 12'. Spltb. baſiſch ziemlich vollkommen. Br. unvollkommen muſchlig — uneben. Pellucid. Glasglanz. H. 7,5. G. 2,67 — 2,75. V. d. L. ſchmelzbar = 5,5 zu einem emailleähnlichen Glaſe. Von Säuren nicht angegriffen. 3 Be Si + Äl Si³. Kieſel. 67,41, Thon. 18,75, Beryllerde 13,84. Smaragdgrün (durch Chromoxyd gefärbt); ſeladongrün, blau, gelb, auch farblos.

In den Kryſtallcombinationen iſt das hexagonale Prisma mit der baſiſchen Fläche vorherrſchend, die Seitenfl. öfters nach der Länge geſtreift.

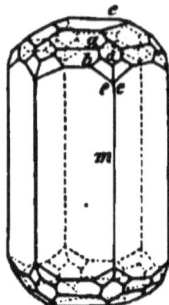

Außer der Stammform kommen noch drei andere hexa= gonale Pyramiden und zwei bihexagonale, doch nur untergeordnet vor. S. Fig. 37.

Bei den Juwelieren führen nur die rein grünen Varietäten den Namen Smaragd, die bläulichgrünen, blauen 2c. heißen **Aquamarin**, auch **Beryll**. — In Urfels= arten und im Schuttland. Die ſchönſten grünen Smaragde kommen aus dem Tunkalthal bei Neu-Carthago in Peru, von Santa Fe de Bogota und Muſo in Neu-Granada (Prismen bis zu 3″ lang), von Koſſeir am rothen Meer und aus der Nähe des Flüßchens Takowaja im Ural. Auch im Heubachthal im Pinzgau hat man ſchöne Varie= täten gefunden. Ausgezeichnete Aquamarine und Berylle kommen in Sibirien vor zu Miask, zu Murſinsk 2c., zu Rio-Janeiro, Aberdenſhire in Schottland, Cangayum in Oſtindien, Crawſord in Auſtralien. —

Fig. 37.

Weniger ſchöne und durchſichtige Varietäten zu Zwieſel im bayeriſchen Wald, Chanteloupe bei Limoges (zum Theil ſehr große Kryſtalle), Gaſtein, Elba, Had= dam in Connecticut, Monroe, Penſylvanien 2c. Die koloſſalſten Kryſtalle ſind bei Krafton in Nord-Amerika gefunden worden. Einer hatte eine Länge von 6¼ Fuß und 1 Fuß Durchmeſſer. Man berechnet das Gewicht auf 2913 Pfd., bei andern auf 1076 Pfd.

Die Petersburger Sammlung enthält einen durchſichtigen, grünlich gelben Beryll von 9″ 5‴ Länge und 1″ 3‴ Dicke, über 6 ruſſ. Pfd. ſchwer.

Der Smaragd iſt einer der geſchätzteſten Edelſteine und koſtet das Karat bis zu 50 Gulden. Steine von 6 Karat 800—1200 Fl. Der kaiſerliche Schatz in Wien beſitzt berühmte Smaragden, deren einer 2205 Karat wiegen ſoll und gegen ½ Million Gulden geſchätzt wird. — Der Aquamarin iſt wohlfeil und kommt das Karat nur auf 3 — 6 Fl. — Im Beryll wurde 1798 von Vauquelin die Beryllerde entdeckt.

Σμάραγδος und berillus finden ſich ſchon bei den Alten. Die Abſtammung der Namen iſt unbekannt.

Durch einen Gehalt an Beryllerde intereſſant, übrigens ſehr ſelten, ſind noch folgende Silicate, deren einige keine Thonerde enthalten.

**Euklas.** Klinorhombiſch. Spaltb. klinobiagonal ſehr vollkommen (daher der Name von εὖ, wohl, und κλάω, brechen). 2 Be Si + Äl Ḧ. Nach Damour: Si 41,63, Äl 34,07, Be 16,97, Spur von Ca, Fe, Fl. Villa rica in Braſilien, Connecticut.

**Phenakit.** Hexagonal. Be² Si. Kieſel. 54,3, Beryllerde 45,7. Framont in Lothringen, Ural, Maſſachuſetts. Phenakit von φέναξ, Be= trüger, weil er dem Quarz gleicht. Mancher klare vom Ural wird als Edel= ſtein geſchliffen.

**Leukophan.** (Melinophan) rhombiſch. Kieſel. 47,82, Beryllerde 11,51, Kalk. 25,00, Manganoxydul 1,01, Fluor 6,17, Natrium 7,59, Kalium 0,26. Lammön in Norwegen. Der Name von λευκοφανής, weiß.

Kalk-Thon-Silicate mit 7 u. 13 pr. Ct. Thonerde, ſind: der Aedelforſit v. Aedelfors in Schweden, und der Sphenollas v. Gjellebäck in Norwegen.

2. **Gruppe. Wasserfreie Silicate ohne Thonerde*).**

**Wollastonit. Tafelspath.**

Kristystem: klinorhombisch. Man beobachtet selten Hendyoeder, welche basisch und orthodiagonal unter 110° 12' spaltbar sind. Br. uneben. Pellucid. Glasglanz, zum Perlmutterglanz geneigt. H. 5. G. 2,8. V. d. L. schmelzbar = 4,5. Vollkommen gelatinirend. Ca Si. Kiesel. 52, Kalk. 48. Gewöhnlich in kristallinischen Massen. Weiß, gelblich rc.

Findet sich zu Cziklowa im Banat, Harzburg am Harz, Pargas in Finnland, Capo di bove bei Rom, Vesuv, Schweden, Schottland rc.

Der Wollastonit wurde bisher zur Formation des Pyroxens gezählt, nach Descloizeaur ist seine Krystallreihe verschieden.

Formation des Pyroxens. R Si, klinorhombisch.

**1. Diopsid.**

Kristystem: klinorhombisch. Stf. Hendyoeder. 87° 6'; 100° 57'. Spltb. nach den Seitenflächen deutlich, auch nach den Diagonalen. Br. muschlig. Pellucid. H. 6. G. 3,3. V. d. L. schmelzbar = 3,5 — 4 zu einem weißen, nicht magnetischen Glase. Von Säuren nicht angegriffen. Ca Si + Mg Si. Kiesel. 56,36, Kalk. 25,46, Magnesia 18,18. — Weiß, gelblich, grün, grau rc., auch farblos.

In den Krystallcombinationen ist die Stammform oft mit der ortho- und klinodiagonalen Fläche verändert. An den Enden finden sich untergeordnet mehrere Schiefenenflächen und Klinodomen. Außerdem derb, strahlig, körnig.

Hierher der Kokkolith, Malakolith, Salit, Baikalit, Alalit, Mussit. Einen vanadinhaltigen Diopsid v. Transbaikalien nennt v. Kolscharow Lawrowit.

Ausgezeichnete Varietäten finden sich auf der Mussaalpe im Piemontesischen, zu Schwarzenstein im Zillerthal mitunter in so reinen, schön grün gefärbten Krystallen, daß sie als Schmuckstein geschliffen werden; Reichenstein in Schlesien, Gefrees in Oberfranken, Malsjö, Sala rc. in Schweden, Arendal in Norwegen, Erzgebirge rc. Diopsid von δίς, doppelt, und ὄψις, Anblick.

**2. Diallage.**

Gewöhnlich in kristallinischen Massen, welche in einer Richtung (orthodiagonal) vollkommen spaltbar sind. Auf diesen Spaltfl. in einer Richtung gestreift, stark perlmutterglänzend, metallähnlich, sonst schwach fettglänzend. Wenig an den Kanten durchscheinend. H. 5. G. 3,2. V. d. L. schmelzbar = 3,5. Durch diese Leichtflüssigkeit vorzüglich von dem ähnlichen Broncit unterschieden. Von Säuren nicht angegriffen.

$\left.\begin{matrix} \text{Ca} \\ \text{Mg} \\ \text{Fe} \end{matrix}\right\}$ Si. Meine Anal. einer Varietät von Großarl gab: Kiesel. 50,20,

---

*) Die salzsaure Auflösung giebt, nach Abscheidung der Kieselerde mit Aetzammonial kein Präc. oder ein solches, woraus Kalilauge keine Thonerde extrahirt. Eine Ausnahme machen einige Augite.

Thon. 3,80, Kalk. 20,26, Magnesia 16,40, Eisenoxydul 8,40. — Grau, grün, bräunlich.

Bildet, mit Labrador und auch mit Epidot gemengt, eine Felsart, den Gabbro. Kommt vor zu Großarl im Salzburgischen, Marmels in Graubündten, bei Florenz, am Ural ꝛc. Diallage von διαλλάγη, Verschiedenheit, in Bezug auf die Spaltbarkeit.

### 3. Augit.

Die Krystallisation wie beim Diopsid 2. An den Enden kommt häufig ein Klinodoma von 120° 39' vor. Glasglanz. Pellucid in geringem Grade. H. 6. G. 3,4. V. d. L. schmelzbar = 3,5—4 zu einem schwarzen, manchmal magnetischen Glase. Von Säuren wenig angegriffen.

$\left.\begin{array}{l}\dot{C}a\\\dot{F}e\\\dot{M}g\end{array}\right\}$ Si. Anal. einer Varietät aus dem Fassathal von Kubernatsch:

Kiesel. 50,09, Thon. 4,39, Kalk. 20,53, Magnesia 13,93, Eisenoxydul 11,16. Farbe schwarz, dunkelgrün. Eine der gewöhnlichsten Combinationen s. Fig. 52; diese Krystalle meistens hemitropisch nach einem Schnitte parallel der orthobiagonalen Fläche. In Krystallen und körnigen Massen.

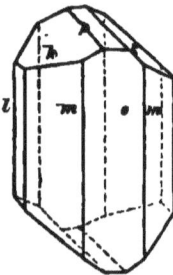

Fig. 52.

Der Name Augit stammt von αὐγή, Glanz.

Gewöhnlich in Basalt, Mandelstein und Lava, im böhmischen Mittelgebirg, Fassathal, Rhön, Frascati bei Rom, Vesuv, Aetna ꝛc.

Bildet für sich eine Felsart, den Augitfels (in den Pyrenäen), und ist wesentlicher Gemengtheil des Dolerits (Augit und Labrador), des Melaphyrs oder Augitporphyrs (porphyrartig mit Labrador) und des Basalts, welcher ein inniges Gemeng von Augit, Labrador und Natrolith ꝛc.

Auch die Hauptmasse vieler Laven besteht aus Augit.

Hier schließt sich der **Hedenbergit** an, welcher wesentlich $\dot{C}a$ Si + $\dot{F}e$ Si. Er ist schwärzlichgrün und von dem Schmelzgrade 2,5. Tunaberg, Elba, azorische Insel Pico, Arendal. Benannt nach dem schwedischen Chemiker Hedenberg.

Der **Jeffersonit** von Neu-Jersey ist ein Augit, welcher unter den Basen auch 4,4 pr. Ct. Zinkoxyd zeigt. — Benannt nach dem vormaligen Präsidenten der Vereinigten Staaten Jefferson.

Anschließend sind ferner der **Almit** von Eger in Norwegen und der **Aegyrin** von Brewig in Norwegen. Sie sind durch einen Natrongehalt von 13 und 9 pr. Ct. bemerkenswerth, enthalten übrigens $\dot{F}e$ Si³ (mit 30 und 22 pr. Ct $\ddot{F}e$.

Bemerkenswerth für die Pyroxenformation ist, daß Mitscherlich durch Schmelzen der geeigneten Mischung Diopsid im krystallisirten Zustande dargestellt hat und daß ich solchen auch als Hochofenschlacke beobachtet habe*).

Formation des **Amphibols.** Klinorhombisch. Wesentlich $\dot{R}$ Si.

---

*) Der Name Pyroxen (n. Hauy) von πυρ, Feuer, und ξίνος, Fremdling, paßt freilich nicht zu diesen Beobachtungen, denn er sollte andeuten, daß das Mineral, als nicht vulkanischen Ursprungs, gleichsam ein Fremdling im Gebiete des Feuers sei.

### 1. Tremolit.

Krystem: klinorhombisch. Stf. Hendyoeder. m : m = 124° 30′; p : m = 103° 12′. Spaltb. nach m vollkommen. Br. uneben, muschlig. Pellucid. Glasglanz. H. 5,5. G. 2,93. V. d. L. schmelzbar = 3,5 — 4 mit Anschwellen und Kochen zu einem wenig gefärbten Glase. Von Säuren nicht angegriffen. Allgemein $\left.\begin{matrix}\dot{M}g\\\dot{C}a\end{matrix}\right\}$ Si, öfters Ca Si + 3 Mg Si. Kiesel. 58,35, Magnesia 28,39, Kalk. 13,26. — Weiß, gelblich, grünlich, graulich.

Die Krystalle meistens eingewachsen und an den Enden nicht ausgebildet, die Flächen oft nach der Länge gestreift. Strahlig und fasrig.

Auf dem St. Gotthard, zu Gulljö in Schweden, Lengfeld im Erzgebirge, Orowitza und Dognatzka im Banat, Schottland ꝛc. Häufig im Kalkstein und Dolomit. — Tremolit stammt von Val Tremola in der Schweiz.

Der Nephrit ist theilweise dichter Tremolit (nach Damour), ebenso die orientalische Jade. Der Nephrit hat splittrigen Bruch, ist durchscheinend, fettig schimmernd und von lauchgrüner Farbe. Er kommt meist geschliffen zu Säbel-, Dolchgriffen, Amuletten ꝛc. zu uns aus China, Indien, Neuseeland.

Ein 11 pr. Ct. Mn enthaltender Tremolit ist der Richterit von Pajsberg in Schweden.

### 2. Amphibol. Hornblende. Strahlstein.

Krystem: klinorhombisch. Stf. Hendyoeder. 124° 30′; 103° 1′. Spltb. nach den Seitenflächen vollkommen, undeutlich nach den Diagonalen. Br. uneben. Pellucid, zum Theil wenig. Glasglanz. H. 5,5. G. 3—3,4. V. d. L. schmelzbar = 3 — 4, zum Theil mit Anschwellen und Kochen zu einem graulichen oder schwarzen Glase. Von Säuren wenig angegriffen.

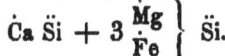

$$\dot{C}a\ Si + 3\ \left.\begin{matrix}\dot{M}g\\\dot{F}e\end{matrix}\right\}\ Si.$$

Annähernd: Kiesel. 55,27, Kalk. 11,36, Magnesia 12,36, Eisenoxydul 21,01. Fast immer etwas Thonerde (manchmal bis 12 pr. Ct.) enthaltend.

Grün in verschiedenen Abänderungen, grünlich- und bräunlichschwarz, sammetschwarz.

Die Stammform häufig combinirt mit der klinobiagonalen Fläche und mit einem hintern Klinodoma von 148° 30′, öfters Hemitropieen nach einem Schnitt parallel der orthodiagonalen Fläche.

Außer in Krystallen in derben, blättrigen Massen, strahlig, fasrig, körnig.

Bildet für sich eine Urfelsart als Hornblendefels und Hornblendeschiefer und macht einen wesentlichen Gemengtheil anderer Felsarten aus, des Syenits (mit Feldspath oder Labrador), des Diorits und Aphanits (mit verschiedenen feldspathartigen Mineralien), auch des Eklogits, welcher ein Gemenge von grünem Diopsid, Hornblende und Thoneisengranat ist.

Ausgezeichnete krystallisirte Varietäten finden sich in Norwegen und Schweden zu Arendal, Kongsberg, Westmanland ꝛc. Zillerthal in Tyrol, Sachsen, Schottland ꝛc., in Urfelsarten und zu Kostenblatt im böhmischen Mittelgebirge, in der Rhön, auf dem Kaiserstuhle ꝛc. in Basalt eingewachsen. — Der Name Amphibol stammt von ἀμφίβολος, zweibeutig, weil man sich oft über das Mineral getäuscht hat.

Zur Formation des Amphibols gehört ferner der **Arfvedsonit**, schwarz, sehr leicht schmelzbar = 2, mit 8—10 pr. Ct. Natron, Ḟe und Fe. Kangerdluarsuk in Grönland. (Dessen Asbest scheint der **Krokydolith** vom Cap zu sein.)

---

Manche Amphibole und Pyroxene (vorzüglich Tremolit und Diopsid) finden sich in feinen haarförmigen Krystallen, welche zu fasrigen, mehr oder weniger zusammenhängenden, Massen verbunden sind. Sie heißen dann **Asbest** und **Amianth, Bergkork, Bergleder** ꝛc. Diese Varietäten finden sich in verschiedenen Urfelsarten und bilden manchmal Faserbüschel von 2 Fuß Länge. Ausgezeichnet vom Schwarzenstein im Zillerthale (Diopsidasbest), aus der Tarantaise (Tremolitasbest, ebenso der sogen. Kymatin von Kuhnsdorf in Sachsen, Piemont, Böhmen, Schweden, Mähren ꝛc.

Man braucht den Asbest zur Verfertigung unverbrennlicher Zeuge, daher der Name, von ἄσβεστος, unauslöschlich, für unverbrennlich, und ἀμίαντος, unbefleckt; zu manchen chemischen Feuerzeugen ꝛc. Er kommt im Handel oft unter dem Namen Federweiß vor.

Das sog. **Bergholz, Xylotil** (von ξύλον, Holz, und τίλος, Faser), welches sonst auch zum Asbest gezählt wurde, ist eine wasserhaltige Verbindung von kieselsaurem Eisenoxyd und kieselsaurer Talkerde. — Der eigentliche Asbest ist von mehreren ähnlichen Min. durch seine Schmelzbarkeit und dadurch zu unterscheiden, daß er im Kolben kein Wasser giebt und von Säuren nicht zersetzt wird.

### Broncit.

Krystall.system nach Descloizeaux rhombisch, spaltb. nach einem Prisma von 93°, brachydiag. und makrodiagonal, auf letzterer Fläche von metallähnlichem Perlmutterglanz. V. d. L. fast unschmelzbar, kann nur in den feinsten Spitzen etwas zugerundet werden. Von Säuren nicht angegriffen. $\left.\begin{array}{c}\text{Mg}\\\text{Fe}\end{array}\right\}$ Si̇. Meine Anal. einer Var. aus Grönland gab: Kiesel. 58,00, Thon. 1,33, Magnesia 29,66, Eisenoxydul 10,14, Manganoxydul 1,00.

Derbe, öfters großkörnige Massen. Die Farbe braun, tombakbraun, grünlich gelblich ꝛc.

In Serpentin, Basalt ꝛc. Kupferberg im Fichtelgebirg, Kraubat in Steyermark, Ultenthal in Tyrol, Stempel bei Marburg, Harz ꝛc.

Hierher gehört der **Hypersthen** von der Paulsinsel an der Küste von Labrador, mit schönem braunrothem Schiller.

Broncit von der Broncefarbe; Hypersthen von ὑπερ über, und σϑένος, Kraft, nämlich von größerer Härte (6) als ähnliche Mineralien. — Isomorph mit dem Broncit ist der **Enstatit** = Mg Si̇ von Zdjar in Mähren und in Meteoriten.

Hier schließt sich an der **Anthophyllit**, nach Descloizeaux rhombisch, spaltbar nach einem Prisma von 125°, braun, fast unschmelzbar. Fe Si̇ + 3 Mg Si̇. Kiesel. 56,22, Magnesia 27,36, Eisenoxydul 16,42. Kongsberg in Norwegen. Nahestehend ist der durch 1,2 pr. Ct. Chromoxyd grün gefärbte Kupfferit vom Ilmengebirg.

Wie Augit und Amphibol im klinorhombischen System nur durch die Spaltbarkeit verschieden, ebenso sind es Broncit und Anthophyllit im rhombischen System.

### Steatit. Talk.

Krystem nicht genau gekannt. Es finden sich blättrige Massen, in einer Richtung sehr vollkommen spaltbar. Pellucid. Optisch zweiaxig. Perlmutterglanz. H. 1. Nicht elastisch biegsam. G. 2,6 — 2,7. Fett anzufühlen. V. d. L. unschmelzbar, mit Kobaltaufl. blaß fleischroth. Von Säuren nicht angegriffen. Ein von Hermann analysirter ausgezeichneter Talk von Slatoust gab: Kiesel. 63,27, Magnesia 36,73. $Mg^4 \ddot{S}i^5 + x \ddot{H}$. Andere Talke enthalten bis 5 pr. Ct. Wasser. Mit Annahme des polymeren Vertretens von 3 $\ddot{H}$ für 1 $Mg$ bekommen nach Scheerer die Talke die allgemeine Amphibol= oder auch die Augitformel. — Grünlich=, graulich=, gelblichweiß c.

Derb, strahlig, körnig, schuppig c., im Großen oft schiefrig und eine Urfelsart, den **Talkschiefer**, bildend, wohin auch der sog. Topfstein (in Graubündten, Wallis c.) gehört.

Schöne Var. finden sich auf dem Grainer im Zillerthal, St. Gotthard, Wallis, Findo in Schweden, im Erzgebirge, Ural c.

Der sog. **Specktein** ist dichter und erdiger Steatit. Er findet sich manchmal in Pseudemorphosen von Quarz, Kalkspath, Topas und andern Mineralien und kommt ausgezeichnet vor zu Göpfersgrün im Bayreuthischen, in Cornwallis, Schottland, Schweden, Zeilan, China c.

Man gebraucht den dichten Steatit zur Verfertigung von Gefäßen, zum Zeichnen auf Tuch und Glas, den Talkschiefer auch zu Gestellsteinen, Dachplatten c. — Steatit kommt von στέαρ, Talg.

### Chrysolith. Olivin.

Krystem: rhombisch. Stf. Rhombenpyramide. 101⁰ 31′; 107⁰ 46′; 119⁰ 41′. Spltb. brachydiagonal ziemlich deutlich. Br. muschlig. Pellucid. Glasglanz. H. 7. G. 3,3 — 3,44. V. d. L. unschmelzbar. Vollkommen gelatinirend. $Mg^2 \ddot{S}i$. Kiesel. 43. Magnesia 57. Gewöhnlich ist ein Theil der Magnesia durch Eisenoxydul ersetzt, mancher enthält auch Spuren von Nickeloxyd. Ein fast reiner Talkchrysolith ist der sog. **Boltonit** von Bolton in Nord=Amerika.

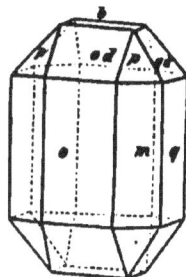

Fig. 46.

In den Krcomb. ist das rectanguläre Prisma vorwaltend, die Stf. meist untergeordnet. An den Enden findet sich oft die bas. Fläche und ein makrodiag. Doma von 76⁰ 54′, untergeordnet noch einige andere Rhombenpyr. und Domen, sowie ein rhomb. Prisma von 130⁰ 2′. Comb. ähnlich Fig. 46. Die Prismen gewöhnlich vertikal gestreift. — Die Farbe ist vorherrschend grün in mancherlei Abänderungen, auch gelblich, braun und weiß.

In Krystallen und sehr häufig in körnigen Massen (Olivin).

Krystalle finden sich in Aegypten, Natolien und Brasilien. Sie liefern die unter dem Namen Chrysolith bekannten Edelsteine. Körnig kommt er fast in allen Basalten vor, in der Rhön, auf dem Kaiserstuhl, Eiffel, Böhmen, Sachsen c., auch in Laven des Vesuvs und in manchem Meteoreisen, Sibirien, Olumba in Peru c.

Der Meteorchrysolith nähert sich $\genfrac{}{}{0pt}{}{\dot{M}g^2}{\dot{F}e^2}\Big\}$ Si.

Am Monte Somma findet sich ein hellgelber Chrysolith, welcher $\dot{C}a^3$ Si $+ \dot{M}g^2$ Si, der Monticellit, wohin auch der Batrachit von Rizoniberg in Tyrol.

Diese Chrysolithe bilden mit dem Fayalit $\dot{F}e$ Si, von Fayal, einer der azor. Inseln, und Tephroit $\dot{M}n$ Si von Sparta in N. A. eine chem. Formation. Letztere Min., welche in die Klasse der metallischen Verbindungen gehören, sind bis jetzt sehr selten. Chrysolith stammt von χρυσός, Gold, und λίθος, Stein. Bei den Alten galt der Name für den Topas. Batrachit von βάτραχος, Frosch, wegen der dem Froschlaich ähnlichen Farbe.

Der Hyalosiderit vom Kaiserstuhl ist ein Chrysolith mit 29,7 $\dot{F}e$ und 32,4 $\dot{M}g$, der Hortonolit von Monroe N. Y. steht zwischen dem Hyalosiderit und Fayalit, er enthält 48,4 $\dot{F}e$ und 17,94 $\dot{M}g$, der Eulysit von Tunaberg ist ein Chrysolith mit 55,8 $\dot{F}e$ ꝛc.; der Röpperit von N. Jersey ist ein Chrysolith mit 11 pr. Ct. Zinkoxyd, $\dot{F}e$, $\dot{M}n$, $\dot{M}g$.

Der Lherzolith der Pyrenäen und der Dunit von Neu-Seeland sind Felsarten, an welchen Chrysolith die Hauptmasse bildet.

## Gadolinit.

Krystem: klinorhombisch. Hendyoeder m : m = 115°; p : m = 95° 22'. Nach v. Lang sind die Klle. rhombisch. Klle. äußerst selten, gewöhnlich derb, ohne Spur von Spaltbarkeit. Br. muschlig. An den Kanten durchscheinend — undurchsichtig. — Glas — Fettglanz. H. 6,5. G. 4,0 — 4,3. V. d. L. z. Thl. verglimmend wie Zunder, unschmelzbar oder nur an sehr dünnen Kanten sich rundend. Vollkommen gelatinirend. Chem. Zusammensetzung noch nicht hinlänglich genau gekannt. Die Anal. des Gadolinits von Ytterby von Berlin gab: Kiesel. 25,26, Yttererde 45,53, Ceroxydul 6,08, Eisenoxydul 20,28, Kalk. 0,50. Andere Var. enthalten bis 10 pr. Ct. Beryllerde und 6 pr. Ct. Lanthanoxyd. — Schwarz, schwärzlichgrün.

Gehört zu den selteneren Mineralien und findet sich in Granit und Gneiß zu Ytterby und Fahlun in Schweden und zu Hitterön in Norwegen. — Ist nach dem schwedischen Chemiker Gadolin benannt, welcher 1794 darin die Yttererde entdeckte.

## Zirkon. Hyazinth.

Krystem: quadratisch. Stf. Quadratpyr. 123° 19'; 84° 20'. Spltb. prismatisch unvollkommen. Br. muschlig. Pellucid. Glasglanz. H. 7,5. G. 4,4 — 4,6. V. d. L. sich entfärbend, unschmelzbar. Von Säuren nicht angegriffen. $\ddot{Z}r$ Si. Kiesel. 33, Zirkonerde 66. Hyazinthroth, bräunlich, gelblich, farblos.

Gewöhnlich in Krystallen. In den Comb. ist die Stf. mit den quadrat. Prismen vorherrschend. Untergeordnet kommen noch 2 andere Quadratpyr. und 3 Dioktaeder vor.

An der Comb. der Stf. mit dem diag. Prisma ist letzteres oft so verkürzt, daß alle Flächen Rhomben werden und die Gestalt einem Rhomben-dodekaeder gleicht. Gewöhnl. Comb. Fig. 29 und 30.

Der Zirkon findet sich als Gemengtheil des Syenits in Norwegen (Stavärn, Hakedalen), zu Beverly in Nordamerika in großen Krystallen, am Ural, in Grönland. In Basalt zu Vicenza, Expailly in Frankreich ꝛc. In losen Krystallen auf Ceylon, in Siebenbürgen und zu Bilin in Böhmen. In farblosen Krystallen auch im Pfitschgrunde in Tyrol, mikroskopische Klle. im Eklogit des Fichtelgebirgs.

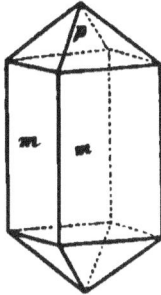 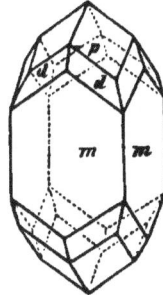

Fig. 29.          Fig. 30.

Unter dem Namen Hyazinth gilt er als ein Edelstein, wobei er öfters durch Glühen farblos gemacht wird. Der meiste sog. Hyazinth der Juweliere ist aber ein hyazinthfarbener Thonkalkgranat und dieser ist ziemlich geschätzt. — Im Zirkon wurde 1789 die Zirkonerde von Klaproth entdeckt.

Eine ähnliche Verbindung ist der Auerbachit nach Hermann. Kiesel. 43,22, Zirkonerde 56,78. Gouv. Jekaterinoslaw. —

Ein gelatinirendes Silicat von Zirkonerde, Kalk und Natron mit Niobsäure ist der Wöhlerit v. Brewig in Norwegen. —

## 3. Geschlecht. Wasserhaltige Silicate.

V. d. L. im Kolben einen merklichen Gehalt an Wasser anzeigend.

### 1. Gruppe. Wasserhaltige Silicate mit Thonerde.

#### Natrolith.

Klsystem: rhombisch. Es finden sich Prismen von 91° mit einer Pyramide, deren Scheitltkw. ziemlich gleich und ohngefähr 143°; der Randktw. = 53° 20′. Spltb. prismatisch vollkommen, nach den Diagonalen unvollkommen. Br. uneben. Pellucid. Glasglanz. H. 5. G. 2,25. V. d. L. leicht schmelzbar (2), meistens ruhig zu einem wasserhellen Glase.

Vollkommen gelatinirend. $\dot{N}a \ \ddot{S}i + \ddot{A}l \ \ddot{S}i^2 + 2 \ddot{H}$ oder auch $\left(\begin{smallmatrix} \frac{1}{3} & \dot{N}a \\ \frac{2}{3} & \ddot{H} \end{smallmatrix}\right)^3$

$\ddot{S}i + \ddot{A}l \ \ddot{S}i^2$. Kiesel. 47,86, Thon. 26,62, Natron 16,20, Wasser 9,32. Gewöhnlich in nadelförmigen Krystallen, strahlig, fasrig. Ungefärbt, weiß, röthlich, gelb ꝛc.

In Mandelstein, Basalt und Phonolith, am schönsten zu Clermont in Auvergne, auf den Faroer-Inseln, im böhm. Mittelgebirge, im Faßathal in Tyrol ꝛc. — Der Name bezieht sich auf den Natrongehalt.

Hierher der Brewlelt von Brewig in Norwegen und der Radiolith ebendaher.

### Stolezit.

Krystallisation: klinorhombisch. Es finden sich Prismen von 91° 35' mit einem vorderen und einem hinteren Klinodoma, deren Winkel nahe gleich und ohngefähr 144½° messen. Spltb. prismatisch nicht sehr vollkommen. Br. uneben, kleinmuschlig. Glasglanz. Pellucid. H. 5,5. G. 2,21. Durch Erwärmen elektrisch. V. d. L. sich wurmförmig krümmend und sehr leicht zu einem schaumigen, wenig durchscheinenden Glase schmelzend. Vollkommen gelatinirend.

$$\dot{C}a\ \ddot{S}i + \ddot{A}l\ \ddot{S}i^2 + 3\ \dot{H} \text{ oder } \left\{\begin{matrix}\tfrac{4}{3}\ \dot{C}a \\ \tfrac{1}{3}\ \dot{H}\end{matrix}\right\}\ \ddot{S}i + \ddot{A}l\ \ddot{S}i^2, \text{ Kiesel.}$$

46,37, Thon. 25,79, Kalk. 14,30, Wasser 13,54. Farblos, weiß rc. Krystalle nadelförmig, stänglich, fasrig rc.

Ziemlich selten, ausgezeichnet auf Staffa, Island, Faroer-Inseln und Niederkirchen in der Pfalz.

Stolezit kommt von σκολιάζω, krumm sein, wegen des Krümmens v. d. L. Zum Stolezit gehört der Punahlit v. Punah in Ostindien.

Ein Gemeng von Natrolith und Stolezit (nach Rose), der sogenannte **Mesolith**, verhält sich dem Natrolith sehr ähnlich und kommt öfter an den genannten Fundorten vor. Dem Mesolith schließen sich an: der **Harringtonit, Antrimolith, Faroelith** und **Galactit**. Ein ebenfalls nahestehendes Mineral ist der **Thomsonit**, zu Kilpatrik in Schottland, am Vesuv und zu Aussig in Böhmen vorkommend. Die Krystallisation ist rhombisch. Mesolith von μέσος, in der Mitte, und λίθος, Stein. Thomsonit nach dem englischen Chemiker Thomson.

### Prehnit.

Krystsystem: rhombisch. Stf. Rhombenphr. 96° 38' 56"; 112° 5' 36"; 120° 31' 22". Spltb. basisch ziemlich vollkommen, prismatisch unvollkommen. Br. uneben. Pellucid. Glasglanz, auf Spaltfl. Perlmutterglanz. H. 6,5. G. 2,8. Zum Theil durch Erwärmen elektrisch. V. d. L. schmelzbar = 2, mit starkem Aufblähen und Krümmen zu einem blasigen, emailähnlichen Glase. Von concentr. Salzsäure ohne vollkommene Gallertbildung zersetzt.

$$2\dot{C}a\ \ddot{S}i + \ddot{A}l\ \ddot{S}i + \dot{H} \text{ oder } \left\{\begin{matrix}\tfrac{2}{3}\ \dot{C}a \\ \tfrac{1}{3}\ \dot{H}\end{matrix}\right\}\ \ddot{S}i + \ddot{A}l\ \ddot{S}i, \text{ Kiesel.}$$

44,05, Thon. 24,50, Kalk. 27,16, Wasser 4,29. Grünlichweiß, grün, gelblich rc.

Die vorwaltende Form ist das rhomb. Prisma von 99° 56' (Basis der Stf.) mit der basischen Fläche. Die Krystalle oft tafelartig, mit gekrümmten Seitenflächen und wulstförmig gruppirt. Derb, fasrig.

Ausgezeichnet zu Ratschinges und Fassathal in Tyrol, Dumbarton in Schottland, Oberstein im Zweibrückchen, Dauphiné, Pyrenäen, Cap der guten Hoffnung, am Obern in Nord-Amerika, wo er eine vorzügliche Gangart der Kupferminen bildet. Der Name nach einem holländ. Oberst von Prehn.

Zum Prehnit gehört der **Jacksonit** vom Obern See in N. A. In die Nähe der **Groppit** von Gropptrop in Schweden und der **Chlorastrolith** vom Ober-See N. A.

### Analcim.

Krystsystem: tesseral. Stf. Hexaeder. Spltb. hexaedrisch sehr unvollkommen. Br. uneben, unvollkommen muschlig. Pellucid. Glasglanz. H. 5,5. G. 2,2. V. d. L. ruhig schmelzbar = 2 zu einem klaren Glase. Von

Salzs. vollkommen zur gallertähnlichen Masse zersetzt. $\dot{\text{N}}\text{a} \ddot{\text{S}}\text{i} + \ddot{\text{A}}\text{l} \ddot{\text{S}}\text{i}^3 +$
2 Ḣ oder $\left. \begin{array}{l} \frac{1}{3} \dot{\text{N}}\text{a} \\ \frac{2}{3} \dot{\text{H}} \end{array} \right|^3$ $\ddot{\text{S}}\text{i} + \ddot{\text{A}}\text{l} \ddot{\text{S}}\text{i}^3$ *) Kiesel. 55,5, Thon. 22,94, Natron
13, 97, Wasser 8,04. Seltner kommen auch Kalk und Kali für Natron
vicarirend vor. Farblos, weiß, röthlich ꝛc. Die vorwaltende Form ist das
Trapezoeder, auch die Comb. von Hexaeder und Trapezoeder kommt öfters vor.

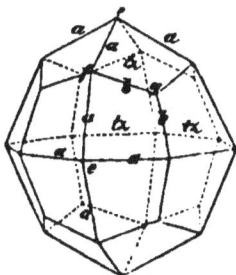 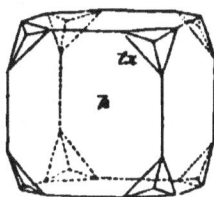

Fig. 10.          Fig. 3.

Bis jetzt nur krystallisirt gefunden, ausgezeichnet und manchmal in faustgroßen
Krystallen auf der Seißeralpe in Tyrol, Montecchio maggiore im Vicentinischen,
Monte Somma, Catanea in Sicilien, Aussig in Böhmen, Schottland, Norwegen ꝛc.
— Analcim kommt von ἄναλκις, kraftlos, wegen geringer elektr. Erregbarkeit.
Ein Magnesia-Analcim ist der Pikranalcim aus Toskana, der Eudnophit
von Brewig in Norwegen scheint auch Analcim zu sein.
**Laumontit,** klinorhomb. gelatinirt. Ċa S̈i + Äl S̈i³ + 4 Ḣ. Bretagne,
Schottland, Tyrol ꝛc.

## Chabasit.

Krystsystem: hexagonal. Stf. Rhomboeder von 94° 46'. Spltb. primitiv,
unvollkommen. Br. uneben. Pellucid. Glasglanz. H. 4,5, G. 2,2. V. d. L.
sich anfangs etwas krümmend, dann ruhig schmelzend = 2,5 zu einem klein-
blasigen Email. Von Salzs. vollkommen, ohne Gallertbildung zersetzt.
Ċa S̈i + Äl S̈i³ + 6 Ḣ. Anal. einer Var. von Aussig von Hoff-
mann: Kiesel. 48,18, Thon. 19,27, Kalk. 9,65, Natron 1,54, Kali 0,21,
Wasser 21,10.
Damit stimmen die meisten Anal. überein,
nach einigen ist das Vorkommen von 2 Species
angedeutet, deren eine als Ṙ vorzugsweise Kalkerde, die andere dagegen Natrum enthält. —
Farblos, weiß, gelblich ꝛc.
Die vorwaltende Form ist die Stammform,
die Flächen öfters parallel den Scheitelkanten federartig gestreift. Untergeordnet finden sich noch ein
stumpferes und ein spitzeres Rhomboeder in verwendeter Stellung, Fig. 38.

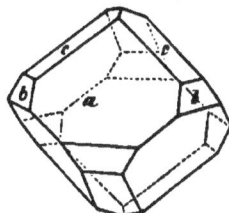

Fig. 38.

*) In ähnlicher Weise kann bei den nachfolgenden Species das Ḣ als Ver-
treter von Ṙ in die Formel aufgenommen werden.

Ausgezeichnete Var. zu Aussig in Böhmen, Oberstein im Zweibrückschen, Seißeralpe und Montyoni im Faßathal, Faroer-Inseln, Island ꝛc. — Chabasit kommt von Χαβαƶιος, dem Namen eines Steines, der in den Gedichten des Orpheus erwähnt wird.

Zum Chabasit gehört der **Phakolith** von Leippa in Böhmen und der **Haydenit** (zersetzt) von Baltimore, in die Nähe der Levyn von Faroö und der **Gmelinit**, welcher gelatinirt, von Antrim in Irland. Von annähernder Mischung, die Krystallisation tesseral, ist auch der **Faujasit** vom Kaiserstuhl. Der **Seebachit** Bauers, von Richmond, Australien, ist nach vom Rath Chabasit.

## Phillipsit. Kalkharmotom.

Krystsystem: rhombisch. Stf. Rhombenpyr. von 120° 42′; 119° 18′; 90° (Randktw.). Spltb. makrobiagonal ziemlich, brachybiagonal weniger deutlich. Br. uneben. Pellucid. Glasglanz. H. 4,6. G. 2,18. V. d. L. schmelzbar = 3. Mit Salzs. gelatinirend.

$$\left.\begin{array}{c}\overset{..}{Ca}\\\overset{..}{Ka}\end{array}\right\}\ \overset{..}{Si} + \overset{...}{Al}\ \overset{..}{Si}^3 + 5\overset{.}{H}.$$ Annähernd: Kiesel. 48,66, Thon. 20,17, Kalk. 7,34, Kali 6,17, Wasser 17,66. — Weiß. — Die herrschende Kry= stallcomb. ist ein rectanguläres Prisma mit den Fl. der Stf.; meistens Zwillinge, indem zwei Individuen dieser Comb. um die gemeinschaftliche Hauptaxe um 90° gegen einander gedreht erscheinen. Die Flächen der Pyr. und die makrobiagonale Fläche federartig gestreift.

Immer krystallisirt in Basalt und Mandelstein; Kaiserstuhl im Breisgau, Oberstein, Stempel bei Marburg, Annerode bei Gießen ꝛc. — Eine, der Mischung nach ähnliche, übrigens verschiedene Species ist der Zeagonit oder **Gismondin** vom Vesuv und der Herschelit aus Sicilien.

Phillipsit nach dem englischen Mineralogen Phillips.

## Harmotom. Barytharmotom.

Krystsystem: rhombisch.*) Stf. Rhombenpyr. 120° 1′; 121° 28′; 88° 44′. Spaltb. makrobiagonal deutlich, weniger brachybiagonal. Br. uneben. Pellucid. Glasglanz. H. 4,6. G. 2,42. V. d. L. schmelzbar = 3,5. Von Salzs. schwer angegriffen, doch wird so viel aufgelöst, daß Schwefelsäure ein Präc. von schwefels. Baryt hervorbringt. $\overset{..}{Ba}\ \overset{..}{Si} + \overset{...}{Al}\ \overset{..}{Si}^3 + 5\overset{.}{H}.$ $\overset{..}{Si}$ 47,25, $\overset{...}{Al}$ 15,67, $\overset{..}{Ba}$ 23,38, $\overset{.}{H}$ 13,75. — Weiß, gelblich ꝛc.

Die gewöhnl. Krystallcomb. und Zwillingsbildung wie bei der vorigen Species, ebenso die Streifung. Bis jetzt nur krystallisirt gefunden.

Ausgezeichnet zu Andreasberg am Harz, Kongsberg in Norwegen und Strontian in Schottland. — Der Name stammt von αρμοττω, zusammenfügen, und τεμνω, schneiden, spalten, weil sich die Krystalle an den Zusammenfügungen der Pyramidenfl. (Scheitelkanten) theilen lassen.

## Desmin.

Krystsystem: rhombisch. Stf. Rhombenpyr. 114°; 119° 15′; 96° 0′ 16″. Spltb. brachybiagonal vollkommen, makrobiagonal undeutlich. Br. uneben. Pellucid. Glasglanz, auf den vollkommenen Spaltfl. Perlmutter=

*) N. Descloizeaux klinorhombisch.

glanz. H. 4,5. G. 2,2. B. d. L. mit ftarkem Aufblähen und Krümmen schmelzbar = 2—2,5 zu einem weißen Email. Von concentr. Salzf. voll- kommen, ohne Gallertbildung zerfeßt. Ca Si³ + Äl Si³ + 6 Ḧ. Kiefel. 58,00, Thon. 16,13, Kalk. 8,93, Wasser 16,94. Spur von Kali und Natrum. Weiß, röthlich, gelblich :c.
Die vorherrschende Comb. ist das retanguläre Prisma mit der Stf. Fig. 45, die makrodiag. Fläche nach der Länge gestreift. Dergl. Krystalle oft garben= und büschelförmig zusammengehäuft. Derb, strahlig.

Ausgezeichnet auf Island und den Faroern, Andreasberg am Harz, Kongsberg, Arendal in Norwegen :c. — Desmin von δεσμή, Bündel, besonders von Aehren. — Ein ähnliches Mineral ist der Forefit von Elba.

### Stilbit. Heulandit.

Krſyſtem: klinorhombiſch. Es findet ſich gewöhnlich die Comb. der klinodiag., orthodiag. und einer Endfläche, welche zur leßtern unter 129⁰ 40′ geneigt iſt. Spltb. klino- diagonal ſehr vollkommen. Br. uneben. Pellucid. Glasglanz, auf den Spaltfl. Perlmutterglanz. H. 3,5. G. 2,3. B. d. L. ſich aufblätternd und unter Krümmungen zu einem weißen Email ſchmelzend = 2—2,5. Von Salzf. vollkommen, ohne Gallertbildung zerſeßt.

Ca Si³ + Äl Si³ + 5 Ḧ. Kiefel. 59,9, Thon. 16,7, Kalk. 9,0, Wasser 14,5. — Weiß, roth :c.

In Krystallen, derb blättrig, strahlig — dicht.

An denselben Fundorten, wie die vorhergehende Species. Eine schöne, bräunlichrothe Varietät in Mandelstein findet sich im Fassathal in Tyrol. — Stilbit von στίλβη, Glanz.

Aehnliche Verbindungen sind der Paraſtilbit und Epiſtilbit aus Island, der Beaumontit von Baltimore und der Mordenit v. Morden in Neu-Schottland.

Hier ſchließt ſich auch der Brewſterit an, welcher 8 pr. Ct. Strontianerde und 6 pr. Ct. Baryterde enthält. Gelatinirt unvollkommen. Die ſalzſ. Aufl. giebt mit Schwefelſ. einen merklichen Niederſchlag. Findet ſich zu Strontian in Schottland. Das Mineral iſt zu Ehren des ſchottiſchen Mineralogen und Phy- ſikers David Brewſter benannt.

Eine andere, 27 pr. Ct. Baryterde enthaltende, Species iſt der Edingtonit von Dumbarton in Schottland.

### Chlorit.

Krſyſtem: hexagonal. Gewöhnlich hexagonale Tafeln. Spltb. baſiſch vollkommen. Glasglanz zum Perlmutterglanz. H. 1,5. Biegſam, nicht elaſtiſch. Wenig durchſcheinend. G. 2,85. B. d. L. ſchwer ſchmelzbar = 5,5, wird ſchwarz und irritirt eine feine Magnetnadel. Von concentr. Schwefelſ. vollkommen zerſeßt.

2 R³ Si + Äl Ḧ³, R = Mg, Fe. Meine Anal. einer ſchuppigen Var. aus dem Zillerthale gab: Kiefel. 27,32, Thon. 20,69, Magneſia 24,89, Eiſenoxydul 15,23, Waſſer 12,00. Mancher Chlorit, z. B. der von Rauris, enthält mehr Eiſenoxydul und iſt dann leichter ſchmelzbar. — Grün, meiſt lauchgrün, ſchwärzlich- und dunkel-olivengrün.

Die Krystalle selten deutlich, meistens wulstförmig zusammengehäufte Tafeln; schuppig schiefrig und körnig.

Bildet eine Felsart, den Chloritschiefer, und findet sich im Zillerthale in Tyrol, St. Gotthard, Rauris im Salzburgischen, Schneeberg im Erzgebirge, Erbendorf im Fichtelgebirge, Norwegen, Schweden ꝛc. — Chlorit von χλωρός, grünlichgelb, grün.

## Ripidolith.

Krystystem: klinorhombisch nach Kokscharow. Die Combinationen sind der Art, daß sie hexagonale Pyramiden darzustellen scheinen. Vorherrschend wird ein Hendyoeder beobachtet, wo m : m = 125° 37'; p : m = 113° 57'. Spltb. basisch sehr vollkommen. Pellucid, die Krystalle oft dichroitisch, parallel der Axe smaragdgrün, rechtwinklich darauf gelblich oder hyazinthroth. Bei nicht zu dunkeln Individuen wird das Kreuz im Staurostop beim Drehen der Krystallplatte verändert. Glasglanz, auf den Spltfl. Perlmutterglanz. H. 1,5. Biegsam, nicht elastisch. G. 2,65. V. d. L. schwer schmelzbar = 5,5, brennt sich weiß und trübe und giebt ein graulichgelbes Email. (Dieses Verhalten ist vorzüglich unterscheidend von dem sehr ähnlichen Chlorit.)

2 Mg³ Si + Äl Si + 4 Ḣ. Meine Anal. einer Var. von Schwarzenstein im Zillerthale gab: Kiesel. 32,68, Thon. 14,57, Magnesia 33,11, Eisenoxydul 5,97, Wasser 12,10 unzersetzt. Rückstd. 1,02. — Grün in verschiedenen Abänderungen.

Die Krystalle selten deutlich, oft als hexagonale Tafeln. Blättrige Aggregate, wulstförmig, fächerförmig ꝛc.

Achmatof in Sibirien, Schwarzenstein im Zillerthale, Arendal, Reichenstein in Schlesien (nach Breithaupt), Alathal im Piemontesischen ꝛc.

Hierher gehört oder schließt sich an der Klinochlor, der ziemlich großblättrig in Pennsylvanien und zu Markt Leugast im Bayreuthischen vorkommt. Er unterscheidet sich nur optisch in der Art vom Ripidolith, wie sich der Phlogopit vom Biotit unterscheidet. Er zeigt nämlich das Verhalten zweiaxiger Krystalle deutlicher. (Die optischen Axen sollen einen Winkel von 84° bilden.)

Die meisten Ripidolithe reagiren v. d. L. auf Chrom und geben in größern Mengen mit Borax ein smaragdgrünes Glas, an den Chloriten habe ich dieses nicht bemerkt. Ripidolith von ῥιπίς, Fächer, und λίθος, Stein, in Beziehung auf die fächerförmige Gruppirung der Krystalle, Klinochlor von κλίνω, sich neigen, und χλωρός, grün.

An den Chlorit und Ripidolith schließen sich an: der Epichlorit, Delessit, Voigtit, Aphrosiderit, Tabergit und Metachlorit. Von ähnlicher Mischung mit dem Ripidolith, aber von hexagonaler Krystallisation, ist der Pennin von Zermatt in der Schweiz.

In der Nähe dieser Thon-Magnesiasilicate gehören auch die amorphen Species: Kerolith von Frankenstein in Schlesien, und Limbachit von Limbach in Sachsen. Ferner der krystallin. Grochauit von Grochau in Schlesien.

## Chloritoid.

Blättrige, meist krummblättrige Aggregate, in einer Richtung vollkommen spaltbar. Schwach perlmutterglänzend. H. 5,5 — 6. G. 3,55. Schwärzlichgrün. V. d. L. schwer schmelzbar = 5 zu einem schwärzlichen, schwach magnetischen Glase. Wird von Salzf. nicht, von conc. Schwefelf. aber vollständig zersetzt.

Fe Śi + Äl Ḣ. Meine Anal. einer Var. von Bregratten in Tyrol gab: Kiesel. 26,19, Thon. 38,30, Eisenoxyd 6,00, Eisenoxydul 21,11, Magnesia 3,30, Wasser 5,50.

Findet sich zu Koroibrod im Ural und zu Pregratten in Tyrol. Hierher gehören oder stehen sehr nahe der **Eismondin** von St. Marcel in Piemont und der **Masonit** von Middletown in Rhod-Island. — Der Name Chloritoid stammt von χλωρός, grün; Eismondin ist nach Prof. Siemonta in Turin und Masonit nach einem Herrn Mason benannt.

Nabestehende Silicate sind ferner der **Kämmererit**, **Diſterrit**, **Clintonit**, **Holmeſit**, **Seybertit**, der **Pyrosklerit** (von Salzsäure zersetzt), **Chonikrit** und **Loganit**, der **Jefferiſit** und **Vermiculit**, welche sich v. d. L. mit wurmförmigen Krümmungen außerordentlich aufblähen. — Der glimmerähnliche **Cookeit** v. Bruſh bläht sich v. d. L. auch stark auf und färbt die Flamme roth, von einem Lithiongehalt v. 2,82 pr. Ct. Hebron u. Paris in N. Am.

## Allophan.

Amorph. Br. flachmuschlig. Pellucid. Glasglanz. H. 3. G. 1,9. V. d. L. sich aufblähend, unschmelzbar, mit Kobaltaufl. blau. Vollkommen gelatinirend. Anal. einer Var. von Friesdorf von Bunsen: Kiesel. 22,30, Thon. 32,18, Eisenoxyd 2,90, Wasser 42,62. Gewöhnlich etwas kupferhaltig. — Derb, traubig, nierförmig ꝛc. — Weiß, gelblich, himmelblau.

Findet sich zu Kauris und Großarl im Salzburgischen, Gersbach im Schwarzwald, Gräfenthal bei Saalfeld, Friesdorf bei Bonn, Bethlem in Ungarn ꝛc.

Seltner ist ein anderes, ebenfalls gelatinirendes Thonsilicat, der **Hallopyſit**. Kiesel. 41,5, Thon. 34,4, Wasser 24,1. — Weiß, graulich ꝛc. Lüttich und Namur. Der Name nach dem belgischen Geologen Omalius d'Hallop. Anschließend der **Samoit** (gelatinirend) von der Insel Upoa v. d. Samoa-Gruppe.

## Kaolin. Porcellanerde.

Derbe Massen von erdiger Formation, auch mikroskopisch krystallinisch (Böhmen). Matt. Leicht zerreiblich. Fühlt sich fein, aber nicht fett an. G. 2,21. Weiß, gelblich ꝛc. Bildet mit Wasser keinen oder einen nur wenig schlüpfrigen Teig. V. d. L. unschmelzbar. Mit Kobaltaufl. blau. Von Salzsäure wenig angegriffen, von Schwefelsäure zersetzt. Annähernd Äl Śi² + 2 Ḣ. Śi 47,1, Äl 39,2, Ḣ 13,7. Die Mischungen anderer Porcellanerden sind theilweise etwas abweichend, da diese Thonsilicate sämmtlich Zersetzungsprodukte und zwar von verschiedenen Mineralien sind, vorzüglich von Porcellanit und Orthoklas. Auch der Beryll von Chanteloube findet sich nach Damour zu Kaolin zersetzt, wobei fast alle Beryllerde nebst ¼ Kieselerde aufgelöst und fortgeführt worden ist.

Sie schließen sich an die folgenden, Thone genannten, ähnlichen Verbindungen an.

Die Porcellanerde findet sich in lagerartigen Massen und nesterweise im Urgebirge. Bekannte Fundorte sind vorzugsweise: Obernzell bei Passau, Aue bei Schneeberg in Sachsen, St. Yrieux bei Limoges, Schemnitz in Ungarn, Cornwallis ꝛc. — Zur Verfertigung des Porcellans, wobei die Erde geschlemmt wird, um die gröbern Theile abzusondern. Zur Hauptmasse, wie zur Glasur, wird Gyps, Feldspath, Quarz ꝛc. zugesetzt.

#### Argillite. Thone.

Unter dem Namen Argillit oder Thon begreift man verschiedene Verbindungen von Kieselerde, Thonerde und Wasser von erdiger Formation, welche fettig anzufühlen sind und mit Wasser ziemlich leicht eine teigartige Masse bilden, wobei sie sog. Thongeruch entwickeln. Die meisten Thone sind v. d. L. unschmelzbar und geben mit Kobaltaufl. eine blaue Masse, wenn sie hinlänglich rein und eisenfrei sind. Dabei brennen sie sich hart und die eisenhaltigen nehmen eine rothe Farbe an. Von Salzs. werden sie wenig angegriffen, von der Schwefels. aber mehr oder weniger vollkommen zersetzt. Sie enthalten im Durchschnitt 40 — 50 pr. Ct. Kieselerde, 30 pr. Ct. Thonerde und 13 — 20 und 25 Wasser. Außerdem enthalten die meisten Kali und zwar bis zu 4 pr. Ct., ferner Eisenoxyd, Spuren von Kalk ꝛc. Die unreinen Thone (wohin der sog. Lehm und Letten gehören) sind schmelzbar und oft innig mit kohlensaurem Kalk gemengt, weßhalb sie mit Säuren brausen. Diese schließen sich dem Mergel an.

Die Farbe ist weiß, graulich, gelblich, röthlich ꝛc., manchmal streifig bunt.

Der Thon bildet mehr oder weniger mächtige Ablagerungen in den jüngern und jüngsten Formationen. Ein Theil dieser Lager scheint früher aus Mergel bestanden zu haben.

Ein Gemenge von Thon und andern zum Theil durch Säuren zerlegbaren Silicaten von schiefriger Struktur ist der Thonschiefer, welcher Formationen im Ur- und Uebergangsgebirge bildet. Mancher Thonschiefer ist offenbar durch Zersetzung aus Glimmerschiefer entstanden.

Aehnliche Schiefer sind der Wetzschiefer, welcher die gehörige Härte besitzt, um als Wetz- und Schleifstein gebraucht zu werden; der Brandschiefer mit eingemengtem Erdpech, daher er beim Entzünden brennt; der Alaunschiefer mit eingemengtem Schwefelkies, welcher unter Bildung von Eisenvitriol verwittert und auf Alaun benützt wird, durch theilweise Zersetzung des Eisenvitriols und Entstehung von schwefelsaurer Thonerde, Auslaugen, Zusatz von Pottasche ꝛc.

Der Zeichnenschiefer ist ein kohlehaltiger Thonschiefer und wird als schwarze Kreide gebraucht. Ein solcher von Ludwigstadt im Bayreuthischen enthält nach Fuchs 17,5 pr. Ct. Kohle, wahrscheinlich von Graphit herrührend.

Der Schieferthon ist der mit Stein- und Braunkohlen vorkommende, häufig Pflanzenabdrücke enthaltende Thon. In brennenden Steinkohlenflötzen findet er sich oft gebrannt und dann hart. Ein dergleichen von lavendelblauer Farbe wurde sonst Porcellanjaspis genannt.

Der Thon bildet ferner einen Hauptbestandtheil der sog. Wacke, welche oft Blasenräume enthält, leer oder ausgefüllt, rund oder mandelförmig und dann Mandelstein heißt. Kommt mit Basalt und Phonolith vor.

Mit Eisenoxyd und Eisenoxydhydrat gemengt bildet der Thon den rothen und gelben Thoneisenstein, die Gelberde ꝛc.

Ein feiner, schmelzbarer Thon ist der **Bolus**, welcher in Wasser unter Knistern zerfällt. Er ist meistens braun oder gelb gefärbt. Findet sich in geringer Menge zu Siena in Italien, Rauschenberg in Bayern, Habichtswald in Kurhessen, Stalimene (Lemnos) ꝛc.

Ein feiner, nicht plastischer Thon ist ferner das sog. **Steinmark** von Rochlitz und Planitz in Sachsen, Andreasberg am Harz ꝛc.

Der Gebrauch des Thons zur Verfertigung von Töpferwaaren, Fayence, Steingut, Ziegelsteinen ꝛc. ist bekannt. Die feinsten Arten werden zu Tabakspfeifen verarbeitet. Solche Thone finden sich bei Köln, Lüttich, Forges-les-Eaux ꝛc.

Die beffifchen Tiegel (Schmelztiegel) von Großalmerode beftehen aus feuer-
feftem, mit Quarz gemengtem Thon, die Paffauer oder Ipfer Tiegel aus Thon
und Graphit. Der Thon dient ferner zum Wallen der Tücher (feine Arten,
welche Wallerde heißen), zur Alaunfabrikation, zum Raffiniren des Zuckers,
zur Verfertigung mancher Pyrometer, in der Landwirthschaft ꝛc.
Der Thonschiefer liefert Dach- und Tischplatten, Schreibtafeln ꝛc.

---

Selten vorkommende Verbindungen von Kieselerde, Thonerde und
Waffer find: **Cimolit, Kollyrit, Glagerit, Pholerit** (Nakrit)
in perlmutterglänzenden heyag. Blättchen, der **Pyrophyllit** und **Gümbelit**, welche fich v. d. L. ftark aufblähen, ferner der **Talkofit,
Weftanit** und **Myelin.**

---

Zu den wafferhaltigen Thonfilicaten gehört auch ein Theil des foge=
nannten **Agalmatoliths** oder Bildfteins, welcher zu kleinen Figuren,
Pagoden ꝛc. verarbeitet aus China kommt. Mancher ift nach Bruch dichter Pyrophyllit. Er ift weich und leicht zu fchneiden. Er heißt im Chine=
fifchen Fun Shih oder Pulverftein, weil das Pulver auch zum Abziehen von
Rafirmeffern gebraucht wird. — Findet fich vorzüglich in der Provinz
Canton. In die Nähe gehört der **Onkofin** von Poffeggen im Lungau.

## 2. Gruppe. Wafferhaltige Silicate ohne Thonerde.

### Apophyllit.

Krfyftem: quadratisch. Stf. Quadratpyramide. 104° 2'; 121°.
Spltb. basisch vollkommen. Br. uneben. Pellucid. Glasglanz, auf der baf.
Fl. Perlmutterglanz. H. 4,5. G. 2,3 — 2,5. V. d. L. mit Aufblähen
fchmelzbar = 1,5 zu einem blafigen, weißen Glafe. Von Salzf. leicht zer=
fetzt, eine gallertähnliche Maffe bildend. Annähernd $\left.\begin{array}{l}\overset{..}{Ca}\\Ka\end{array}\right\}\overset{...}{Si}+2\overset{.}{H}.$ Kiefel.
52,43, Kalk. 25,86, Kali 5,36, Waffer 16,35. — Farblos, weiß, rofen=
roth, bräunlich ꝛc. — Die Stammform gewöhnlich mit den Fl. des diago=
nalen Prisma's, welches die Kandecken abftumpft; quadratifche Prismen,
oft tafelförmig durch Ausdehnung der basifchen Fl. ꝛc.; derb, fchaalig.
In Mandelftein, Bafalt ꝛc., auf der Seifferalpe in Tyrol, auf den Faroer-
Infeln, zu Andreasberg am Harz, Auffig in Böhmen, Banat, Utön, ausge=
zeichnet fchöne und große Kryftalle zu Poohna in Oftindien. — Apophyllit von
ἀποφυλλίω, abblättern. Zum Apophyllit gehört der **Xylochlor** aus Island.

Hier fchließen fich an:
**Pektolith.** Na $\overset{...}{Si}$ + 4 $\overset{..}{Ca}$ $\overset{..}{Si}$ + $\overset{.}{H}$. Kiefel. 52,34, Kalk 35,20,
Natron 9,66, Waffer 2,80. Wird von Salzfäure zu einer gallertähnlichen
Maffe zerfetzt. Monte Baldo und Montzoni im Faffathal, Bergenhill in

Neu=Jerſey. Hierher der **Osmelit** von Niederkirchen in Rheinbayern und der **Stellit** von Kilſyth in Schottland.

**Pektolith** von πηκτός, zuſammengezimmert, und λιθός, Stein.

**Okenit.** Ca Si² + 2 Ḧ. Kieſel. 56,99, Kalt. 26,35, Waſſer 16,66. Von Salzſ. zur gallertähnlichen Maſſe zerſetzt. Dysko=Inſel bei Grönland. (Dysklaſit.) Okenit nach dem Naturforſcher Oken.

Der **Xonaltit** iſt weſentlich: Kieſel. 49,8, Kalk 46,47, Waſſer 3,73. Tetela de Xonalta in Mexiko. Ein anderes Kalkſilicat mit Waſſer iſt der **Chalkomorphit** vom Laacherſee.

### Sepiolith. Meerſchaum.

Amorph (?). Dicht und erdig. Br. flachmuſchlig, uneben, erdig. Un= durchſichtig. Matt, auf dem Striche etwas glänzend. H. 2,5. Milde. G. 1,3 — 1,6. Saugt begierig Waſſer ein. V. d. L. zuſammenſchrumpfend, ſchwer ſchmelzbar = 5,5. Von Salzſ. zu einer gallertähnlichen Maſſe zer= ſetzt. Mg² Si³ + 4 Ḧ. Kieſel. 54,43, Magneſia 24,36, Waſſer 21,21. — Weiß, gelblich, graulich, gelblichbraun ꝛc.

Findet ſich in derben Maſſen zu Grubſchitz in Mähren, Vallecas bei Madrit, Theben in Griechenland, Piemont, Champigny ꝛc.

Wird zu Pfeifenköpfen verarbeitet, die daraus geſchnitten und in Oel oder Wachs geſotten werden. — Sepiolith von σηπίον, Meerſchaum.

Der **Steatit**, der auch hier eingeſchoben werden könnte, iſt oben nach dem Amphibol aufgeführt.

### Serpentin.

Dicht in derben Maſſen, zuweilen in Pſeudomorphoſen von Chryſolith und Augit. Durchſcheinend — undurchſichtig. Schwach fettig glänzend. H. 2,5 — 3, etwas milde. G. 2,6. V. d. L. ſich weiß brennend, ſehr ſchwer ſchmelzbar = 6. Von concentr. Salzſ. und Schwefelſ. zerſetzt ohne Gallert= bildung.

2 Mg Si + Mg Ḧ². Kieſel. 43,51, Magneſia 43,78, Waſſer 12,71. Häufig iſt ein Theil der Magneſia durch Eiſenoxydul erſetzt. — Grün, braun, röthlich, öfters gefleckt und geadert.

Der Serpentin bildet eine Urfelsart und erſcheint mitunter lagerartig in Gneiß, Glimmerſchiefer ꝛc. So in den Pyrenäen, Apenninen ꝛc. Ausgezeichnete Fundorte ſind Fahlun, Sala ꝛc. in Schweden, Reichenſtein in Schleſien, Golden= ſtein in Mähren, Zöblitz und Waldheim in Sachſen, Corſica und Cornwallis ꝛc. Man verfertigt daraus Reibſchalen, Geſchirre, Pfeifenköpfe, Platten zum Belegen von Tiſchen ꝛc. Ein in Italien zu Platten, Zierſäulen ꝛc. oft verwen= detes Gemenge von Serpentin und Urkalk heißt Verde antico. (Hierher der Pikrolith und Williamſit.) Der Name Serpentin von serpens, Schlange, wegen der fleckigen Farbenzeichnung.

Im Rondsgebirg, nördlich von Gibraltar, finden ſich weit ausgedehnte Serpentinmaſſen, entſtanden durch Umwandlung von Chryſolith.

Dem Serpentin ſehr naheſtehend iſt der **Antigorit** von Zermatt in der Schweiz, der **Marmolit** von Hoboken in Neu=Jerſey, der **Zöblitit** von Zöblitz in Sachſen.

### Baſtit. Schillerſpath.

Kryſtalliniſch blättrige Maſſe, in einer Richtung ſehr vollkommen ſpaltb., nach einer zweiten undeutlich, zur erſten unter 87° geneigt. Br.

uneben. An den Kanten durchscheinend. Auf den vollkommenen Spltfl. stark glänzend von metallähnlichem Perlmutterglanz. H. 3,5. G. 2,7. B. b. L. schmelzbar = 5. Zu Säuren sich wie die vorige Species ver=haltend.

Anal. einer Var. von der Baste am Harz von Köhler: Kiesel. 43,90, Magnesia 25,85, Eisenorydul und Spur von Chromoryd 13,02, Kalf. 2,64, Wasser 12,42. — Grün, olivengrün, pistaziengrün, bräunlich ꝛc.

Kommt mit Serpentin auf der Baste (daher der Name) am Harz vor.

Sehr nahe steht ein fasriges, mit Serpentin vorkommendes Mineral, der **Chrysotil** (von χρυσός, Gold, und τίλος, Faser). Von manchem ähnlichen Asbest unterscheidet er sich leicht durch den Wassergehalt (12,8 pr. Ct.) und da=durch, daß er von Schwefels. leicht zersetzbar ist. Findet sich zu Reichenstein in Schlesien, in Tyrol, zu Zöblitz in Sachsen, in den Vogesen und zu Baltimor (Baltimorit). Hierher auch der Metaxit von Schwarzenberg in Sachsen.

---

Selten vorkommend sind folgende sich hier anschließende Mineralien, welche auch wasserhaltige Magnesiasilicate sind, übrigens eine man=nigfaltig verschiedene Mischung haben:

**Pikrosmin, Pikrophyll, Aphrodit, Hydrophit, Mon=radit, Dermatin, Spadait, Villarsit, Gymnit.**

---

Zu den wasserhaltigen Silicaten ohne Thonerde gehört auch der sehr seltene, bei Brewig in Norwegen vorkommende **Thorit**, welcher gegen 60 pr. Ct. Thorerde enthält. Berzelius hat darin 1828 eine neue Erde ent=deckt, die er Thorerde nannte.

Nahestehend ist der **Orangit** v. Brewig, beide unschmelzbar und gelatinirend.

Ein seltenes wasserhaltiges Zirkonerdesilicat mit Natron ist der **Katapleiit** von Lamöe bei Brewig in Norwegen. Schmilzt und gelatinirt. —

#### 4. Geschlecht. Silicate mit Fluor=Verbindungen.

Mit Kalihydrat geschmolzen und gelöst, erhält man nach Abscheidung der Kieselerde durch Salmiak, mit salzsaurem Kall und Ammoniak ein Präcipitat von Fluorcalcium.

**Lithionit. Lithionglimmer.**

Küstystem wahrscheinlich rhombisch. Gewöhnlich blättrige Massen. Spltb. basisch sehr vollkommen. Pellucid. Optisch zweiaxig. Auf den Spaltungsflächen metallähnlicher Perlmutterglanz, sonst Glasglanz. H. 2,5. G. 3. B. b. L. mit Aufwallen schmelzbar = 2 — 2,5 zu einem weißen oder graulichen, manchmal magnetischen Glase, dabei die Flamme purpurroth färbend. (Ist dadurch leicht vom ein= und zweiaxigen Glimmer zu unter=scheiden.) Von Säuren theilweise zersetzt. Begreift mehrere noch nicht ge=nau unterschiedene Species. Im Durchschnitte: Kiesel 50, Thon 30, Kali 9, Lithion 3 — 4, Fluor 5, Natron 2. Oefters ein Theil der Thonerde durch Eisenoxyd ersetzt. — Grau, roth (Lepidolith), pfirsichblüthroth ꝛc.

Kryſtalle ſelten, als 6ſeitige Tafeln erſcheinend, mannigfaltig zuſam=
mengehäuft, körnige Maſſen.

Zu Granit zu Penig, im Erzgebirge und in Cornwallis, zu Rozenau und
Iglau in Mähren, Utön, Elatharinenburg ꝛc. — Der Name Lithionit vom
Lithiongehalt.

## Topas.

Kriſyſtem: rhombiſch. Stf. Rhombenpyr. 101° 52'; 141° 7'; 90°
55'. Spltb. baſiſch deutlich. Br. muſchlig, uneben. Pellucid. Glasglanz.
H. 8. G. 3,5. Die braſilian. Var. ſtark pyroclektriſch. V. d. L. unſchmelz=
bar, als feines Pulver mit Kobaltaufl. blau. Schmilzt man Borſäure im
Platindraht ſo lange, bis die grüne Färbung der Flamme aufhört und ſetzt
dann feines Topaspulver zu, ſo kommt ſie wieder zum Vorſchein. Von
Schwefelſ. nur wenig angegriffen.

$5 \ddot{Al} \ddot{Si} + (Al F^3 + Si F^2)$, entſprechend den Analyſen v. Forch=
hammer: Kieſel. 35,52, Thon. 55,33, Fluor 17,49.
— Gelb, grünlich, blau in mancherlei Abänderungen,
auch farblos.

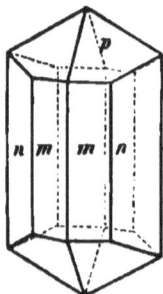
Fig. 43.

Die vorwaltende Form iſt das rhombiſche Prisma
von 124° 19', an den Enden die Flächen der Stf. und
untergeordnet noch 3 andere Rhombenpyr.; öfters auch
die Stf. durch ein Doma von 93° verdrängt. Das
Prisma von 124° 19' auch öfters comb. mit 2 andern
rhomb. Prismen. Die Prismen vertikal geſtreift. S.
Fig. 43. Außer in Kryſtallen auch derb (ſelten) und in
Geſchieben.

In Urfelsarten eingewachſen und im Schuttland. Schnecken=
ſtein bei Auerbach im Voigtlaude, Erzgebirg, Murſinsf,
Miask, Dunda ꝛc. in Sibirien (oft in ſehr großen Kryſtallen),
Villa Ricca in Braſilien, Finbo in Schweden ꝛc. — Der Topas iſt ein nicht
ſehr loſtbarer Edelſtein, gelbe Varietäten koſten das Karat 6—8 Fl., die farb=
loſen und roſenrothen werden höher bezahlt.

Durch Erhitzen laſſen ſich die gelben Topaſe roſenroth brennen. Sie wer=
den dabei anfangs farblos, nach dem Erkalten kommt aber die Roſenfarbe zum
Vorſchein.

Ein ſtängliches, dem Topas ſehr naheſtehendes Mineral iſt der Pyknit von
Altenberg in Sachſen.

Der Name Topas kommt von der Inſel Topazos im rothen Meere; Pyknit
ſtammt von πυκνός, dicht, in dicht gedrängten Theilen.

---

Anſchließend ſind:

**Chondrodit (Humit).** Kieſelſaure Magneſia mit Fluormagneſium.
— Gelatinirt. — Gelb, bräunlich. — Beſuv, Nord=Amerika, Finnland.
Der Name von χόνδρος, Korn, Pille. Der Chondrodit (Humit) kryſtalliſirt
rhombiſch und beſitzt nach Scacchi und vom Rath einen dreifachen Kry=
ſtalltypus. Die Grundform der Rhombenpyramide in den drei Typen iſt
für zwei Axen bei allen dieſelbe, die dritte iſt verſchieden und dieſe 3 Pyr.
ſind nur mit complicirten Ableitungscrefficienten auf einander reducirbar,

während die Ableitung der secund. Formen aus der Grundform der Typen ganz einfach erfolgt.

**Leukophan,** bereits bei den berillerdehaltigen Mineralien nach dem Smaragd erwähnt.

## 5. Geschlecht. Silicate mit borsauren Verbindungen.

**B. d. L.** mit einem Gemenge von Flußspath und saurem, schwefelsaurem Kali als feines Pulver im Platindraht zusammengeschmolzen, die Flamme vorübergehend grün färbend. Man sieht die Färbung anhaltender, wenn man das Gemenge als Pulver auf einem mit kleinen Löchern durchstochenen Platinblech in die blaue Flamme eines Bunsen'schen Brenners bringt.

### Datolith.

**Kristystem:** rhombisch. Es finden sich rhombische Prismen von 77° 30' und ein anderes von 116° 9' mit der bas. Fl. (Nach **Descloizeaux** ist die Krystallisation klinorhombisch.) Spltb. nach dem Prisma von 77° 30' und brachhdiagonal. Br. unvollkommen muschlig, uneben. Pellucid. Glasglanz, auf dem Bruche Fettglanz. H. 5,5. G. 3,4. B. d. L. mit Sprudeln schmelzbar = 2 zu einem farblosen Glase, die Flamme grün färbend. Mit Salzsäure vollkommen gelatinirend.

$$\overset{..}{Ca} \overset{..}{B} + \overset{..}{Ca} \overset{..}{Si}^3 + \overset{..}{H}.$$ Kiesel. 37,91, Kalk. 35,07, Borsäure 21,48, Wasser 5,41. — Farblos, weiß, grünlichweiß rc. — In Krystallen z. Th. mit reichen Combinationen, und derb, körnig.

**Arendal** in Norwegen, **Andreasberg** am Harz, **Teiß** in Tyrol, ausgezeichnet zu **Toggiana** im Modenesischen und häufig auf der Königsinsel am Obern See in Nord-Amerika. — Der Name stammt von δατέομαι, theilen, und λιϑός, Stein, wegen der körnigen Absonderung der derben Varietäten.

Eine sehr nahestehende Mischung mit 10 pr. Ct. Wasser hat der **Botryolith,** fasrig, verhält sich chemisch wie Datolith. **Arendal.** — Der Name von βότρυς, Traube, und λιϑός, Stein, wegen der traubigen Gestalt.

Es schließt sich hier an der seltene **Danburit** von Danbury in Connecticut. Er ist nach den Analysen von **Smith** und **Brush** wesentlich $\overset{..}{Ca} \overset{..}{Si} + \overset{..}{B} \overset{..}{Si}$. Kiesel. 45,9, Borsäure 28,4, Kalk. 22,7.

### Axinit.

**Kristystem:** klinorhomboidisch. Stf. klinorhomboidisches Prisma: m:t= 135° 24'; p:m = 134° 48'; p:t = 115° 39'. Die Flächen m und t sind vertikal, p parallel den Comb. Kanten mit m gestreift. Spltb. unvollkommen nach p und m. Br. kleinmuschlig — uneben. Pellucid. Glasglanz. H. 6,5. G. 3,3. B. d. L. mit Aufwallen schmelzbar = 2 zu einem dunkelgrünen Glase. Nach dem Schmelzen gelatinirend. Nach den Anal. v. **Rammelsberg** wesentlich: Kiesel. 43, Thon. 16, Kalt 20, Eisenoxydul 10, Borsäure 5. — Nelkenbraun ins Grauliche, Grünliche rc. — In Krystallen und krystallinisch derb.

In Urfelsarten zu **Oisans** in der Dauphiné, auf der Trefeburg am Harz, **Miask** im Ural, **Thum** im Erzgebirg, Ungarn, Cornwallis.

**Axinit** stammt von ἀξίνη, Beil, wegen der Form der Krystalle.

## Turmalin.

Kristallsystem: hexagonal. Stf. Rhomboeder. Scheitelktw. 133°. Spltb. in Spuren primitiv. Br. muschlig. Pellucid, gering. Glasglanz. H. 6,5. G. 3 — 3,2. Durch Erwärmen polarisch elektr. V. b. L. mit Aufwallen schmelzbar = 2 — 3 zu einem meistens weißlichen oder graulichen, blasigen Glase. Von Schwefels. unvollkommen zersetzt. Farbe braun, schwarz.

Die Mischung ist sehr complicirt. Wesentlich: Kiesel. 38, Thon. 32, Borsäure 11; Magnesia 1 — 11, Eisenoxydul 0,6 — 10, Natron 2,3, Kali 0,3 — 0,4, Wasser 2.

Es finden sich außer der Stammform noch 2 Rhomboeder von 155° und 103° Schtlktw. und das hexag. Prisma, welches auch halbflächig mit dem diagonalen hexag. Prisma ein 9seitiges bildet. Skalenoeder finden sich untergeordnet an Krystallen aus Ceylon und von Gouverneur in Neu-York.

Die Krystalle hemimorph, öfters an einem Ende der Prismen die bas. Fl., am andern rhomboedrische Combinationen. Die Prismen meistens vertikal gestreift, cylindrisch, nadelförmig ꝛc. außerdem derb, stänglich, körnig.

In Urfelsarten: Eibenstock in Sachsen, Windischkappel in Kärnthen, Bodenmais in Bayern (große Klle.), Zillerthal, St. Gotthard, Norwegen, Grönland (sehr ausgezeichnet), mehrere Orte in Nord-Amerika. — Der Name von Turmale, wie er in Ceylon genannt wird.

### Rubellit (Lithionturmalin).

In der physikalischen Charakteristik der vorhergehenden Species sehr nahe stehend, die Farbe ist aber roth, grün, blau in verschiedenen Abänderungen. Zuweilen umschließen sich an den Prismen krystallinische Rinden von verschiedener Farbe, zuweilen zeigt ein und dasselbe Prisma an einem Ende eine andere Farbe, als am andern. Bei den Elbaner Krystallen bleicht sich oft die Farbe gegen das eine Ende oder verschwindet ganz. Pyroelektrisch.

V. b. L. schwer, z. Thl. unschmelzbar, zerklüftend, sich öfters weiß brennend und dann mit Kobaltaufl. blau.

Die Mischung ist annähernd: Kiesel. 38, Thon. 44, Borsäure 9,5, Magnesia 0,2 — 1,5, Natron 1,5 — 2, Kali 0,2 — 1,3, Lithion 0,5 — 1,2. —

Von rother Farbe auf Elba, zu Paris in Maine (Nord-Amerika), Ava in Indien, Schaitansk im Ural, Rozena in Mähren. Von blauer und grüner Farbe zu Mursinsk in Sibirien, Elba, Paris, Chesterfield in Massachusetts, Brasilien. Die durchsichtigen rothen und blauen Rubellite werden sehr geschätzt und als Ringsteine geschliffen, die grünen dienen zur Polarisation des Lichts ꝛc. Der Name Rubellit, eigentlich nur für die rothe Species geltend, von rubellus, roth.

———

Von geringer Verbreitung kommen vor: Silicate mit Chloriden und mit Sulphaten, und aus der Klasse der Metalle Silicate mit titan- und tantalsauren Verbindungen. Eine Kiesel-Vanadinsäure

Verbindung von Äl u. Ka ist der Roscoëlit von Elborado=Cty. in Californien und mit 26 Mn der Arbennit von Ottrez in den Ardennen.

Zu den Silicaten mit Chlor=Verbindungen *) gehören: **Sodalith.** Rhombendodekaeder. Kiesel. 37,60, Thon. 31,37, Natron 19,09, Natrium 4,74, Chlor 7,20. — Gelatinirt. — Weiß, grün= lich ꝛc. Vesuv. Grönland. — Der Name von Soda und λιϑός, wegen des Natrongehalts.

**Eudialyt.** Hexagonal. Nach Rammelsberg: Kiesel 49,92, Zirkon= erde 16,88, Kalk. 11,11, Eisenoxydul 6,97, Manganoxydul 1,15, Natron 12,28, Chlor 1,19. — Gelatinirt. — Bräunlichroth, pfirsichblüthroth. — Grönland. — Der Name von εὐδιάλυτος, leicht aufzulösen. — Sehr nahe stehend der **Eukolit** aus Norwegen.

**Porcellanit.** Rhombisch. Annähernd: Kiesel. 49, Thon. 27, Kalk. 15, Natron 5, Chlorkalium 2. Von starken Säuren ohne Gallertbildung zersetzt. Weiß. Findet sich zu Obernzell bei Passau, meistens zu Porcellan= erde verwittert, welche zum Theil noch die Prismenform dieses Minerals hat.

Zu den Silicaten mit Schwefel= und schwefelsauren Ver= bindungen gehören **):
**Hauyn.** Rhombendodekaeder. Anal. einer Var. von Albano von Whitney: Kiesel. 32,1, Thon. 27,3, Kalk. 9,9, Natron 16,5, Schwefelsäure 14,2. L. Gmelin fand im Hauyn von Marino 15 pr. Ct. Kali. — Gelatinirt. — Blau. — Albano, Marino ꝛc. in der Gegend von Rom. Der Name nach dem französischen Krystallographen Hauy.

**Nosin.** Rhombendodekaeder. Anal. einer Var. vom Laachersee von Barrentrapp: Kiesel. 35,9, Schwefels. 9,2, Thon. 32,6, Natron 17,8, Kalk. 1,1, Spur von Chlor, Eisen und Wasser. — Gelatinirt. — Braun, blau ꝛc. Der sogen. Hauyn von Nieder=Mendig ist auch ein dem Nosin ähnliches Mineral. — Laachersee am Rhein. — Der Name nach dem Geognosten K. W. Nose.

In die Nähe dieser Verbindung gehört auch der **Stolopsit** (von σκόλοψ, Splitter) vom Kaiserstuhl (mit 4 pr. Ct. Schwefelsäure).
Ferner der **Ittnerit**, ebendaher. Beide gelatiniren.

**Lasurit.** Lasurstein. Rhombendodekaeder selten, meistens derb. Br. uneben, wenig durchscheinend. Glasglanz. H. 5,5. G. 2,7. Lasurblau. V. d. L. schmelzbar = 3 zu einem weißen, durchscheinenden Glase. Von Salzf. unter Entwicklung von Schwefelwasserstoff schnell entfärbt, gelati= nirend. Analyse von Barrentrapp: Kiesel. 45,50, Schwefelf. 5,90, Thon. 31,76, Kalk. 3,52, Natron 9,09, Schwefel 0,95, Eisen 0,86, Chlor 0,42, Wasser 0,12.
Kommt vor in der kleinen Bucharei, Persien, China, Tibet, Sibirien. In Chile bei den Quellen der Bäche Cazadero und Vias in körnigem Calcit auf Thonschiefer. — Es wird daraus die geschätzte Malerfarbe, welche Ultramarin heißt, bereitet, auch zu Dosen, Ringsteinen ꝛc. wird er geschliffen und steht in einem ziemlich hohen Preise. — Chr. Gmelin hat ihn synthetisch hergestellt und damit die Fabrikation des künstlichen Ultramarins begründet.

---

*) Die salpeterf. Aufl. giebt mit Silberaufl. ein Präc. von Chlorsilber.
**) Die salzf. Aufl. giebt mit salzf. Baryt ein Präc. von schwefelf. Baryt.

## XI. Ordnung. Thonerde und Aluminate.

B. b. L. in Phosphorsalz vollkommen auflöslich, das Glas opalisirt nicht beim Abkühlen. Unschmelzbar; nach dem Glühen nicht alkalisch reagirend. Härter als Quarz.

### Korund.

Kstsystem: hexagonal. Stf. Rhomboeder von 86° 4'. Spltb. primitiv und basisch, manchmal sehr deutlich. Br. muschlig — uneben. Pellucid. Glasglanz. H. 9. G. 3,9 — 4,0. B. b. L. für sich unveränderlich; mit Kobaltaufl. als feines Pulver blau. Säuren ohne Wirkung. Äl. Sauerstoff 46,82, Aluminium 53,18. — Die Krystalle sind gewöhnlich Comb. hexagonaler Pyramiden mit der Stf. (Es kommen deren 5 vor, gegen die Stf. in diagonaler Stellung.) Auch das hexag. Prisma und die basische Fläche kommen oft vor. Außer in Krystallen, derb, in Geschieben und Körnern. — Selten farblos, gewöhnlich gefärbt durch Eisenoxyd, Titanoxyd und Chromoxyd, roth und blau in verschiedenen Abänderungen, gelb, grau, braun ꝛc.

Die blauen Var. heißen Sapphir, die rothen Rubin. Diese Var. sind sehr geschätzte Edelsteine, wenn sie klar und durchsichtig sind. Dergleichen finden sich im Sande der Flüsse in Zeilan, China, Siam und Brasilien, auch, doch sparsam, zu Meronitz und Iserwiese in Böhmen, Hohenstein in Sachsen und in Basalt eingewachsen zu Cassel am Rhein und am Laacherfee. — Gute, geschliffene Sapphire werden das Karat zu 15 Fl. bezahlt, Steine von 6 — 7 Karat aber kosten oft 70 — 80 Louisdor. Manche Sapphire zeigen einen 6 strahligen, weißlichen Lichtschein im Innern: Sternsapphir.

Die Rubine sind noch viel theurer und wenn sie eine hochkarminrothe Farbe besitzen, übertreffen sie zuweilen im Preise den Diamant.

Weniger reine und unansehnlich gefärbte Var. kommen vor in Piemont (Diamantspath), Chamounythal in Savoyen, St. Gotthard, Ural, Canton in China, Philadelphia, Australien. Zu Macon Cty. in N. Carolina sind Krystallmassen bis zu 300 Pfund vorgekommen.

Der sogenannte Smirgel ist feinkörniger, unreiner Korund von graulicher, schmutzig smalteblauer Farbe und findet sich am Ochsenkopfe bei Schwarzenberg in Sachsen, auf Naxos und in Smyrna. Man gebraucht ihn zum Schneiden und Schleifen harter Steine. Korund und Hämatit bilden eine chem. Formation. — Korund ist ein indisches Wort; Sapphir soll von der Insel Sapphirine im arabischen Meere abstammen; Rubin von rubeus, roth.

---

Formation des Spinells. Tesseral. Ṙ Ṙ̈, als Ṙ kommen vor: Magnesia, Eisenoxydul, Manganoxydul, Zinkoxyd, als Ṙ̈: Thonerde, Eisenoxyd, Chromoxyd, Manganoxyd. Es gehören hierher:

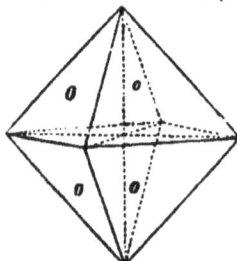

Fig. 9.

#### a. Spinell.

Kstsystem: tesseral. Stf. Oktaeder. Spltb. primitiv in Spuren. Br. muschlig. Pellucid. Glasglanz. H. 8. G. 3,48 — 3,64. B. b. L. für sich unveränderlich, als feines Pulver im Platinlöffel einigemal mit concentr. Schwefelsäure befeuchtet und ausgeglüht giebt er mit Kobaltaufl. eine blaue Farbe.

Von Säuren nicht angegriffen. Mg Äl. Anal. des rothen Spinells aus Zeilan von Abich: Thon. 69,01, Magnesia 26,21, Chromoxydul 1,10, Eisenoxyd 0,71, Kiesel. 2,02.

In den Krystallen die Stf. herrschend, zuweilen mit den untergeord= neten Flächen des Rhombendodekaeders und Trapezoeders. — Roth, blau, bräunlich in mancherlei Abänderungen. Theils in Krystallen, theils in Körnern und Geschieben.

Eingewachsen in Urkalk zu Aker in Schweden, in Dolomit zu Nalande und Canti auf Zeilan, lose in Zeilan, Pegu, Australien. — Der Name Spinell ist unbekannter Abstammung.

Die durchsichtigen, rothen (karmesin — rosenroth rc.) Spinelle sind sehr ge= schätzte Edelsteine und werden, über 4 Karat schwer, ohngefähr mit der Hälfte des Preises eines gleich schweren Diamants bezahlt. Die intensiv gefärbten heißen Rubinspinell, die blassen Rubinbalais.

### b. Pleonast. Zeilanit.

Krystallisation wie bei a. Br. uneben, muschlig. An den Kanten durchscheinend — undurchsichtig. Glasglanz. H. 7,5 — 8. G. 3,65 — 3,8. V. d. L. für sich unveränderlich. Von Säuren wenig angegriffen.

Mg Äl + Fe Äl. Anal. einer Var. von Tunaberg von Erdmann: Thonerde 62,95, Eisenoxydul 23,46, Magnesia 13,03 (99,44). — In Krystallen. Stf. — Schwarz, das Pulver bei einigen graulichgrün.

Monte Somma bei Neapel, Montzoniberg im Fassathal, Warwik und Amity in Nord-Amerika, wo Krystallmassen bis zu 40 Pfunden vorkommen, Ural rc.

Der Name Pleonast stammt von πλιονασμος, Ueberfluß, weil er zuweilen am Oktaeder die Fl. des Trapezoeders zeigt.

Ein 8 pr. Ct. Chromoxyd enthaltender Pleonast ist der Picotit v. Lherz in den Pyrenäen.

Hier schließen sich, bis jetzt sehr selten, an:

### c. Hercinit. Schwarze Körner. H. 7,5 — 8. G. 3,91 — 3,95.

Fe Äl. Thonerde 61,17, Eisenoxydul 35,67, Magnesia 2,92. (Zippe und Quadrat.)

Ist wesentlich reiner Eisenspinell. Natschetin und Hoslau im Klattauer Kreise in Böhmen. — Hercinit vom lateinischen Namen des Böhmerwaldes, silva hercinia.

### d. Chlorospinell. Lichtgrüne Oktaeder.

$Mg \left. \begin{array}{l} \ddot{A}l \\ \ddot{F}e \end{array} \right.$ . Thonerde 57,34, Eisenoxyd 14,77, Magnesia 27,49, Kupfer-oxyd 0,62. Slatoust im Ural.

Aus der Klasse der Metalle gehören zur Formation des Spinells e. Gahnit, f. Kreittonit, g. Magnetit, h. Chromit, i. Frankli-nit, k. Jakobsit.

### Chrysoberill. Cymophan.

Krystystem: rhombisch. Stf. Rhombenpyr. 86° 16'; 139° 53'; 107° 29'. Spltb. unvollkommen nach den Diagonalen. Br. muschlig. Pellucid.

H. 8,4. G. 3,68 — 3,70. V. d. L. unveränderlich, mit Kobaltaufl. blau. Von Säuren nicht angegriffen. Be Äl. Thonerde 80,25, Berillerde 19,75. Meistens bis zu 4 pr. Ct. Eisenoxydul und Spur von Chromoxydul ent=haltend. — Grünlichgelb, spargelgrün, graulich ꝛc., zuweilen mit einem milchweißen Scheine opalisirend.

In den Krystallen ist das rectang. Prisma vorwaltend, auch ein rhomb. Prisma von 109° 20', an den Enden die Stf. und ein Doma von 119° 46'. Dieses Doma ist oft die Zusammensetzungsfläche für Hemitro-pieen und Zwillinge.

Eingewachsen in Gneiß ꝛc. zu Habbam in Connecticut und Saratoga in Neu-York und zu Marschendorf in Mähren. In Geschieben in Brasilien, Ceylon, Pegu ꝛc. Ural.

Die durchsichtigen Var. werden als Edelsteine geschliffen. Steine von 5 Linien kosten bis 300 Fl. — Chrysoberill von χρισός, Gold, und Berill.

Ein wasserhaltiges Aluminat ist der Wöhlerit (Hydrotalkit) vom Ural. Blättrig, weiß, perlmutterglänzend, fettig anzufühlen. Unschmelzbar, mit Ko-baltaufl. rosenroth, in Salzs. löslich. Mg⁹ Ȧl + 16 Ḣ. Thonerde 16,29, Magnesia 38,05, Wasser 45,66 (100). Der Name nach dem Bergmeister Wöllner.

---

# XII. Ordnung. Eis und Hydrate.

## Eis.

Krystystem: hexagonal. Gewöhnlich in tafelförmigen, hexagonalen Prismen, selten Rhomboeder und hexagonale Pyramiden. Zeigt durch die basischen Flächen im polarisirten Lichte die farbigen Ringe mit dem schwar-zen Kreuze sehr ausgezeichnet. Gewöhnlich ist die Eiskruste, welche sich beim Gefrieren von ruhig stehendem Wasser bildet, diese basische Fläche. An den Eiszapfen stehen die Individuen oft in paralleler Reihung mit ihrer Hauptaxe und optischen Axe rechtwinklich zur Längenaxe des Zapfens. Pellucid. H. 1,5. G. 0,95 — 0,97. Ueber 0° flüssig als Wasser erscheinend. H. Sauerstoff 88,94, Wasserstoff 11,06.

Die Krystalle, als Schnee, klein, nabel= und haarförmig, häufig zu 6strahligen Sternen verwachsen, dendritisch, federartig ꝛc. — Farblos, in großen Massen grünlich und bläulich.

Das reine Wasser ist geschmack= und geruchlos. Das reinste in der Natur vorkommende ist das Regen= und Schneewasser. Das Wasser von Quellen und Flüssen enthält immer Kohlensäure und ist mehr oder weniger mit Salzen verunreinigt.

---

Reine Hydrate, nur aus Wasser und einer Basis bestehend, sind sehr selten. Es gehören hierher:

Brucit (und Nemalit). Mg Ä. Wasser 31, Magnesia 69, Hexa=gonal. Krystallinisch strahlige Massen. H. 1,5. G. 2,3. Unschmelzbar.

In Säuren leicht aufl. — Weiß, grünlich ꝛc. Hoboken in⸗ Neu⸗Jersey, Shetlandsinsel Unst. — Der Name nach Dr. Bruce in Neu⸗York.

**Diaspor.** Äl Ḣ. Wasser 15, Thonerde 85. Rhombisch. Graulich, gelb ꝛc. Unschmelzbar, mit Kobaltaufl. blau. Von Salzsäure nicht ange⸗ griffen. Strahlige Massen. Ural, Broddbo in Schweden, Schemnitz in Ungarn. — Der Name von διασπειρω, zerstreuen, v. d. L. zerstäuben.

**Gibbsit** (Hydrargillit). Äl Ḣ³. Wasser 34,44, Thonerde 65,56. Unschmelzbar, mit Kobaltaufl. blau. Grünlichweiß ꝛc. Tropfsteinartig und fasrig. New⸗Richmond in Massachusetts, Ural, Villarica in Brasilien, hier in ansehnlichen Massen, die man früher für Wavellit hielt. — Der Name nach dem amerikanischen Mineralogen G. Gibbs.

Ein eisenhaltiges Thonhydrat $\left.{\ddot{A}l \atop Fe}\right\}$ Ḣ² ist der Bauxit (Beauxit) v. Beaux in Frankreich und in Krain (Wocheinit).

An die Opale schließen sich an:

**Randanit** von Randan in Puy de Dome und von Algier. Amorph. In Kali leicht löslich. 3 Ṡi + Ḣ = Wasser 9,04, Kieselerde 90,96.

**Michaelit.** Ṡi³ Ḣ². Wasser 16,35, Kieselerde 83,65. Fasrig. In⸗ sel St. Michael. — Der sogenannte Wasseropal von Pfaffenreith scheint Ṡi Ḣ³ zu sein (35 pr. Ct. Wasser).

---

## II. Klasse.

### Metallische Mineralien.

In diese Klasse gehören alle Mineralien von vollkommenem Metall⸗ glanz; alle, deren spec. Gewicht über 5; ferner diejenigen, welche vor dem Löthrohre auf Kohle für sich oder mit Soda einen Regulus oder farbigen Beschlag geben, welche den Geruch von schweflichter Säure, Selen oder Arsenik verbreiten und in ihren sauren Auflösungen durch Schwefelwasser⸗ stoff ein, gewöhnlich farbiges, Präc. hervorbringen*).

(Vgl. aus der I. Klasse: Schwefel, Graphit und manche, viel Eisen⸗ oxyd enthaltende Silicate, Granat, Augit ꝛc.)

---

### I. Ordnung. Arsenik.

V. d. L. knoblauchartigen Geruch verbreitend. Die Aufl. geben mit hydrothionsaurem Ammoniak ein citrongelbes Präc., welches in Kalilauge auflöslich.

---

*) Viel Eisenoxyd enthaltende Aufl. geben einen Niederschlag, welcher Schwefel ist, indem dabei Eisenoxydul gebildet wird.

**Gediegen Arsenik.**

Krystsystem: hexagonal. Stf. Rhomboeder von 85° 41'. Spltb. primitiv. Metallglanz. Zinnweiß, grau — schwärzlich anlaufend. H. 3,5. G. 5,7—6. V. b. L. verflüchtigend, ohne zu schmelzen. In Salpetersalzs. leicht aufl. As. Arsenik, zufällig mit Spuren von Antimon, Silber ꝛc. — Gewöhnlich derb, körnig, dicht. Nierförmig, schaalig zusammengesetzt.

Auf Gängen im Urgebirge mit anderen Arsenikerzen, Silber- und Bleierzen ꝛc. im sächs. Erzgebirge, Andreasberg am Harz, Wittichen im Schwarzwald, Markirch im Elsaß, Dauphiné, Ungarn ꝛc. — Wird dem Blei beim Schrotgießen zugesetzt und als Fliegengift gebraucht. Im Handel heißt der geb. Arsenik Scherben- kobalt oder Fliegenstein.

Ein großer Theil von Arsenik, arsenichter Säure und Schwefelarsenik wird aus dem Arsenikkies bereitet, indem man ihn mit Ausschluß oder Zutritt der Luft, mit oder ohne Zusatz von Schwefel in thönernen Retorten erhitzt oder in muffelartigen Gefäßen röstet.

1847 wurden in den Böhmischen und Salzburger Werken 1495 Ctr. weißes Arsenikglas gewonnen; durchschnittlich beträgt die jährliche Production 900 Ctr.; im sächs. Erzgebirge gegen 3000 Ctr.; in Niederschlesien 2800 Ctr. — Arsenik stammt aus dem Griechischen, ἀρσενικός, männlich, stark.

Hierher gehört auch wahrscheinlich der Arsenikglanz, welcher entzündlich ist und mit Ausstoßung eines arsenikalischen Rauches glimmt. Enthält 3 pr. Ct. Wismuth. Grube Palmbaum bei Marienberg in Sachsen.

**Realgar.**

Krystsystem: klinorhombisch. Stf. Hendyoeder; 74° 26'; 104° 8'. Spltb. primitiv und klinodiag. unvollkommen. Br. kleinmuschlig, uneben. Pellucid. Fettglanz. Morgenroth, im Strich orangegelb. H. 1,5. G. 3,5. V. b. L. schmelzbar und flüchtig. In Kalilauge aufl. mit Hinterlassung eines brau- nen Rückstandes. Die Aufl. fällt mit Salzs. citrongelbe Flocken. As. (Äs.) Schwefel 30, Arsenik 70. — Vorwaltende Form: ein Prisma von 113° 20' und die Stf. In Krystallen und derb, eingesprengt ꝛc. Zersetzt sich an der Luft in Operment und arsenichte Säure (6 Äs zu 2 Äs + Äs nach Volger).

Auf Gängen zu Kapnik, Tajowa, Felsobanya in Ungarn, Joachimsthal in Böhmen, Schneeberg, Markirch ꝛc. in Bulkan. Sublimaten.

Wird als Malerfarbe gebraucht. Realgar ist ein alter, von den Alchymisten gebrauchter Name, wahrscheinlich arabisch.

**Operment.**

Krystsystem: rhombisch. Stf. Rhombenpyr. 131° 35' 34"; 94° 20' 6"; 105° 6' 16". Spltb. brachydiagonal sehr ausgezeichnet. Pellucid. Perlmutterglanz, zum Fettglanz geneigt. Citrongelb — orangegelb, im Strich citrongelb. H. 1,5. Milde, in dünnen Blättchen biegsam. G. 3,5. V. b. L. schmelzbar und flüchtig. In Kalilauge ohne Rückstand aufl., durch Salzs. citrongelb gefällt. Äs. Schwefel 39,03, Arsenik 60,97. — Krystalle sehr selten, derbe, blättrige Massen, körnig, eingesprengt ꝛc.

An denselben Fundorten wie Realgar, auch zu Hall in Tyrol. — Wird als Malerfarbe gebraucht. Der Name von auripigmentum, orpiment, Goldfarbe.

Von geringer Verbreitung, z. Thl. sehr selten, kommen noch folgende, hierher gehörige, Species vor:

**Arsenit** (arsenichte Säure). Oktaeder. Diamantglanz. Weiß. V. d. L. flüchtig, im Kolben in oktaedr. Krystallen sublimirend. In Salzs. leicht auflösl. Äs. Sauerstoff 24,25, Arsenik 75,75. Meistens stängliche, fasrige und erdige Aggregate. In rhombischer Krystallisation kommt Äs auf Gängen zu S. Domingo in Portugal vor.

Ist ein heftiges Gift. Wird in der Glasfabrikation, zur Bereitung grüner Kupferfarben, zum Conserviren von Thierbälgen 2c. gebraucht und meistens künstlich dargestellt. S. Geb. Arsenik. In der Natur in geringer Menge mit andern Arsenikerzen vorkommend.

**Pharmakolith.** Klinorhombisch. $\ddot{C}a^2\,\ddot{A}s + 6\ddot{H}$. Arseniksäure 51, Kalk 25, Wasser 24. Gewöhnlich in fasrigen Massen. Wittichen in Baden, Andreasberg am Harz, Riechelsdorf in Hessen.

Hier schließen sich an: der **Haidingerit** und **Berzelit** von Langbanshyttan in Schweden, der **Wapplerit** von Joachimsthal und der **Roselith** von Schneberg, welcher letztere auch Co, 11 pr. Ct. enthält. — Der **Durangit** von Durango in Mexiko ist n. Brush arsenißaure Thonerde mit Natron und Fluor. Aehnlich einem Amblygonit mit $\ddot{A}s$ statt P.

Die übrigen Arseniate und Arsenik-Verbindungen von Kupfer, Blei, Eisen 2c. werden in den Ordnungen dieser Metalle beschrieben.

---

# II. Ordnung. Antimon.

V. d. L. flüchtig, die Flamme schwach grünlich färbend, die Kohle mit einem weißen, leichtflüchtigen Rauche beschlagend. Concentrirte salzsaure und salpetersalzsaure Aufl. geben mit Wasser ein weißes, mit Schwefelwasserstoff ein orangefarbenes, gelb- oder braunrothes Präcipitat.

### Gediegen Antimon.

Klsystem: hexagonal. Stf. Rhomboeder von 87° 35'. Spltb. basisch vollkommen, auch nach zwei Rhomboedern von 117° 8' und 69° 25'. Schiltw. Metallglanz. Zinnweiß, öfters gelblich und graulich angelaufen. H. 3,5. Spröde in geringem Grade. G. 6,6—6,7. V. d. L. schmelzbar = 1, manchmal für sich fortbrennend und sich mit weißen Nadeln von Antimonoryd bedeckend. In Salpetersalzs. leicht auflösl., von Salpeters. oxydirt, aber nicht aufgelöst. Sb. Zufällig Arsenik, Silber 2c. enthaltend. Gewöhnlich in körnigen Massen von nierförmiger Gestalt.

In geringer Menge zu Allemont in der Dauphiné, Andreasberg am Harz und Przibram in Böhmen, Brantholz in Oberfranken. — Das meiste in der Technik 2c. verwendete Antimon wird aus dem Antimonit gewonnen. (Der Name Antimon kommt schon Anno 1100 vor.) Die Production der österr. Staaten an Antimonit (Schwefelantimon) beträgt gegen 4000 Ctr. jährlich.

### Valentinit. Antimonoryd. Weißspießglanzerz.

Klsystem: rhombisch. Stf. Rhombenpyr. 105° 58'; 79° 44'; 155° 17'. Spltb. prismatisch unter 137° vollkommen. Pellucid. Diamantglanz, auf den brachydiag. Flächen Perlmutterglanz. Weiß, gelblich. H. 2,3. Milde. G. 5,6. V. d. L. schmelzbar = 1 und verdampfend. In Salzs.

leicht aufl. Sb. Sauerstoff 16,63, Antimon 83,37. Krystalle gewöhnlich sehr dünn tafelförmig und mit den brachybiagonalen Flächen verwachsen, zuweilen mit einem brachybiag. Doma von 70° 32'. Derb, strahlig ꝛc.

Kommt sparsam mit Antimonit, Bleiglanz ꝛc. vor zu Przibram in Böhmen, Bräunsdorf in Sachsen, Wolfsberg am Harz, Allemont, Ungarn ꝛc. Das Antimonoxyd krystallisirt dimorph und findet sich in Oktaedern zu Babouch in Constantine. Diese Species heißt (nach Senarmont) Senarmontit. — Der Name Valentinit ist nach dem Chemiker Basilius Valentinus gegeben.

Selten vorkommend sind: der Cervantit S̈b v. Servantes in Spanien, der Stiblith S̈b + Ḧ v. Goldkronach in Bayern, und der Volgerit S̈b + 5 Ḧ aus Algier.

Der Romein von St. Marcel in Piemont ist nach Damour antimonichtsaurer Kalk; nach dem Krystallographen Romé be l'Isle benannt.

### Antimonit. Antimonglanz. Grauspießglanzerz.

Ksystem: rhombisch. Stf. Rhombenpyr. 109° 16'; 108° 10; 110° 58'. Spltb. brachybiagonal vollkommen, prismatisch undeutlich. Br. uneben. Metallglanz. Bleigrau, ins Stahlgraue. H. 2. G. 4,6. V. d. L. schmelzbar = 1 und verdampfend. Das Pulver nimmt mit Kalilauge schnell eine ockergelbe Farbe an und die Lauge fällt mit Salzsäure gelbrothe Flocken*). Sb. Schwefel 28,6, Antimon 71,4. — Vorwaltende Form ist das Prisma der Stammform von 90° 45', die Krystalle meistens nadelförmig und haarförmig, spießig ꝛc.

Außer in Krystallen auch derb, blättrig, strahlig, körnig ꝛc.

In Ur- und Uebergangsgebirgen. Ausgezeichnet zu Schemnitz, Kremnitz, Felsobanya in Ungarn, Bräunsdorf, Przibram, Wolfach in Baden, Allemont, Goldkronach im Bayreuthischen ꝛc.

Der Antimonglanz ist das wichtigste Antimonerz.

Vom beibrechenden Gestein wird er durch Schmelzen geschieden und fließt in den Sammeltiegel. Zur Darstellung von reinem Antimon wird er geröstet und dann mit schwarzem Fluß reducirt.

Das Antimon wird zu Legirungen von Blei und Zinn gebraucht, um diesen Metallen mehr Härte zu geben, zur Letternfabrikation ꝛc. Einige Schwefel- und Oxyd-Verbindungen (namentlich das weinsaure Antimonoxyd-Kali, Brechweinstein) werden in der Medizin als brechenerregende Mittel ꝛc. gebraucht. Das rohe, ausgeschmolzene Schwefelantimon dient auch zur Bereitung des Weißfeuers. Im Handel heißt es Antimonium crudum oder roher Spießglanz.

### Pyrostibit. Antimonblende. Rothspießglanzerz.

Bisher nur in nadelförmigen und haarförmigen Krystallen vorgekommen, in einer Richtung vollkommen spaltbar. An den Kanten durchscheinend. Diamantglanz. Kirschroth; ebenso im Striche. H. 1,5. G. 4,5.

Chemisch sich wie der Antimonglanz verhaltend. S̈b + 2 S̈b. Antimonoxyd 30, Schwefelantimon 70.

---

*) Durch dieses Verhalten ist der Antimonit leicht von den sehr ähnlichen Verbindungen von Schwefelantimon und Schwefelblei zu unterscheiden. S. d. Ordn. Blei.

In geringer Menge mit andern Antimonerzen vorkommend zu Klausthal am Harz, Malaczka in Ungarn, Horhausen in Nassau, Bräunsdorf, Allemont ꝛc. — Pyrostibit von πῦρ, Feuer, und στίβι, Antimon.

Die übrigen Antimon-Verbindungen mit Silber, Blei, Kupfer ꝛc. siehe bei diesen Metallen.

## III. Ordnung. Tellur.

### Gediegen Tellur.

Kſſystem: hexagonal. Etf. Rhomboeder 86° 57' (iſomorph mit Arsenik und Antimon). Spltb. nach dem hexag. Prisma und baſiſch. Zinnweiß ins Silberweiße, graulich und gelblich anlaufend. H. 2,5. G. 6—6,4. B. d. L. ſchmelzbar = 1, mit grünlicher Flamme brennend und fortrauchend. Der Rauch riecht gewöhnlich rettigartig von zufälligem Selengehalt und beſchlägt die Kohle weiß. In einer offenen Glasröhre erhitzt, einen graulichen Beſchlag gebend, welcher zu farbloſen Tropfen ſchmilzt, wenn das Glas an der beſchlagenen Stelle erhitzt wird. In Salpeterſ. aufl. Mit concentrirter Schwefelſäure bei gelindem Erwärmen eine ſchöne rothe Aufl. gebend, die von Waſſer mit Fällung eines grauen Präc. von Tellur entfärbt wird — Te. Tellur, zufällig etwas Eiſen und Gold enthaltend.

Sehr ſelten. Kommt in körnigen Stücken zu Facebay in Siebenbürgen vor, auch zu Sacramento in Chile. — Der Name Tellur von tellus, die Erde.

Die Verbindungen des Tellurs mit Gold, Silber, Blei und Wismuth werden bei dieſen Metallen erwähnt werden.

## IV. Ordnung. Molybdän.

### Molybdänit. Molybdänglanz.

Kſſystem: hexagonal. Es finden ſich tafelförmige hexagonale Prismen. Spltb. baſiſch ſehr vollkommen. Metallglanz. Röthlichbleigrau, etwas abfärbend und ſchreibend. H. 1,5. Sehr milde, in Blättchen biegſam. Fett anzufühlen. G. 4,5. B. d. L. unſchmelzbar, färbt die Flamme lichte grün, riecht nach ſchweflichter Säure. Mit etwas Salpeter im Platinlöffel erhitzt, detonirt er lebhaft mit Feuererſcheinung. Mit conc. Salpeterſ. eingekocht giebt er eine weiße Maſſe, welche mit Kalilauge gekocht eine partielle Löſung giebt, die mit Salzſ. angeſäuert und ziemlich verdünnt beim Umrühren mit Stanniol ſchön blau gefärbt wird. Mo. Schwefel 41,03, Molybdän 58,97. — Derb, blättrige Aggregate.

In Urfelsarten im Erzgebirge, Cornwallis und Cumberland, Laurwig und Hitterdal in Norwegen, Mähren, Schleſien, Schottland ꝛc. — Aus dieſem Mineral wurde das Molybdän 1778 von Scheele und Molybdänſäure und 1872 von Hielm metalliſch dargeſtellt. — Der Name von μόλυβδαινα, eine Bleimaſſe.

In kleiner Menge kommt auch Molybdänſäure Mo vor, welche Molybdänoder heißt. Erdig, von gelber Farbe. — Das molybdänſaure Bleioxd ſiehe beim Blei.

## V. Ordnung. Wolfram.

**Scheelit. Tungstein. Schwerstein.**

Krystem: quadratisch. Stf. Quadratpyr. 108° 12′ 30″; 112° 1′ 30″. Spltb. primitiv und nach einer spitzeren Pyr. von 129° 2′ Randktw. Br. muschlig — uneben. Pellucid. Glas — Diamantglanz, auf dem Bruche zum Fettglanz geneigt. H. 4,5. G. 6 — 6,2. V. d. L. schmelzbar = 5. In Salz- und Salpetersäure mit Ausscheidung eines citrongelben Pulvers von Wolframsäure aufl. Mit Phosphorsäure stark eingekocht eine Masse gebend, welche mit viel Wasser verdünnt beim Schütteln mit Eisenpulver eine schöne blaue Farbe annimmt. Ca W̶. Wolframsäure 80,56, Kalkerde 19,44. — Weiß, graulich, gelblich, ꝛc. — Außer der Stammform finden sich noch andere Pyramiden in normaler, diagonaler und in abnormer Stellung, letztere als parallelflächige Hälften des Dioktaeders. — Die Krystalle meistens klein; derb.

In Urfelsarten, Erzgebirg und Cornwallis auf den Zinnerzlagerstätten, Ribbarhyttan in Schweden, Neudorf im Anhaltischen ꝛc.

Sehr selten kommt die Wolframsäure W̶ als erdige gelbe Substanz vor. — Siehe noch das Wolfram und wolframsaure Bleioxyd in den Ordn. Eisen und Blei.

---

## VI. Ordnung. Tantal und Niob.

Die Verbindungen des Tantals und Niobs sind sämmtlich selten. Ihre Säuren sind oben bei den chemischen Kennzeichen charakterisirt.

Von tantalsauren Verbindungen ist hier zu nennen der **Yttertantal**, Kryst. quadratisch?, H. 5,5. G. 5,5 — 8. Eisenschwarz, gelblichbraun. Fettglänzend. Unschmelzbar. Von Säuren nicht angegriffen. Wesentlich aus 60 pr. Ct. Tantalsäure und 20 — 30 pr. Ct. Ytererde bestehend. Fahlun und Ytterby in Schweden. — Den Tantalit siehe bei der Ordnung Eisen.

Niobsaure Verbindungen, ebenfalls sehr selten, sind:

Der **Eugenit** (v. εὔξενος, gastfreundlich, wegen der vielen Bestandtheile). Derb und dicht, von metallähnlichem Fettglanz. H. 6. G. 4,6—4,9. Unschmelzbar. In Salzs. unlöslich. Niob- und titansaure Ytererde mit Uranoxydul, Ceroxydul und Wasser. Zölster, Tromoe ꝛc. in Norwegen.

Der **Samarskit** vom Ilmengebirg im Ural ist wesentlich niobsaure Ytererde, Uranoxyd und Eisenoxydul mit 4 pr. Ct. Zirkonerde und 6 pr. Ct. Thorerde. Der **Fergusonit** aus Grönland und der **Tyrit** von Arendal sind wesentlich ebenfalls niobsaure Ytererde. — Hierher auch der **Bragit**. Der oktaedrische **Pyrochlor** von Brewig in Norwegen enthält Niobsäure in Verbindung mit Ceroxyd, Kalk, Natron, Thorerde. —

## VII. Ordnung. Titan.

Mit Kalihydrat geschmolzen und in Salzs. aufgelöst, nimmt diese Aufl. beim Kochen mit metallischem Zinn eine schöne violette Farbe an, die beim Verdünnen mit Wasser rosenroth wird und letztere Farbe längere Zeit behält.

### Rutil.

Kristallsystem: quadratisch. Stf. Quadratpyr. 123° 8'; 84° 40'. Spltb. prismatisch und diagonalprism. deutlich. Br. muschlig — uneben. Pellucid. Metallähnlicher Diamantglanz. Blutroth, hyazinthroth, röthlichbraun, gelb ꝛc. H. 6,4. G. 4,25 — 4,5. Unschmelzbar. Von Säuren nicht angegriffen. Ti. (Titansäure) Sauerstoff 37,5. Titan 62,5. Gewöhnlich etwas eisenhaltig. — Vorwaltende Form das quadratische Prisma, die Flächen vertikal gestreift, stangenförmig, nadelförmig, haarförmig, derb.

Auf Gängen im Urgebirge, Pfitsch und Lisenz in Tyrol, St. Gotthard, Saualpe in Steyermark, Aschaffenburg, St. Yrieux in Frankreich ꝛc. — Rutil von rutilus, roth.

### Anatas.

Kristallsystem: quadratisch. St. Quadratpyr. 97° 56'; 136° 22'. Spltb. primitiv vollkommen, basisch unvollkommen. Br. muschlig — uneben. Pellucid. Metallähnlicher Diamantglanz. Indigblau, nelkenbraun, gelb, auch roth. H. 5,5. G. 3,82. Unschmelzbar und verhält sich chemisch wie Rutil. Besteht ebenso aus Titansäure. — Immer in Krystallen, die Stf. vorherrschend, andere Quadratpyr. untergeordnet.

Oisans in Dauphiné, Val Maggia in der Schweiz, Minas Geraes in Brasilien, Cornwallis ꝛc.

Ebenfalls aus Titansäure besteht der rhombisch krystallisirende Brookit von Wallis, Dauphiné, Ural, Arkansas (Arkansit) in Nord-Amerika ꝛc., so daß dieses und die vorhergehenden Mineralien ein Beispiel von Trimorphie geben. Ihr spec. Gew. verändert sich durch Temperaturerhöhung in der Art, daß der Anatas zuerst das des Brookit 4,16, dann das des Rutil 4,25 annimmt. — Anatas kommt von ἀνάτασις, Ausdehnung, wegen der spitzigen Quadratpyr.; Brookit ist nach dem englischen Krystallographen J. Brooke benannt.

### Sphen. Titanit.

Kristallsystem: klinorhombisch. Stf. Hendyoeder: 133° 48'; 94° 30'. Spltb. primitiv zuweilen deutlich, vorzüglich nach den Seitenflächen. Br. muschlig — uneben. Pellucid. Glasglanz. H. 5,5. G. 3,4 — 3,6. V. b. L. schmelzbar = 3 mit einigem Aufwallen zu einem schwärzlichen Glase. Von concentr. Salzs. theilweise zersetzt und die oben angegebene Reaktion mit Zinn zeigend. Nahezu

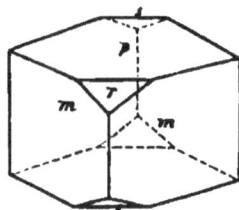

Fig. 50.

$Ca\ \ddot{S}i^2 + Ca\ \ddot{T}i^2$. Kieselerde 31,03, Titansäure 40,60, Kalkerde 28,37. Gewöhnlich krystallisirt, häufig hemitropisch, die Endfläche als Zusammensetzungsfl., die Krystalle tafelförmig mit ausgedehnten End- und untergeordneten Seitenfl. S. Fig. 50. Derb. — Grün, gelb und braun in mancherlei Abänderungen, selten röthlich, rosenroth ꝛc. Synon. Gelb= und Braunmenakerz.

Auf Gängen im Urgebirge. Greiner und Stubaythal, Pfitsch in Tyrol, Arendal, Friedrichswärn in Norwegen, Hafnerzell im Passauischen, Laachersee ꝛc. Der sog. Greenovit ist Sphen.

Sphen kommt von σφήν, der Keil, in Beziehung auf das Ansehen der gewöhnlichen Hemitropieen.

Anschließeud der Guarinit v. Monte Somma.

---

Die übrigen titansauren Verbindungen sind, das Titaneisen ausgenommen, welches beim Eisen beschrieben ist, Seltenheiten. —

Aus titansaurem Kalk Ċa T̈i besteht der Perowskit von Achmatofsk in Sibirien. Dieser krystallisirt tesseral in zahlreichen Combinationen, der Würfel vorherrschend. Kieseltitansaure Verbindungen sind: Yttrotitanit (Keilhauit) von Arendal in Norwegen. S̈i, T̈i, Ẏ, Ċa, Ḟe, Ȧl; der Schorlomit von Magnet Cove in Nord-Amerika und vom Kaiserstuhl, welchem der Iwaarit von Iwaara in Finnland sehr nahe steht, S̈i, T̈i, Ċa, Ḟe, und der Encelabit von Amity in New-York S̈i, T̈i, Ȧl, Ḟe, Ṁg, Ḣ.

Der Polymignit (Polykras) aus Norwegen ist eine titansaure Verbindung von Zirkonerde, Eisenoxyd, Yttererde, Ceroxyd und Kalk.

---

Die Mineralien, welche in eine Ordnung Selen und Chrom gestellt werden könnten, werden bei den Metallen beschrieben, welche die Basen ihrer Verbindungen bilden. Für das Chrom ist außerdem nur der Chromocker zu erwähnen, ein unreines Chromoxyd, vielleicht Hydrat, welches als grüne, erdige Substanz selten zu Creuzot in Frankreich, Halle, Schlesien ꝛc. mit Thon= und Eisenoxydsilicat gemengt vorkommt. Ein ähnliches Gemeng ist der Wolchonskoit von Achanst, Gouvern. Perm. — Der Name nach dem russischen Fürsten Wolchonsky.

## VIII. Ordnung. Gold.

### Gediegen Gold.

Krystallsystem: tesseral. Stf. Oktaeder. Br. hackig. Vollkommen dehnbar und geschmeidig. Metallglanz. Goldgelb. H. 2,5. G. 19 — 19,65. V. d. L. schmelzbar = 2,5 — 3. Von Flüssen nicht angegriffen. Nur in Salpetersalzsäure auflöslich. Die Aufl. giebt mit Eisenvitriol ein röthlichbraunes Präc. von metallischem Golde, welches beim Reiben die gelbe Goldfarbe erhält. Au. Selten ganz rein, gewöhnlich Silber enthaltend und in unbestimmten Mengen damit verbunden. Der Silbergehalt steigt bis zu 35 pr. Ct. und eine Var. von Kongsberg soll 72 pr. Ct. enthalten. Die silberreichen Var. haben eine blassere Farbe und werden von Salpetersalzsäure mit Ausscheidung von Chlorsilber zersetzt. Krystalle vorherrschend das Oktaeder, meistens klein und drahtförmig, moosartig und zu Blechen zusammengehäuft. Derb und eingesprengt.

Das Gold kommt vorzüglich auf Gängen in Urfelsarten, Syenit, Glimmer-schiefer, Gneiß, Thonschiefer, Quarz ꝛc., auch in der Grauwacke vor und im Schuttland und Sand der Flüsse. Vorzügliche Fundorte sind: Kremnitz und Schemnitz in Ungarn, Nagyag und Offenbanya in Siebenbürgen, Beresowst im Ural, Nordkarolina, Neuspanien, Mexiko, Peru, Brasilien. In geringer Menge kommt es auch zu Zell im Zillerthale, Rauris und Schellgaden im Salz-burgischen, Eula in Böhmen ꝛc. vor. Im Sand der Flüsse findet es sich fast überall und wird durch Schlemmen und Waschen des Sandes abgeschieden und gewonnen, daher dieses auch Waschgold heißt. Berühmt sind die Goldwäschereien des Urals. Sie lieferten im Jahre 1842 gegen 632 Pud (das Pud zu 40 rus-sischen, 35 preußischen Pfunden) Gold. Es finden sich dabei zuweilen Stücke von 13, 16 bis zu 64 Pfund. Die Goldausbeute Rußlands betrug 1846 gegen 1,722,746 Pud. Die Goldausbeute Oesterreichs ist 5600 Mark (1 Mark = 16 Loth), Preußen gewinnt 2000 Dukaten, Baden aus dem Rheine 3200 Dukaten. Hannover 640 Dukaten, Braunschweig 160 Dukaten, Frankreich aus dem Rheine zwischen Basel und Straßburg 5300 Dukaten.

Die Goldgewinnung Californiens betrug 1848 und 1849 an 40 Millionen Dollars, Südamerika producirt gegen 42,000 Mark; Afrika 615,000 Dukaten. Die Ausbeute Australiens war 1852 über 14 Millionen Pf. Sterling. Es wur-den Klumpen von 69, 77 und 131 Pfund gefunden. — Auf der ganzen Erde werden jährlich gegen 4000 Ctr. Gold gewonnen*). — Der Werth eines Pfundes Gold beträgt 900 Fl.

Vom Silber wird das Gold in der neuern Zeit im Großen durch Schwefel-säure geschieden, worin sich im Sieden das Silber auflöst und das Gold zurück-bleibt. Dieses geschieht in Platinkesseln oder auch in gußeisernen Kesseln. Das Silber wird durch Kupferplatten aus der Aufl. gefällt und diese kann auf Kupfervitriol benützt. — Das Gold, welches in Kupferkies und andern Kiesen fein eingesprengt enthalten ist, wird öfters durch Zusammenschmelzen des Roh-steins mit geröstetem Bleiglanz, Aussaigern und Abtreiben gewonnen. Manches in Sand fein zertheilte Gold wird durch Amalgamation gewonnen, indem der Sand mit Quecksilber in Tonnen lange genug geschüttelt wird. Das Quecksilber wird dann durch Zwilch gepreßt und der Rückstand durch Erhitzen und Abdestil-liren des Quecksilbers zersetzt, wobei das Gold zurückbleibt.

Das Gold hat durch seine Unveränderlichkeit in der Luft, im Wasser und in einfachen Säuren, durch seine Eigenschaft, im Feuer nicht oxydirt zu werden, seine schöne Farbe und außerordentliche Dehnbarkeit, abgesehen von aller Con-vention, einen hohen Werth. Sein Gebrauch zu Münzen, Schmuckgegenständen, zur Feuer- und galvanischen Vergoldung ꝛc. ist bekannt. Es dient ferner zur Bereitung des Goldpurpurs für die Glasfärberei.

### Sylvanit. Schrifterz.

Krystystem: klinorhombisch (n. v. Kokscharow). Es finden sich schmale Prismen, gestrickt und reihenförmig gruppirt. Spltb. in einer Richtung vollkommen. Br. uneben. Lichte stahlgrau, im Striche grau. H. 1,5. Milde. G. 5,7. V. d. L. auf Kohle sehr leicht schmelzbar = 1, die Flamme lichte grünlichblau färbend und die Kohle mit Tellurrauch beschlagend. Mit Soda einen Regulus von Goldsilber gebend. In Salpetersalzsäure mit Ausscheidung von Chlorsilber aufl. Die Aufl. giebt mit Eisenvitriol ein bräunliches Präc. von Gold. Mit concentrirter Schwefelsäure gelinde erhitzt, eine schöne rothe Aufl. gebend. (Ag Au) Te². Tellur 59,40, Gold 26,30, Silber 14,30.

Offenbanya und Nagyag in Siebenbürgen und im Calaverasgebirg in Cali-fornien. Hierher das sogen. Weißtellur. — Sylvanit von Transsylvanien.

*) Vergl. Geschichte der Metalle von Zippe.

Ein ähnliches Erz mit 41 pr. Ct. Silber ist der Petzit v. Nagyag, ein, nur 3½ Silber gegen 41 Gold enthaltendes ist der Calaverit aus Californien. Der Maldonit von Maldon in Victoria ist angebl. Au² Bi, Gold 64,5, Wismuth 35, 5.

Außerdem kommt Gold auch in dem Nagyagit (s. Ordn. Blei) vor und soll sich in Brasilien mit Palladium und in Mexiko mit Rhodium ver= bunden finden. Ein **Goldamalgam** aus dem columbischen Platinerz, in weißen, leicht zerdrückbaren Kugeln, enthält: Quecksilber 57,40, Gold 38,39, Silber 5,00. Ein ähnliches zu Maripofa im südlichen Californien.

## IX. Ordnung. Iridium.

### Platin-Iridium.

Krystallisation hexagonal, Rhomboeder von 84° 52′. Gewöhnlich in ab= gerundeten Körnern. Spltb. unvollkommen. Silberweiß ins Platingraue, außen ins Gelbe. Starker vollkommener Metallglanz. H. 6 — 7. Wenig dehnbar. Sehr schwer zerspringbar. G. 23. V. d. L. unveränderlich. Nach dem Schmelzen mit Salpeter in Salzf. zum Theil mit blauer Farbe aufl. Das am Ural vorkommende enthält gegen 20 pr. Ct. Platin, das brasilia= nische 55 pr. Ct. Platin.

Es findet sich im Platinsande des Urals bei Nischne-Tagilsk und Newjansk und auch in Brasilien. — Das Iridium wurde 1803 von Tennant zuerst ent= deckt und nach der Iris benannt, wegen der verschiedenen Farben seiner Oxyde und Salze.

### Newjanskit. Iridosmin.

Krystallsystem: hexagonal. Stf. Rhomboeder von 84° 52′ nach G. Rose. Spltb. basisch, schwer aber deutlich. Metallglanz, Zinnweiß — bleigrau. H. 7. G. 19,4 — 21,1. V. d. L. unveränderlich. Im Kolben mit Salpeter geschmolzen, einen unangenehmen Geruch von Osmiumoxyd entwickelnd. Nach dem Schmelzen mit Salpeter und Behandlung mit Salpetersäure in der Wärme ebenfalls Osmiumgeruch verbreitend. Aus wechselnden Mengen von Iridium und Osmium bestehend. Iridium bis zu 50 pr. Ct., Osmium bis zu 80 pr. Ct.

Krystalle selten deutlich, hexag. Pyramiden von 124° Raubktw. mit den baf. Fl., die letztern vorherrschend. — Newjanskit von Newjansk in Sibirien.

Findet sich im Platinsand des Urals und in Brasilien.

## X. Ordnung. Platin.

### Gediegen Platin.

Krystallsystem: tesseral. Stf. Hexaeder. Br. hackig. Metallglanz. Stahl= grau — platingrau. H. 5,5. Geschmeidig und dehnbar. G. 17,5 — 19. V. d. L. unveränderlich. Nur in Salpetersalzsäure zu einer blutrothen

Flüssigkeit aufl. Kalisalze bringen darin einen gelben Niederschlag hervor. Das natürlich vorkommende Platin ist immer mit 14—26 pr. Ct. von andern Metallen verunreinigt, wovon 5—13 pr. Ct. Eisen, das übrige Iridium, Rhodium, Palladium, Kupfer und Iridosmin. Manches Platin vom Ural ist stark polarisch magnetisch. Krystalle sehr selten, gewöhnlich zugerundete Geschiebe und Körner.

In geringer Menge findet es sich mit Gold in Syenit von Santa-Rosa in Antioquia, in Diorit und Serpentin am Ural. Das meiste kommt im Schuttland vor zu Choco und Barbacoas in Columbien und zu Villa Rica in Brasilien, vorzüglich aber bei Nischne-Tagilsk im Ural. Es sind daselbst mitunter Stücke bis zu 20 und 23 Pfund gefunden worden.

Man kann die Platinausbeute des Urals jährlich zu 20 Centnern annehmen. In der neuesten Zeit hat man auch Platin auf Borneo gefunden, dessen jährliche Ausbeute etwa 6—8 Ctnr. beträgt. — Das Platin kam zuerst 1741 aus Brasilien nach Europa und wurde von Scheffer in Stockholm als ein eigenthümliches Metall erkannt. 1822 wurde es im Ural entdeckt. Es wird durch Schlemmen des Platinsandes gewonnen. Seine Unschmelzbarkeit in gewöhnlichem Feuer und seine Unangreifbarkeit von einfachen Säuren machen es zu einem, namentlich für den Chemiker, höchst werthvollen Metall. Es hat, wie das Eisen, die Eigenschaft, sich schweißen zu lassen. Um es verarbeiten zu können, wird der gereinigte Platinsand in Königswasser aufgelöst und das Platin mit Salmiak präcipitirt. Der Niederschlag giebt beim Ausglühen den sog. Platinschwamm, ein sehr fein zertheiltes Platin. Dieser wird in hölzernen Mörsern zerrieben und feucht in einem Metallcylinder gepreßt. Das gepreßte Stück wird dann der heftigsten Hitze ausgesetzt und glühend auf dem Ambos mit einem schweren Hammer geschlagen, wodurch die Theilchen zusammenschweißen. Die zusammenhängende Masse kann dann ausgehämmert und gewalzt werden. Sainte-Claire Deville und Debray haben aber neuerlich mit einem Gebläse von Leuchtgas und Sauerstoff in Gefäßen von Gaskohle Massen Platin bis zu 12 Kilogramm geschmolzen. Außer dem Gebrauch zu chemischen und physikalischen Geräthen wurde es früher in Rußland zu Münzen geprägt. (Der Werth zwischen Silber, Platin und Gold steht ongefähr in dem Verhältnisse von 1 : 3 : 15.) Ein Pfund rohes Platin kostet gegen 180 Fl., das verarbeitete das Doppelte. — Der Name Platin vom span. platinja, silberähnlich.

---

# XI. Ordnung. Palladium.

## Gediegen Palladium.

Küsystem: tesseral nach Haidinger. Gewöhnlich in Körnern und Blättchen vorkommend. Nicht spaltbar. Metallglanz. Stahlgrau ins Silberweiße. H. 4,5—5. Geschmeidig und dehnbar. G. 11,5—11,8. Unschmelzbar. In Salpeters. langsam aufl. zu einer braunrothen Flüssigkeit, leichter in Salpetersalzs.; die Aufl. giebt mit kohlensaurem Kali ein bräunliches, in Ueberschuß aufl. Präc. Wird eine Aufl. von Jod in Alkohol auf Palladium eingetrocknet, so wird es schwarz, was bei Platin nicht der Fall ist.

Findet sich im Platinsand in Brasilien. Wird in Blechen und Drähten verwendet. — Das Palladium wurde 1803 von Wollaston entdeckt und nach der Pallas benannt.

Nach Wöhler findet sich im Platinsand von Borneo Schwefelruthenium, mit Kali und Salpeter geschmolzen in Wasser mit prächtig orangegelber Farbe löslich. Er nennt es Laurit.

---

## XII. Ordnung. Quecksilber.

V. d. L. flüchtig, im Kolben mit Soda oder Eisenpulver metallisches Quecksilber gebend.

### Merkur. Gediegen Quecksilber.

Bei gewöhnlicher Temperatur flüssig. Bei — 40° C. erstarrend und in Oktaedern krystallisirend. Zinnweiß. G. 13,5. In concentrirter Salpetersäure sehr leicht aufl. · Hg. Enthält zuweilen Silber aufgelöst.

Findet sich eingesprengt und in Höhlungen in Thonschiefer und Sandstein zu Idria in Krain, Almaden in Spanien, Wolfstein, Mörsfeld und Moschellandsberg im Zweibrückschen, Peru, China ꝛc.

Das meiste Quecksilber wird aus dem Zinnober, Schwefelquecksilber, bereitet. Dabei wird der Zinnober in gußeisernen Retorten mit Kalk oder Eisenhammerschlag der Destillation unterworfen, wobei Schwefelcalcium, schwefelsaurer Kalk, Schwefeleisen ꝛc. gebildet wird. Das Quecksilber wird in thönernen oder eisernen Vorlagen aufgefangen. So in Rheinbayern. Oder es wird der Zinnober durch Flammenfeuer unter Luftzutritt erhitzt und der Quecksilberdampf in Kammern oder einer Reihe von Vorlagen condensirt. So in Idria und Almaden. Die Ausbeute von Almaden soll gegen 20,000 Centner betragen. Idria producirt gegen 3000 Centner, Californien 36,000, Peru 3,200. Das Quecksilber dient zum Füllen der Barometer und Thermometer, zu Amalgamen, worunter das Zinnamalgam zum Spiegelbelegen, zur Vergoldung und Versilberung, zur Darstellung von Zinnober und mannigfaltigen chemischen und pharmaceutischen Präparaten, ferner zur Bereitung des Knallquecksilbers für die Zündhütchen der Percussionsgewehre.

### Zinnober.

Krystem: hexagonal. Ssf. Rhomboeder von 71° 48' und 108° 12'. Spltb. prismatisch ziemlich vollkommen. Br. uneben. Pellucid. Diamantglanz. Cochenilleroth, manchmal ins Bleigraue. Strich scharlachroth. H. 2,5. G. 8,1. V. d. L. verflüchtigend und nach schweflichter Säure riechend. Im Kolben als schwarzer Beschlag sublimirend, der beim Reiben rothe Farbe annimmt. Das Pulver mit Eisenpulver gemengt und in Kupferfolie gewickelt, giebt in einer Glasröhre erhitzt, Quecksilber. Von einfachen Säuren und Kalilauge nicht merklich angegriffen. In Salpetersalzsäure aufl.

Hg. Schwefel 13,86, Quecksilber 86,14. — Krystalle meistens sehr klein, rhomboedr. Comb. mit der basischen Fläche, gewöhnlich tafelartig, derb, eingesprengt ꝛc.

Auf Lagern mit ged. Quecksilber ꝛc. in Alpenkalk, altem Sandstein und Steinkohlengebirg an denselben Fundorten, die beim gediegenen Quecksilber angegeben wurden.

Das Lebererz und Branderz ist ein dunkel bräunlichrother Zinnober, manchmal ins Bleigraue übergehend, welcher mit thonigen und bituminösen Theilen und dem sogen. Idrialin (einer eigenthümlichen Kohlenwasserstoff-Verbindung) verunreinigt ist.

Der Zinnober dient als Malerfarbe, zum Färben des Siegellacks und zur Darstellung des Quecksilbers. —

In der Grafschaft Lake in Californien kommt amorpher Zinnober vor, grauschwarz, Strich schwarz.

Sehr selten und in geringer Menge kommen vor:

Kalomel, quadratisch, Diamantglanz, graulichweiß, grau, H. 1,5.

Hg Cl. Chlor 15,05, Quecksilber 84,95. Moschellandsberg, Almaden, Jbria. Der Name von καλός, schön und μᾶι, Honig.

Tiemannit (Selenquecksilber), stahlgrau — schwärzlichbleigrau. B. d. L. Selengeruch, im Kolben mit Soda oder Eisenpulver Quecksilber gebend. Clausthal am Harz. — Der Name nach dem Entdecker Tiemann.

Hier schließen sich an das Selenquecksilberblei (Lehrbachit) und Selenquecksilberzink, welche als Seltenheiten zu Tilkerode am Harz vorgekommen sind.

## XIII. Ordnung. Silber.

Die Mineralien dieser Ordnung geben v. d. L. auf Kohle mit Soda ein Silberkorn. Die salpeters. Aufl. giebt mit Salzf. ein weißes, käsiges Präc., welches am Licht schnell dunkel bläulich und grau gefärbt wird.

### Gediegen Silber.

Kystem: tesseral. Stf. Hexaeder. Br. hadig. Metallglanz. Silberweiß, gelblich und graulich anlaufend. H. 2,5. Dehnbar und geschmeidig. G. 10,4. B. d. L. schmelzbar = 2 — 2,5. In Salpeters. leicht aufl. Die Aufl. färbt die Haut schwarz. Ag. Enthält gewöhnlich Spuren von Kupfer, Eisen, Gold rc. — Krystalle selten deutlich, Würfel und Comb. des Würfels und Oktaeders, selten und untergeordnet Tetrakishexaeder und Trapezoeder. Draht= und blechförmig, dendritisch, eingesprengt und derb.

Auf Gängen im ältern Gebirg. Ausgezeichnete Fundorte sind das Erzgebirg (Freiberg, auf der Grube Himmelsfürst zuweilen in centnerschweren Massen, Schneeberg, Marienberg, Annaberg, Johanngeorgenstadt, hier angeblich auf St. Georg eine Masse von 100 Centnern), der Harz, Wittichen im Schwarzwald, Schemnitz in Ungarn, Kongsberg in Norwegen, hier 1834 eine Masse von 7¼ Centnern, Peru, Mexiko, Chili rc. Sehr reich an Silber ist der Altai, in welchem der berühmte Schlangenberg. Seit mehr als 50 Jahren beträgt das etatsmäßige Quantum an 70,000 Mark. — Das Silber wird theils aus den eigentlichen Silbererzen, gediegen Silber und die folgenden Species, gewonnen, theils aus silberhaltigem Bleiglanz, Kupferkies rc. Aus letztern wird theils unmittelbar, theils durch Zusammenschmelzen mit Blei und Absaigern silberhaltiges Werkblei gewonnen, welchem noch reiche Silbererze beigeschmolzen werden, worauf es abgetrieben*) wird. Aus Erzen, welche nur wenig Blei und Kupfer enthalten, gewinnt man das Silber auch durch den Amalgamationsproceß. Dabei werden die Erze zuerst mit Zusatz von 10 pr. Ct. Kochsalz in einem Flammofen geröstet, wobei Chlorsilber gebildet wird. Das Erz wird nun in Tonnen mit Wasser und kleinen Stücken Stabeisen umgetrieben und dann Quecksilber hinzugebracht. Bei lange fortgesetztem Umtreiben wird das Chlorsilber durch das Eisen, welches Chloreisen wird, reducirt und amalgamirt. Das Quecksilber läßt man durch Zwilchbeutel laufen, wobei das meiste Amalgam zurückbleibt. Dieses wird in einem eisernen Kasten durch Hitze zersetzt, das Quecksilber auf geeignete Weise condensirt und das Silber dann in Graphittiegeln umgeschmolzen.

In neuerer Zeit wendet man zur Silberscheidung aus silberhaltigen Kupfererzen oder aus dem Kupferstein ein Rösten mit Kochsalz an und extrahirt das

---

*) Das Abtreiben geschieht durch Erhitzen des Bleies auf einem schüsselförmigen Herd von Mergelerde unter Lufttritt. Das Blei oxydirt sich, fließt theils als Glätte ab oder wird von dem Herd eingesogen und das Silber bleibt zurück.

Chlorsilber mit gesättigter Kochsalzlösung oder man laugt den durch sorgfältiges Rösten gebildeten Silbervitriol mit heißem Wasser aus. —

. Die jährl. Silberproduction schätzt man gegenwärtig auf 1 Million Kilogramm (20,000 Centner) im Werth von 200 Mill. Franken. Von letzterer Summe kommen auf den norddeutschen Bund 4 Millionen, auf Oesterreich 5,7, Frankreich 0,35, England 4,5, Schweden und Norwegen 1,2, Rußland 4,1, Spanien 6,2, Nordamerika 118 Millionen, Südamerika 52 ꝛc. — Die Legirungen des Silbers mit Kupfer dienen zu Münzen und Silbergeräthen, das Amalgam zur Feuerversilberung, der Silbersalpeter als Aetzmittel, als Reagens, zum Färben der Haare ꝛc. — 1867 wurden allein in Berlin mehr als 115 Centner Silber als Silbersalpeter für die Photographie verarbeitet.

### Argentit. Glaserz.

Krystem: tesseral. Stf. Oktaeder. Br. uneben. Schwärzlich bleigrau. Strich glänzend. H. 2,5. Geschmeidig, läßt sich schneiden wie Blei. G. 7. V. d. L. schmelzbar = 1,5 mit Schäumen und Blasenwerfen. Mit Soda leicht reducirbar und Hepar gebend. In concentr. Salpeters. mit Ausscheidung von Schwefel aufl. Ȧg. Schwefel 12,9, Silber 87,1. Häufig in Krystallen, Oktaeder und Hexaeder, oft wie geflossen und zerfressen, auch drahtförmig, derb ꝛc.

Auf Gängen im ältern Gebirg im sächsischen und böhmischen Erzgebirge, Schemnitz, Kongsberg und an denselben Fundorten, die beim gediegen Silber angegeben.

Der Akanthit hat die Mischung des Argentit, aber nach Kenngott rhombische Krystallisation. Freiberg, Joachimsthal.

Der Jalpait von Jalpa in Mexiko, tesseral, geschmeidig, ist 3 Ȧg + Ċu, enthält nach Richter: Schwefel 14,18, Silber 71,76, Kupfer 14,06. — Der Stromeyerit, isomorph mit Chalkosin, ist Ȧg Ċu. Schwefel 15,80, Silber 53,11, Kupfer 31,09. Schlangenberg in Sibirien, Rudelstadt in Schlesien. Name nach dem Chemiker Stromeyer.

### Stephanit. Sprödglaserz.

Krystem: rhombisch. Stf. Rhombenpyr. 130° 16'; 96° 6' 28''; 104° 19'. Spltb. undeutlich prismatisch und brachybiagonal. Br. uneben, muschlig. Eisenschwarz, schwärzlichbleigrau. Strich schwarz. H. 2,5. Milde. G. 6,3. V. d. L. schmelzbar = 1,5, auf Kohle geringen Antimonbeschlag gebend. Von Salpeters. leicht zersetzt. Von Kalilauge wird Schwefelantimon extrahirt, welches beim Neutralisiren der Lauge in braunrothen Flocken gefällt wird. Ȧg⁵ S̈b. Schwefel 15,80, Antimon 13,19, Silber 71,01. — In Krystallen, meist rhomb. Prismen von 115° 39' mit der brachydiag. und bas. Fläche und durch Verkürzung tafelartig. Hemitropieen und Zwillinge, die Fläche des rhomb. Prisma's als Zusammensetzungsfl., die Krystalle meistens klein, zellig gruppirt ꝛc., derb und eingesprengt.

Vorzüglich im Erzgebirg, Freiberg, Schneeberg ꝛc., am Harz, Schemnitz und Kremnitz ꝛc. — Der Name Stephanit nach dem Erzherzog Stephan von Oesterreich.

Formation der Silberblende. Krystem: hexagonal. Stf. Rhomboeder. Ȧg³ R̈; R̈ = Äs, S̈b.

**a. Proustit. Arsensilberblende.**

Stf. Rhomboeder von 107° 50'. Spltb. primitiv zuweilen deutlich. Br. muschlig — uneben. Pellucid. Diamantglanz. Cochenill — karmesinroth. H. 2,5. Etwas milde. G. 5,5. V. d. L. auf Kohle anfangs verknisternd, schmelzbar = 1 mit Arsenikrauch, bei längerem Blasen reducirbar. Mit Kalilauge wird das Pulver beim Erwärmen sogleich schwarz und bei längerem Kochen Schwefelarsenik ausgezogen, der durch Salzs. in gelben Flocken gefällt wird. $\dot{A}g^3 \ddot{A}s$. Schwefel 19,40, Arsenik 15,19, Silber 65,41. — Krystallisirt, derb und eingesprengt. In den Comb. finden sich mehrere Rhomboeder, spitze Skalenoeder und das hex. Prisma.

Auf Gängen im Urgebirge, ausgez. zu Joachimsthal, Schneeberg, Freiberg 2c. im Erzgebirge, Markirch im Elsaß, Wolfach in Baden 2c. Syn. Lichtes Rothgiltigerz. — Proustit nach dem französischen Chemiker J. L. Proust.

**b. Pyrargyrit. Antimonsilberblende.**

Stf. Rhomboeder von 108° 42'. Spltb. primitiv. Br. muschlig, uneben. An den Kanten durchscheinend. Glanz metallähnlich, diamantartig. Karmesinroth — schwärzlichbleigrau. Strich karmesinroth. H 2,5. Etwas milde. G. 5,8. V. d. L. verknisternd, schmelzbar = 1, Antimonrauch entwickelnd. Mit Kalilauge wird das Pulver bald schwarz und Schwefelantimon ausgezogen, welches durch Salzs. in braunrothen Flocken gefällt wird. $\dot{A}g^3 \ddot{S}b$. Schwefel 17,77, Antimon 22,28, Silber 59,95. In Krystallen und derb. Die Comb. sind gewöhnlich vom hexag. Prisma und stumpfen Skalenoedern gebildet. Oefters auch in Hemitropieen nach einem Schnitt parallel der Fläche oder auch der Schlkte. des Rhomboeders von 137° 58' (welches die Schlkten. der Stf. abstumpft).

An denselben Fundorten, wie die vorige Species. — Syn. dunkles Rothgiltigerz. — Der Name von πῦρ, Feuer, und ἀργυρός, Silber.

Selten vorkommend sind folgende Verbindungen von Schwefelsilber:

**Myargyrit.** Klinorhombisch. Eisenschwarz. Strich dunkelkirschroth. $\dot{A}g \ddot{S}b$. Schwefel 21,89, Antimon 41,16, Silber 36,95. Bräunsdorf bei Freiberg. Myargyrit von μείων, weniger und ἀργυρός, Silber, im Vergleich zum Pyrargyrit.

**Xanthokon.** Hexagonale Tafeln. Diamantglanz. Pomeranzgelb. $\dot{A}g^3 \ddot{A}s + 2 \dot{A}g^3 \ddot{A}s$ = Schwefel 21,09, Arsenik 14,86, Silber 64,05. Freiberg. — Der Name von ξανθός, gelb, und κόνις, Pulver.

**Polyargyrit.** $\dot{A}g^{12} \ddot{S}b$ von Wolfach in Baden, tesseral, geschmeidig, 78 pr. Ct. Silber.

**Polybasit.** Hexagonal. Eisenschwarz, Strich schwarz.

$\left.\begin{array}{l}\dot{A}g^9 \\ \dot{C}u^9\end{array}\right\} \begin{array}{l}\ddot{S}b \\ \ddot{A}s\end{array}$ Var. aus Mexiko nach H. Rose: Schwefel 17,04, Antimon

5,09, Arſenik 3,74, Silber 64,29, Kupfer 9,93, Eiſen 0,06. — Schemnitz und Freiberg. (Eugenglanz.) Polybaſit von πολύς, viel, und βάσις, Grund=lage, chem. Baſis.

**Sternbergit.** Rhombiſch. Dunkel tombakbraun, Strich ſchwarz. Anal. von Zippe: Schwefel 30,0, Eiſen 36,0, Silber 33,2. — Joachims=thal in Böhmen. — Der Name nach dem Grafen Sternberg.

**Freieslebenit** (Schilfglaserz). Klinorhombiſch. Stahl — ſchwärzlich bleigrau. Anal. von Wöhler: Schwefel 18,71, Antimon 27,05, Blei 30,08, Silber 23,76. Im ſächſ. Erzgebirge.

Der **Brongniardit** (von Damour) iſt eine Verbindung von Schwe=felantimon, Schwefelſilber und Schwefelblei. Mexiko.

### Kerargyr. Chlorſilber.

Kryſtem: teſſeral. Stf. Hexaeder. Br. flachmuſchlig. Fettglanz, diamantartig. Perlgrau, graulichweiß, Strich weiß glänzend. H. 1,5. Ge=ſchmeidig. Durchſcheinend. G. 5,5. Schmelzbar = 1, leicht rebucirbar. Auf Kohle mit Kupferoxyd zuſammengeſchmolzen, die Flamme ſchön blau färbend. Von Salpeterſ. wenig angegriffen. Ag Cl. Chlor 24,75, Silber 75,25. Meiſtens derb.

Mit andern Silbererzen im ſächſiſchen und böhmiſchen Erzgebirge, zu Kongs=berg, Kolywan in Sibirien und (manchmal in bedeutenden Maſſen) in Peru und Mexiko. Kerargyr von κέρας, Horn, und ἀργυρός, Silber.

Jodſilber, **Jodit,** iſt dem Kerargyr ſehr ähnlich. Wenn man eine ſehr kleine Menge davon auf einem Zinkblech mit Waſſer befeuchtet und den Tropfen in verdünnte Stärkmehllöſung ſpült, ſo entſteht auf Zuſatz ge=wöhnlicher Salpeterſäure (welche etwas ſalpetrige Säure enthält) eine ſchöne blaue Färbung. Mexiko.

In geringer Menge hat man in Mexiko und Chili auch Bromſilber, Brom=argyrit, und zu Copiapo in Chili Bromchlorſilber, **Embolit,** gefunden.

### Amalgam.

Kryſtem: teſſeral. Stf. Rhombendodekaeder. Br. muſchlig — un=eben. Silberweiß. H. 3,5. Spröde in geringem Grade. G. 14. V. d. L. im Kolben kocht und ſpritzt es, giebt Queckſilber und hinterläßt Silber. In Salpeterſ. leicht aufl. Es ſind bis jetzt zwei Verbindungen bekannt mit: Queckſilber 65,2 und 73,75, Silber 34,8 und 26,25. Das ſilberreichſte Amalgam iſt der Arquerit mit 86,5 pr. Ct. Silber.

Oefters in Kryſtallen, derb, in Blechen angeflogen ꝛc.

Mit Queckſilbererzen am Stahlberg und Moſchellandsberg im Zweibrückſchen, Almaden in Spanien, Ungarn, Chili (Arqueros). — Amalgam von ἁπαλός, weich, und γάμος, Verbindung.

### Diskraſit. Antimonſilber.

Kryſtem: rhombiſch. Es finden ſich rhomb. Prismen von 118° 4' 20". Spltb. baſiſch und nach einem Doma deutlich. Br. uneben. Silber=weiß, gelblich und graulich anlaufend. H. 3,5. Spröde in geringem Grade. G. 9,4 — 9,8. V. d. L. ſchmelzbar = 1,5, die Kohle mit Antimonrauch beschlagend und ein Silberkorn gebend, mit Soda kein Hepar. Ag² Sb. Antimon 23, Silber 77. Auch Ag³ Sb mit 83,41 Silber soll vorgekommen sein (Wolfach). Aus Atakama in Peru kennt man noch andere Verbindungen mit 4, 6 und 18 At. Silber, letztere mit 94,2 pr. Ct. Silber. Krystalle selten, gewöhnlich derbe, körnige Massen.

Findet sich sparsam zu Wolfach im Fürstenbergischen, Andreasberg am Harz, Spanien, Peru, Chili. — Diskrasit von δίς, doppelt, und κρᾶσις, Mischung.

---

Sehr selten sind noch folgende Silber-Verbindungen:

**Naumannit** (Selensilber), tesseral, eisenschwarz, geschmeidig. V. d. L. mit Soda und Borax ein Silberkorn gebend und Selenrauch entwickelnd. Selen 26,79, Silber 73,21. Tilkerode am Harz und Tasco in Mexiko. — Der Name zu Ehren des Mineralogen Naumann.

**Eukairit.** Krystallinisch körnig. Bleigrau. Anal. von Berzelius: Selen 26,00, Silber 38,93, Kupfer 23,05, erdige Theile 8,90. Skrikerum in Schweden, Atakama in Peru. Der Name von εὔκαιρος, zur rechten Zeit, nämlich zur Zeit der Entdeckung des Selens aufgefunden.

**Heßit** (Tellursilber). Grobkörnige Massen. Zwischen blei= und stahlgrau. Geschmeidig. V. d. L. reducirbar und Tellurrauch gebend. Ag Te. Tellur 37,37, Silber 62,63. Altai und Colorado, Naghag. Der Name nach dem russischen Chemiker G. Heß.

Ein **Wismuthsilber** Ag⁶ Bi mit 84,7 Silber und 15,3 Wismuth findet sich n. Domeyko zu S. Antonio in Copiapo.

Außerdem findet sich auch Silber im Stromeyerit und für Kupfer vicarirend in manchen Fahlerzen. S. d. Ordn. Kupfer.

---

## XIV. Ordnung. Kupfer.

Die Mineralien dieser Ordn. färben, nach dem Schmelzen auf Kohle mit Salzs. befeuchtet, die Löthrohrflamme schön blau. Die meisten sind mit Soda zu Kupfer reducirbar. Die salpeters. Aufl. mit Aetzammoniak in Ueberschuß versetzt, giebt eine lasurblaue Flüssigkeit. Wird diese blaue Flüssigkeit mit Schwefels. sauer gemacht, so wird durch ein blankes Eisen= blech metall. Kupfer gefällt. Kalilauge bringt darin bei gehöriger Verdün= nung ein blaues Präc. hervor, welches beim Kochen bräunlichschwarz wird und v. d. L. ein Kupferkorn giebt.

### Gediegen Kupfer.

Krystem: tesseral. Stf. Oktaeder. Br. hackig. H. 3. Dehnbar. Kupferroth, oft bräunlich angelaufen. G. 8,5 — 9. V. d. L. schmelzbar = 3. In Salpeters. leicht zur blauen Flüssigkeit aufl. Cu. Krystalle selten deutlich, Würfel, Tetrakishexaeder, dendritisch, in Drähten, blechförmige Krusten, derb ꝛc. — Findet sich in den Gebirgen aller Formationen auf Gängen und Lagern.

Ausgezeichnet zu Kammsdorf in Thüringen, Siegen und Eiferfeld, Rhein-breitenbach am Rhein, Cornwallis, Cheffy bei Lyon, Libethen in Ungarn, Sibirien, Schweden, Norwegen, China, Japan, Lake Superior in Nord-Am.

Das meifte Kupfer wird aus feinen Oryd- und Schwefelverbindungen, die in den folgenden Species befchrieben, gewonnen. Die Orydverbindungen (Roth-kupfererz, Malachit ꝛc.) werden ganz einfach mit Kohlen und Schlacken in einem Schachtofen reducirt und das erhaltene Schwarzkupfer auf dem Gaarherde in einem Flammofen noch einmal gefchmolzen, wodurch die beigemengten, leicht orydirbaren Metalle, Eifen, Blei ꝛc. und Schwefel durch zuftrömende Luft orydirt mit Schlackentheilen auf die Oberfläche fteigen. Das reine Kupfer wird dann in einen Tiegel abgeftochen und die erftarrenden Rinden in Scheiben abgehoben. Diefe heißen rosettes — Rofettenkupfer.

Die Schwefel-Verbindungen, vorz. Kupferkies, Buntkupfererz, Kupferglanz ꝛc. werden zuerft geröftet, dann mit Kohlen und Zufchlägen im Schachtofen ge-fchmolzen, wobei Kupferftein, eine niedere Schwefelungsftufe von Kupfer, er-halten wird. Diefer giebt nach abermaligem Röften und Umfchmelzen das Schwarzkupfer, welches gaar gemacht, oder, wenn es filberhaltig, zuvor der Saigerung unterworfen wird (f. Silber).

Der Gebrauch des Kupfers ift bekannt. Vielfach werden feine Legirungen mit Zinn (Glockenmetall), mit Zink (Meffing), mit Nickel und Zink (Argentan, Neufilber) gebraucht. Seine Orydverbindungen geben Malerfarben, dienen (Kupfer-vitriol) in der Galvanoplaftik ꝛc.

Die Kupferproduction Englands beträgt jährl. 237,400 Ctnr., Defterreich producirt 45,000 Ctnr., Schweden 40,000, Frankreich 34,253, Belgien 16,400, Preußen 33,200, Toskana 3000, Spanien 10,000, Rußland 83,000 Ctnr. Nord-amerika ift fehr reich an Kupfer. Am Obern See kommt es öfters mit gediegenem Silber vor und 1853 hat man eine gediegene Maffe von 40' Länge angetroffen im Gewicht zu 4000 Ctnr. Man kennt das dortige Vorkommen des Kupfers feit 1866. — 1857 kam in einer Grube von Minnefota eine Maffe v. gediegen Kupfer vor, 45 Fuß lang, 22 breit und 8 dick, gegen 420 Tonnen (8400 Ctnr.) gefchätzt. Südauftralien ift ebenfalls fehr reich an Kupfer.

### Cuprit. Rothkupfererz.

Krfyftem: tefferal. Stf. Oktaeder. Spltb. primitiv. Br. mufchlig—uneben. Pellucid. Diamantglanz. Cochenilleroth, öfters dunkel. Strich bräunlichroth. H. 3,5. Spröde. G. 5,7 — 6. V. d. L. für fich leicht re-ducirbar. In Salzf. zu einer bräunlichgrünen Flüffigkeit aufl., welche mit Waffer ein weißes Präc. von Kupferchlorür giebt. Cu. Sauerftoff 11,21, Kupfer 88,79. In Kryftallen, Stf. und Rhombendodekaeder, derb, manch-mal erdig und mit Eifenoryd gemengt. (Ziegelerz.) Selten in haarförmigen Kryftallen. Diefe find nach Kenngott rhombifch.

Schöne Var. finden fich zu Cheffy bei Lyon, Moldawa im Banat, Corn-wallis, Ekatharinenburg, Rheinbreitenbach, Kammsdorf, Saalfeld ꝛc.

Seltner findet fich an denfelben Fundorten der Tenorit Kupferoryd, meiftens unrein als eine bräunlichfchwarze erdige Subftanz, Kupferfchwärze. Verhält fich v. d. L. wie die vorige Species, die falzfaure Aufl. wird aber von Waffer nicht getrübt. Am Vefuv und in Cornwallis kommt er in ftahlgrauen Blättern kryftallifirt vor; früher fand er fich in großer Menge am Obern See in Nord-Amerika. — Tenorit nach dem neapolitanifchen Gelehrten Tenore:

Kupferoryd-Verbindungen.

An den Tenorit anfchließend find der Delafoffit von Katharinenburg, Cu, Fe, Äl u. der Namaqualit von Namaqualand in Südafrika. Cu, Äl, H.

### Malachit.

Krystem: klinorhombisch. Stf. Hendyoeder; 103° 42'; 111° 48'. Spltb. sehr vollkommen nach der Endfl. Br. bei dichten Var. uneben. Wenig pellucid. Auf Krystallflächen Glasglanz, fasrig, Seidenglanz, dicht zum Wachsglanz. Grün, smaragdgrün, in mancherlei Abänderungen. B. d. L. auf Kohle schnell schwarz werdend, schmelzbar = 2, mit Geräusch sich reducirend. In Säuren mit Brausen auflösbar. $\dot{C}u$, $\ddot{C}$ + $\dot{C}u$ $\ddot{H}$. Kohlensäure 20,0, Kupferoxyd 71,9, Wasser 8,1. Deutliche Krystalle äußerst selten, nadelförmig, haarförmig in Büscheln und fasrigen Massen, dicht mit nierförmiger, kuglicher Oberfläche 2c.

Deutliche Krystalle zu Rheinbreitenbach am Rhein, krystallinisch zu Kammsdorf und Sangerhausen in Thüringen, Chessy, Cornwallis, Schwatz, Moldawa im Banat, Sibirien 2c. Der dichte sibirische Malachit wird zu Dosen, Belegplatten 2c. geschliffen. Aus dem Gumeschewskischen Gruben befindet sich in Petersburg ein Block von 3 Fuß 6 Zoll Höhe und fast eben so breit. Er wird auf 525,000 Rubel geschätzt. — Malachit von μαλάχη, Malve.

Nach Delesse gehört der Aurichalcit (Buratit) zur Formation des Malachits als ein Mittelglied von Zink- und Kupferoxyd ($\dot{C}u^2$, $\dot{Z}n^2$, $\dot{C}u^2$) $\ddot{C}$ + $\ddot{H}$. Findet sich zu Loktewskoi am Altai, Rezbanya in Ungarn, Chessy bei Lyon 2c. — Der Name von aurichalcum, Messing, wegen des Gehalts an Kupfer und Zink. Eine malachitähnliche Verbindung mit Chlorkupfer ist der Atlasit aus Chili.

### Azurit. Kupferlasur.

Krystem: klinorhombisch. Stf. Hendyoeder; 99° 32'; 91° 47'38". Spltb. klinodomatisch unter 59° 14' ziemlich deutlich. Br. muschlig — uneben. Pellucid. Glasglanz. Lasurblau, smalteblau. H. 3,5. G. 3,8.

Chem. wie Malachit. 2 $\dot{C}u$ $\ddot{C}$ + $\dot{C}u$ $\ddot{H}$. Kohlenf. 25,56, Kupferoxyd 69,22, Wasser 5,22. In Krystallen, Stf., krystallinisch, strahlig, blättrig, dicht und erdig.

Ausgezeichnete Var. zu Chessy bei Lyon, Drawitza und Moldawa im Banat, Saalfeld und Kammsdorf in Thüringen, Schwatz, Sibirien 2c.

----

Als Seltenheit kommt auch wasserfreier Malachit, Mysorin = $\dot{C}u^2$ $\ddot{C}$, als schwärzlichbraune Substanz vor. Mysore in Hindostan.

### Chalkanthit. Kupfervitriol.

Krystem: klinorhomboidisch. Stf. klinorhomboidisches Prisma: m : t = 123° 10'; p : m = 127° 40'; p : t = 109° 15'. Br. muschlig. Pellucid. Glasglanz. Dunkel himmelblau. Strich weiß. H. 2,5. G. 2,2. B. d. L. leicht schmelzbar und reducirbar. In Wasser aufl. Die Aufl. fällt mit salzsaurem Baryt — schwefelsauern Baryt und mit Eisen metall. Kupfer. $\dot{C}u$ $\ddot{S}$ + 5 $\ddot{H}$. Schwefels. 32,07, Kupferoxyd 31,85, Wasser 36,08. — In Krystallen, stalaktitisch, als Ueberzug, derb.

Durch Zersetzung schwefelhaltiger Kupfererze entstanden, auf Gängen zu Andreasberg am Harz, Kapnik in Ungarn, Fahlun in Schweden, Markirch 2c. z. Thl. in Grubenwässern aufgelöst, woraus man dann das Kupfer durch Eisen niederschlägt (Cementkupfer). — Chalkanthit von χάλκανθον, Kupferblüthe.

Hier schließt sich der seltene **Brochantit** (Krisuvigit) an. Smaragdgrün, in Wasser unaufl. $2(\ddot{C}a^3\ddot{S}+\ddot{H})+\ddot{C}u\ddot{H}^3$, Schwefelsäure 19,85. Kupferoxyd 68,99, Wasser 11,16. Reßhanva in Siebenbürgen, Ekatharinenburg, Krisuvig in Island, Chili. — Der Name nach dem französischen Mineralogen Brochant de Villiers. Eine ähnliche Verbindung ist der **Langit** aus Cornwallis.

Eine Verbindung von Kupferoxyd- und Thonerdesulphat ist der **Lettsomit** (nach dem englischen Mineralogen Lettsom) oder das Kupfersammeterz von Moldawa im Banat und der **Woodwardit** aus Cornwallis. Der **Dolerophanit** vom Vesuv ist $\dot{C}u\ddot{S}$.

## Libethenit.

Krystem: rhombisch. Gewöhnlich in rhomb. Prismen von $92^0\ 20'$ mit einem brachydiag. Doma von $109^0\ 52'$. Wenig spaltb. Br. uneben — muschlig. Wenig durchscheinend. Fett — Glasglanz. Dunkel oliven= grün. H. 4. G. 3,7. V. d. L. schmelzbar $= 2$, leicht rebucirbar. Von Kalilauge wird Phosphorsäure ausgezogen und die mit Essigsäure neutral. Lauge giebt mit Silberaufl. ein gelbes Präc. $\dot{C}u^4\ddot{P}+\ddot{H}$. Phosphorsäure 29,72, Kupferoxyd 66,51, Wasser 3,77.

In kleinen Krystallen zu Libethen (daher der Name) in Ungarn und zu Tagilsk im Ural. Bildet mit dem Olivenit eine chem. Formation.

## Lunnit. Phosphorochalcit.

Krystem: klinorhombisch. Hendyoeder von $141^0\ 4'$. Spltb. ortho= biag. unvollkommen. Br. muschlig — uneben. An den Kanten durchschei= nend. Fett — Glasglanz. Dunkel spangrün. H. 4,5. G. 4,3. Chem. wie die vor. Spec. $\dot{C}u^6\ddot{P}+3\ddot{H}$. Phosphors. 21,11, Kupferoxyd 70,87, Wasser 8,02.

Gewöhnlich in strahligen und fasrigen Massen. — Rheinbreitenbach am Rhein und Hirschberg im Voigtlande. — Lunnit nach dem Chemiker Lunn. — Sehr nahe steht der Dihydrit von Tagilsk.

Aehnliche seltene Phosphate sind:

der **Tagilith** von Tagilsk im Ural $= \dot{C}u^4\ddot{P}+3\ddot{H}$;

der **Besselyit** von Moravicza im Banat ist $\dot{C}u^4\ddot{P}+5\ddot{H}$;

der **Thrombolith** von Libethen in Ungarn $= \dot{C}u^3\ddot{P}^2+6\ddot{H}$ (von $\vartheta\varrho\acute{o}\mu\beta o\varsigma$, geronnen);

der **Ehlit** von Ehl am Rhein und Tagilsk $= \dot{C}u^3\ddot{P}+3\ddot{H}$.

## Olivenit.

Krystem: rhombisch. Rhomb. Prismen von $92^0\ 30'$ mit einem brachydiag. Doma von $110^0\ 50'$. Undeutlich spaltbar. Br. uneben. Wenig pellucid. Glas — Fettglanz. Olivengrün — lauchgrün. H. 3. G. 4,4. V. d. L. leicht schmelzbar $= 2$ zu einer mit prismat. Krystallen bedeckten Kugel. Auf Kohle mit Detonation und Arsenikrauch ein weißes, sprödes Arsenikkupfer gebend. Von Kalilauge wird Arseniksäure extrahirt. Die neutral. Lauge giebt mit Silberaufl. ein bräunlichrothes Präc.

$$\dot{C}u^4\left.\begin{cases}\ddot{A}s\\\ddot{P}\end{cases}\right.+\ddot{H}.\quad \text{Arseniksäure } 35,70,\ \text{Phosphors. } 3,69,\ \text{Kupferoxyd}$$

57,40, Waſſer 3,21. — Kryſtalle nadelförmig, ſtrahlig, faſrig, dicht. Redruth in Cornwallis.

Hier ſchließen ſich als arſenikſaure Kupferoxyd-Verbindungen folgende, ſehr ſelten vorkommende Species an:

**Euchroit.** Rhombiſch. Smaragdgrün. $\overset{..}{Cu}{}^4 \overset{...}{As} + 7\overset{.}{H}$. Arſeniſ. 34,21, Kupferoxyd 47,09, Waſſer 18,70. — Libethen in Ungarn. — Name von ευχρόος, von ſchöner Farbe.

**Erinit.** Derb. Smaragdgrün. $\overset{..}{Cu}{}^5 \overset{...}{As} + 2\overset{.}{H}$. Arſeniſ. 34,75, Kupferoxyd 59,82, Waſſer 5,43. — Limerik in Irland. — Name von Erin, dem alten Namen von Irland.

**Tirolit** (Kupferſchaum). Strahlig — blättrig. Apfel — ſpangrün. In Ammoniak mit Hinterlaſſung von kohlenſ. Kalk aufl. $(\overset{..}{Cu}{}^5 \overset{...}{As} + 10\overset{.}{H}) + \overset{.}{Ca} \overset{..}{C}$. Arſeniſ. 25,36, Kupferoxyd 43,67, Waſſer 19,82, Kohlenſ. Kalk 11,14. — Faltenſtein in Thyrol.

**Chalkophillit** (Kupferglimmer). Hexagonal. Dünne, tafelförmige Kryſtalle, ſpaltbar baſiſch vollkommen. Smaragd — ſpangrün. $\overset{..}{Cu}{}^6 \overset{...}{As} + 12\overset{.}{H}$. Arſeniſ. 24,9, Kupferoxyd 51,7, Waſſer 23,4. — Cornwallis, Ural. — Name von χαλκός, Kupfer, und φύλλον, Blatt.

**Lirokonit** (Linſenerz). Klinorhombiſch. Himmelblau. Arſeniſ. 26,59, Kupferoxyd 36,61, Thonerde 11,87, Waſſer 24,93. — Cornwallis. Name von λειρός, bleich, und κονία, Staub (Strich).

**Chlorotil** von Schneeberg $\overset{..}{Cu}{}^3 \overset{...}{As} + 6\overset{.}{H}$.

**Abichit** (Strahlerz). Klinorhombiſch. Strahlige Maſſen. Dunkel ſpangrün ins Himmelblaue. $\overset{..}{Cu}{}^6 \overset{...}{As} + 3\overset{.}{H}$. Arſeniſ. 30,30, Kupferoxyd 62,59, Waſſer 7,11. Cornwallis[*]. Name nach dem Mineralogen Abich.

Andere ſeltene waſſerhaltige Kupferarſeniate ſind: der **Trichalcit** aus Sibirien, der **Konichalcit** aus Andaluſien, der **Cornwallit** aus Cornwallis, der **Chenevixit** (mit 25 pr. Ct. $\overset{.}{Fe}$) und der **Bayldonit** (mit 30 pr. Ct. Pb) ebendaher. Eine ſehr ſeltene Verbindung von Kupferoxyd und Manganoxyd $\overset{..}{Cu}{}^3 \overset{..}{Mn}{}^2$ iſt der **Crednerit** (nach dem ſächſiſchen Mineralogen Credner) von Friedrichsrode in Thüringen und ein vanadinſ. Kupferoxyd mit Kalkerde und Waſſer, der **Volborthit** (nach dem ruſſiſchen Mineralogen Volborth) ebendaher.

### Dioptas.

Kryſtſtem: hexagonal. Stf. Rhomboeder von 126° 17'. Spltb. primitiv. B. muſchlig — uneben. Pellucid. Glasglanz. Smaragdgrün. H. 5. G. 3,4. Unſchmelzbar. Mit Säuren gelatinirend. $\overset{..}{Cu} \overset{..}{Si} + \overset{.}{H}$ oder $\left.\begin{array}{l} \frac{3}{4} \overset{..}{Cu} \\ \frac{1}{4} \overset{.}{H} \end{array}\right\}{}^2 \overset{..}{Si}$. Kieſelerde 38,76, Kupferoxyd 49,92, Waſſer 11,32. — In

---

[*] Der ſog. **Condurrit** iſt ein Gemenge von Rothkupfererz, arſenichter Säure und metalliſchem Arſenik. Cornwallis.

Krystallen, Stf. und hexag. Prisma. Die Krystallreihe ist interessant durch das Erscheinen von Rhomboedern in abnormer Stellung. Kirgisensteppe in Sibirien. — Name von διόπτομαι, durchsehen.

### Chrysokoll. Kieselmalachit.

Amorph. Br. muschlig, eben. An den Kanten durchscheinend. Wenig wachsglänzend. Himmelblau, spangrün. H. 3. G. 2,1. Unschmelzbar. Von Säuren mit Ausscheidung von Kieselerde zerlegt, ohne zu gelatiniren.

$$\overset{..}{C}u\ \overset{...}{S}i + 2\ \overset{.}{H}\ \text{oder}\ \left.\begin{array}{l}\tfrac{1}{3}\ \overset{..}{C}u \\ \tfrac{2}{3}\ \overset{.}{H}\end{array}\right|^3 \overset{...}{S}i.$$ Kieselerde 34,82, Kupferoxyd 44,83, Wasser 20,35.

Häufig mit Opal und Malachit gemengt. — Moldawa im Banat, Sibirien, Neu-Jersey, Saalfeld, Harz ꝛc. — Der Name von χρυσόκολλα, Goldloth, ein dazu gebrauchter Kupferocker.

Das sog. Kupferpecherz von Turinsk im Ural ist ein Gemeng von Chrysokoll und Limonit.

Der Asperolith Hermann's aus Tagilsk ist $\overset{..}{C}u\ \overset{...}{S}i + 3\ \overset{.}{H}$ (27pr.Ct.Wasser).

### Atakamit.

Krystsystem: rhombisch. Es finden sich rhomb. Prismen von 67° 40′ mit einem brachydiag. Doma von 105° 40′. Spltb. brachydiagonal vollkommen. Durchscheinend. Glasglanz. Lauchgrün, schwärzlichgrün. H. 3,5. G. 4,2. B. d. L. für sich die Flamme ausgezeichnet schön blau färbend und leicht rebucirbar. Cu Cl + 3 Cu $\overset{.}{H}$. Chlor 16,61, Kupfer 14,86, Kupferoxyd 55,85, Wasser 12,68. — Strahlig, dicht.

Chili und Wüste Atakama in Peru. Vesuv. Burraburra in Südaustralien. Nahestehend der Tallingit v. Cornwallis und der Percylit (bleihaltig) von Sonora in Mexiko.

Ein wasserfreies Kupferchlorid ist der Nantokit von Nantoko in Chile.

## Kupfersulphuride und Kupfersulphurid-Verbindungen.

### Chalkosin. Kupferglanz. Kupferglaserz.

Krystsystem: rhombisch. Stf. Rhombenphr. 79° 41′; 126° 54′; 125° 22′. Spltb. prismatisch unvollkommen (119° 35′). Br. muschlig — uneben. Schwärzlich bleigrau — stahlgrau. Strich schwarz. H. 2,5. Milde. G. 5,6. B. d. L. schmelzbar = 2, auf Kohle mit Kochen und Spritzen in der äußern Flamme, in der innern sogleich erstarrend. Mit Soda ein Kupferkorn und Hepar gebend. Cu. Schwefel 20,14, Kupfer 79,86. Vorwaltende Form ist ein sechsseitiges Prisma von 119° 35′ (2 Stktw.) und 120° 12′ 30″ (4 Stktw.). Zwillinge mit der Fläche des Prisma's von 119° 35′ als Zusammensetzungsfl. — Derb.

Auf Lagern und Gängen in Cornwallis, Nassau — Siegen, Kupferberg in Schlesien, Frankenberg in Hessen, im Mannsfeldischen in bituminösem Mergelschiefer eingesprengt (Kupferschiefer), Schweden, Norwegen, Sibirien, Massachusetts (Nordamerika). — Der Name von χαλκός, Kupfer.

Nach Breithaupt kommt Cu auch hexagonal vor, Cuprein, häufig zu Freiberg in Sachsen, Schmiedeberg in Schlesien, Ungarn, Cornwallis ꝛc.

Nahestehend ist der **Digenit** (von δι-γενής, von zweifachem Geschlecht) = Ċu Cu'. Von Sangerhausen und aus Chile.

Ein anderes Sulphuret, der **Covellin** (Kupferindig) ist Cu. Schwefel 33,5, Kupfer 66,5. Findet sich sparsam, indigblau, fettartig schimmernd, derb und in rundlichen Massen zu Hausbaden in Württemberg, Leogang im Salzburg'schen, Vesuv, Chile, in großer Menge auf der Insel Kawau in Australien. — Name nach dem neapolitanischen Mineralogen Covelli.

**Formation des Fahlerzes.** Krystallisation tesseral, geneigt hemie=
trisch. $\dot{R}^4\ddot{R} + 2\dot{R}\ddot{R}$. $\dot{R}$ = Schwefeleisen, Schwefelzink, Schwefel=
quecksilber, $\dot{R}$ = Schwefelkupfer, Schwefelsilber, $\ddot{R}$ = Schwefelarsenik,
Schwefelantimon. Nach Rammelsberg sind die Fahlerze eine Gruppe
isomorpher Mischungen $\dot{R}^4\ddot{R}$. Es gehören hierher

**a. Tennantit. Arsenikfahlerz.**

Stf. Tetraeder. Br. uneben — muschlig. Stahlgrau. Strich grau=
lichschwarz, zuweilen mit einem Stich ins Röthliche. H. 3,5. Spröde. G.

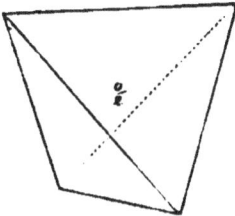

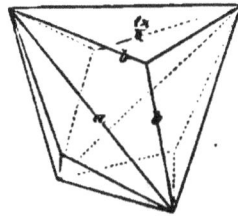

Fig. 15.      Fig. 17.

4,5. V. d. L. z. Thl. verknisternd, schmelzbar = 1,5 mit geringem Auf=
wallen und Entwicklung von Arsenikrauch zu einer stahlgrauen magnetischen
Schlacke. Von Salpeters. zersetzt. Von Kali=
lauge wird Schwefelarsenik ausgezogen, welcher
beim Neutralisiren der Lauge in citrongelben
Flecken gefällt wird. Oefters ist ein Theil des
Schwefelarseniks durch Schwefelantimon ver=
treten. Anal. einer Var. von Redruth in Corn=
wallis von Rammelsberg: Schwefel 26,61,
Arsenik 19,03, Kupfer 51,62, Eisen 1,95.

In Krystallen, Tetraeder, Trigondodekaeder,
Rhombendodekaeder, derb, eingesprengt

Freiberg in Sachsen, Schwatz in Tyrol, Krem=
nitz in Ungarn, Markirch im Elsaß, im Manns=
feldischen 2c. — Tennantit nach dem Chemiker
Smithson Tennant, dem Entdecker des Osmium und Iridium.

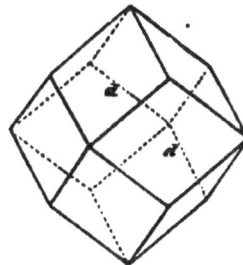

Fig. 13.

b. **Tetraedrit. Antimonialfahlerz.**

Krisation wie bei a. Eisenschwarz. Spröde. G. 4,9 — 5. Schmilzt leicht mit Entwickelung von starkem Antimonrauch, gewöhnlich auch etwas Arsenikgeruch verbreitend. Von Kalilauge wird vorzugsweise Schwefel= antimon ausgezogen, welches beim Neutralisiren der Lauge gelbroth oder bräunlichroth gefällt wird. Anal. einer Var. aus dem Dillenburgischen von H. Rose: Schwefel 25,03, Antimon 25,27, Arsenik 2,26, Kupfer 38,42, Eisen 1,52, Zink 6,85, Silber 0,83. In Kryställen wie a. und derb.

Kapnik in Ungarn, Klausthal am Harz, Wolfach im Fürstenbergischen, Tos- kana, Mexiko &c.

c. **Polytelit. Silberfahlerz.**

Krisation wie bei a. Lichte stahlgrau. Spröde. G. 5. V. d. L. leicht mit Antimonrauch schmelzend, durch Behandlung mit Soda und Borax ein Silberkorn gebend. Die salpeterf. Aufl. giebt mit Salzf. ein starkes Präc. von Chlorsilber, mit Ammoniak in Ueberschuß eine lasurblaue Flüssigkeit. Es ist gegen b. in dieser Species ein größerer oder geringerer Theil des Kupfers durch Silber vertreten. Anal. einer Var. von Freiberg von H. Rose: Schwefel 21,17, Antimon 24,63, Kupfer 14,81, Silber 31,29, Eisen 5,98, Zink 0,99. Krystallisirt und derb.

Wolfach im Fürstenbergischen, Freiberg in Sachsen, Kremnitz in Ungarn, Peru &c. — Polytelit von πολυτελής, kostbar.

Das sog. lichte Weißgiltigerz von Freiberg enthält nach Rammelsberg nur 5,5 pr. Ct. Silber und 0,32 Kupfer, dagegen 38 pr. Ct. Blei, welche er als wesentlich ansieht. Es ist $\ddot{R}^1 \ddot{S}b$.

d. **Spaniolith. Quecksilberfahlerz.**

Eisenschwarz. Strich dunkelrothbraun. G. 5,1. Mit Soda in Kolben Quecksilber gebend, übrigens wie b. sich verhaltend. Anal einer Var. von Kotterbach in Ungarn von Scheidthauer: Schwefel 23,70, Antimon 18,50, Arsenik 4,10, Kupfer 35,87, Quecksilber 7,52, Eisen 5,05, Zink 1,02, Quarzsand 1,82. In einer Var. von Poratsch in Ungarn fand Hauer 16,69 pr. Ct. Quecksilber.

Selten, Val di Castello in Toskana, Ungarn zu Kotterbach und Poratsch, Gant bei Landeck in Tyrol. — Der Name von σπάνιος, selten, und λίθος, Stein.

**Wismuthhaltiges Fahlerz** mit 6 pr. Ct. Wismuth kommt zu Neubulach in Würtemberg vor. Eine ähnliche Verbindung mit 13 pr. Ct. Bi ist der **Rionit** aus Wallis.

**Kobalthaltiges Fahlerz** (mit 3 — 4 pr. Ct. Co) kommt vor zu Kaulsdorf in Bayern und im würtembergischen Schwarzwald. Der **Stylotyp** v. Capiapo in Chile ist $\ddot{R}^3 \ddot{S}b$ mit 28 pr. Ct. Kupfer und 8 pr. Ct. Silber (bildet eine chem. Formation mit dem Bournonit). Ebenso der **Annivit** aus Wallis $\dot{C}u^3 \ddot{A}s$ u. der **Julianit** von Rudelstadt in Schlesien.

### Chalkopyrit. Kupferkies.

Krisystem: quadratisch. St. Quadratpyr. von 109° 53′ und 108° 40′. Spltb. wenig deutlich. Br. muschlig — uneben. Messinggelb, öfters angelaufen. Strich grünlichschwarz. H. 3,5. Wenig spröde. G. 4,3.

A. d. L. schmelzbar = 2 unter Entwicklung von schweflichter Säure zu einer magnetischen Kugel. Von Salpeterf. zersetzt, auf Eisen und Kupfer reagirend. Ċu F̈e. Schwefel 34,89, Eisen 30,52, Kupfer 34,59. — Krystalle selten deutlich, derb. Die Stammf. oft hemiedrisch als Sphenoeder.

Auf Gängen und Lagern in ältern und jüngern Formationen in Sachsen, Thüringen, am Harz, Mannsfeld, Baden, Cornwallis, Irland, Schweden ꝛc. Sehr verbreitet. Chalkopyrit von χαλκός, Kupfer, und πυρίτης, in der Bedeutung Eisenkies. Von ähnlicher Mischung ist der tesserale, hexaedrisch spaltbare Cuban von Cuba u. aus Schweden.

Der **Barnhardtit** von Barnhardts Land in NKarolina ist Ċu² F̈e. Schwefel 30,43, Kupfer 48,27, Eisen 21,30. Dahin gehört der **Homichlin**, speisgelb, binnen 24 Stunden goldgelb anlaufend.

## Bornit. Buntkupfererz.

Krystem: tesseral. Stf. Hexaeder. Spltb. oktaedr. Spuren. Br. muschlig — uneben. Kupferroth ins Gelbe, bunt anlaufend. Strich schwarz. H. 3. Milde. G. 5. Chem. wie Kupferkies, Ċu³ F̈e. Schwefel 25,77, Kupfer 63,36, Eisen 10,86. (Manche dieser Erze sind Ċu³ F̈e, Ċu⁹ F̈e².) Sehr selten in Krystallen, gewöhnlich derb.

Redruth in Cornwallis, Freiberg, Saalfeld und Kammsdorf, Orawitza im Banat, Fahlun in Schweden, Sibirien ꝛc. Der Name nach dem österreichischen Metallurgen J. v. Born († 1791).

Dem Bornit ähnlich ist der **Castellit** aus Mexiko, enthält 4½ pr. Ct. Silber.

Der **Enargit** Breithaupt's, rhombische Kst. metallglänzend, eisenschwarz, ist nach Plattner Ċu³ Ä̈s — Schwefel 32,6, Arsenik 19,1, Kupfer 48,3. In großen Massen zu St. Franzisko in den Cordilleren von Peru. — Der Name von ἐναργής, deutlich, in Betreff der Spaltbarkeit. Nahestehend sind der **Epigenit** Sandbergers von Wittichen in Baden und der **Luzonit** von den Philippinen.

Der **Dufrenoysit** v. Binnenthal in der Schweiz ist Ċu³ Ä̈s.

Sehr selten sind folgende Species:

**Chalkostibit** (Kupferantimonglanz). Rhombisch. Bleigrau ins Eisenschwarze. Ċu S̈b. Schwefel 25,08, Antimon 50,26, Kupfer 24,66. Wolfsberg am Harz, Guadix in Granada. Name von χαλκός, Kupfer und στίβι, Antimon. .

**Famatinit** Ċu³ S̈b mit etwas As statt Sb, von Famatina in der argentin. Republik, scheint ein Antimon-Enargit zu sein.

**Wittichit** (Kupferwismutherz). Büschelförmig zusammengehäufte Prismen. Lichte bleigrau ins Stahlgraue. Wesentlich Ċu³ B̈i. Schwefel 19,50, Wismuth 42,08, Kupfer 38,42. Wittichen im Fürstenbergischen. Der **Emplektit** (Tannenit) v. Schwarzenberg in Sachsen ist Ċu B̈i, der **Klaprothit** von Wittichen im Fürstenbergischen ist Ċu³ B̈i².

**Stannin** (Zinnkies). Tesseral. Stahlgrau ins Messinggelbe.

$\left.\begin{matrix} Fe^2 \\ Zn^2 \end{matrix}\right\}$ Sn + Cu² Sn. Anal. von Kubernatsch: Schwefel 29,64, Zinn 25,55, Kupfer 29,39, Eisen 12,44, Zink 1,77. Cornwallis, Zinnwald im Erzgebirge. Name von stannum, Zinn.

**Berzelin** (Selenkupfer). Derb. Silberweiß. Geschmeidig. V. d. L. mit Selenrauch rebucirbar. Cu² Se. Selen. 38,46, Kupfer 61,54. Skrikerum in Schweden. Benannt nach Berzelius.

Der **Crookesit** Nordenskiölds, dicht, bleigrau, ist Thalliumhaltiges Selenkupfer mit 17 pr. Ct. Thallium. Findet sich zu Skrikerum.

**Domeykit** (Arsennikkupfer). Metallglänzend weiß. Spröde. Cu³ As. Arsenik 28,36, Kupfer 71,65. Coquimbo und Copiapo in Chili und Mexiko. Name nach dem amerikanischen Chemiker Domeyko.

Der **Algodonit** von Algodones in Chile ist Cu⁵ As, mit 83,5 Kupfer.
Der **Withneyit** von Houghton in Michigan ist Cu⁹ As, mit 88 pr. Ct. Kupfer.

## XV. Ordnung. Uran.

V. d. L. geben die Min. dieser Ordn. mit Phosphorsalz im Oxydationsfeuer ein gelbes, im Reductionsfeuer schön grünes Glas. Die salpetersaure Aufl. giebt mit Aetzammoniak ein gelbes Präc. von Uranoxyd-Ammoniak, in kohlensaurem Ammoniak löslich. (Vergl. Chalkolith.)

### Rasturan. Uranpecherz.

Derb, amorph. Br. flachmuschlig — uneben. Undurchsichtig. Metallähnlicher Fettglanz. Pechschwarz, graulichschwarz. Pulver grünlichschwarz. H. 5,5. Spröde. G. 6,5. V. d. L. unschmelzbar. Wahrscheinlich Ü Ü. Sauerstoff 15,21, Uran 84,79. Gewöhnlich mit Kieselerde, Eisenoxyd, Kalkerde, auch Vanadinoxyd ꝛc. verunreinigt.

Im Urgebirge zu Johanngeorgenstadt, Annaberg, Marienberg in Sachsen, Joachimsthal in Böhmen, Cornwallis. — Klaproth entdeckte 1787 in diesem Mineral das Uran. — Außer zu chem. Präparaten in der Porcellanmalerei für schwarze Farben gebraucht. — Rasturan von ραστός, dicht und wegen des Gehalts an Uran (nach dem Uranus).

Sehr selten kommt damit Uranoxyd, Uranocker, Ü, als schwefelgelbe erdige Substanz vor.

### Chalkolith.

Krystallsystem: quadratisch. Stf. — Quadratpyr. 95° 46'; 143° 2'. Spltb. basisch sehr vollkommen. Pellucid. Glas — Perlmutterglanz. Smaragd — grasgrün. H. 2,5. G. 3,6. V. d. L. im Kolben Wasser gebend. In der Pincette schmelzbar = 2,5, die Flamme bläulichgrün färbend. In Salpeters. leicht aufl. Aetzammoniak giebt ein bläulichgrünes Präc. und eine blaue (kupferhaltige) Flüssigkeit. Von Kalilauge wird

Phosphorf. ausgezogen. $\dot{C}u$ $\ddot{P}$ + $\ddot{U}^3$ $\ddot{H}^6$. Phosphorf. 15,15, Uranoxyb 61,14, Kupferoxyb 8,42, Waffer 15,29. Die Kryftalle meiftens tafelförmig, als bünne quabrat. Blätter.

Johanngeorgenftabt, Schneeberg, Eibenftoď in Sachfen, Rebruth in Corn-wallis, Wölfendorf in ber Oberpfalz. Der Name von χαλκός, Kupfer, unb λιθός, Stein.

## Uranit.

Die Kryftallif. ift ber bes Challolith fehr ähnlich, nach Descloizeaux aber rhombifch. Citrongelb, fchwefelgelb. H. 2. G. 3,19. V. b. L. fchmelz-bar = 2, fonft wie Nafturan. Von Kalilauge wirb Phosphorf. ausgezogen.

$\dot{C}a$ $\ddot{P}$ + $\ddot{U}^2$ $\ddot{H}^3$ = $\ddot{P}$ 15,47, $\ddot{U}$ 62,75, $\dot{C}a$ 6,10, $\ddot{H}$ 15,68. In Blättern unb blättrigen Partien, feltener als Challolith, bei Autun unb Limoges in Frankreich.

Mit Vertretung von Ba für $\dot{C}a$ hat die Mifchg. bes Uranit Winkler's **Uranocircit** von Bergen im fächf. Voigtland.

Wafferhaltige Arfenikfaure Uranoxybverbinbungen finb ber **Trögerit** unb **Zeunerit** von Schneeberg, unb ber **Uranofpinit** von baher. Der **Walpurgin,** ebenfalls von Schneeberg ift arfenifl. Uranoxyb — Wismuth-oxyb mit 60 pr. Ct. $\ddot{B}i$.

Sehr felten finb:

**Johannit.** Klinorhombifch. Schön grasgrün. Wafferhaltiges fchwefel-faures Uranoxyb unb Kupferoxyb. Joachimsthal in Böhmen. — Benanut nach bem Erzherzog Johann von Oefterreich.

**Liebigit.** Ein grünes Mineral von Abrianopel, kohlenf. Uranoxybtul mit kohlenf. Kalk unb Waffer. — Der Name nach bem Chemiker Liebig.

**Uranophan** (n. Websky) v. Kupferberg in Schlefien ift ein wafferhaltiges Uranoxybfilicat, ein ähnliches ift ber **Uranotil** v. Wölfendorf in ber Oberpfalz (Boricky).

Das fog. **Gummierz** unb ber **Ellaßt** beftehen aus unreinem Uranoxybhybrat. Der **Uranofphärit** von Schneeberg ift Uranoxyb — Wismuthoxyb, mit 38 pr. Ct. $\ddot{B}i$.

## XVI. Ordnung. Wismuth.

Die Mineralien biefer Orbn. finb v. b. L. für fich ober mit Soba rebucirbar unb geben einen z. Thl. orangegelben, leicht flüchtigen Befchlag. In einer offenen Glasröhre gefchmolzen, umgiebt fich ber Regulus mit ge-fchmolzenem Oxyb, welches in ber Hitze braun, nach bem Erkalten gelb ift. Mit Schwefel unb bann mit Jobkalium zufammengefchmolzen geben die Wismutherze auf Kohle einen z. Thl. hoch gelbrothen Befchlag. Die con-centr. falpeterf. Aufl. giebt mit Waffer ein weißes Präc.

### Gediegen Wismuth.

Kryftfyftem: hexagonal. Stf. Rhomboeder von 87° 40'. Schtktw. nach G. Rofe (ifomorph. mit As, Sb ıc. Spltb. bafifch vollkommen unb nach)

dem Rhomboeder von 69° 28'. Br. uneben. Metallglanz. Röthlich silberweiß, gewöhnlich graulich, röthlich und bläulich angelaufen. H. 2,5. Sehr
milde. G. 9,8. B. d. L. schmelzbar = 1, die Kugel bleibt ziemlich lange
weich, allmählig verdampfend und die Kohle gelb beschlagend. Bi. Oefters
mit Arsenik verunreinigt. — Kryställe selten deutlich, körnig, blättrig, federartig, eingesprengt.

Auf Gängen im Urgebirge, im sächsischen Erzgebirge zu Johanngeorgenstadt,
Annaberg, Altenberg, Schneeberg 2c., zu Wittichen im Schwarzwald, Bieber in
Hessen, Steyermark, Schweden, Norwegen 2c.

Es ist das vorzüglichste Wismutherz und man gewinnt das Metall durch
Aussaigern in geneigten Röhren, welche erhitzt werden, wo dann das Wismuth
von dem Gestein abfließt und in eisernen, mit Kohlenstaub gefüllten Schaalen
gesammelt wird. — Das Wismuth dient zu verschiedenen Legirungen mit Zinn
und Blei, welche z. Thl. sehr leichtflüssig sind, daher zum Abklatschen gebraucht
werden, als Schnelllоth zu Sicherheitsventilen für Dampfkessel 2c. — Das basische
Chlorwismuth dient als weiße Schminke. — Das Wismuth wird zuerst 1520
von Agricola unter den Metallen angeführt. — Sachsen producirt jährlich gegen
100 Ctnr.

### Bismuthin, Wismuthglanz.

Krystem: rhombisch. Es finden sich rhombische Prismen von ohngefähr 91° 30'. Spltb. brachydiagonal und basisch deutlich. Br. unvollkommen muschlig. Lichte bleigrau ins Stahlgraue, auch ins Zinnweiße.
H. 2. Milde. G. 6,54. B. d. L. schmelzbar = 1 mit Kochen und Spritzen

und reducirbar. In Salpeters. mit Ausscheidung von Schwefel aufl. Bi.
Schwefel 18,75, Wismuth 81,25. — Kryställe meistens spießig und nadelförmig, strahlige Partieen, derb.

Nicht häufig. Im Erzgebirge zu Johanngeorgenstadt, zu Joachimsthal in
Böhmen, Riddarhyttan in Schweden, Cornwallis 2c.

---

Selten und in geringer Menge kommen vor:

**Wismuthocker.** Wismuthoxyd. Bi. Erdig, strohgelb. Mit gediegen Wismuth vorkommend.

**Karelinit** (n. d. Entdecker Karelin), bleigrau, in einer Richtung
vollkommen spaltbar Bi S + Bi. Sawodinsk am Altai.

Der **Alloklas** v. Orawicza in Ungarn ist eine Verbindung von
Schwefel, Arsenik, Wismuth (30 pr. Ct.), Kobalt (10 pr. Ct.) und Eisen.

**Eulytin** (Wismuthblende). Tesseral. Tetraeder. Braun, ins
Gelbe. Gelatinirend. Wesentlich Bi² Si³ n. v. Rath: Si 16,52, Bi 82,23.
Schneeberg. Diese Mischung hat auch der klinorhomb. Agricolit Frenzels,
von Johanngeorgenstadt. — **Bismuthoferrit** v. Schneeberg ist n. Frenzel Si 23, Fe 33, Bi 43.

**Bismuthit,** kohlens. Wismuthoxyd mit Wasser, kommt zentnerweise
in Mexiko vor. Ein wasserfreies kohlens. Wismuthoxyd ist der **Bismuthosphärit** von Schneeberg.

**Rhagit** von Schneeberg n. Winkler Bi⁵ As² + 8 H.

**Pucherit** v. Schneeberg ist n. Frenzel Vanadins. Wismuthoxyd Bi V.

**Tetradymit.** Rhomboedrisch. Spltb. basisch sehr vollkommen. Sehr lichte bleigrau. Bi Te³. Tellur 48,06, Wismuth 51,94. Färbt concentr. Schwefels. bei gelindem Erhitzen sehr schön roth. — Schemnitz, Retzbanya, Virginien, San Jose in Brasilien. Letzteres **Joseit** enthält nach Damour 79 pr. Ct. Wismuth.

**Selenwismuth (Frenzelit)** Bi Se³ kommt vor zu Guanajuato in Mexiko.

**Schirmerit** ist eine Verb. Bi, Pb u. Ag mit 23 pr. Ct. Silber. Colorado.

Der **Cosalit** aus Mexiko ist n. Genth 2 Pb + Bi, der **Montanit** aus Californien ist nach demselben wasserhaltiges tellursaures Wismuthoxyd.

Außerdem kommt Wismuth vor im Wittichit, Belonit, Chiviatit, Kobellit Saynit. S. b. Ordn. Kupfer, Blei und Nickel.

---

## XVII. Ordnung. Zinn.

### Kassiterit, Zinnstein.

Krystsystem: quadratisch. Stf. Quadratpyr. 121° 40′; 87° 7′. Spltb. prismatisch und diagonalprismatisch unvollkommen. Br. unvollkommen muschlig — uneben. An dünnen Kanten durchscheinend. Diamantglanz, auf dem Bruche fettartig. Braun und gelblich, graulich. H. 6,5. G. 6,8 — 7. V. d. L. in der Pincette unschmelzbar. Auf der Kohle mit Cyankalium leicht reducirbar. Von Säuren nicht angegriffen. Sn. Sauerstoff 21,88, Zinn 78,62.

Krystalle, häufig die Stf. mit den beiden quadrat. Prismen gewöhnlich hemitropisch nach einem Schnitte parallel mit den Scheitelkanten der Stf. Fig. 57. Derb. — Selten fasrig (Kornisch Zinnerz, Holzzinn).

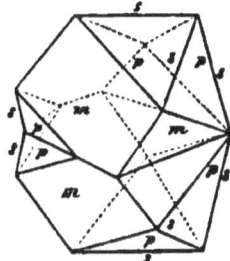

Fig. 57.

Im Urgebirge, vorz. im Erzgebirge zu Zinnwald, Schlackenwalde, Ehrenfriedersdorf, Altenberg rc., in Cornwallis, St. Leonhard in Frankreich, Malacca, Siam, Sumatra, China, Mexiko, Brasilien rc. Z. Thl. im aufgeschwemmten Lande. Kassiterit von κασσιτερος, Zinn. — Zur Gewinnung des Zinns (der Zinnstein ist das einzige Zinnerz, aus welchem Zinn gewonnen wird) wird das gepochte und geschlemmte Erz zuerst in Flammöfen geröstet, um das beibrechende Schwefeleisen, Arsenikkies rc. mürber und leichter zu machen, dann abermals gepocht und geschlemmt und der Schlich mit Schlackenzusatz und Kohle im Schachtofen reducirt. Das so erhaltene, noch unreine Zinn wird in Platten gegossen und dann noch der Saigerung unterworfen. Das reine Zinn fließt zuerst ab, weniger reines bei fortgesetztem Erhitzen. Letzteres wird noch dadurch gereinigt, daß man es in einem eisernen Gefäße eine Zeitlang im Flusse erhält, nach dem Wegnehmen der Oxyddecke schöpft man das Zinn aus und gießt es in Formen. Blockzinn. — Das reinste Zinn ist Malacca-Zinn.

Der Gebrauch des Zinns ist bekannt. Es dient zu mancherlei Legirungen,

mit Kupfer zum Kanonengut und zur Glockenspeise, mit Blei zum Schnelllloth, mit Quecksilber zum Spiegelamalgam; zum Verzinnen ꝛc.
Die jährliche Zinnproduction Englands beträgt gegen 279,000 Centner, Sachsen liefert 3000 Ctr., Böhmen 1000. — Auf Sumatra, Malacca, Banka ꝛc. werden jährlich über 23,500 Ctr. gewonnen. Nach Hermann kommt **gediegen Zinn** als Seltenheit in kleinen Körnern im sibirischen Goldsande vor, auch mit Bismuthit in Mexiko.

## XVIII. Ordnung. Blei.

Die Min. dieser Ordn. sind vollkommen oder theilweise in Salpeters. aufl. Die nicht zu saure Aufl. giebt mit Schwefels. ein weißes v. d. L. leicht zu Blei reducirbares Präc. Viele Verbindungen sind mit Soda reducirbar. Alle geben einen grünlichgelben Beschlag der Kohle.

**Gediegenes Blei** kommt nur äußerst selten in der Natur vor. Man hat es in kleinen Partien mit Galenit zu Zomelahuacan in Vera Cruz gefunden, zu Bogoslowsk im Ural, Carthagena in Murcia, am Obern See in Nordamerika, in Schweden, auf Madeira. Auch die Bleioxyde kommen nur sehr sparsam vor. Das **rothe Bleioxyd Pb Mennig**, findet sich zuweilen mit andern Bleierzen am Schlangenberg in Sibirien, zu Badenweiler in Baden, Eifel ꝛc. Bleisuperoxyd Pb, scheint der **Plattnerit**, ein schwarzes Mineral von Leadhills, zu sein. Dagegen finden sich zahlreiche Bleioxyd-Verbindungen.
Das wichtigste Bleierz aber ist das Schwefelblei, der Galenit oder Bleiglanz, und von den Oxydverbindungen das kohlensaure Bleioxyd, Weißbleierz. Aus dem Bleiglanz wird das Blei entweder durch die Röst- oder Niederschlagarbeit gewonnen. Bei der erstern wird das Erz geröstet und dann mit Kohlen in Schachtöfen niedergeschmolzen. Das durch das Rösten gebildete Bleioxyd und schwefelsaure Bleioxyd wirken auf den unzersetzten Bleiglanz und es wird Blei unter Bildung von schweflichter Säure abgeschieden.
Theilweise wird aber wieder Schwefelblei, der Bleistein, gebildet, welcher neuerdings geröstet wird und in Arbeit kommt.
Bei der Niederschlagbarkeit wird der Bleiglanz mit granulirtem Roheisen und Frischschlacke geschmolzen, wobei Schwefeleisen gebildet und Blei ausgeschieben wird. Das so erhaltene Blei heißt Werkblei. Wenn es silberhaltig ist, so wird es abgetrieben (s. Silber) und dann die Glätte mit Kohlen in einem Schachtofen reducirt.
Die Verwendung des metallischen Blei's zu Röhren, Flintenkugeln, Schrot ꝛc. ist bekannt. Es dient ferner für die Bleikammern in den Schwefelsäurefabriken, zum Dachdecken ꝛc., mit Antimon und Wismuth legirt zu Typen. Das gelbe Oxyd (Massicot, Bleiglätte) wird in der Glasfabrikation für Krystall- und Flintglas gebraucht, zu Glasuren ꝛc. Mehrere Bleisalze (vorzügl. das kohlens. Bleioxyd, Bleiweiß) dienen als Malerfarbe, zu Reagentien, in der Medicin ꝛc.
England producirt jährlich über 1 Mill. Ctr. Blei, Spanien 500,000 Ctr., Preußen 128,800 und 15,000 Glätte, Oesterreich 93,000 und 21,600 Glätte, Frankreich 41,890 und 10,500 Glätte, Belgien 23,500 Blei, Schweden 5000, Hannover 67,000 und Sachsen 10,000. Die Produktion von Nord-Amerika mag gegen 500,000 Ctr. betragen.

## Bleioxyd-Verbindungen.

Glanz nichtmetallisch. V. d. L. mit Soda reducirbar. In viel Kalilauge auflöslich. Aus der Lösung fällt ein Zinkblech metallisches Blei,

z. Thl. in glänzenden Blättchen, meist schwarz, auf Papier mit einem Chalcedonpistill gerieben, Bleifarbe und Metallglanz annehmend.

### Ceruſſit. Weißbleierz. Bleicarbonat.

Krſyſtem: rhombiſch. Stf. Rhombenpyr. 92⁰ 18'; 130⁰; 108⁰ 31'. Spltb. prismatiſch ziemlich deutlich und brachybiagonal domatiſch unter 110° 42'. Br. muſchlig. Pellucid. Diamantglanz, auf dem Bruche zum Fettglanz. Weiß, graulich. H. 3,5. Spröde. G. 6,5. V. d. L. ſtark verkniſternd, leicht ſchmelzbar = 1 und rebucirbar. In Salpeterſ. mit Brauſen aufl. Pb Ċ. Kohlenſ. 16,47, Bleioxyd 83,53. — In den Kll.= Comb. häufig das Doma von 108⁰ 14' vorwaltend, auch das Prisma der Stf. mit 117⁰ 14', Hemitropien, Zwillinge und Drillinge wie beim Ara=gonit, mit welchem das Min. zu einer chem. Formation gehört. Die Kryſtalle oft nabelförmig; derb, körnig dicht und erdig; letztere Var. öfters mit Thon, Eiſenoxyd ꝛc. verunreinigt (Bleierde).

Auf Gängen im Ur= und Uebergangsgebirge, auch auf Lagern in Flötzkalk, ausgezeichnet im Erzgebirge (Freiberg, Johanngeorgenſtadt, Mies, Przibram), Harz (Klausthal, Zellerfeld), England, Schottland, Sibirien ꝛc. Ceruſſit von cerussa, Bleiweiß.

Der Igleſiaſit (Zinkbleiſpath) von Monte Poni bei Igleſias in Sardinien enthält 7 pr. Ct. kohlenſ. Zinkoxyd, das Uebrige kohlenſ. Bleioxyd.

### Angleſit. Bleivitriol.

Krſyſtem: rhombiſch. Stf. Rhombenpyr. 89⁰ 38'; 128⁰ 48'; 112⁰ 40'. Spaltb. domatiſch unter 76⁰ 17'. — Br. muſchlig—uneben Pellucid. Diamantglanz. Weiß, graulich ꝛc. H. 3. Spröde. G. 6,4. V. d. L. ver=kniſternd, ſchmelzbar = 1,5, mit Soda Hepar und ein Bleikorn gebend. In Salpeter wenig aufl. Pb S̈. Schwefelſ. 26,39, Bleioxyd 73,61. — Die Kryſtalliſation iſt die des ſchwefelſ. Baryts. Die vorwaltende Comb. bildet das Doma von 76⁰ 17' und ein Prisma von 78⁰ 46'. Die Kryſtalle er=ſcheinen daher oft als Rectangulärpyramide; derb, körnig.

Cornwallis, Wanlokhead, und Leadhills in Schottland, Zellerfeld, Wol=ſach ꝛc. Der Name von Angleſea in Schottland.

Hier ſchließen ſich als Seltenheiten an:

Lanarkit. Klinorhombiſch. Pb S̈ + Ṗb. Schwefelſ. Bleioxyd 57,6, Bleioxyd 42,4. Leadhills in Schottland. Der Name von der Grafſchaft Lanark in Schottland.

Leadhillit. Rhombiſch. 4 Pb Ċ + 2 Pb S̈ + Ṗb + 2 Ḧ; Pb Ċ 55,25, Pb S̈ 31,35, Ṗb 11,53, Ḧ 1,87 von Leadhills. Dahin auch der Maxit aus Sardinien.

Caledonit. Rhombiſch. Bleiſulphat (72 mit Ṗb, C̈u, Ḧ). Dun=tel ſpangrün. — Leadhills. Der Name von Caledonia, dem römiſchen Namen eines Theils von Schottland.

Linarit (Kupferbleiſpath). Klinorhombiſch. Pb S̈ + C̈u Ḧ. Schwefelſaures Bleioxyd 75,71, Kupferoxyd 19,80, Waſſer 4,49. Dunkel laſurblau. — Leadhills, Ural und Linares in Spanien, woher der Name.

Formation des **Pyromorphits**. (Hierher aus der I. Klasse der **Apatit**.) R R + 3 Ṙ³ R̈. Als R kommen vor: Blei und Calcium. Als R Chlor und Fluor, als Ṙ Bleioxyd und Kalkerde, als R̈ Phosphorsäure und Arsenikfäure.

### a. **Pyromorphit. Grün- und Braunbleierz z. größten Thl.**

Krystem: hexagonal. Stf. Hexagonpyr. 142° 12' 36"; 80° 44'. Spltb. primitiv undeutlich. Br. muschlig — uneben. Pellucid. Fettglanz — Diamantglanz. In lichten Abänderungen von Grün und Braun. H. 3,5. G. 7. V. d. L. schmelzbar = 1,5, aus dem Schmelzflusse krystallisirend und für sich auf Kohle nicht reducirbar. Mit Soda ein Bleikorn gebend. In Salpeterf. leicht aufl. Pb Cl + 3 Ṗb³ P̈. Phosphorf. 15,79, Bleioxyd 73,91, Chlor 2,62, Blei 7,68. — Vorwaltende Form hexag. Prisma. Krystalle oft nadelförmig, die Prismen zuweilen hohl, stänglich, derb.

Ausgez. zu Przibram und Bleistadt in Böhmen, Hofsgrund in Baden, Zellerfeld am Harz, Huelgoet in Frankreich, Cornwallis rc. Der Name von πῦρ, Feuer, und μορφή, Gestalt, wegen des Krystallisirens aus dem Schmelzfluß.

### b. **Mimetesit. Arsenikfaures Bleioxyd.**

Krllisation wie bei a. (Randktw. 80° 58'). Pellucid. Fettglanz. Gelblichgrün, graulichgrün, bräunlich, gelb. H. 3. G. 7,2. V. d. L. in der Pincette schmelzbar = 1 und in der äußern Flamme krystallisirend. Auf Kohle mit Arsenikrauch reducirbar. In Salpeterf. aufl. Pb Cl + 3 Ṗb³ A̋s. Arfenikf. 23,22, Bleioxyd 67,44, Chlor 2,37, Blei 6,97. Vorwalt. Form das hexag. Prisma. In Krystallen und derb, nierförmig, traubig rc.

Johanngeorgenstadt im Erzgebirge, Cornwallis, Zacatecas. — Name von μιμητής, Nachahmer, in Bezug auf die Aehnlichkeit mit der vorhergehenden Species.

Sehr selten sind:

### c. **Polyspärit.** Kuglig und traubig. Braun, graulich.

$\left.\begin{array}{l} Pb\ Cl \\ Ca\ F \end{array}\right\} + 3 \left.\begin{array}{l} \dot{Pb}^3 \\ Ca^3 \end{array}\right\} \ddot{P}$. Nach Kersten: Chlorblei 10,84, Fluorcalcium 1,09, phosphorf. Bleioxyd 77,01, phosphorf. Kalk 11,05. — Grube Sonnenwirbel bei Freiberg. Name von πολύ, viel, und σφαῖρα, Kugel.

### d. **Hedyphan.** Graulichweiß. $Pb\ Cl + \left\{\begin{array}{l} \dot{Pb}^3\ A̋s \\ Ca^3\ \ddot{P} \end{array}\right.$ . Nach Kersten:

Chlorblei 10,29, arfenikf. Bleioxyd 60,10, arfenikf. Kalk 12,90, phosphorf. Kalk 15,51. — Langbanshyttan in Schweden. — Name von ἡδυφαγής, lieblich glänzend.

Der **Bindheimit** von Nertschinsk in Sibirien ist Ṗb³ S̈b + 4 Ḧ.

**Krokoit. Rothbleierz.**

Krystem: klinorhombisch. Stf. Hendhoeber. 93° 44'; 124°. Spltb. nach den Seitenfl. deutlich. Br. muschlig — uneben. Pellucid. Diamant= glanz. Morgenroth, hyazinthroth. Strich orangegelb. H. 3. Milde. G. 6,1. B. b. L. mit Soda reducirbar, die Flüsse chromgrün färbend. Wird das Pulver mit concentrirter Salzs. gekocht und Weingeist zugesetzt, so er= hält man beim Concentriren unter Ausscheidung von Chlorblei eine smaragd= grüne Flüssigkeit, die beim Verdünnen mit Wasser grün bleibt (während sie sich bei Vanadinit, Aräoxen rc. in Blau verändert). Pb Čr. Chromsäure 31,7, Bleioxyd 68,3. — Die Endfl. der Stf. gewöhnlich durch ein Klino= doma von 119° verdrängt; stänglich, derb.

Beresovsk in Sibirien und Conchonas to Campo in Brasilien. Der Name von Κρόϰος, Saffran.

Zu Beresovsk kommt noch eine andere Species, der **Phönicit** (von ϕοινίϰιος, purpurroth), vor, welcher Pb³ Čr², Chromf. 23,6, Bleioxyd 76,4. Cochenillroth, im Striche ziegelroth.

Hier schließt sich ferner von demselben Fundorte der **Vauquelinit** an. Dun= kelgrün. 2 Pb³ Čr² + Ċu³ Čr². Chromf. 28,42, Bleioxyd 60,78, Kupferoxyd 10,80. Der Name nach dem Chemiker Vauquelin.

Beide Min. sind selten.

**Stolzit. Scheelsaures Bleioxyd.**

Gehört mit der folgenden Spec. zur Formation des Scheelits.

Krystem: quadratisch. Stf. Quadratpyr. 99° 43'; 131° 30'. Spltb. primitiv wenig. Br. muschlig. Pellucid. Fettglanz. Gelblich, bräun= lich. H. 3. G. 8,1. B. b. L. auf Kohle schmelzbar zu einer metallisch glän= zenden, krystallinischen Perle; mit Soda reducirbar. In Salpeters. mit Hinterlassung eines citrongelben Rückstandes (von Scheelsäure) aufl. Pb W̄. Wolfram= oder Scheelsäure 51, Bleioxyd 49.

Selten zu Zinnwald im böhmischen Erzgebirge und in den Bleigruben v. Southampton, mit hemiedrischem Typus wie der Scheelit. Der Name nach dem ersten Bestimmer Dr. Stolz.

**Wulfenit. Molybdänsaures Bleioxyd. Gelbbleierz.**

Krystisation wie bei der vor. Spec. Pellucid. Fettglanz. Wachsgelb, honiggelb, pomeranzengelb. H. 3. G. 6,7. B. b. L. stark verknisternd, mit Soda auf der Kohle reducirbar. Wird das Pulver in einer Porcellanschale mit concentr. Schwefels. erhitzt und bann nach etwas Abkühlen Weingeist zugesetzt und angezündet, so färbt sich die Flüssigkeit, besonders an den Wänden der Schale, lasurblau. Wird das Pulver mit Salzs. gekocht, so nimmt die ziemlich verdünnte Aufl. beim Umrühren mit Stanniol eine blaue Farbe an. Pb M̄o. Molybdänsäure 38,55, Bleioxyd 61,45. — Krystalle meistens tafelförmig durch Ausdehnung der vorkommenden baf. Fläche, blätt= chenförmig, derb rc.

In Alpenkalk. Ausgez. zu Bleiberg und Windischkappel in Kärnthen, Reß= banya in Ungarn, Badenweiler in Baden, Partenkirchen in Oberbayern, Mexiko rc. Der Name nach Hrn. Wulfen, der eine Monographie des Min. schrieb.

Zu Pamplona in Süd-Amerika kommt noch eine andere Verbindung, Pb³ Mo, vor.

---

Selten und in geringer Menge kommen Verbindungen von Vanadin-säure und Bleioxyd vor und gehören hierher der **Vanadinit** und **Decloizit.** Der Vanadinit zeigt Isomorph. mit Pyromorphit (daher **Kenngott** vorschlägt, die Vanadinsäure als V̇ zu betrachten). Die Ana-lysen geben 17 pr. Ct. Vanadinsäure, 76 pr. Ct. Bleioxyd, 2,23 pr. Ct. Chlor. Die salzsaure Lösung mit Zusatz von Weingeist concentrirt, giebt eine smaragdgrüne Flüssigkeit, die bei Zusatz von Wasser sich himmelblau färbt. — Willow in Irland, Mexiko, Beresovsk. — Der Name nach dem Gehalt an Vanadium, dieses von Vanadis, einem Beinamen der nordischen Göttin Freya. Das Vanadium wurde von del Rio (1801) und Sefström (1830) entdeckt. Der **Descloizit** (nach dem Mineralogen Descloizeaux be-nannt) hat die Mischung des Vanadinit, krystallisirt aber rhombisch. Mexiko, Böhmen.

Eine Verbindung von vanadins. Bleioxyd und Zinkoxyd ist der **Dechenit** (Aräoxen, Eusynchit) von Dahn in der Rheinpfalz und von Freiburg im Breisgau, eine dergl. mit Kupferoxyd ist der **Mottramit** von Mottram in Cheshire.

### Cotunnit. Chlorblei.

In nadelförmigen, diamantglänzenden Krystallen von weißer Farbe. Sehr leicht schmelzbar und sublimirbar, die Flamme blau färbend, mit Soda viele Bleikörner gebend. In Salpeters. leicht aufl., die Aufl. giebt mit Silberaufl. ein starkes Präc. von Chlorsilber. Pb Cl. Chlor 26, Blei 74. Findet sich am Vesuv. — Name nach dem neapolitanischen Arzte Cotunnia.

Hier schließen sich die seltenen Min. **Mendipit, Matlockit** und **Kerasin** an. Die ersteren sind Chlorblei mit Bleioxyd und finden sich zu Mendip-Hill in Sommersetshire und Matlock in Derbyshire, der Kerasin (von κέρας, Horn) ist Chlorblei mit Pb C̈ und kommt zu Matlock in Derbyshire vor. Eine Verbindung von Chlorblei (23), Jobblei (18,7) u. Bleioxyd (47), fin-det sich nach Domeyko bei Paposo in Atakama in nicht unbeträchtlicher Menge.

### Schwefelblei und Verbindungen des Schwefelblei's.

Metallglänzend. Mit Soda Hepar gebend und Blei oder Bleibeschlag auf der Kohle.

### Galenit. Bleiglanz.

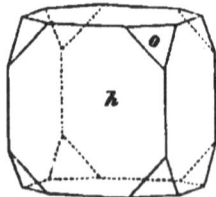

Krystsystem: tesseral. Stf. Hexaeder. Spltb. primitiv vollkommen. Metallglanz. Bleigrau. H. 2,5. Milde. G. 7,5. V. d. L. schmelzbar — 1—1,5, nach schweflichter Säure riechend und mit Soda leicht reducirbar. Pb. Schwefel 13,3, Blei 86,7. Zuweilen etwas silber- und antimon-haltig. — Die gewöhnlichen Comb. sind die des

Fig. 2.

Hexaeders und Oktaeders. Körnig, körnig strahlig, auch ins Dichte. (Bleischweif.)

Auf Gängen in Ur- und Uebergangsgebirgen, auf Lagern im Uebergangs- und Flötzkalk. Sehr verbreitet. Ausgez. Krystalle finden sich zu Clausthal und Zellerfeld am Harz, Freiberg und Johanngeorgenstadt, Mies in Böhmen, Schemnitz in Ungarn, Bleiberg, Leadhills, Derbyshire, Schweden, Norwegen ꝛc. Galenit von galena, Bleierz.

Das Schwefelblei kommt in mehreren Verhältnissen mit Schwefel-antimon verbunden vor. Diese Verbindungen sind von bleigrauer — eisen-schwarzer Farbe, geben v. d. L. auf Kohle Blei- und Antimonbeschlag und von Kalilauge wird beim Kochen Schwefelantimon aufgelöst und Schwefel-blei bleibt als schwarzes Pulver zurück (der Antimonglanz nimmt mit Kali-lauge sogleich eine ockergelbe Farbe an, was bei diesen Verb. nicht der Fall ist). Die mit Salzsäure neutralisirte Lauge fällt gelbrothe und bräunlich-rothe Flocken.

Die bekannten Verbindungen dieser Art, welche sämmtlich nur in klei-nen Mengen vorkommen, sind:

**Zinkenit.** $\dot{P}b \ddot{S}b$. Schwefel 22,23, Antimon 41,80, Blei 35,97. Hexagonal. — Wolfsberg am Harz. Benannt nach dem hannöverschen Bergrath Zinken.

**Boulangerit.** $\dot{P}b^3 \ddot{S}b$. Schwefel 18,21, Antimon 22,83, Blei 58,69. Kurzfasrige Massen. Molières in Frankreich, Nertschinsk, Ober-fahr in Sayn-Altenkirch. Benannt nach dem französischen Chemiker Boulanger. Ein $\dot{P}b^4 \ddot{S}b$ ist der **Meneghinit** v. Bottino in Toskana.

Der **Epiboulangerit** von Altenberg in Schlesien ist nach Websky $\dot{P}b^3 \ddot{S}b + 3 \dot{P}b^3 \ddot{S}b$.

**Geokronit.** $\dot{P}b^5 \ddot{S}b$. Schwefel 16,7, Antimon 15,7, Blei 67,6. Derb, nicht spaltbar. Manchmal ein Theil von Sb durch As vertreten. Sala in Schweden, Meredo in Asturien. — Name von γῆ, Erde, und κρόνος, Saturn für Blei.

**Kilbrickenit.** $\dot{P}b^6 \ddot{S}b$. Schwefel 16,26, Antimon 13,58, Blei 70,16. Blättrig, erdig. Kilbricken in Irland (daher der Name).

**Jamesonit** (Plumosit). $\dot{P}b^2 \ddot{S}b$. Schwefel 19,64, Antimon 29,53, Blei 50,83. Rhombisch. Stänglich, blättrig. Cornwallis, Catta franca in Brasilien, Arany-Idka in Oberungarn. — Der Name nach dem schottischen Geologen Jameson.

**Plagionit.** $\dot{P}b^4 \ddot{S}b^3$. Schwefel 21,16, Antimon 36,71, Blei 42,13. Klinorhombisch. Wolfsberg am Harz. Der Name von πλάγιος, schief.

Verbindungen von Ṗb u. A̎s kommen ebenfalls mehrere vor; bei diesen wird von Kalilauge A̎s extrahirt und aus der Lösung mit Salzsäure in citrongelben Flocken gefällt. Diese Verbindungen sind z. Thl. Analoga zu denen mit S̎b, so der **Ellerotlas** Ṗb² A̎s analog dem Jamesonit; der **Arsenomelan** Ṗb A̎s analog dem Zinkenit. Der **Binnit** ist Ṗb³ A̎s. Diese Species kommen vor im Binnenthal in der Schweiz.

## Bournonit. Schwarzspießglanzerz.

Krystem: rhombisch. Es finden sich rhombische Prismen von 93° 40′ mit mehreren Domen. Spltb. nach den Diag. undeutlich. Br. muschlig — uneben. Stahlgrau — eisenschwarz. H. 2,5. Spröde. G. 5,7. V. d. L. schmelzbar (1), die Kohle weiß und grünlichgelb beschlagend und nach längerem Blasen mit Soda ein Kupferkorn gebend. Die salpeterf. Aufl. giebt mit Schwefelf. ein Präc. von schwefelf. Bleioxyd. Ṗb⁴ S̎b + Ċu² S̎b. Schwefel 19,72, Antimon 24,71, Blei 42,54, Kupfer 13,03. — Krystalle öfters in Zwillingen, die Fl. des angegebenen Prisma's als Zusammensetzungsfl., rabförmig aggregirt, derb.

Kapnik und Offenbanya in Siebenbürgen, Wolfsberg, Pfaffenberg und Neudorf am Harz, Waldenstein in Kärnthen, Cornwallis ꝛc. Bournonit nach dem französischen Krystallographen Grafen v. Bournon.

Hier schließt sich der **Wölchit** an. Rhombisch. Schwärzlichbleigrau. Nach Schrötter: Schwefel 28,60, Antimon 16,65, Arsenik 6,04, Blei 29,90, Kupfer 17,35, Eisen 1,40. Wölch bei St. Gertraud in Kärnthen.

## Belonit. Nadelerz.

Nadelförmige und schilfförmige Krystalle und derb. Spltb. in einer Richtung deutlich. Stahlgrau, öfters gelblich ꝛc. anlaufend. Strich schwärzlichgrau. H. 2. Milde. G. 6,12. V. d. L. sehr leicht schmelzbar, die Kohle weiß und schwefelgelb beschlagend. Nach längerem Blasen mit Soda ein Kupferkorn und Bleibeschlag gebend. Die salpeterf. Aufl. giebt mit Wasser ein weißes Präc., mit Schwefelf. wird schwefelf. Bleioxyd gefällt.

Ṗb⁴ B̎i + Ċu² B̎i. Anal. von Frick: Schwefel 16,11, Wismuth 36,45, Blei 36,05, Kupfer 10,59.

In geringer Menge zu Beresovsl in Sibirien. Der Name von βελόνη, Nadel.

Hier schließt sich Setterberg's **Kobellit** an. Schwefelantimon 12,70, Schwefelblei 46,36, Schwefelwismuth 33,18, Schwefeleisen 4,72.

(Ṗb, Ḟe)³ B̎i, S̎b). Sehr selten. Nerike in Schweden.

Der **Chiviatit** von Chiviato in Peru ist nach Rammelsberg (Ṗb, Ċu)² B̎i³.

Der **Cuproplumbit** aus Chile ist Ċu Ṗb², der **Alisonit** ebendaher Ċu³ Ṗb.

Der **Huascolit** v. Huasco ist Ṗb + 1½ Żn. Der **Nadorit** von Nador in Constantine ist S̎b, Ṗb, Ṗb Cl.

**Clausthalit. Selenblei.**

Krystem: tesseral. Körnig blättrige Massen, auch dicht. Bleigrau,
lichte. Metallglanz. H. 2,7. Milde. G. 8,5. V. d. L. verknisternd, auf
der Kohle unter Verbreitung von Selengeruch verflüchtigend, ohne zu
schmelzen. In Salpeterf. aufl., Schwefelf. fällt schwefelf. Bleioxyd. Pb Se.
Selen 27,3, Blei 72,7.

Bisher nur zu Tilkerode und Clausthal (woher der Name) am Harz gefunden.
Hier schließen sich, ebenfalls sehr selten, das **Selenkobaltblei, Selenbleikupfer**
· und **Selenquecksilberblei** an, welche mit dem Selenblei zu Tilkerode vorkommen.

**Nagyagit. Blättererz.**

Krystem: quadratisch. Stf. Quadratphr. 96° 43'; 140°. Spltb.
basisch sehr vollkommen. Metallglanz. Schwärzlichbleigrau. H. 1,5. Milde,
in dünnen Blättchen biegsam. G. 7,0. V. d. L. auf Kohle schmelzbar = 1,
die Flamme bläulich färbend, rauchend und die Kohle gelb beschlagend. In
einer offenen Röhre Tellurrauch gebend. Mit concentr. Schwefelf. gelinde
erhitzt, eine braungelbe oder hyazinthfarbene Flüssigkeit gebend, die sich,
mit Wasser verdünnt, sogleich entfärbt und ein graues Präc. von Tellur
fällt. Nach Klaproth: Tellur 32,2, Blei 54,0, Gold 9,0, Silber 0,5,
Kupfer 1,3, Schwefel 3,0. Krystalle tafelförmig, blätterförmig.

Kommt in geringer Menge zu Nagyag in Siebenbürgen vor.
Reines **Tellurblei, Altait,** findet sich als Seltenheit zu Sawodinski am
Altai, auch in Colorado u. Gaston Cty. in N. Carolina. Spltb. hexaedrisch.
Zinnweiß. Tellur 38,1, Blei 61,9.

---

# XIX. Ordnung. Zink.

Die Min. dieser Ordnung geben v. d. L. für sich oder mit Soda auf
Kohle anhaltend erhitzt einen Beschlag, welcher in der Hitze gelb ist, beim
Erkalten sich bleicht und, mit Kobaltaufl. befeuchtet und erhitzt, eine grüne
Farbe annimmt.

---

Die wichtigsten Zinkerze sind das kohlensaure und kieselsaure Zinkoxyd,
welche gewöhnlich Galmey heißen, und das Schwefelzink oder Zinkblende. Nach
gehörigem Brennen und Rösten werden die pulverisirten Erze mit Kohlen und
Koals in verschlossenen Destillirgefäßen, Tiegel oder Röhren von Thon oder
Gußeisen, reducirt. Durch angebrachte Röhren werden die Zinkdämpfe (das
Zink ist in der Weißglühhitze flüchtig) in den Verdichtungsraum geleitet, wo das
Zink in die Vorlagen tropft.

Das Zink liefert mit Kupfer die bekannte Legirung Messing. Es dient
zum Dachdecken, Schiffsbeschlag und zu den galvanischen Batterieen 2c.
Belgien producirt jährlich gegen 900,000 Centner Zink, Preußen 780,000
Ctr., Oesterreich 40,000, England 150,000.

**Zinkoxyd=Verbindungen.**

**Smithsonit. Zinkspath. Galmey z. Th.**

Krystem: hexagonal. Stf. Rhomboeder von 107° 40'. Spltb.
primitiv. Br. uneben. Durchscheinend — undurchsichtig. Glasglanz —

14*

Perlmutterglanz. Weiß, gelblich, grünlich ꝛc. H. 5. G. 4,5. V. b. L. unschmelzbar, mit Kobaltaufl. beim Glühen schön grün. In Salzsäure mit Brausen aufl. Zn C̈. Kohlenf. 35,19, Zinkoxyd 64,81. — Kryſtalle ſelten deutlich, kryſtalliniſch körnig, faſrig, dicht und erdig.

Im ältern und neuern Gebirge, vorz. Flötzkalk. Bleiberg und Raibel in Kärnthen, Aachen und Iſerlohn, Tarnowitz in Schleſien, Miedzana, Gora in Polen, Rauſchenberg bei Reichenball, Schottland, Nertſchinſk im Ural ꝛc. Smithſonit nach dem engliſchen Chemiker Smithſon.

Zu Bleiberg und Raibel in Kärnthen findet ſich noch eine andere waſſer-haltige kohlenſaure Verbindung, der Hydrozinkit (Zinkblüthe), Kohlenf. 13,5, Zinkoxyd 71,4, Waſſer 15,1. Der Monheimit iſt Zn C̈ + Fe C̈. Siehe die Ordnung: Eiſen.

### Calamin. Kieſelgalmey.

Kryſtem: rhombiſch. Es finden ſich rhombiſche Prismen von 104° 6′, gewöhnlich mit einem brachydiag. Doma von 129° 2′. Spltb. nach den Fl. des Prisma's von 104° 6′. Br. uneben. Durchſcheinend. Glas — Perlmutterglanz. Weiß, gelblich ꝛc. H. 5. G. 3,5. Durch Erwärmen ſtark elektriſch. V. b. L. faſt unſchmelzbar, mit Kobaltaufl. blaue, nur ſtellenweiſe grüne, Farbe annehmend. Mit Säuren gelatinirend. $\dot{Z}n^2 \ddot{S}i + \dot{H}$. Kie-ſelerde 25,59, Zinkoxyd 66,93, Waſſer 7,48. — Klle. gewöhnlich tafel-artig, ſtänglich, körnig ꝛc. An den Kryſtallen iſt öfters Hemimorphismus zu bemerken.

An denſelben Fundorten wie die vorige Species. Calamin von lapis calaminaris, Galmey.

Der Moresnetit v. Altenberg bei Aachen iſt ein waſſerhaltiges Zinkſilicat mit 13,68 pr. Ct. Thonerde.

Hier ſchließt ſich der ziemlich ſeltene Willemit an, welcher $\dot{Z}n^2 \ddot{S}i$. Kieſel-erde 27,53, Zinkoxyd 72,47. Kryſtalliſirt hexagonal rhomboedriſch. Gelatinirend. — Franklin in Ney-Jerſey, die Schweiz, Raibel in Kärnthen, Aachen. — Der Name nach dem ehemaligen Könige der Niederlande Wilhelm I. — Hierher ge-hört (mit 9 pr. Ct. Mn, Fe) der Trooſtit von Sterling in N. Jerſey.

Der Danallit v. Rockport in Maſſachuſetts iſt ein eiſenhaltiges Zinkſilicat mit 14 pr. Ct. Beryllerde (Coole).

### Gahnit. Automolith.

Kryſtem: teſſeral. Stf. Oktaeder. Spltb. primitiv. Br. muſchlig. An den Kanten durchſcheinend. Glasglanz zum Fettglanz. Dunkel lauch-grün. H. 7,5. G. 4,2—4,4. V. b. L. unveränderlich. Von Säuren nicht angegriffen. Das feine Pulver mit ſaurem ſchwefelſ. Kali geſchmolzen und in Waſſer gelöſt, giebt mit Aetzammoniak in Ueberſchuß ein Präc. Wird dieſes filtrirt, ſo giebt Schwefelammonium im Filtrat ein weißes Präc. von Schwefelzink.

$\left.\begin{array}{l}\text{Zn}\\\text{Mg}\end{array}\right\}$ Äl. Analyſe einer Var. von Fahlun und Abich: Thonerde 55,14, Zinkoxyd 30,02, Magneſia 5,25, Eiſenoxydul 5,85, Kieſelerde 3,84.

Fahlun und Stor-Juna in Schweden, Neu-Jersey, Querbach in Schlesien*).
— Der Name nach dem schwedischen Chemiker Gahn. — Gehört zur chem. Formation des Spinells. Ebenso der **Kreittonit** von Bodenmais in Bayern (Żn, Fe, Mg) (Äl Fe), der **Tysluit** von Sterling in N. Jersey (Żn, Fe, Mn) (Äl Fe) und der **Franklinit** von Franklin in Neu-Jersey, welcher (Żn, Fe, Mn) (Fe, Mn).

Außer diesen kommen noch in geringer Menge vor:

**Goslarit** (Zinkvitriol), isomorph mit Bittersalz. Farblos, weiß. Żn S̈ + 7 Ḧ. Schwefelsäure 27,97, Zinkoryd 28,09, Wasser 43,94. In Wasser aufl. Rammelsberg bei Goslar, Fahlun, Schemnitz ꝛc.

**Röttigit**, wesentlich arsenisf. Zinkoryd mit 23 pr. Ct. Wasser. Schneeberg. Eine ähnliche Verbindung mit 4½ pr. Ct. Wasser (isomorph mit Olivenit) ist der **Adamin** v. Chanarcillo in Chili.

**Zinkit** (Rothrorylas). Morgenroth, blutroth, durchscheinend. Im reinsten Zustande aus Zinkoryd bestehend, gewöhnlich mit Manganoryd gemengt. — Franklin. Zuweilen in ansehnlichen Massen.

### Schwefelzink und Schwefelzink-Verbindungen.

### Sphalerit. Zinkblende.

Krystem: tesseral. Stf. Rhombendodekaeder. Spltb. primitiv sehr vollkommen. Pellucid. Diamantglanz. Grün, gelb, roth, braun und schwarz in mancherlei Abänderungen. Strich gelblichweiß — braun. H. 3,5. G. 4. V. d. L. meistens unschmelzbar, mit Soda Zinkrauch und Hepar gebend. In concentr. Salpetersäure mit Ausscheidung von Schwefel aufl. Żn. Schwefel 33, Zink 67. Die strahlige Blende von Przibram enthält 1,9 Cadmium**). — In Krystallen, geneigtflächig hemiedrisch, Rhombendodekaeder, Oktaeder, Tetraeder, Trigondodekaeder, selten auch Trapezdodekaeder, Würfel, in mannigfaltigen Combin. Häufig Hemitropieen, Drehungsfl. die Oktaederfl., derb, körnig, strahlig, selten dicht.

Im ältern Gebirge, sehr verbreitet. Ausgez. Var. kommen vor zu Schemnitz, Felsobanya, Kapnik ꝛc. in Ungarn, Freiberg in Sachsen, Andreasberg am Harz, Nassau, Derbyshire und Cumberland, Bodenmais in Bayern, Raibel in Kärnthen ꝛc. Sphalerit von σφαλερός, betrügerisch.

Selten und in geringer Menge kommen vor:

**Marmatit.** Blättrig, schwarz. In Salzs. mit Entwicklung von Schwefelwasserstoff aufl. Fe + 3 Żn. Schwefelzink 77,1. Schwefeleisen 22,9. Marmato in der Provinz Popayan und Botino in Toskana. Aehnliche Verbindungen sind: der **Christophit** v. Breitenbrunn in Sachsen und der **Rahtit** v. Duktown in Tennessee, der letztere mit 14 pr. Ct. Kupfer.

---

*) Der Gahnit kommt n. Bruß zu Franklin in Krystallen bis zu 1½ Zoll groß vor, mit mehrzähligen Combinationen, dabei das Heraeder vorwaltend.
**) Diese Blende, Spiauterit, soll hexagonal krystallisiren.

**Boltit.** Als Ueberzug, schmutzig blaßroth, gelblich. In Salzs. aufl.

4 Żn + Żn. Schwefelzink 82,77, Zinkoxyd 17,23. Rosiers im Depart. Puy de Dome, Joachimsthal. — Der Name nach dem französischen Minenchef Boltz.

**Selenquecksilberzink** findet sich nach Del Rio zu Culebras in Mexiko.

## XX. Ordnung. Cadmium.

**Greenodit. Schwefelcadmium.**

Krystem: hexagonal. Stf. Hexagonpyr. von 139° 38′ 31″ und 87° 13′ 44″. Spltb. hexagonal prismatisch und basisch. Pellucid. Diamantglanz. Honig — orangegelb. Strich röthlichorangegelb. H. 4. G. 4,9. B. d. L. mit Soda auf Kohle einen braunrothen Ring von Cadmiumoxyd gebend. In Salzs. mit Entwicklung von Schwefelwasserstoff aufl. Cd. Cadmium 77,60, Schwefel 22,40. — In Krystallen, Comb. mehrerer Hexagonpyr.

Bis jetzt nur zu Bishopton in Renfrewshire in Schottland gefunden. Der Name nach Lord Greenod. — Das Cadmium kommt außerdem in geringen Mengen in den Zinkerzen vor und wurde 1817 fast gleichzeitig von Herrmann und Stromeyer entdeckt.

## XXI. Ordnung. Nickel.

Die Mineralien dieser Ordnung sind in Salpeters. oder Salpetersalzs. aufl. Mit Salpetersalzsäure anhaltend gekocht und dann mit Aetzammoniak in Ueberschuß versetzt, erhält man eine sapphirblaue Flüssigkeit, in welcher Kalilauge ein apfelgrünes, v. d. L. mit Soda zu magnetischem Nickel reducirbares Präc. hervorbringt [*]).

Das vorzüglichste Nickelerz ist der Arsenikniccel oder Rothnickelkies. Zur Darstellung des Nickels wird das gepochte Erz mit Schwefel und Pottasche zusammengeschmolzen, es bildet sich Schwefelarsenik, welcher mit dem entstandenen Schwefelkalium, verbunden mit Wasser, ausgelaugt wird. Das rückständige Schwefelnickel wird in einem Gemische von Schwefel- und Salpetersäure aufgelöst, das Nickeloxyd mit Pottasche als kohlensaure Verbindung gefällt und dann mit Kohle in heftigem Feuer reducirt. — Der norddeutsche Bund producirt 6500 Ctr. Nickelerze, Oesterreich 1800, Belgien 900, Frankreich 650 2c. Durch Zusammenschmelzen von Nickel, Kupfer und Zink erhält man das Argentan, Palfong oder Neusilber. — Das Nickel wurde 1751 von Kronstedt im Rothnickelkies entdeckt.

**Millerit. Haarkies.**

Krystem: hexagonal. Haarförmige Krystalle. Messinggelb. H. 3. G. 5,27. B. d. L. auf Kohle zu einer schwarzen magnetischen Kugel schmelz-

---

[*]) Mit Borax zeigen die Nickelerze v. d. L. häufig einen Kobaltgehalt.

bar. In Salpetersalzsäure auflösl. Die Aufl. reagirt auf Schwefels. und Nickeloxyd. Ni. Schwefel 35,54, Nickel 64,46.

Selten. Johanngeorgenstadt, Oberlahr in Altenkirchen, Joachimsthal und St. Austle in Cornwallis. — Der Name nach dem englischen Mineralogen Miller.

---

Der **Beyrichit** von Lammrichskaul — Fundgrube im Westerwald ist u. Liebe: 3 Ni + 2 N̈i mit 56 Ni. Diesem sehr nahe stehend ist der **Polydymit** v. Laspeyres, von der Grünau in Sayn=Altenkirchen. —

Von Schwefelnickel=Verbindungen kommen sehr selten vor:

**Saynit** (Nickelwismuthglanz). Tesseral, lichte stahlgrau; die concentr. salpeterf. Aufl. wird mit Wasser weiß gefällt. Schwefel 38,5, Nickel 40,6, Wismuth 14,1. Fe, Cu ꝛc. Das Nickel auch theilweise durch Kobalt vertreten. Grünau in der Grafschaft Sayn=Altenkirchen.

**Pentlandit** (Eisennickelkies). Tombackbraun. Ni + 2 Fe. Schwefel 36,54, Eisen 41,07, Nickel 22,39. Lillehammer in Norwegen. Scheint zur Formation des Pyrrhotin zu gehören.

**Linnéit** (Siegenit), tesseral, Oktaeder, röthlich silberweiß. H. 5,5. G. 4,9. V. d. L. mit Entwicklung von schweflichter Säure zu einer im Innern broncegelben Kugel schmelzend. In Salpetersäure vollkommen auflöslich. Ni N̈i mit Co C̈o. Eine Var. von Müsen bei Siegen gab nach den Anal. von Ebbinghaus: Schwefel 42,30, Nickel 42,64, Kobalt 11,00, Eisen 4,69. Müsen, Finksburg in Maryland, Missouri.

---

### Formation des Nickelglanzes.

#### a. Gersdorffit. Nickelarsenikglanz.

Krystystem: tesseral. Stf. Hexaeder. Spltb. primitiv vollkommen. Lichte blaugrau, dem Zinnweißen sich nähernd. H. 5,5. Spröde. G. 6,1. V. d. L. auf Kohle mit Arsenikrauch schmelzbar = 2 zu einer magnetischen Masse. In Salpeters. mit Ausscheidung von Schwefel zu einer grünen Flüssigkeit aufl.

Ni² { As³ S³. Meine Anal. einer Var. von Lichtenberg gab: Schwefel 14,00, Arsenik 45,34, Nickel 37,34, Eisen 2,50. — Gewöhnliche Comb. Oktaeder mit den Flächen des Pentagondodekaeders. Derb. Ziemlich selten.

Loos in Schweden, Ramsdorf, Sparnberg und Lichtenberg bei Steben, Schladming in Steyermark. — Benannt nach dem österreichischen Hofrath Gersdorff.

#### b. Ullmannit. Nickelantimonglanz.

Krystisation wie a. Bleigrau ins Stahlgraue. H. 5. G. 6,4. V. d. L. mit Antimonrauch zur magnetischen Kugel schmelzend. In Salpeters. mit Ausscheidung von Schwefel und Antimonoxyd zur grünlichen Flüssigkeit aufl.

Ni² { Sb³ / S³ . Anal. einer Var. v. Landskrone im Siegen'schen v. H.
Rose: Schwefel 15,98, Antimon 55,76, Nickel 27,36. — Kücomb. wie bei a, derb.

Sayn-Altenkirch, Landskrone im Siegen'schen, Harz. Benannt nach dem churhessischen Mineralogen Ullmann.

Ein Mittelglied zwischen Gersdorffit und Ullmannit ist der **Korynit** v. Olsa in Kärnthen. Von derselben Mischung aber rhombisch, ist der **Wolfachit** von Wolfach (Sandberger).

### Verbindungen des Nickels mit Arsenik.

#### Nickelin. Rothnickelkies. Kupfernickel.

Küsystem: hexagonal. Hexagonale Prismen selten. Gewöhnlich derb. Br. uneben — muschlig. Lichte kupferroth, bräunlich anlaufend. Pulver bräunlichschwarz. H. 5,5. Spröde. G. 7,7. V. d. L. starken Arsenikrauch entwickelnd, dann schmelzbar = 2 zu einer nicht magnetischen Kugel. In Salpeters. zu einer lichtgrünen Flüssigkeit aufl. **Ni As.** Arsenik 56,44, Nickel 43,56.

Im Urgebirge zu Schneeberg, Annaberg, Freiberg ꝛc. in Sachsen, Joachimsthal in Böhmen, Schladming in Steyermark, Riechelsdorf und Bieber in Hessen, Wittichen und Wolfach in Baden, Harz, Cornwallis ꝛc.

#### Chloanthit. Weißnickelkies.

Küsystem: tesseral. Br. uneben. Zinnweiß. H. 5,5. G. 7,1. Chem. wie die vor. Spec. **Ni As².** Arsenik 72,15, Nickel 27,85. (Zur Formation des Smaltin gehörend.)

Schneeberg, Schladming in Steyermark, Kammsdorf bei Saalfeld. Oefters ist ein Theil des Nickels durch Eisen und Kobalt vertreten. Der Name von χλοανθής, grün ausschlagend.

Der **Chatamit** v. Chatam in Connecticut u. v. Andreasberg ist wesentlich Ni As² + 2 Fe As².

Sehr selten ist der **Breithauptit** (Antimonnickel). Lichte kupferroth ins Violette. **Ni Sb.** Antimon 67,46, Nickel 32,54. — Andreasberg am Harz. (Gehört zur Formation des Nickelin.) Der Name nach dem sächs. Mineralogen Breithaupt.

Nach Genth kommt in Stanislaus-Mine in Californien Tellurnickel vor, welches er **Melonit** nennt.

Ebenfalls selten und in geringer Menge kommt der **Annabergit** vor, mit dem Erythrin eine chemische Formation bildend. Meistens als erdige, apfelgrüne Substanz. Ni³ Äs + 8 Ḧ. Arseniksäure 38,4, Nickeloxyd 37,6, Wasser 24,8. Annaberg am Harz, Saalfeld, Riechelsdorf, Sierra Cabrera in Spanien (Cabrerit).

Der **Pyromelin** ist ein unreiner Nickelvitriol. Lichtenberg im Bayreuthischen. Zu Riechelsdorf findet sich **Nickelvitriol** von der Formel Ni S̈ + 6 Ḧ.

Der sogen. **Nickelsmaragd** von Texas ist $\dot{N}i^3 \ddot{C} + 6 \dot{H}$. Kohlensäure 11,76, Nickeloxyd 58,37, Wasser 28,57. Daselbst kommt auch $\dot{N}i \ddot{H}^2$ vor. Auf Chromit.

Ein Nickeloxydsilicat mit Magnesia und Wasser ist der **Nickelgymnit** v. Texas, der **Garnierit** von Neu=Caledonien und der **Rewdanskit** vom Ural.

Der **Konarit** v. Röttis in Sachsen ist wesentlich: Kiesel 43,6, Nickeloxyd 35,8, Wasser 11,1. Hierher der **Röttisit**.

---

## XXII. Ordnung. Kobalt.

Die Min. dieser Ordnung ertheilen v. d. L. dem Borax und Phosphorsalz eine schöne sapphirblaue Farbe. Die salpeters. Aufl. ist meistens rosenroth und giebt, stark verdünnt mit Kali und Wasserglasaufl., ein himmelblaues Präc. oder färbt sich himmelblau.

---

Die Darstellung des Kobaltmetalls ist der des Nickels ähnlich, die wichtigste Anwendung der Kobalterze betrifft aber die Bereitung der Smalte. Dazu werden vorzüglich Speißkobalt oder Glanzkobalt anfangs geröstet und der so erhaltene Safflor oder Zaffer dann mit Quarz und Pottasche zu Glas zusammengeschmolzen, welches eine schöne blaue Farbe besitzt. Das Glas wird noch flüssig mit eisernen Löffeln geschöpft und in Wasser gegossen, um es rissig und zerreiblich zu machen, dann gemalen und geschlemmt. Die farbreichern Theile heißen Farbe, die ärmern Eschel.

Dieses blaue Glaspulver dient als Malerfarbe, zum Färben des Papiers 2c.

Durch Erhitzen eines Gemenges von Thonerdehydrat, Kobaltoxydhydrat oder phosphorsaurem Kobaltoxyd erhält man ebenfalls eine schöne blaue Farbe (Thenard's Blau), durch Erhitzen von Zinkoxyd mit ähnlichen Kobaltpräparaten eine grüne Farbe (das Rinnmann'sche Grün), wovon besonders erstere in der Porcellanmalerei gebraucht wird. — Die Bereitung der Smalte kennt man schon vom 16. Jahrhundert an. Das Metall wurde zuerst von dem schwed. Chem. Brandt 1733 dargestellt.

Die meisten Erze liefern: Sachsen 8200 Centner, Böhmen 4000, Hessen 2000 und Norwegen 2600.

### Erythrin. Kobaltblüthe.

Krystsystem: klinorhombisch. Stf. Hendyoeder: 130° 10'; 121° 13'. Spltb. klinodiagonal vollkommen. Pellucid. Glasglanz — Perlmutterglanz auf den Spaltfl. Karmesin — cochenille — pfirsichblüthroth. Strich pfirsichblüthroth. H. 1,5. Milde. G. 2,9 — 3,1. V. d. L. im Kolben Wasser gebend, auf Kohle sehr leicht mit Arsenikrauch zur grauen Metallkugel schmelzend. In Salzf. leicht zur rosenrothen Flüssigkeit aufl. $\dot{C}o^3$ $\ddot{A}s + 8 \dot{H} = $ Arsenikf. 38,25, Kobaltoxyd 37,35, Wasser 23,90. Oefters

ein Theil Co durch Ni vertreten. — Vorwaltende Form: schiefes rectan=
guläres Prisma strahlig, erbig.

Mit andern Kobalterzen zu Saalfeld in Thüringen, Schneeberg in Sachsen,
Riechelsdorf in Hessen, Joachimsthal, Wittichen ꝛc. Manchmal mit arsenichter
Säure gemengt. — Der Name von ἱνϑϱός, roth.

### Asbolan. Erdkobalt.

Erdige Massen, traubig, nierförmig ꝛc. Matt, auf dem Striche fett=
glänzend. Schwärzlich, braun, gelb ꝛc. Weich. G. 2,24. V. d. L. im Kol=
ben Wasser gebend, theils schmelzbar, theils unschmelzbar. In Salzf. mit
Chlorentwicklung zur rothen Flüssigkeit aufl. $\overset{\ast}{Co} \overset{\ast}{Mn}^2 + 4 \overset{\ast}{H}$. Meistens
unrein. Die Anal. einer schwarzen Var. von Kammsdorf bei Saalfeld von
Rammelsberg gab: Manganoxydul 40,05, Sauerstoff 9,47, Kobaltoxyd
19,15, Kupferoxyd 4,35, Eisenoxyd 4,56, Baryt 0,50, Kali 0,37 Was=
ser 21,24.

An denselben Fundorten wie die vorige Species. — Asbolan von ἀπβόλη,
Ruß — Der Rabbianit enthält 5 pr Ct. Co, 45 Fe, 14 Cu, Mn, Mn. Nischne-
Tagilsk. Ein Kobalt-Nickeloxyd-Hydrat ist der Heubachit von Wittichen.

---

Sehr selten kommt der Bieberit (Kobaltvitriol) vor. Rosenroth. In
Wasser aufl. Nach Winkelblech: Schwefelsäure 29,05, Kobaltoxyd 19,90, Wasser
46,83, Magnesiaerde 3,86. — Bieber im Hanau'schen. — Ein $\overset{\ast}{Co} \overset{\ast}{C}$ ist Winkler's Sphärocobaltit von Schneeberg.

### Smaltin. Speißkobalt. Kobaltkies.

Krystsystem: tesseral. Stf. Hexaeder. Spltb. primitiv in Spuren. Br.
uneben. Zinnweiß — lichte stahlgrau, grau anlaufend. H. 5,5. Spröde.
G. 6,4 — 6,6. V. d. L. starken Arsenikrauch entwickelnd, zuletzt schmelzend
zu einer magnetischen Perle. In Salpeterf. mit Ausscheidung von arsenich=
ter Säure aufl. Salzf. Baryt giebt ein Präcipitat, welches sich in Sal=
miaklösung leicht auflöst. Co As². Arsenik 71,81, Kobalt 28,19. — Vor=
waltende Comb. Würfel und Oktaeder, derb, gestrickt, staubenförmig ꝛc.

Auf Gängen im Urgebirge, vorzügl. im sächs. Erzgebirge, zu Riechelsdorf
in Hessen, Bieber im Hanau'schen, Sayn und Siegen, Schladming, Cornwallis ꝛc.
Eine zu derselben Formation gehörende Species ist der Safflorit (Eisen=
kobaltkies), in welchem ein großer Theil des Kobalts durch Eisen vertreten
ist. Kommt zu Schneeberg vor.

.

---

Eine andere Verbind. Co As³ kommt zu Skutterud in Norwegen vor.
Enthält Arsenik 79,26, Kobalt 20,74.

### Kobaltin. Glanzkobalt.

Krystsystem: tesseral. Stf. Hexaeder. Spltb. hexaedrisch sehr deutlich.
Br. unvollkommen muschlig — uneben. Lebhafter Metallglanz. Röthlich
silberweiß. Strich graulichschwarz. H. 5,5. Spröde. G. 6,3. V. d. L.
mit Arsenikrauch zu einer magnetischen Kugel schmelzend. In Salpeterf.
mit Ausscheidung von arsenichter Säure zu einer schön rothen Flüssigkeit

aufl., worin salzs. Baryt ein starkes Präc. hervorbringt, welches in Salmiaklösung unlöslich oder nur z. Thl. gelöst wird. Co As² + Co S². Schwefel 19,14, Arsenik 45,00, Kobalt 35,86. Gewöhnlich in ausgebildeten Krystallen, Comb. von Heraeder, Oktaeder und Pentagondodekaeder, letztere vorherrschend Fig. 22.

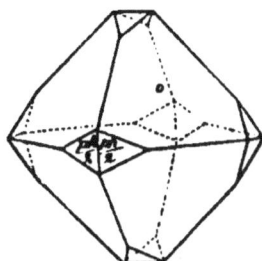

Fig. 22.

Auf Lagern im Urgebirge zu Tunaberg und Haranbo in Schweden und Skutterud in Norwegen, Querbach in Schlesien, Siegen.

Hier schließt sich der **Glaukobot** v. Huasco in Chili und Haransbö in Schweden an, welcher rhombisch krystallis. und isomorph mit Arsenopyrit. Der **Danait** ist ein Glaukobot mit geringem Kobaltgehalt.

Ein **Schwefelkobalt**, Eynpoorit Co = Schwefel 34,78, Kobalt 65,22, soll bei Raiportanah in Hindostan vorkommen. Der **Carollit** von Caroll in Maryland ist nach Smith und Bruß Cu Co (ein Kupferkobaltkinneit) = Schwefel 41,4, Kobalt 38,1, Kupfer 20,5.

## XXIII. Ordnung. Eisen.

Die Mineralien dieser Ordn. wirken nach dem Schmelzen oder anhaltenden Glühen im Reduktionsfeuer auf die Magnetnadel. Mit Borax geben sie im Orydationsfeuer ein dunkelrothes Glas, welches beim Abkühlen gelblich wird, im Reductionsfeuer ein bouteillengrünes, welches sich beim Erkalten bleicht.

Die wichtigsten Eisenerze, welche zur Darstellung des Eisens benützt werden, sind: Magneteisenerz, Roth- und Brauneisenerz, Eisenspath oder Spatheisenstein, Thoneisenstein. Diese Erze werden mit Zuschlägen (Kalkstein, Quarz, Thon) und Kohlen oder Koaks lagenweise in den Hochofen eingetragen und verschmolzen. Die Zuschläge werden angewendet, um die Bergart, welche den Eisenerzen beigemengt ist, in eine schmelzbare Schlacke zu verwandeln, wodurch auch die Erze in innigere Berührung mit den Kohlen gebracht und reducirt werden.

Das Eisen geht aber während der Reduction eine Verbindung mit dem Kohlenstoff der Kohlen ein und man erhält daher durch dieses Schmelzen im Hochofen Kohlenstoffeisen, welches Roheisen oder Gußeisen heißt, leichtflüssig ist und entweder zum Gusse in Formen geleitet oder in Flöße oder Gänze geformt wird.

Man erhält zwei Arten von Roheisen, das weiße und das graue. Das erstere enthält mehr chemisch gebundenen Kohlenstoff als das letztere, welches aber mehr Kohlenstoff als Graphit beigemengt enthält.

Um Schmiede- oder Stabeisen zu erhalten, wird das Roheisen, vorzüglich das weiße, in die Frischarbeit genommen oder gefrischt. Das Frischen besteht vorzüglich darin, den Kohlenstoff, Silicium, Schwefel, Phosphor ic. des Roheisens durch Orydation theils zu verflüchtigen, theils in der sog. Frischschlacke abzusondern.

Es geschieht dieses durch Schmelzen unter Zusatz von Eisenhammerschlag und basischem Eisenorydulsilicat (Gaarschlacke) auf Heerden oder in Flammöfen, wo die gehörig zugeführte Luft die Verbrennung des Kohlenstoffs ic. vermittelt. Das entkohlte Eisen bildet einen körnigen Klumpen, welcher zur Auspressung der

Schlacke unter dem Hammer geschlagen und dann in Stäbe gestreckt wird. Der Gebrauch des Eisens, als Gußeisen, Schmiedeeisen und Stahl (Eisen mit $^1/_{100}$ Kohlenstoff) ist bekannt.

Die Production an Roheisen auf der ganzen Erde kann auf 185 bis 190 Millionen Centner veranschlagt werden. Auf den Kopf der Bevölkerung kommt folgender Eisenverbrauch: in England 77 Kilogramm, in Belgien 50 Kilog., in der nordamerikan. Union 46, Frankreich 34, norddeutscher Bund 30, Schweden 26, süddeutsche Staaten 19, Oesterreich 10, Spanien 7, Italien 6,5, Rußland 3.

## Gediegen Eisen.

Krystallsystem: tesseral. Stf. Oktaeder. Br. hackig, manches jedoch ist ausgezeichnet hexaedr. spltb. Lichte stahlgrau, bräunlich und schwärzlich an-gelaufen. H. 5,5. Geschmeidig und dehnbar. G. 7,5 — 7,8. Stark magnetisch. Unschmelzb. In Salzf. leicht aufl. Durch Aetzen einer ange-schliffenen Fläche mit Salpetersäure entstehen regelmäßige Zeichnungen, Dreiecke ꝛc., die sog. Widmanstätt'schen Figuren. Fe. Enthält gewöhnlich 4 — 16 pr. Ct. Nickel, auch Spuren von Kobalt, Chrom und Schwefel. — In mannigfaltig gebogenen, ästigen, löchrigen Massen, welche öfters Chry-solith einschließen. Außerdem eingesprengt in den Meteorsteinen. Diese bestehen aus rundlichen oder unförmlichen Massen mit abgerundeten Kanten und Ecken, zeigen im Innern eine aschgraue oder graulichweiße Farbe und sind mit einer schwarzen, geflossenen Rinde umgeben. Das spec. Gew. der Hauptmasse ist 3,43 — 3,7. Die Meteorsteine sind Gemenge von Silicaten: Chrysolith, Augit- und Feldspathähnlichen Verbindungen; Chromeisen, gediegen Eisen, Magneteisen, Schwefeleisen ꝛc. Die durch die Analyse darin gefundenen Elemente machen ¼ der bekannten aus. Nach Wöhler ist einiges gediegenes Eisen passiv und reducirt kein Kupfer aus einer neutralen Kupfer-vitriollösung. Wenn es aber unter der Lösung mit gewöhnlichem Eisen be-rührt oder die Lösung mit einem Tropfen Säure versetzt wird, so reducirt es. So das Pallas'sche Eisen, das von Braunau, Bohumilitz ꝛc.

Fast alles gediegen Eisen wird als meteorischen Ursprungs angesehen, wozu mehrere Umstände berechtigen. Man findet es nämlich meistens nur auf der Oberfläche der Erde in Massen, welche zu dem umgebenden Boden in keiner, eine terrestrische Bildung anzeigenden, Beziehung stehen; es kommt fast in allen Meteorsteinen eingesprengt vor und die 71 Pfund schwere Masse von gediegen Eisen von Agram in Croatien, welche im Wiener Kabinet aufbewahrt wird, wurde 1751 am 26. Mai Abends gegen 6 Uhr unter starkem Krachen als Bruch-stück einer Feuerkugel vom Himmel fallend beobachtet. Ebenso die 1847 am 14. Juli gefallenen Massen von Braunau in Schlesien von 42 Pfd. und 30 Pfd. u. a. Die merkwürdigsten Meteoreisenmassen sind: die von Pallas bei Krasnojarsk am Jenisey gefundene von 1400 Pfd., eine in Mexiko von 20 — 30 Centnern, eine bei Otumba in Peru von 300 Centnern, am Bache Bendego in Brasilien eine Masse von 140 Centnern, am Red-River in Nord-Amerika eine von 30 Centnern, von Bohumilitz in Böhmen eine von 103 Pfunden ꝛc. 1870 hat N. A. Nordenskiöld auf der Insel Disko in Grönland Eisenblöcke (mit 1,64 — 2,48 Nickel) entdeckt, wovon einer auf 21,000, ein anderer auf 8000 Kilo zu schätzen. Nur in sehr geringer Menge, in Körnern und eingesprengt, ist geb. Eisen tellurischen Ursprungs vorgekommen, zu Mühlhausen in Thüringen in Pyrit, in Smaland in Schweden, Canaan in Connecticut, in manchen Basalten.

Der Fall der Meteorsteine ist sehr häufig beobachtet worden. Man hat An-gaben darüber bis 500 v. Chr.

Bei Verona fielen 1672 zwei Meteorsteine von 200 — 300 Pfd., in Thüringen 1581 ein Stein von 39 Pfund. Bei Aigle in Frankreich fielen 1803 am 26. April gegen 2000 Steine, bei Jechnow im Gouvern. Smolensk 1807 am 13. Mai ein Stein von 160 Pfr. In Bayern fielen Steine im Eichstädtschen 1785 am 19. Februar, bei Eggenfelden 1803 am 13. December, im Mindelthale am 25. December 1846 ein Stein von 14½ Pfd. und zu Krähenberg in der Pfalz am 5. Mai 1869 ein Stein von 31½ Pfr. — Die Meteorsteine kommen gewöhnlich mit Lichterscheinung und Explosion zur Erde und man hat sie häufig noch heiß auf dem Boden gefunden. — Sie werden als kosmische Körper ange-sehen. — Die größte Sammlung von Meteoriten ist die Kaiserliche in Wien mit 136 Steinen und Eisenmassen von verschiedenen Fundorten.

## Eisenoxyde und Eisenoxyd-Verbindungen.

### Magnetit. Magneteisenerz.

Kllsystem: tesseral. Stf. Oktaeder. Spltb. primitiv, manchmal deut-lich. Br. uneben — muschlig. Eisenschwarz ins Stahlgraue. Strich schwarz. H. 6. G. 4,9 — 5,2. Sehr magnetisch, öfters polarisch. V. d. L. sehr schwer schmelzbar. In concentrirter Salzs. aufl. Fe Fe. Eisenoxyd 69, Eisenoxydul 31. — Oktaeder und Rhombendodekaeder, die Fläche nach der langen Diagonale gestreift, vorwaltend; derb, körnig ꝛc. Gehört zur chem. Formation des Spinells.

In Urfelsarten, oft in ungeheuren Massen, wie in Standinavien zu Aren-dal, Egersund, Dannemora, Taberg ꝛc. und im Ural zu Nischne-Tagilsk. In schönen Krystallen zu Traversella im Piemontesischen, Pfitsch und Greiner in Tyrol, Kraubat in Steyermark ꝛc. Die Eisengruben von Dannemora sind seit dem Jahre 1481 bekannt. Die Gruben sind so groß und weit, daß man in die eine gar nicht hinunterzusteigen braucht, um die Menschen unten trotz der Tiefe arbeiten zu sehen. Es werden jährlich 300,000 Ctr. Erze gewonnen.

Der Magnoferrit vom Vesuv ist nach Rammelsberg Mg Fe, mit Fe ge-mengt. Mg Fe = 80 Fe 20 Mg. Wenn kein eingemengtes Eisenoxyd angenom-men wird, ist die Mischung Mg³ Fe⁴ und hat ein Analogon an manchem Magnetit.

Der Titanmagnetit von Meiches im Vogelsgebirg ist nach Knop Fe { Fe Ti mit 25 pr. Cl. Titanoxyd. Der Jakobsit (Damour) vom Fe { Fe Jakobsberg in Schweden ist wesentlich Mn Fe.

### Hämatit. Rotheisenerz. Eisenglanz. Eisenglimmer.

Kllsystem: hexagonal. Stf. Rhomboeder von 86°. Spltb. primitiv in Spuren. Br. muschlig — uneben. Eisenschwarz — stahlgrau, Pulver kirschroth. H. 6. G. 4,8 — 5,3. V. d. L. im Reduktionsfeuer schwarz und magnetisch werdend. Sehr schwer schmelzbar. In conc. Salzs. aufl. Fe. Sauerstoff 30, Eisen 70. — Häufig krystallisirt, Comb. mehrerer Rhomboeder und einer hexag. Pyr., derb, körnig und häufig fasrig mit nier-förmiger, traubiger und stalaktitischer Gestalt. Dicht und erbig (rother Eisenocker). Zuweilen in lose verbundenen Schuppen, Rotheisenrahm. — Oefters mit Quarz und Thon gemengt; rother Thoneisenstein.

Sehr verbreitet. Ausgez. Var. finden sich auf Elba, zu Framont in Lothrin-gen, Altenberg in Sachsen, Fichtelgebirge, Schweden, Norwegen, Vesuv ꝛc. Hämatit von αἷμα, Blut. Bildet als Eisenglimmerschiefer eine Felsart in Minas Geraes.

**Goethit. Nabeleisenerz. Lepidokrokit.**

Krystem: rhombisch. Stf. Rhombenpyr. 126° 18′; 121° 5′; 83° 48′. Es finden sich rhomb. Prismen von 94° 53′ und ein anderes von 130° 40′. Spltb. brachydiagonal vollkommen. Unvollkommener Diamantglanz. Durchscheinend mit hyazinthrother Farbe — undurchsichtig und in Masse schwärzlichbraun. Strich ockergelb. H. 5. G. 4,2. V. d. L. im Kolben Wasser gebend, das geglühte Pulver ist roth. Schwer schmelzbar und magnetisch werdend. In Salzs. aufl. Ḟe Ḣ. Wasser 10, Eisenoxyd 90. — Krystalle nadelförmig, schuppig, strahlig, derb in Formen von tess. Eisenlies und aus diesem entstanden.

Findet sich ausgez. zu Eiserfeld und Hollerterzug auf dem Westerwald, im Zweibrück'schen, Böhmen, Ungarn, Ural ꝛc. Benannt nach Goethe.

Hier schließt sich der **Stilpnosiderit** oder das **Pecheisenerz** an, wahrscheinlich Goethit im amorphen Zustande.

**Limonit. Brauneisenerz. Brauneisenstein.**

Krystallisation unbekannt. Fasrige Massen, dicht in mannigfaltiger Gestalt, traubig, stalaktitisch, zapfenförmig ꝛc. Glanz seidenartig, unvollkommen fettartig. Undurchsichtig. Braun. Strich ockergelb. H. 5. G. 3,6— 4,2. Chem. sich verhaltend wie die vorige Species. Ḟe² Ḣ³. Wasser 14,44, Eisenoxyd 85,56. — Oft mit 10—40 pr. Ct. Thon verunreinigt, besonders der dichte und concentr. schaalige.

Es gehören hierher der gelbe Thoneisenstein, die Eisenniere, das Bohnerz und die Gelberde.

Die sog. Sumpferze, Wiesenerze und Raseneisensteine sind Gemenge von Limonit, Thon und Sand, Manganoxydhydrat, phosphorsaurem Eisenoxyd und phosphorsaurem Kalk.

Der Limonit ist sehr verbreitet. Er findet sich auf Gängen im ältern Gebirg, ausgez. im Erzgebirge, Saalfeld und Kammsdorf in Thüringen, Amberg, Naila, Klausthal am Harz, Eisenerz in Steyermark, Cornwallis, Schottland ꝛc. Limonit von Limus, Sumpf (Sumpferz).

Das Bohnerz in Sandstein und Flötzkalk zu Wasseralfingen und Aalen in Würtemberg, Eichstädt, Bodenwöhr, Sonthofen ꝛc.

Der sogen. Raseneisenstein bildet sich noch täglich und findet sich im Alluvium oft in mächtigen Lagern in der Lausitz, Niederschlesien, Mecklenburg, Polen ꝛc.

Der **Xanthosiderit** von Ilmenau in Thüringen, fasrig, schön gelb, ist nach Schmid Ḟe Ḣ². Eisenoxyd 81,64, Wasser 18,36. — Name von ξανθός, gelb, und σίδηρος, Eisen.

Der **Hydrohämatit** (Turgit) Breithaupt's scheint Ḟe² Ḣ zu sein = Ḟe 94,67 Ḣ 5,33. Braun, mit rothem Strich. Hof am Fichtelgebirg, Horhausen, Ural.

**Siderit. Eisenspath. Spatheisenstein.**

Krystem: hexagonal. Stf. Rhomboeder von 107°. Spltb. primitiv vollkommen. Br. muschlig — uneben. Durchscheinend — undurchsichtig. Glasglanz, auch perlmutterartig. Weiß, gelb, roth ꝛc. H. 4. G. 3,6. 3,9. V. d. L. stark verknisternd, wird schnell schwarz und magnetisch. In Salzs. mit Brausen in der Wärme aufl. Ḟe C̈. Kohlensäure 37,93, Eisen orydul 62,07. Gewöhnlich mit kleinen Mengen von kohlenf. Kalk, Magnesia, Manganorydul gemengt. — In Krystallen, Stammform und derb, strah=lig, fasrig; letztere Var. meist mit kugliger, nierförmig. Oberfläche (Sphäro=siderit).

Im Ur- und Uebergangsgebirg und im Flötzkalk, oft in ungeheuern Massen, wie zu Eisenerz in Steyermark. Schöne Var. kommen vor zu Neudorf im Bern-burgischen, Iberg und Klausthal am Harz, Siegen, Hüttenberg in Kärnthen, Freiberg, zellig porös zu Eulenloch in Oberfranken rc. Der Sphärosiderit fin-det sich (in Basalt) zu Steinheim bei Hanau, zu Bodenmais rc. Siderit von σιδηρος, Eisen.

___

Hier schließen sich von sehr ähnlicher Krystallisation und Habitus an:

**Mesitin.** Rhomboeder von 107° 18'. Fe C̈ + Mg C̈; Fe C̈ 58 Mg C̈ 42. Flachau im Salzburg'schen (Pistomesit), Tinzen in Graubünten, Traversella *) (öfters mit Mg C̈ gemengt). Name von μεσιτης, Vermittler (Mittelglied).

**Ankerit.** Rhomboeder von 106° 12'. Fe C̈ + Ca C̈; Fe C̈ 53,7 Ca C̈ 46,3 (mit Dolomit gemengt) am Rathhausberg bei Gastein u. a. mehreren Orten in Steyermark. — Benannt nach dem steyermärkischen Professor Anker.

**Oligonit.** Rhomboeder von 107° 3'. Fe C̈ + Mn C̈; Fe C̈ 50,17 Mn C̈ 49,83, gewöhnlich Fe C̈ gemengt. Ehrenfriedersdorf im sächs. Erzgebirge. Der Name von ολιγος, wenig, wegen geringerem spec. G. (3,71) als mancher Side-rit (3,9).

**Monheimit.** Rhomboeder von 107° 7'. Fe C̈ + Żn C̈; Fe C̈ 48,12 Żn C̈ 51,88, gewöhnlich mit Żn C̈ gemengt; Altenberg bei Aachen. — Benannt nach dem Chemiker Monheim, der diese Verbindung zuerst untersucht hat.

## Melanterit. Eisenvitriol.

Krystsystem: klinorhombisch. Stf. Hendyoeder 82° 21'; 99° 22' 48". Spltb. nach der Endfl. deutlich. Br. flachmuschlig — uneben. Pellucid. (Glasglanz. Spangrün. H. 2. G. 1,9. Geschmack herbzusammenziehend. V. d. L. im Kolben Wasser gebend, unvollkommen zu einer magnetischen Masse schmelzend. In Wasser leicht aufl., mit salzf. Baryt auf Schwefelf. reagirend. Fe S̈ + 7 Ḧ. Schwefelf. 28,8, Eisenorydul 25,9, Wasser 45,3. — An der Luft verwitternd. — Im Pisanit ist ein Thl. des Fe durch Cu vertreten. (Asiat. Türkei.)

In der Natur meistens als Efflorescenz durch Zersetzung von Eisenkiesen. Rammelsberg am Harz, Silberberg bei Bodenmais, Tschermig in Böhmen, Herrengrund in Ungarn, Insel Milo rc. — Findet mannigfaltige techn. An-wendung in der Färberei rc., zur Bereitung der Dinte, des Berlinerblau's, der Schwefelsäure rc. — Melanterit nach dem bei Plinius vorkommenden Namen Melanteria.

Nach Bolger soll an der Windgalle im Kanton Uri ein Eisenvitriol von der Form des Epsomit vorkommen. Er nennt ihn Tauriscit.

___

*) Das Min. muß wohl auch zu Traversella vorkommen, denn daß sich Stro-meyer bei einer so einfachen Analyse im Eisenorydulgehalt um 11 pr. Ct. (gegen die Anal. von Fritzsche, der statt 35 nur 24 Fe angiebt) geirrt haben sollte, ist nicht anzunehmen.

Selten vorkommende Eisenorybdsulphate mit Wasser sind:
**Coquimbit;** hexagonal, in Wasser löslich. $\overset{\cdots}{Fe}\ddot{S}^3 + 9\dot{H}$. Schwefelf. 42,72, Eisenoryb 28,48, Wasser 28,80. Coquimbo in Chili. **Copiapit** $\overset{\cdots}{Fe}^2 \ddot{S}^5 + 12\dot{H}$ von Copiapo in Chili, **Stypticit** $\overset{\cdots}{Fe} \ddot{S}^2 + 10\dot{H}$ ebendaher. Ferner der **Fibroferrit, Apatelit, Glockerit, Pastreit, Karphosiderit, Raimondit, Pettkoit** und mancher **Pissophan.**

Dergleichen Sulphate mit einem Kaligehalt sind: Der **Voltait** und der **Jarosit;** mit einem Gehalt an Magnesia und Kalk der **Botryogen** und (mit 2 pr. Ct. Zinkoryb) der **Römerit.**

### Vivianit. Eisenblau.

Kstsystem: klinorhombisch. Stf. Hendyoeder: 111° 6′; 118° 50′. Spltb. klinodiagonal sehr vollkommen. Durchscheinend. Glas — metallähnlicher Perlmutterglanz. Indigblau, smalteblau. Strich lichte smalteblau. H. 1,5. G. 2,7. V. d. L. im Kolben Wasser gebend. Schmelzbar = 1,5 zu einer magnetischen Kugel. In Salzf. leicht aufl. Von Kalilauge wird Phosphorsäure ausgezogen, die mit Essigsäure neutral. Aufl. giebt mit Silberaufl. ein eiergelbes Präc. Anal. von Rammelsberg: Phosphorf. 28,6, Eisenorybdul 34,5, Eisenoryb 11,9, Wasser 27,5. (Ursprünglich wahrscheinlich $\overset{\cdots}{Fe}^3 \dot{P} + 8\dot{H}$, weiß, zur Formation des Erythrin gehörend.) Die Krystalle gewöhnlich klinorectanguläre Prismen, nadelförmig 2c.

Bodenmais in Bayern, St. Agnes in Cornwallis, Siebenbürgen, Grönland 2c. Benannt nach dem englischen Mineralogen Vivian.
Seltner vorkommende Phosphate von Eisenorybdul und Eisenoryb mit Wasser sind der **Anglarit, Kraurit** (Dufrenit), **Delvaurit, Diadochit, Kakoxen, Globosit, Beraunit, Boricll, Andrewsit, Challositerit, Ludlamit, Melanchlor.** Mit Thonphosphat der **Childrenit,** mit Bleiphosphat der **Dernbachit.**
Der **Strengit** von Dünsberg bei Gießen ist ein Eisenphosphat von analoger Mischung wie Skorodit.

### Triphyllin.

Kstsystem: rhomb. Gewöhnl. derb, nach 4 Richtung. (zwei unter 94°) spltb. Fettgl. Durchschein. Grünlichgrau, das Pulver graulichweiß. H. 5. G. 3,6. V. d. L. ruhig schmelzbar = 2 zu einer magnetischen Perle. In Salzf. aufl. Wird die Aufl. mit Zusatz von Salpetersäure abgedampft und dann Weingeist darüber angezündet, so brennt dieser, besonders zum Kochen erhitzt, mit schöner purpurrother Flamme. $\left. \begin{array}{c} 3\,\overset{\cdots}{Fe}^3 \\ Mn^3 \end{array} \right\} \ddot{P} + \dot{L}^3 \ddot{P}$. Anal. von Oesten: Phosphorf. 44,19, Eisenorybdul 38,21, Manganorybdul 5,63, Lithion 7,69, Magnesia 2,39 . . . .

Findet sich nesterweise im Quarz 2c. zu Rabenstein bei Bodenmais. Ein ähnliches Mineral mit mehr Mn zu Norwich in Massachusetts.

### Lievrit. Jlvait.

Kstsystem; rhombisch. Stf. Rhombenpyr. 138° 26′; 107° 34′; 77° 49′. Spltb. unvollkommen nach den Diagonalen der Basis. Br. muschlig — uneben. Undurchsichtig. Metallähnlicher Fettglanz. Bräunlichschwarz.

Pulver schwarz. H. 5,5. G. 4,1. R. v. L. sich etwas aufblähend, dann ruhig schmelzend = 2,5 zu einer schwarzen magnetischen Perle. Mit Salzs. gelatinirend.

$$\dot{\text{Fe}}\ \ddot{\text{Si}} + 3\ \dot{\text{R}}^2\ \ddot{\text{Si}};\ \dot{\text{R}} = \text{Fe},\ \dot{\text{Ca}}.$$ Annähernd: $\ddot{\text{Si}}$ 30, $\dot{\text{Fe}}$ 20, $\dot{\text{Fe}}$ 36, $\dot{\text{Ca}}$ 14. — In den Comb. sind rhomb. Prismen von 111° 12′ (Basis der Stf.) und 107° 44′ herrschend, die Krystalle stark vertical gestreift. Stänglich, derb.

Ausgezeichnet auf Elba, zu Sleen in Norwegen, Kupferberg in Schlesien, Sibirien ꝛc. Anschließend der **Wehrlit** aus Ungarn, von Säuren nur unvollkommen zersetzt.

Der **Thuringit** aus der Gegend von Saalfeld in Thüringen hat die Mischung $\ddot{\text{Si}}$ 23, $\dot{\text{Fe}}$ 15, $\ddot{\text{Al}}$ 17, $\dot{\text{Fe}}$ 33, $\dot{\text{H}}$ 12. Gelatinirt.

#### Fayalit. Eisenchrysolith.

Gewöhnlich in blättrigen Massen. Undurchsichtig. Schwach metallisch glänzend. Dunkelbraun, bräunlich — graulichschwarz. Magnetisch, nach Fischer von eingemengtem Magnetit. H. 4. G. 4,1. V. d. L. leicht schmelzbar. Mit Salzs. gelatinirend. $\dot{\text{Fe}}^2\ \ddot{\text{Si}}$. Kieselerde 30, Eisenoxydul 70.

Findet sich auf den Azoren, Insel Fayal, und zu Slavearrah in Irland.

Der **Grunerit** = $\dot{\text{Fe}}\ \ddot{\text{Si}}$ ist wenig gekannt. Als Fundort ist Collobrières angegeben.

#### Pyrosmalith.

Krystsystem: hexagonal. Gewöhnlich in hexagonalen Prismen und Tafeln, und derb. Spltb. basisch vollkommen. Br. uneben. Wenig durchscheinend — undurchsichtig. Glas — Perlmutterglanz. Gelblichbraun ins Grünliche und Grauliche. H. 4. G. 3,0. V. d. L. schmelzbar = 2 zu einer magnetischen Perle. Von Salpeters. mit Ausscheidung von Kieselerde zersetzt. Die Aufl. giebt mit Silberaufl. ein Präc. von Chlorsilber. Die Analyse von Ludwig giebt: $\ddot{\text{Si}}$ 34,66, $\dot{\text{Fe}}$ 27,05, $\dot{\text{Mn}}$ 25,60, $\dot{\text{H}}$ 8,31, Chlor 4,88. (Das Chlor ein Eisenchlorür bildend.)

Findet sich zu Nordmarken in Wermeland. Name von πῦρ, Feuer, und ὀσμή, Geruch, weil er beim Erhitzen einen sauren Geruch verbreitet.

———————

Andere wasserhaltige Eisensilicate von beschränktem Vorkommen (meistens durch Salzsäure zersetzbar) sind: **Cronstedtit** v. Przibram in Böhmen, **Sideroschisolith** aus Brasilien, **Thraulit** und **Jollyt** von Bodenmais, **Hisingerit**, **Gillingit**, **Scotiolit**, **Neotokit**, **Stratopäit**, **Wittingit**, **Ekmannit**, sämmtlich aus Schweden, **Chloropal**, **Pinguit**, **Chamoisit**, **Stilpnomelan**, **Chalcodit**, **Chlorophäit**, **Melanolith**, **Voigtit**, **Glaukonit**.

Von Säuren nicht zersetzbar sind der **Krokydolith** von lavendel — schwärzlichblauer Farbe vom Kap, Grönland, Golling im Salzburgischen und der **Seladonit** von seladon= und dunkelolivengrüner Farbe von Verona und Cypern. Der Krokobolith enthält außer dem Eisensilicat 7 pr. Ct. Natron. Der Name von κροκός, Faden, und λίθος, Stein.

Der Seladonit (Grünerde) enthält 6 pr. Ct. Kali und 2 pr. Ct. Natron. Wird als Malerfarbe gebraucht.

### Skorodit.

Kristallsystem: rhombisch. Stf. Rhombenpyr. 114° 34'; 103° 5'; 110° 58'. Spltb. brachydiagonal in Spuren. Br. muschlig — uneben. Pellucid. Glasglanz. Lauchgrün, grünlichblau. Strich grünlichweiß. H. 3,5. G. 3,2. V. b. L. schmelzbar = 2 mit Arsenikrauch. In Salzs. leicht aufl. Das Pulver färbt sich mit Kalilauge schnell röthlichbraun und es wird Arsenik=säure extrahirt. $\overset{...}{Fe} \overset{...}{As} + 4 \overset{..}{H}$. Arsenitsäure 49,84, Eisenoxyd 34,59, Wasser 15,57. — In kleinen Krystallen, Stf. mit einem rhomb. Prisma von 119° 2' 2c. und derb.

Brasilien, Cornwallis, Schwarzenberg in Sachsen, Vaulry, Depart. Haute-Vienne. Zu Nertschinsk sinterartig amorph.

Der Name von σκόροδον, Knoblauch, wegen des Geruchs v. d. L.

### Pharmakosiberit. Würfelerz.

Kristallsystem: tesseral. Stf. Hexaeder. Spltb. primitiv unvollkommen. Br. muschlig — uneben. Pellucid. Glasglanz zum Fettglanz. Oliven — pistaziengrün, bräunlich. Chemisch wie die vorige Species. $\overset{...}{Fe}^4 \overset{...}{As} + 15 \overset{..}{H}$, Arsenits. 43, Eisenoxyd 40, Wasser 17. — In kleinen Krystallen, Stf.

Redruth in Cornwallis, Graul in Sachsen, Kahl im Spessart.

---

Eine nur sparsam vorkommende amorphe neuere Bildung ist der **Pittizit** (Eisensinter), Arsenitsäure 30,34, Eisenoxyd 41,23, Wasser 28,43. Enthält immer auch etwas Schwefelsäure und findet sich von bräun=lichrother, röthlich= und gelblichbrauner Farbe — weiß. Mehrere Gruben in Sachsen, Rathhausberg in Gastein. Der Name von πιττίζω, dem Pech ähnlich sein.

Eine wasserhaltige Verbindung von Arsenitsäure, Eisenoxyd und Kalkerde ist der **Arsenosiberit** von Romanèche bei Maçon und arsenits. Eisenoxyd=Blei=oxyd der **Carminit** (Carminspath) und mit einem Gehalt an Schwefelsäure der **Beudantit** von Horhausen im Sayn'schen.

### Chromit. Chromeisenerz.

Kristallsystem: tesseral. Stf. Oktaeder. Br. unvollkommen muschlig — uneben. Metallglanz, zum Fettglanz geneigt. Eisenschwarz, pechschwarz. Strich gelblichbraun. H. 5,5. G. 4,4. Auf die Magnetnadel wirkend. Mit den Flüssen v. d. L. chromgrüne Gläser gebend. Von Säuren nur wenig angegriffen. Mit Kalihydrat geschmolzen, beim Auslaugen mit Wasser eine gelblichgrüne oder gelbe Aufl. gebend. Wird diese mit Salpetersäure neu=tralisirt, so bringt salpeters. Quecksilberoxydul ein rothes Präc. hervor, wel=ches beim Glühen grünes Chromoxyd zurückläßt.

$\left. \begin{matrix} Fe \\ Mg \end{matrix} \right| \begin{matrix} \overset{..}{Cr} \\ \overset{..}{Al} \end{matrix}$  Anal. einer Var. von Baltimore von Abich: Chromoxyd 60,04,

Eisenoxydul 20,13, Magnesia 7,45, Thonerde 11,85. Nach Moberg ist ein Theil des Chroms auch als Oxydul Cr enthalten *). — Krystalle selten, Etf. meistens derb.

Baltimore, Dep. du Bar in Frankreich, Kraubat in Steyermark, Silberberg in Schlesien, Schottland, Negroponte, Neu-Jersey. Der Magnochromit von Grochau in Schlesien enthält 29,9 Äl u. 14 Mg.

Vauquelin entdeckte in diesem Mineral 1797 das Chrom. Das grüne Chromoxyd dient als Malerfarbe, in der Porcellan- und Glasmalerei. Auch das chromsaure Bleioxyd (Chromgelb) und das basischchromsaure Bleioxyd (Chromroth) werden als Malerfarben gebraucht. (Der Chromit mit dem Magnetit rc. zur chemischen Formation des Spinells.)

## Wolfram.

Krystsystem: klinorhombisch. Man findet rhomb. Prismen von 101° 45'. Spltb. brachydiagonal vollkommen. Br. uneben. Metallähnlicher Diamantglanz. Graulich — bräunlichschwarz zum Eisenschwarzen. Strich röthlichbraun — schwärzlichbraun. H. 5,5. G. 7,2. V. d. L. schmelzbar = 2,5 zu einer auf der Oberfläche mit prismatischen Krystallen bedeckten Kugel, welche magnetisch ist. Mit Phosphorsalz im Reductionsfeuer ein dunkelrothes Glas gebend. Wird das feine Pulver mit Phosphorsäure zur Syrupdicke eingekocht, dann die Masse mit Wasser gelöst und die Lösung ziemlich stark verdünnt, so nimmt sie mit Eisenpulver geschüttelt eine schön blaue Farbe an.

$\left.\begin{array}{c}Fe\\Mn\end{array}\right\}$ W. Analyse einer Var. von Harzgerode von Rammelsberg: Wolframsäure 75,56, Eisenoxydul 20,17, Manganoxydul 3,54. Der Manganoxydulgehalt steigt zuweilen bis 20 pr. Ct. **) und verringert sich der Gehalt an Fe bis zu 9 pr. Ct. In Krystallen, welche meist wie klinorhombisch erscheinen, da Pyramiden und Domen nur zur Hälfte vorkommen, und derben krystallinischen Massen.

Auf den Zinnerzlagerstätten des Erzgebirges und von Cornwallis, am Harz, zu St. Leonhard in Frankreich, Odontschelon rc. Wolfram soll von Wolfrig stammen, welches bei den Bergleuten soviel als fressend, da das Wolframerz den Zinngehalt beim Zinnschmelzen verringere.

## Niobit. (Columbit z. Thl.)

Krystsystem: rhombisch. Metallglanz, auf dem Bruch zum Fettglanz. Eisenschwarz. Pulver schwarz. H. 6. G. 6,6 — 7. V. d. L. für sich unveränderlich. Mit Kalihydrat geschmolzen und mit Wasser ausgelaugt giebt die Lösung, mit Salzsäure neutralisirt, ein weißes Präc., welches sich mit Ueberschuß von concentr. Salzsäure und Stanniol gekocht smalteblau färbt, auf Zusatz von Wasser aber farblos wird und keine blaue Lösung giebt.

---

*) Damit ist ein neues Gränzglied des Spinells Cr Cr angekündigt.

**) Der Hübnerit v. Enterprise in Nevada und der Blumit (Megabasit) v. Sadisdorf in Sachsen sind wesentlich Mn W.

Wesentlich Niob= und Tantalsaures Eisenoxydul mit etwas Mn und S̈n.
Fe ] N̈b
Mn ] T̈a . Die Metallsäuren betragen gegen 83 pr. Ct. mit 30 und mehr
pr. Ct. Tantalsäure. — Rhombische und rectanguläre Prismen und Zwillinge nach einem Doma zusammengesetzt. Bodenmais in Bayern. Habbam in N.=A. Der Niobit ist ein Mittelglied zwischen den folgenden Species: Dianit und Tantalit.

### Dianit. (Columbit z. Thl.)

Isomorph mit Niobit. Eisenschwarz, das Pulver rothbraun, auch grau. Sp. G. 5,36 — 5,8. Wie der vorige mit Kalihydrat ec. behandelt, wird die mit concentr. Salzsäure und Stanniol gekochte Metallsäure auch smalteblau gefärbt, löst sich aber auf Zusatz von Wasser zu einer klaren sapphirblauen Flüssigkeit auf. Wesentlich Fe ] / Mn ] N̈ ohne oder mit wenig Tantalsäure. Grönland, Bodenmais, Limoges ec.

### Tantalit.

Krystallsystem: rhombisch. Stf. Rhombenpyr. 126°; 112° 30'; 91° 42'. Gewöhnlich in Prismen von 122° 53'. Spltb. unvollkommen nach den Diagonalen und bas. Unvollkommener Metallglanz. Undurchsichtig. H. 6 — 6,5. G. 7 — 8. Eisenschwarz, Strich braun. Unschmelzbar. R T̈a, wesentlich tantalsaures Eisenoxydul und Manganoxydul. Mit Kalihydrat geschmolzen und mit Wasser ausgelaugt, wird durch Neutralisiren der Lauge die Tantalsäure in weißen Flocken gefällt. Sie nimmt mit verdünnter Schwefels. und Zink in Berührung gebracht, verhältnißmäßig gegen Niobsäure nur eine schwach smalteblaue Farbe an, verhält sich sonst wie die Säure des Niobit. Kimito und Tamela in Finnland, Finbo und Brobbo in Schweden, Nord=Carolina.

### Menakan. Titaneisen.

Krystallsystem: hexagonal. Stf. Rhomboeder von 86°. Isomorph mit Rotheisenerz. Br. muschlig — uneben. Metallglanz. Stahlgrau — eisenschwarz. Strich schwarz. H. 6. G. 4,7 — 4,8. Schwach magnetisch. B. v. L. unschmelzbar, mit Phosphorsalz im Reductionsfeuer ein dunkelrothes Glas gebend. Wird das feine Pulver mit concentr. Salzsäure gekocht, filtrirt und dann die Aufl. anhaltend mit Stanniol gekocht, so nimmt die Flüssigkeit eine schöne violette Farbe an. T̈i ] / F̈e Titansesquioxyd und Eisenoxyd, als isomorph, in wechselnden Mengen. Der Gehalt des Titansesquioxyds von 13 — 53 pr. Ct. Die meisten Anal. nähern sich F̈ + Ṫ, indessen scheinen auch andere Verhältnisse vorzukommen und neue Untersuchungen müssen erweisen, ob sie die Aufstellung von Species zulassen.

Es gehören hierher: Libbelophan von Gastein, Crichtonit von Oisans in Dauphiné, Hystatit von Arendal, Ilmenit\*) vom Ilmensee in Sibirien, Menaccan von Egersund, Basanomelan aus der Schweiz, Iserin von der Iserwiese in Böhmen. Die meisten Var. kommen derb vor. Außer den genannten Fundorten findet sich das Mineral noch im Spessart, Tyrol, Preußen, Kirchenstaat ꝛc.

Manches Titaneisen, ein sog Ilmenit aus Norwegen, kann durch den magnetischen Strich magnetisirt werden und steht zwischen Eisen und Stahl in Beziehung der leichten Magnetisirbarkeit und des dauerhaften Magnetismus.

Verbindungen von Manganoxyd und Eisenoxyd kommen selten zu Sterling in Massachusetts und zu Neukirch (Neukirchit) im Elsaß vor.

### Eisensulphuride und Eisensulphurid-Verbindungen.

#### Pyrit. Tesseraler Eisenkies. Schwefelkies.

Kllystem: tesseral. Stf. Hexaeder. Spltb. primitiv, selten deutlich. Br. muschlig — uneben. Metallglanz. Speißgelb, ins Messinggelbe. Pulver dunkel grünlichgrau ins Schwarze. H. 6,5. Spröde. (G. 4,9—5,1. B. v. L. schmelzbar = 2 zu einer grauen, auf der Oberfläche krystallinischen und magnetischen Kugel. Im Oxydationsfeuer nach schweflichter Säure

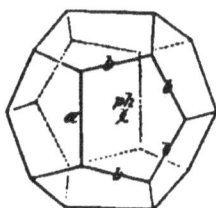 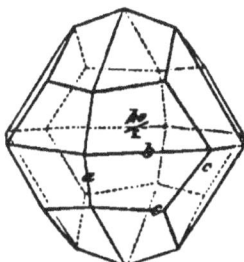

Fig. 21.  Fig. 20.

riechend. Von Salzsäure wenig angegriffen, von Salpeters. zersetzt. Fe. Schwefel 53,33, Eisen 46,67. — In den Kllcomb. oft das Pentagondodekaeder vorkommend, Diakisdodekaeder, Oktaeder. — Derb, strahlig. — Oefters an der Luft verwitternd zu Eisenvitriol. — Sehr verbreitet.

Ausgez. Var. finden sich auf Elba, St. Gotthard, Harz, Sachsen, Ungarn (Felsobanya, Schemnitz ꝛc.), Norwegen, Nord-Amerika ꝛc. Wird auf Schwefel benützt. S. Schwefel. Pyrit von πυρίτης, bei den Alten für Eisenerz, auch Kupfererz.

#### Markasit. Rhombischer Eisenkies, Speerkies. Kammkies.

Kllystem: rhombisch. Stf. Rhombenpyr. 115° 2'; 89° 1' 24"; 126° 26'. Spltb. prismatisch. Br. uneben. Speißgelb. Pulver dunkel

---

\*) N. v. Kokscharow sind die Winkel des Ilmenit verschieden von denen des Hämatit und zeigen die Krystalle den Charakter der Tetartoedrie.

grünlichgrau. $\mathfrak{H}$. 6,5. $\mathfrak{G}$. 4,7 — 4,9. Sonst wie die vorige Species. — Die Krystalle erscheinen gewöhnlich als rhomb. Prismen von 106° 2′ mit der basischen Fl. und mit Domen, und in Zwillings=, Drillings= und Vier= lingsbildungen, wobei die Fl. des Prisma's die Zusammensetzungsfl. ist. Daraus entstehen dann hahnenkammartige, speerförmige, gekerbte Aggregate. — Findet sich viel weniger häufig als die vorige Species. — Hierher der Kyrosit und wahrscheinlich auch der Lonchidit Breithaupts. — Der Name Markasit vom alten marcasita für den Schwefelkies.

Teplitz und Altsattel in Böhmen, Freiberg, Derbyshire, Andreasberg am Harz ꝛc.

Durch Oxydation entsteht häufig aus Pyrit und Markasit Eisenvitriol (Me- lanterit) $\overset{..}{Fe} \overset{..}{S} + 7 \overset{..}{H}$, da diese Eisensulphurete aber Fe S² sind, so wird dabei freie Schwefelsäure ausgeschieden.

### Pyrrhotin. Magnetkies.

Krystem: hexagonal. Stf. Hexagonpyr. 126° 50′; 127°. Spltb. basisch ziemlich vollkommen. Br. uneben — muschlig. Metallglanz. Bronce= gelb, tombakbraun anlaufend. Pulver graulichschwarz. $\mathfrak{H}$. 4 — 4,3. Spröde. $\mathfrak{G}$. 4,5 — 4,7. Auf die Magnetnadel wirkend. V. b. L. den vorigen Spec. ähnlich. In Salzsäure großentheils mit Entwicklung von Schwefelwasser= stoff aufl. $\overset{..}{Fe}{}^5 \overset{..}{Fe}$ nach G. Rose. Schwefel 39,5, Eisen 60,5. — Krystalle sehr selten, meistens derb.

Bodenmais in Bayern, Barèges in Frankreich, Cornwallis, Harz, Freiberg, Schweden, Norwegen, Ural ꝛc. — Pyrrhotin von πυῤῥότης, röthlich.

Ein Schwefeleisen = $\overset{..}{Fe}$ kommt krustenartig als schwarze erdige Masse am Vesuv vor, $\overset{.}{Fe}$ (Troilit) in einigen Meteorsteinen.

---

Selten und wenig gekannt sind die Verbindungen von Schwefeleisen $\overset{..}{Fe}$ und Schwefelantimon $\overset{...}{Sb}$, welche man Berthierit genannt hat. Sie sind stahlgrau — broncefarben und schmelzen leicht mit Antimonrauch zur schwarzen magne- tischen Schlacke. Mit Salzf. entwickeln sie Schwefelwasserstoff. Chazelles in Auvergne, Freiberg, Arany-Idka in Oberungarn (Fe $\overset{...}{Sb}$). Der Name nach dem französischen Chemiker Berthier.

### Arsenopyrit. Arsenikkies. Prismatischer Arsenikkies.

Krystem: rhombisch. Es finden sich rhombische Prismen von 111° 12′, gewöhnlich mit einem brachydiagonalen Doma von 146° 28′. Spltb. nach den Seitenfl. ziemlich deutlich. Br. uneben. Metallglanz. Silberweiß ins Zinnweiße und Stahlgraue, öfters graulich und gelblich angelaufen. Pulver graulichschwarz. $\mathfrak{H}$. 5,5. Spröde. $\mathfrak{G}$. 6,2. V. b. L. starken Arsenik= rauch verbreitend, dann schmelzbar = 2 zu einer schwarzen, nach längerem Blasen magnetischen Kugel. Von conc. Salpetersäure zersetzt. Fe S² + Fe As². Schwefel 19,60, Arsenik 46,08, Eisen 34,32. Zuweilen silber= haltig. — In Krystallen und derb, stänglich. Der **Glaukopyrit** v.

Guadalcanal in Andalusien ist nach Sandberger Fe S² + 12 $\left. \begin{array}{l} Fe \\ Co \\ Cu \end{array} \right\} \begin{array}{l} As^2 \\ Sb^2 \end{array}$

mit 4,6 pr. Ct. Kobalt.

Auf Gängen in Urfelsarten. Sehr verbreitet, Freiberg und andere Gruben im Erzgebirge, Harz, Steyermark, Siebenbürgen, Cornwallis ꝛc. — Wird auf Arsenik benützt. S. Arsenik.

### Löllingit. Glanzarfenikkies. Axotomer Arsenikkies.

Kstsystem: rhombisch. Es finden sich rhombische Prismen von 122° 26' mit einem makrodiag. Doma von 51° 20'. Spltb. basisch vollkommen. Metallglanz. Silberweiß. H. 5,5. G. 7,3. V. d. L. wie die vor. Spec., aber nur unvollkommen und schwer auf der Oberfläche schmelzend. In Sal= peterf. mit Ausscheidung von arfenichter Säure aufl. Fe As². Arsenik 72,84, Eisen 27,16. — In Krystallen, derb und eingesprengt. (Vergl. Chatamit.)

Reichenstein in Schlesien, Hüttenberg und Löling in Kärnthen, Fossum in Norwegen. Das Mineral von Reichenstein ist nach Karsten und Scheerer Fe⁴ As².

---

## XXIV. Ordnung. Mangan.

Die Mineralien dieser Ordnung ertheilen v. d. L. dem Boraxglase im Oxydationsfeuer eine amethystrothe Farbe, welche (bei geringem Zusatz der Probe) im Reductionsfeuer gebleicht werden kann. Mit Phosphorsäure zur Syrupdicke eingekocht geben sie entweder unmittelbar eine schön violettrothe (in Wasser mit gleicher Farbe lösliche) Masse, oder es erscheint diese Farbe, wenn Salpetersäure zugesetzt wird. Im ersten Falle ist Manganoxyd oder Hyperoxyd, im letzteren Mangan oder Manganoxydul angezeigt.

---

Die wichtigsten Manganerze sind der Pyrolusit, Manganit und Psilomelan. Sie finden mannigfaltige Anwendung zur Erzeugung des Chlors, zum Ent= färben eisenhaltiger Gläser, indem sie, in gehöriger Menge zugesetzt, durch ihren Sauerstoff das grün färbende Eisenoxydul in nicht färbendes Eisenoxyd verwan= deln, zum Färben des Glases (amethystroth) bei größerem Zusatz, zur Bereitung des Sauerstoffs ꝛc. Zu Ilefeld am Harz werden jährlich an 3500 Ctr. Man= ganerze gewonnen.

Das Mangan wurde durch die Versuche von Pott 1740, Kaim und Winterl 1770 und Scheele und Bergmann 1774 als ein eigenthümliches Metall erkannt und von Gahn zuerst dargestellt. Es ist nur sehr schwer rein darzustellen, grau= lichweiß und stark metallglänzend, äußerst strengflüssig und oxydirt sich schnell an der Luft, zu einem schwarzen Pulver zerfallend.

### Pyrolusit. Graubraunsteinerz z. Thl.

Kstsystem: rhombisch. Man findet rhomb. Prismen von 93° 40'. Spltb. unvollkommen. Br. uneben, fasrig. Metallglanz. Eisenschwarz. Strich schwarz. H. 2,5. G. 4,8 — 5. V. d. L. unschmelzbar, im Kolben

lein oder nur Spuren von Wasser gebend. In Salzf. mit Chlorentwicklung
aufl. Mn. Sauerstoff 37,21, Mangan 62,79. — Gewöhnlich in stänglichen,
strahligen und fasrigen Aggregaten.

In großen Mengen zu Oehrenstock und Ilmenau in Thüringen, Triebau in
Mähren, Cornwallis, Devonshire, Sachsen, Ungarn ꝛc. Pyrolusit von πῦρ,
Feuer, und λούω, waschen, weil er eisenhaltige Gläser im Feuer entfärbt.

Der Polianit Breithaupts hat dieselbe Mischung und Krystallisation, seine
Härte ist aber 6,5 — 7. Schneeberg, Johanngeorgenstadt. Breithaupt hält den
Pyrolusit für zersetzten Polianit. Der Name von πολιάνος, grau.

-----

Selten und in geringer Menge kommen vor:

**Hausmannit.** Krystallisirt in Quadratpyr. von 117° 54′ Randktw.
Unvollkommener Metallglanz. Bräunlichschwarz, Strich röthlichbraun. H.
5,5. G. 4,856. Mn + Mu. Manganoxyd 69, Manganoxydul 31. In
Krystallen und derb, körnig. Ilefeld am Harz. — Der Name nach dem
Mineralogen Hausmann.

**Braunit.** Krystallisirt in Quadratpyr. von 108° 39′ Randkantenw.
Unvollkommener Metallglanz. Bräunlichschwarz, Strich etwas ins Bräunliche. H. 6,5. Mn. Sauerstoff 30,77, Mangan 69,23. — In Krystallen
und derb.

Elgersburg in Thüringen, Ilmenau, Wunsiedel. Der Name nach dem
Kammerrath Braun in Gotha.

### Manganit.

Krystallsystem: rhombisch. Stf. Rhombenpyr. von 130° 49′; 120° 54′;
80° 22′. Spltb. brachydiagonal vollkommen. Br. uneben. Metallglanz.
Stahlgrau — eisenschwarz. Strich dunkel röthlichbraun. H. 3,5. Spröde.
G. 4,335. V. d. L. im Kolben Wasser gebend, sonst wie Pyrolusit. Mn.
Ḧ. Manganoxyd 89,65, Wasser 10,35. — Die Krystalle kurz prismatisch,
Prismen von 99° 40′ und 103° 24′; stänglich, strahlig ꝛc.

Hierher ein Theil des sogenannten Wad oder Braunsteinschaum, erdiger
Manganit. Elgersburg und Ilmenau in Thüringen, Kammsdorf und Ilefeld
am Harz, Eibenstock und Schwarzenberg in Sachsen, Eiserfeld auf dem Westerwald, Cornwallis ꝛc.

Ein dem Brucit analoges Manganoxydulhydrat Mn Ḣ ist der **Pyrochroit**
von Pajsberg in Schweden.

Sehr selten ist das Manganhyperoxydhydrat oder der **Groroilith**, wohin
auch ein Theil des sog. Wad gehört. Findet sich in löchrigen Stücken, bräunlichschwarz von hell chocoladefarbenem Pulver zu Groroi, Depart. de la Mayenne
zu Viedessos und Cautern in Graubündten.

### Psilomelan.

Amorph. Von traubigen, staubenförmigen, nierförmigen Gestalten.
Br. flachmuschlig — uneben. Schimmernd metallähnlich. Bläulich — grauschwarz, schwärzlichgrau. Strich schwarz. H. 5,5. Spröde. G. 4,1. V.
d. L. im Kolben Wasser gebend, sonst wie Pyrolusit. Mancher reagirt nach
dem Glühen alkalisch, der meiste giebt in der salzs. Aufl. mit Schwefels. ein

$$\text{Präc. von schwefelſ. Baryt.} \left.\begin{array}{c} \dot{M}n \\ \ddot{B}a \\ \ddot{K}a \end{array}\right\} \ddot{M}n^2 + \ddot{H}.$$ Die meiſten Anal. geben:

Manganhyperoxyd und Manganoxydul 78—90, Baryterde 0—16, Kali (für die Baryterde eintretend) 0—5,6, Waſſer 3—6 pr. Ct. Mancher Pſilomelan enthält 1,4 pr. Ct. Lithion, färbt die Löthrohrflamme carmin= roth (**Lithiophorit**).

Häufig zu Schneeberg, Johanngeorgenſtadt, Ehrenfriedersdorf im Erzgebirge, Horhauſen in Siegen, Ilefeld, Ilmenau ꝛc. — Der Name von ψιλός, kahl, und μέλας, ſchwarz.

Hier ſchließt ſich das **Kupfermanganerz** von Kammsdorf und Schladen= wald an und gehört vielleicht zum Pſilomelan; es hat dieſelbe Formel, aber mit 2 $\ddot{H}$ und enthält 5—14 pr. Ct. Kupferoxyd. Iſt auch phyſ. dem Pſilomelan ſehr ähnlich, nur weicher.

### Dialogit. Manganſpath.

Kryſtem: hexagonal. Stf. Rhomboeder von 106° 51' — 107°. Spltb. primitiv. Br. uneben. Durchſcheinend. Glasglanz, perlmutterartig. Roſenroth — röthlichweiß. H. 4. G. 3,5. V. d. L. unſchmelzbar, ſchwarz werdend oder grünlichgrau. In Salzſ. bei Einwirkung der Wärme mit Brauſen aufl. $\dot{M}n$ $\ddot{C}$. Kohlenſäure 38,22, Manganoxydul 61,78. Ge= wöhnlich eiſen= und kalkhaltig. — In Kryſtallen, Stf. und körnig, dicht.

Schöne Var. zu Freiberg, Kapnik in Ungarn, Nagyag und Offenbanya in Siebenbürgen, Vieille in den Pyrenäen. — Der Name von διαλογή, Auswahl.

Ein **Manganbolomit** $\dot{C}a$ $\ddot{C}$ + $\dot{M}n$ $\ddot{C}$ kommt zu Sterling in N.=Jerſey vor.

**Triplit**, **Zwieſelit** und **Hureaulit** ſind eiſenhaltige Manganphosphate, aus welchen Kalilauge Phosphorſäure extrahirt. Die erſten beiden ſind waſſer= frei und enthalten Fluor, der Triplit von Schlaggenwald und von Limoges 8 und 7 pr. Ct. Fluor und 30—32 pr. Ct. Mn; der Zwieſelit von Zwieſel im bayeriſchen Wald enthält nur 16,6 Mn, dafür 31,6 Fe und 6 F; der Hureaulit von Hureaux bei Limoges enthält 12—18 pr. Ct. Waſſer und eine ähnliche Ver= bindung, der Heteroſit, 6 pr. Ct. Waſſer und 0,92 Fluor. Der Fauſerit v. Herrengrund in Ungarn iſt Manganvitriol mit 16 pr. Ct. Waſſer; der Chondroarſenit v. Pajsberg in Schweden iſt arſenitſaures Manganoxydul mit 7 pr. Ct. Waſſer. Der Sufferit v. Suſſex in Neu=Jerſey iſt nach Bruſh borſaures Manganoxydul (40 pr. Ct.), mit Magneſia (17) und Waſſer 9,6.

### Rhodonit. Rother Mangankieſel.

Kryſtem: klinorhombiſch und mit Augit iſomorph. (Nach Des= cloizeaux klinorhomboidiſch.) Derbe Maſſen, unter 92° 16' ſpltb. Br. uneben, ſplittrig. Wenig durchſcheinend. Glas — Perlmutterglanz. Roſen= roth, pfirſichblüthroth. Pulver röthlichweiß. H. 5,5. G. 3,6. V. d. L. ſchmelzbar = 3 zu einem, in der innern Flamme durchſcheinenden, röth= lichen, in der äußern ſchwärzlichen Glaſe. Den Flüſſen Manganfarbe er= theilend. Von Salzſ. nicht merklich angegriffen. $\dot{M}n^3$ $\ddot{S}i^2$. Kieſelerde 46,41, Manganoxydul 53,59.

Langbanshyttan in Schweden, Neu-Jerſey, Kapnik, Harz, Ekatharinenburg in Sibirien ꝛc. — Wird zu Belegplatten, Doſendeckeln ꝛc. geſchliffen. — Rhodonit von ῥόδον, Roſe. — Hierher gehört der Pajsbergit von Pajsberg in Schweden.

Nach Hermann kommt zu Sterling und Cummington in Massachusetts auch ein Manganamphibol, Cummingtonit, Hermannit vor, spaltbar unter 123° 30'. Descloizeaux rechnet ihn zum Rhodonit.

Andere, selten vorkommende Mangansilicate sind der **Bustamit** von Puebla in Mexiko, der **Manganchrysolith** (Tephroit) von Franklin und Neu-Jersey (gelatinirt), und der **Fowlerit** von Franklin in Neu-Jersey (mit 5 pr. Ct. Zinkoxyd).

Wasserhaltige Manganfilicate sind der **schwarze Mangankiesel** v. Klapperud in Dalekarlien, der **Stübelit** von der Insel Lipari, der **Hydrotephroit** v. Pajsberg in Schweden, der **Friedelit** aus den Pyrenäen, der **Klipsteinit** v. Herbornseelbach bei Dillenburg, und der **Karpholith** von Schlaggenwald in Böhmen.

Eine sehr eigenthümliche Mischung hat der seltene **Helvin** von Schwarzenberg im Erzgebirge, Ural und Finnland. Er besteht aus einem Silicat von Mangan- und Eisenoxydul und Berillerde, in Verbindung mit Schwefelmangan (14 pr. Ct.). Krystallisirt in Tetraedern und Trigondodecaedern (z. Thl. zollgroß zu Lupiko in Finnland) von wachs- und honiggelber Farbe, entwickelt mit Salzs. Schwefelwasserstoff und gelatinirt. — Der Name von ἥλιος, sonnengelb.

### Alabandin. Manganglanz. Manganblende.

Kryst.: tesseral. Stf. Hexaeder. Spltb. primitiv. Br. uneben. Unburchsichtig. Metallglanz. Eisenschwarz — dunkelstahlgrau. Strich lauchgrün, dunkel-pistaziengrün. H. 4. Etwas milbe. G. 4. B. d. L. schmelzbar = 3 zu einer schwarzen Schlacke. In Salzs. mit Entwicklung von Schwefelwasserstoff aufl. Mn S. Schwefel 36,7, Mangan 63,3. — Krystalle selten, körnige und derbe Massen.

Nagyag in Siebenbürgen, Alabanda in Kleinasien (daher der Name), Gersdorf in Sachsen, Brasilien.

### Hauerit.

Kryst.: tesseral, isomorph mit Pyrit. Spltb. hexaedrisch. H. 4. G. 3,46. Bräunlichschwarz, Strich bräunlichroth. Metallähnlicher Glanz, fast undurchsichtig. B. d. L. giebt er im Kolben viel Schwefel und zeigt dann lichte grünen Strich. In concentr. Salzs. auflöslich, in verdünnter wenig. Mn. Schwefel 53,69, Mangan 46,31. Altsohl in Ungarn. — Der Name nach dem österreichischen Mineralogen v. Hauer.

## XXV. Ordnung. Cerium.

Die Mineralien dieser Ordnung geben v. d. L. mit Borax im Oxydationsfeuer ein dunkel gelbes oder rothes Glas, welches sich beim Erkalten fast ganz bleicht und emailartig geflattert werden kann. In Salzs. sind sie

z. Thl. aufl. Die nicht zu saure Aufl. giebt mit Kleesäure ein weißes, käsiges Präc., welches beim Glühen ziegelfarben wird und sich wie Ceroxyd verhält.

---

Das Ceroxyd wurde 1803 gleichzeitig von Klaproth, Hisinger uud Berzelius entdeckt. Die Untersuchungen von Mosander 1839 uud 1842 haben aber gezeigt, daß in dem bisherigen Ceroxyd noch die Oxyde zweier andern Metalle, des **Lanthan's** und **Didym's** enthalten seien. Da noch keine sichern Scheidungs- mittel dieser Oxyde bekannt sind, so sind sämmtliche Analysen der cerhaltigen Mineralien als unvollkommen anzusehen. Diese Mineralien find auch meistens äußerst selten. Das noch am häufigsten vorkommende ist der

## Cerit.

Kryst.yftem: Nach R. A. E. Nordenskjölb rhombisch, meistens derb, fein- körnig — dicht. Br. uneben, splittrig. Wenig durchscheinend — undurch- sichtig. Schimmernd, wenig fettartig glänzend. Schmutzig pfirsich-blüthroth. Pulver graulichweiß. H. 5,5. G. 5. B. d. L. unschmelzbar, eine lichte, schmutzig-gelbe Farbe annehmend. Im Kolben Wasser gebend. In Salzf. leicht mit Ausscheidung gelatinöser Kieselerde aufl. Die Aufl. giebt mit Aetzammoniak ein weißes, flockiges Präc., welches in viel Kleesäure un- auflöslich ist. Ein ähnliches Präc. von Thonerde uud Eisenoxyd löst sich in Kleesäure auf. Kieselerde 20, Ceroxydul 56, Lanthan- und Didymoxyd 8, Wasser 5, Fe, Ca. — Name nach dem Cerium von der Ceres.

Findet sich zu Ridderhyttan in Schweden.

---

Sehr selten und chemisch nur unvollkommen gekannt ist der

**Allanit.** Klinorhombisch. Isomorph mit Epidot (Pistazit). Pech- schwarz, grünlichschwarz, leicht schmelzbar, gelatinirend. Kieselerde 35, Thonerde 15, Eisenoxydul 15, Ceroxydul uud Lanthanoxyd 21, Kalkerde 12 (dafür im Orthit z. Thl. Yttererde). Nach Scheerer gehören hierher der **Cerin** und **Orthit**, wovon jedoch der Cerin von Säuren nicht zerlegt wird. Nach dem Glühen verhalten sich aber alle gleich und werden nicht mehr von Säuren zerlegt. — Jotum-Fjeld und Snarum in Norwegen, Jglorsoit in Grönland, Schweden, Ural. Auch im Plauenschen Grunde bei Dresden *). — Der Name Allanit nach dem schottischen Mineralogen **Allan.** Zum Allanit gehören der **Pyrorthit** v. Fahlun, der **Uralor- thit** vom Ural und der **Bagrationit** von Achmatowsk.

Anschließende Cersilicate sind der **Bodenit** und **Muromontit** von Marienberg in Sachsen, der **Tschewkinit** vom Jlmengebirge im Ural (mit 20 pr. Ct. Titansäure), der **Mosandrit** und **Tritomit** aus Norwegen.

Eine phosphorsaure Verbindung von Cer- und Lanthanoxyd ist der

---

*) Vom Rath hat den Orthit auch am Laacher See und auf dem Vesuv vor- kommend gefunden. —

**Monazit** (Edwarsit, Eremit, Mengit)*) vom Ural und aus Nord-Amerika mit 32 pr. Ct. Thorerde (n. Hermann), der **Kryptolith** von Arendal und der **Churchit** aus Cornwallis. Eine kohlensaure Verbindung dieser Art mit Fluorcalcium (10 pr. Ct.) ist der **Parisit** aus den Smaragd-gruben von Musso in Neu-Granada und der **Lanthanit** aus Schweden und Nord-Amerika.

Der **Aeschynit** von Miask im Ural ist wesentlich niobtitansaures Ceroxyd.

**Fluorcerium** ist zu Finbo in Schweden vorgekommen.

---

*) Nach vom Rath ist der sog. Turnerit auch Monazit. Dauphiné, Tawetschthal, Laacherfee.

# Anhang.

## Formeln zur Berechnung der Kryſtalle.

Die Kryſtallberechnungen geſchehen am einfachſten mit Anwendung der ſphäriſchen Trigonometrie. In den meiſten Fällen hat man es nur mit rechtwinklichen ſphäriſchen Dreiecken zu thun und die dafür geltenden For= meln finden manche Abkürzung, da mit Rückſicht auf die Kryſtallſchnitte öfters Winkel von 60°, 30°, und 45° in die Rechnung kommen und cos 60° = sin 30° = $\frac{1}{2}$; tang 45° = 1.

### I. Das Rhomboeder.

1) Gegeben der halbe Schtlktw.*) = $\alpha$, geſucht die Neigung der Scheitelkante zur Axe = c

$$cos\ c = cot\ \alpha.\ cot\ 60°.$$

2) Gegeben der halbe Schtlktw. = $\alpha$, geſucht die Neigung der Fläche zur Axe = a

$$cos\ a = \frac{cos\ \alpha}{sin\ 60°}.$$

3) Gegeben die Neigung der Schtlt. zur Axe = c, geſucht der Schtlktw. = $\alpha$

$$cot\ \tfrac{1}{2}\ \alpha = cos\ c.\ tang\ 60°.$$

4) Gegeben die Neigung der Fläche zur Axe = a, geſucht der Schtlktw. = $\alpha$

$$cos\ \tfrac{1}{2}\ \alpha = cos\ a.\ sin\ 60°.$$

5) Gegeben der halbe Schtlktw. = $\alpha$, geſucht der ebene Winkel am Scheitel = b

$$cos\ \tfrac{1}{2}\ b = \frac{cos\ 60°}{sin\ \alpha}.$$

6) Um die Axenlänge in Beziehung auf die aus der Mitte der Rand= kante auf die Axe gefüllten Normale = 1 zu beſtimmen, berechnet man den

---

*) Hier wie bei den Pyramiden iſt Schtlktw. = Scheitelkantenwinkel und Randktw. = Randkantenwinkel.

Winkel c dieser Normale mit der vom Scheitel auf sie gezogenen Linie. tang c giebt die halbe Axenlänge. Es sei die Neigung der Fläche zur Axe = a, so ist

$$tang\ c = cot\ a.\ cos\ 30^0.$$

## II. Die Hexagonpyramide.

1) Gegeben der halbe Randktw. = α. gesucht der Schtlktw. = β
$$cos\ \tfrac{1}{2}\ \beta = \tfrac{1}{2}\ sin\ \alpha.$$

2) Gegeben der halbe Schtlktw. = β, gesucht der Randktw. = α
$$sin\ \tfrac{1}{2}\ \alpha = 2.\ cos\ \beta.$$

3) Gegeben der halbe Schtlktw. = α, gesucht die Neigung der Fläche zur Axe = a
$$cos\ a = 2\ cos\ \alpha.$$

4) Gegeben die Neigung der Fläche zur Axe = a, gesucht der Schtlktw. = α
$$cos\ \tfrac{1}{2}\ \alpha = \tfrac{1}{2}\ cos\ a.$$

5) Gegeben der halbe Schtlktw. = α, gesucht die Neigung der Schtlkt. zur Axe = c
$$cos\ c = cot\ \alpha.\ cot\ 30^0.$$

6) Gegeben die Neigung der Schtlkt. zur Axe = c, gesucht der Schtlktw. = α
$$cot\ \tfrac{1}{2}\ \alpha = cos\ c.\ tang\ 30^0.$$

7) Gegeben der halbe Schtlktw. = α, gesucht der ebene Winkel am Scheitel = b
$$cos\ \tfrac{1}{2}\ b = \frac{cos\ 30^0}{sin\ \alpha}.$$

8) Gegeben der halbe Randktw. = α, gesucht der ebene Winkel am Rand = c
$$cot\ c = cos\ \alpha.\ cot\ 60^0.$$

9) Zur Bestimmung der halben Axenlänge in Beziehung auf die halbe Diagonale der Basis = 1 dient der halbe Winkel zweier an der Basis zusammenstoßender Scheitelkt. = a, dessen tang die verlangte Axenlänge. Wenn der halbe Randktw. = α, so ist
$$tang\ a = tang\ \alpha.\ sin\ 60^0.$$

## III. Das Skalenoeder.

Es sei der Winkel an der kürzern Scheitelkt. = x, an den längeren = y, an den Randkt. = z.

1) Gegeben x und y, gesucht z
$$sin\ \tfrac{1}{2}\ z = cos\ \tfrac{1}{2}\ x + cos\ \tfrac{1}{2}\ y.$$

2) Gegeben x und z, gesucht y

$$\cos \tfrac{1}{2} y = \sin \tfrac{1}{2} z - \cos \tfrac{1}{2} x.$$

3) Gegeben y und z, gesucht x

$$\cos \tfrac{1}{2} x = \sin \tfrac{1}{2} z - \cos \tfrac{1}{2} y \ \text{(Naumann)}.$$

### IV. Die Quadratpyramide.

1) Gegeben der halbe Randktw. = $\alpha$, gesucht der Schltktw. = $\beta$

$$\cos \tfrac{1}{2} \beta = \cos 45^{0}. \ \sin \alpha.$$

2) Gegeben der halbe Schltktw. = $\beta$, gesucht der Randktw. = $\alpha$

$$\sin \tfrac{1}{2} \alpha = \frac{\cos \beta}{\cos 45^{0}}.$$

3) Gegeben die Neigung der Fläche zur Axe = a, gesucht der Schltktw. = $\alpha$

$$\cos \tfrac{1}{2} \alpha = \cos a. \ \sin 45^{0}.$$

4) Gegeben die Neigung der Schltf. zur Axe = c, gesucht der Schltktw. = $\alpha$

$$\cot \tfrac{1}{2} \alpha = \cos c.$$

5) Gegeben der halbe Schltktw. = $\alpha$, gesucht die Neigung der Fläche zur Axe = a

$$\cos a = \frac{\cos \alpha}{\sin 45^{0}}.$$

6) Gegeben der halbe Schltktw. = $\alpha$, gesucht die Neigung der Schltflt. zur Axe = c

$$\cos c = \cot \alpha.$$

7) Gegeben der halbe Schltktw. = $\alpha$, gesucht der ebene Winkel am Scheitel = b

$$\cos \tfrac{1}{2} b = \frac{\cos 45^{0}}{\sin \alpha}.$$

8) Gegeben der halbe Randktw. = $\alpha$, gesucht der ebene Winkel am Rand = c

$$\cot c = \cos \alpha.$$

9) Um die halbe Axenlänge = a gegen die halbe Diagonale der Basis = 1 zu bestimmen, berechnet man die Neigung der Schltflt. zu dieser Diagonale oder den Winkel A, dessen Tangente die verlangte Axenlänge. Wenn der halbe Randktw. = $\alpha$, so ist

$$\tang A = \tang \alpha. \ \sin 45^{0}.$$

### V. Das Dioktaeder.

Zur Berechnung der Dioktaeder sind 2 Kantenwinkel erforderlich. Sind die halben Schltktw. an den schärfern Kanten = $\alpha$ und an den stumpfern = $\beta$, so berechnet man die Neigung der schärfern Schltflte. zur

Axe = b aus den drei Winkeln des sphär. Dreiecks $\alpha$, $\beta$ und $\gamma = 45^0$ nach der bekannten Formel

$$\cos \tfrac{1}{2} b = \sqrt{\frac{\cos (S - \alpha) \cos (S - \gamma)}{\sin \alpha. \sin \gamma}},$$

wo $S = \tfrac{1}{2} (\alpha + \beta + \gamma)$.

Den erhaltenen Winkel b zieht man von 90 ab und hat dann im rechtwinkl. sphär. Dreieck

$90^0 - b = a$; $\beta =$ der halbe Schltktw. an der schärferen Schltte. Der Randktw. sei $= \alpha$, so ist

$$\cos \tfrac{1}{2} \alpha = \cos a. \sin \beta.$$

In andern Fällen wird ähnlich verfahren.

## VI. Die Rhombenpyramide.

1) Gegeben der halbe Randktw. $= \alpha$ und der halbe spitze ebene Winkel der Basis $= b$, gesucht der Neigw. der Fl. an den längern (schär-feren) Schltktn. $= \beta$

$$\cos \tfrac{1}{2} \beta = \cos b. \sin \alpha.$$

Um den Winkel an den kürzeren Schltkt. zu finden, ist der halbe stumpfe Winkel der Basis als b in Rechnung zu bringen.

2) Gegeben einer der halben Schltktw. $= \beta$ und einer der entsprechen-den halben Winkel der Basis $= b$, gesucht der Randktw. $= \alpha$

$$\sin \tfrac{1}{2} \alpha = \frac{\cos \beta}{\cos b}.$$

Die schärferen (längeren) Schltkt. fallen immer in den spitzen Winkel der Basis, die stumpferen Schltkt. in den stumpfen W. d. B.

3) Gegeben der halbe Randktw. $= \alpha$ und der halbe spitze Winkel der Basis $= b$, gesucht die Neigung der schärfern Schltkte. zur Makro-biagonale $= a$

$$\tan a = \tan \alpha. \sin b.$$

Für die Neigung der stumpfen Schltkt. zur Brachybiagonale wird der halbe stumpfe Winkel der Basis in Rechnung gebracht.

4) Gegeben die Neigung der schärfern Schltkt. zur Axe $= a$ und ebenso die der stumpferen $= b$ (oder die Neigung der entsprechenden Domen), gesucht die Schltktw. an den schärferen Kanten $= \beta$ und an den stumpferen $= \alpha$

$$\cot \tfrac{1}{2} \beta = \cot b. \sin a; \quad \cot \tfrac{1}{2} \alpha = \cot a. \sin b.$$

5) Gegeben der halbe Randktw. $= \alpha$ und die Neigung der schärfern Schltkt. zur Basis $= a$, gesucht der Winkel an den schärferen Schltkt. $= \beta$

$$\sin \tfrac{1}{2} \beta = \frac{\cos \alpha}{\cos a}.$$

Bei gegeb. Neigung der stumpferen Schtlkt. zur Basis ist die Rechnung für den Winkel der Fl. an diesen Kanten dieselbe.

6) Gegeben der halbe Randktw. = α und der halbe spitze Winkel der
Basis = b, gesucht der ebene Winkel der Pyramidenfläche zwischen der
schärfern Schtlkte. und Randbte. = c

$$\cot c = \cot b \cdot \cos \alpha.$$

Für den Flächenwinkel zwischen der stumpferen Schtlkte. und Randbte.
wird der halbe stumpfe W. b. Bas. in Rechnung gebracht.

7) Zur Bestimmung der Dimensionen berechnet man die Neig. der
schärfern Schtlkt. zur Makrobiagonale (nach 3). Für die halbe Makrobiagonale b = 1 ist die tang des berechneten Winkels die halbe Hauptaxe
= a. Die Tangente des halben spitzen Winkels der Basis bestimmt die
halbe Brachybiagonale = c.

## VII. Das Hendyeder.

1) Gegeben der halbe vordere Seitenkantenwinkel = β und die Neigung der Endfl. zur Seitenfl. = α, gesucht die Neigung der Klinobiagonale
ober der Endfl. zur Axe = a

$$\cos a = \frac{\cos \alpha}{\sin \beta}.$$

2) Gegeben die Neig. der Endfl. zur Axe = a und der halbe vordere
Seitenkantenwinkel = β, gesucht die Neig. der Endfl. zur Seitenfl. = α

$$\cos \alpha = \cos a \cdot \sin \beta.$$

3) Gegeben der halbe Seitenktw. an der Orthobiagonale = α und
die Neigung der Endfl. zur Seitenfl. = β, gesucht der spitze ebene Winkel
der Seitenfl. = o

$$\cos o = \tang \alpha \cot \beta.$$

4) Gegeben der halbe Seitenktw. an der Orthobiag. = α und die
Neigung der Endfl. zur Seitenfl. = β, gesucht der ebene Winkel der Endfläche an der Orthobiagonale = a

$$\sin \tfrac{1}{2} a = \frac{\sin \alpha}{\sin \beta}.$$

5) Die Dimensionen bestimmt man durch Angabe des Verhältnisses
der halben Hauptaxe = a zur halben im klinobiagonalen Hauptschnitt
liegenden Diagonale des horizontalen Schnittes = b, welche = 1 gesetzt
wird und zur halben zweiten Diagonale dieses Schnittes.

a ist die Tangente des Winkels der Endfl. mit der Diagonale b und c
die Tangente des halben vorderen Seitenkantenwinkels.

## VIII. Klinorhomboidische Gestalten.

Diese können nur mit Anwendung der Formeln für schiefwinkliche
sphärische Dreiecke berechnet werden.

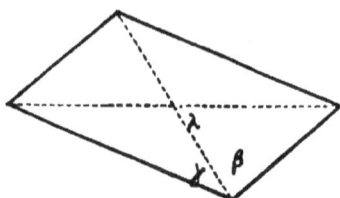

Fig. 80.

Eine sehr brauchbare Formel
für die Berechnung des Winkels $\lambda$
im Rhomboid Fig. 80, wenn $\gamma$ und
$\beta$ gegeben, ist die von Kupffer mit=
getheilte

$$\operatorname{tang} \lambda = \frac{2.\ \sin \beta.\ \sin \gamma}{\sin \beta - \gamma}.$$

## IX. Die tesseralen Gestalten.

Die tesseralen Gestalten können mit den vorhergehenden Formeln leicht
berechnet werden, denn es gelten an ihnen für alle dreiflächigen einkantigen
Ecken die Formeln für das Rhomboeder (I.), für alle 4fl. einkantigen Ecken
mit gleicher Flächenneigung zur Eckenaxe die Formeln für die Quadrat=
pyramide (IV.), für alle 4fl. Ecken mit abwechselnd gleichen Kanten die
Formeln für die Rhombenpyramide (VI.), für 6fl. Ecken, je nachdem ihre
Kanten gleich oder nur abwechselnd gleich, die Formeln für die Hexagon=
pyramide (II.) oder für das Skalenoeder (III.) u. s. w. Einige Beispiele
mögen dieses zeigen.

1) Am Triakisoktaeder sei der Winkel an den längeren Kanten a
gegeben und gesucht der Winkel an den kürzeren Kanten b. Man ziehe von
a den Oktaederwinkel (109° 28′ 16″) ab, halbire den Rest und ziehe den
erhaltenen Winkel von 90° ab, so erhält man die Neigung der Fläche zur
trigonalen Axe $=$ a, woraus nach Formel 4 beim Rhomboeder (I.) der
verlangte Winkel an den Kanten b berechnet wird. Ist der Winkel an letz=
tern Kanten gegeben, so verfährt man umgekehrt, um den Winkel der Kan=
ten a zu finden ꝛc.

2) Am Tetrakishexaeder sei der Winkel an den längeren Kanten
a gegeben und gesucht der Winkel an den kürzeren Kanten b. Man zieht
vom gegebenen Winkel 90° ab, halbirt den Rest und berechnet (diesen als
halben Randkantenwinkel genommen) nach Formel 1) IV. den Winkel der
Kanten b. — Der umgekehrte Fall versteht sich, ebenso die Berechnung der
ebenen Winkel mit Formel 7) und 8) IV.

3) Am Trapezoeder sei gegeben der Winkel an den längeren Kan=
ten a, gesucht der an den Kanten b. Man berechne nach Formel 5) IV.
die Neigung der Fl. zur Axe $=$ a. Da die trigonale Axe dieser Gestalt,
wie am Oktaeder, die Hauptaxe unter 54° 44′ 8″ schneidet, so ist die Neig.
der Trapeze zur trigonalen Axe $= 180° - (54° 44′ 8″ + a)$. Aus
dem so bestimmten Neigungswinkel wird der Winkel an den Kanten b nach
Formel 4) I. berechnet.

4) Am Pentagondodekaeder sei der Winkel an den einzelnen
Kanten a gegeben $=$ r und gesucht der Winkel an den Kanten b. Man
findet das Supplement von b $= \alpha$ aus der Formel

$$\cos \alpha = \tfrac{1}{4} \sin r.$$

5) Am Trigonbobelaeber sei gegeben der Winkel an den längeren Kanten a, gesucht der an den Kanten b. Man zieht von dem gegebenen Winkel den Tetraederwinkel (70° 31′ 44″) ab, halbirt den Rest und berechnet mit dessen Complement = a (Neig. b. Fl. zur trigonalen Axe), den verlangten Winkel nach Formel 4) I.

Zum Schlusse möge noch die Berechnung der Ableitungscoefficienten für die Naumann'schen Zeichen angeführt werden. Diese Zeichen sind analog denen des quadrat. Systems. Für das Oktaeber gilt O, für das Rhombenbobelaeber ∞ O, für das Hexaeber ∞ O ∞.

Das Trialisoltaeber ist m O. m > 1. Ist der halbe Winkel an den längeren Kanten = a gegeben, so ist, wie in Formel 9) IV., tang A = m gesucht.

tang A = tang a. sin 45°.

Um aus dem Ableit.-Coeffic. m den Winkel der Fl. an den längeren Kanten = 2 a zu finden, sucht man für m, als Tangente genommen, den zugehörigen Winkel A und hat dann

cot a = cot A. sin 45°.

Es kommen vor ½ O, 2 O, 3 O.

Das Trapezoeber ist m O m. m > 1. Gegeben der halbe Winkel an den längeren Kanten = a, gesucht m = tang B

cos B = cot a.

Gewöhnliche Varietäten sind 2 O 2, 3 O 3.

Das Tetralishexaeber ist ∞ O n. n > 1. Gegeben der Winkel an den längeren Kanten = C. Es sei v = $\frac{C - 90°}{2}$, so ist cot v = n.

Gewöhnliche Var. sind ∞ O ½, ∞ O 2, ∞ O 3.

Das Hexalisoltaeber ist m O n. m und n > 1. Gegeben der Winkel an der mittleren und kürzesten Kante B und C. Es sei a = ½ C; b = ½ B. Man berechne sin A = $\frac{cos\ a}{sin\ b}$, so ist tang (A + 45°) = n.

Um m zu finden, setzt man den berechneten Winkel A + 45° + B′, den halben Kantenwinkel B = a, so ist

tang A′ = tang a. sin B′ = m.

Die gewöhnlichen Var. sind 3 O ½, 4 O 2, 5 O ½.

Um aus dem Zeichen der Winkel der Fl. an den mittleren Kanten B zu finden, so ist ½ B = a; m = tang A; n = tang B′ und

cot a = cot A. sin B′.

Um den Neigungswinkel der Fläche an den kürzesten Kanten C zu finden, hat man zu n, als Tangente genommen, den zugehörigen Winkel

16*

aufzusuchen und davon 45° abzuziehen. Das Compl. des Restes = A und der halbe Winkel = b an den mittleren Kanten B, so ist

$$\cos \tfrac{1}{2} C = \cos A. \sin b.$$

Für diese Rechnung kommen die Formeln für die Rhombenpyramide in Anwendung.

Vergl. meine Schrift „Zur Berechnung der Krystalle", München, 1867. (Joseph Lindauer'sche Buchhandlung, K. Schöpping.)

# Register.

Abichit 195.
Achat 136.
Adamin 213.
Aebelforsit 150.
Aegyrin 152.
Aeschinit 236.
Agalmatolith 165.
Agricolit 202.
Akanthit 188.
Akmit 152.
Alabandin 234.
Alabaster 128.
Alalit 151.
Alaun 129.
Alaunstein 129.
Alaunschiefer 164.
Albit 145.
Algerit 142.
Algobonit 200.
Alisonit 210.
Allanit 235.
Allochroit 139.
Alloklas 202.
Allophan 163.
Almandin 138.
Alstonit 121.
Altait 211.
Aluminit 129.
Alunit 129.
Amalgam 190.
Amazonenstein 144.
Amblygonit 131.
Amethyst 135.
Amiant 154.
Amphibol 153.
Amphodelit 143.
Amphithälit 132.
Analcim 158.
Anatas 181.
Andalusit 149.
Andesin 146.
Andrewsit 224.
Anglarit 224.

Anglesit 205.
Anhydrit 126.
Ankerit 223.
Annabergit 216.
Anniwit 199.
Anorthit 143.
Anthophyllit 154.
Anthracit 113.
Anthrakonit 121.
Antigorit 166.
Antimon, gediegen 177.
Antimonblende 178.
Antimonfablerz 198.
Antimonglanz 178.
Antimonit 178.
Antimonnickel 216.
Antimonoxyd 177.
Antimonsilber 190.
Antimonsilberblende 189.
Antrimolit 158.
Apatelit 224.
Apatit 130.
Aphanit 153.
Aphrodit 167.
Aphrosiderit 162.
Apjohnit 129.
Apophyllit 165.
Aquamarin 150.
Aräoxen 208.
Aragonit 120.
Arbennit 171.
Arfvedsonit 154.
Argentit 188.
Argillit 164.
Arksutit 181.
Arksutit 117.
Arquerit 190.
Arsenik, gediegen 176.
Arsenikfablerz 197.
Arsenikglanz 176.
Arsenikkies 230.
Arsenikkupfer 200.
Arsenit 177.

Arsenomelan 210.
Arsenopyrit 230.
Arsenosiberit 226.
Arsensilberblende 189.
Asbest 154.
Asbolan 218.
Asmanit 134.
Aspasiolith 143.
Asperolith 196.
Asphalt 115.
Aspibolith 148.
Astrakanit 127.
Astrophyllit 148.
Atakamit 196.
Atheriastit 142.
Atlasit 193.
Attakolith 132.
Auerbachit 157.
Augelith 132.
Augit 152.
Aurichalcit 193.
Automolit 212.
Avanturin 136.
Axinit 169.
Azurit 193.

Bagrationit 235.
Baikalit 151.
Baltimorit 167.
Bamlit 149.
Barranbit 132.
Barnhardtit 199.
Barsowit 142.
Baryt 125.
Barytocalcit 121.
Barytharmotom 160.
Basalt 143.
Basanomelan 229.
Bastit 166.
Batrachit 156.
Baurit 175.
Bayldonit 195.

— 246 —

Beaumontit 161.
Beaurit 175.
Belonit 210.
Beraunit 224.
Bergholz 154.
Berglall 122.
Berglork 154.
Bergkrystall 135.
Berill 150.
Bergmilch 122.
Berlinit 132.
Bernstein 115.
Bertbierit 230.
Berzelin 200.
Berzelit 177.
Beudantit 226.
Beyrichit 215.
Bieberit 218.
Bildstein 165.
Bimsstein 146.
Bindheimit 206.
Binnit 210.
Biotit 147.
Bismuthin 202.
Bismuthit 202.
Bismuthoferrit 202.
Bismuthosphärit 202.
Bittersalz 127.
Bitterspath 123.
Bituminöses Holz 114.
Blättererz 211.
Blei, gediegen 204.
Bleiglanz 208.
Bleivitriol 205.
Blödit 127.
Blumit 227.
Bodenit 235.
Bohnerz 222.
Boltonit 155.
Bolus 164.
Boracit 132.
Borax 133.
Borickit 224.
Bornit 199.
Borocalcit 133.
Boronatrocalcit 133.
Borsäure 132.
Botryogen 224.
Botryolith 169.
Boulangerit 209.
Bournonit 210.
Braglt 150.
Branderz 186.
Brandschiefer 164.
Braunbleierz 206.
Brauneisenerz 222.
Braunit 232.
Braunkohle 114.

Braunspath 123.
Braunsteinschaum 232.
Breithauptit 216.
Brewicit 157.
Brewsterit 161.
Brochantit 194.
Bromargyrit 190.
Brongniardit 190.
Brongniartin 126.
Broncit 154.
Brookit 181.
Brucit 174.
Brushit 130.
Bucholzit 149.
Buntkupfererz 199.
Buratit 193.
Bustamit 234.

Cabrerit 216.
Cadmium 214.
Calamin 212.
Calaverit 184.
Calcit 121.
Caledonit 205.
Cancrinit 142.
Carbonat 112.
Carminit 226.
Carminspath 226.
Carnallit 119.
Carrolit 219.
Castellit 199.
Cavolinit 142.
Cerin 235.
Cerit 235.
Cerussit 206.
Cervantit 178.
Chabasit 159.
Chalcedon 136.
Chalkanthit 193.
Chalkodit 225.
Chalkolith 200.
Chalkomorphit 166.
Chalkophyllit 195.
Chalkopyrit 198.
Chalkosiderit 224.
Chalkosin 196.
Chalkostibit 199.
Chamoisit 225.
Chatamit 216.
Chenevixit 195.
Chiastolith 149.
Childrenit 224.
Chiolith 117.
Chiviatit 210.
Chloanthit 216.
Chlorastrolith 158.
Chlorblei 208.
Chlorit 161.

Chloritschiefer 161.
Chloritoid 162.
Chloropal 225.
Chlorophäit 225.
Chlorospinell 173.
Chlorotil 195.
Chlorsilber 190.
Chobneffit 117.
Chonbroarsenit 233.
Chonbrodit 168.
Chonikrit 163.
Christophit 213.
Chromeisenerz 226.
Chromit 226.
Chromocker 182.
Chrysoberill 173.
Chrysokoll 196.
Chrysolith 155.
Chrysopras 136.
Chrysotil 167.
Churchit 236.
Cimolit 165.
Clausthalit 211.
Clintonit 163.
Cölestin 125.
Columbit 227.
Condurrit 195.
Cookeit 163.
Copiapit 224.
Coquimbit 224.
Cordierit 143.
Cornwallit 195.
Cosalit 203.
Cotunnit 208.
Couzeranit 142.
Covellin 197.
Credonerit 195.
Crichtonit 229.
Crookesit 200.
Croustedtit 225.
Cuban 199.
Cummingtonit 234.
Cuprein 196.
Cuprit 192.
Cuproplumbit 210.
Cymophan 173.
Cyanit 149.

Danait 219.
Danalit 212.
Danburit 169.
Datolith 169.
Davyn 142.
Dechenit 208.
Delafossit 192.
Delessit 162.
Delvauxit 224.
Dermatin 167.

Dernbachit 224.
Descloizit 208.
Desmin 160.
Diabochit 224.
Diallage 151.
Dialogit 233.
Diamant 111.
Dianit 228.
Diaspor 175.
Dichroit 143.
Digenit 197.
Diopsid 151.
Dioptas 195.
Diorit 153.
Diploit 143.
Dipyr 142.
Diskrasit 190.
Disterrit 163.
Disthen 149.
Dolerit 143.
Dolerophanit 194.
Dolomit 123.
Domeykit 200.
Dufrenoysit 199.
Dufrenit 224.
Dunit 156.
Durangit 177.
Dysklasit 166.
Dysluit 213.

Ebingtonit 161.
Edwarsit 236.
Ehlit 194.
Eis 174.
Eisen, gediegen 220.
Eisenblau 224.
Eisenchrysolith 225.
Eisenglanz 221.
Eisenglimmer 221.
Eisenkies 229.
Eisenkiesel 136.
Eisenkobaltkies 218.
Eisennickelkies 215.
Eisenspath 222.
Eisensinter 226.
Eisenstaßfurtit 133.
Eisenvitriol 223.
Eklogit 153.
Ekmannit 225.
Eläolith 142.
Eliasit 201.
Embolit 190.
Emplektit 199.
Enargit 199.
Encelabit 182.
Enstatit 154.
Epiboulangerit 209.
Epichlorit 162.

Epidot 140.
Epigenit 199.
Epistilbit 161.
Epsomit 127.
Erbkobalt 218.
Erböl 115.
Erdpech 115.
Eremit 236.
Erinit 195.
Erythrin 217.
Euchroit 195.
Eudialyt 171.
Eudnophit 159.
Eukairit 191.
Euklas 150.
Euklasit 171.
Eulytin 202.
Eulysit 156.
Eurit 145.
Eusynchit 208.
Euxenit 180.
Evansit 132.

Fahlerz 197.
Fahlunit 143.
Famatinit 199.
Faroelith 158.
Faujasit 160.
Fauserit 233.
Fayalit 225.
Feldspath 144.
Festohaupit 129.
Fergusonit 180.
Feuerstein 136.
Fifroferrit 224.
Fibrolith 149.
Fischerit 132.
Fluorcerium 236.
Flußspath 116.
Forsit 161.
Fowlerit 234.
Franklinit 213.
Freieslebenit 190.
Frenzelit 203.
Friedelit 234.

Gabbro 152.
Gadolinit 156.
Gahnit 173. 212.
Galactit 158.
Galenit 208.
Galmei 211.
Garnierit 217.
Gaylussit 124.
Gehlenit 142.
Gelbbleierz 207.
Geokronit 209.
Gersdorffit 215.

Gibbsit 175.
Gigantolith 143.
Gillingit 225.
Gismondiu 160.
Glagerit 165.
Glanzarsenikkies 231.
Glanzkobalt 218.
Glaserit 126.
Glaserz 188.
Glauberit 126.
Glaubersalz 126.
Glaukobot 219.
Glaukolith 142.
Glaukonit 225.
Glaukopyrit 230.
Glimmer 147.
Globosit 224.
Glockerit 224.
Gmelinit 160.
Göthit 222.
Gold, gediegen 182.
Goldamalgam 184.
Goslarit 213.
Granat 138.
Granit 148.
Graphit 113.
Graubraunsteinerz 231.
Graufpießglanzerz 178.
Greenockit 214.
Greenovit 182.
Grobkalk 123.
Grochauit 162.
Groroit 158.
Groroilith 232.
Großular 139.
Grunerit 225.
Grünbleierz 206.
Grünerde 226.
Guarinit 182.
Gümbelit 165.
Gummierz 201.
Gymnit 167.
Gyps 128.

Haarkies 214.
Hagemannit 117.
Hämatit 221.
Haidingerit 177.
Halbopal 137.
Halloisit 163.
Halotrichit 129.
Harmotom 160.
Harringtonit 158.
Hauerit 234.
Hausmannit 232.
Hauyn 171.
Haydenit 160.
Hebronit 131.

Hebenbergit 152.
Hebyphan 206.
Heliotrop 136.
Helvin 234.
Henworbit 132.
Hercinit 173.
Hermannit 234.
Herschelit 160.
Hesfit 191.
Hessonit 139.
Heterofit 233.
Heubachit 218.
Heulanbit 161.
Hifingerlt 225.
Holmefit 163.
Homichlin 199.
Holzopal 137.
Holzstein 136.
Hornblende 153.
Hornblendeschiefer 153.
Hornsilber 190.
Hornstein 136.
Horollas 213.
Hortonolit 156.
Huaskolit 210.
Hübnerit 227.
Humboldtilith 142.
Humit 168.
Hureaulith 233.
Hyalit 137.
Hyalophan 146.
Hyalosiberit 156.
Hyazinth 156.
Hydrargillit 175.
Hydraulischer Kalk 122.
Hydroboracit 133.
Hydrobolomit 125.
Hydrohämatit 222.
Hydromagnefit 125.
Hydromagnocalcit 125.
Hydrophit 167.
Hydrotalkit 174.
Hydrotephroit 234.
Hydrozinkit 212.
Hülpersthen 154.
Hystabit 229.

Jacksonit 158.
Jade 153.
Jalobfit 221.
Jalpait 188.
Jamesonit 209.
Jarofit 224.
Jaspis 136.
Jaspopal 138.
Jbriaiin 186.
Jefferifit 163.
Jeffersonit 152.

Jglesiafit 205.
Jlmenit 229.
Jlvait 224.
Jobit 190.
Johannit 201.
Jollyt 225.
Joseit 203.
Jribosmin 184.
Jserin 229.
Jsollas 130.
Jttnerit 171.
Julianit 198.
Juralall 123.
Jvaarit 182.

Kämmererit 163.
Kainit 127.
Kaloren 224.
Kalait 132.
Kallalaun 128.
Kalicin 124.
Kalifalpeter 119.
Kalkharmoiom 160.
Kalkfinter 123.
Kalkfpath 121.
Kalkstein 121.
Kalomel 156.
Kammkies 229.
Kanelstein 139.
Kaolin 163.
Karelinit 202.
Karneol 136.
Karpholit 234.
Karphofiberit 224.
Kaffiterit 203.
Kaftor 147.
Katapleiit 167.
Katzenauge 135.
Keilhauit 182.
Kerargyr 190.
Kerafin 208.
Kerolith 162.
Keuper 122.
Kibbelophan 229.
Kiefelgalmei 212.
Kiefelmalachit 196.
Kiefelschiefer 136.
Kiefelsinter 136.
Kilbrickenit 209.
Kirrolith 132.
Kjerulfin 131.
Klaprothit 199.
Klinochlor 162.
Klipsteinit 234.
Kobaltblüthe 217.
Kobaltfahlerz 198.
Kobaltin 218.
Kobaltkies 218.

Kobaltvitriol 218.
Kobellit 210.
Köttiglt 213.
Kohlenblende 113.
Kohlenkalkstein 122.
Kolkolith 151.
Kollophan 130.
Kollyrit 165.
Konichalcit 195.
Konarit 217.
Korund 172.
Korynit 216.
Kraurit 224.
Kreibe 122. 123.
Kreittonit 213.
Kremerfit 119.
Krifuvigit 194.
Krokoit 207.
Krokybolith 225.
Kryolith 117.
Kryptolith 236.
Kupfer, gebiegen 191.
Kupferantimonglanz 199.
Kupferbleifpath 205.
Kupferglanz 196.
Kupferglimmer 195.
Kupferinbig 197.
Kupferkies 198.
Kupferlafur 193.
Kupfermanganerz 233.
Kupfernickel 216.
Kupferoryd 192.
Kupferpecherz 196.
Kupferschaum 195.
Kupferschwärze 192.
Kupfervitriol 193.
Kupferwismutherz 199.
Kupfferit 154.
Kyrofit 230.

Labrador 143.
Lanarkit 205.
Langit 194.
Lanthanit 236.
Larderellit 133.
Lafurit 171.
Lafurstein 171.
Laumontit 159.
Laurit 185.
Lawrowit 151.
Lazulith 131.
Leabhillit 205.
Lebererz 186.
Lecontit 127.
Lehrbachit 187.
Lepidokrokit 222.
Lepidolith 167.
Lepidomelan 148.

Lepolith 143.
Lettsomit 191.
Leucit 144.
Leukophan 150.
Levyn 160.
Lherzolith 156.
Lias 122.
Libethenit 191.
Liebigit 201.
Lievrit 224.
Limbachit 162.
Limonit 222.
Linarit 205.
Linneit 215.
Linseit 143.
Linseuerz 195.
Liparit 116.
Lirokonit 195.
Lithioglimmer 167.
Lithionit 167.
Lithionturmalin 170.
Lithiophorit 233.
Lithographischer Stein 122.
Löllingit 231.
Löweit 125.
Loganit 163.
Lonchidit 230.
Ludlamit 224.
Ludwigit 133.
Lüneburgit 133.
Lunnit 194.
Luzonit 199.
Lydischer Stein 136.

Magnesit 124.
Magnetit 221.
Magnetkies 230.
Magnochromit 227.
Magnoferrit 221.
Malachit 193.
Malakolith 151.
Malbonit 154.
Mandelstein 164.
Manganamphibol 234.
Manganblende 234.
Manganchrysolith 234.
Mangandolomit 233.
Manganepidot 141.
Manganglanz 234.
Manganit 232.
Mangankiesel, rother 233.
Mangankiesel, schwarzer 234.
Manganocalcit 120.
Manganophyll 147.
Manganspath 233.
Marekanit 146.
Margarit 145.

Markasit 229.
Marmatit 213.
Marmolit 166.
Marmor 122.
Mascagnin 127.
Masonit 163.
Matlokit 208.
Maxit 205.
Meerschaum 166.
Megabasit 227.
Mejonit 141.
Melanchlor 224.
Melanit 139.
Melanolith 225.
Melanterit 223.
Melonit 216.
Menakan 228.
Mendipit 208.
Meneghinit 209.
Mengit 236.
Menilit 137.
Mennig 204.
Mergel 122.
Merkur 156.
Mesitin 223.
Mesolith 158.
Metabrushit 130.
Metachlorit 162.
Metaxit 167.
Meteorsteine 220.
Michaelit 175.
Millerit 214.
Mimetesit 206.
Mirabilit 126.
Mizzonit 142.
Molybdänglanz 179.
Molybdänit 179.
Molybdänocker 179.
Monazit 236.
Monstein 144.
Monheimit 223.
Monrabit 167.
Monrolith 149.
Montanit 203.
Montebrasit 131.
Monticellit 156.
Mordenit 161.
Moresnetit 212.
Mosandrit 235.
Mottramit 208.
Muriacit 126.
Muromontit 235.
Muscovit 147.
Muschelkalk 122.
Mussit 151.
Myargyrit 189.
Myelin 165.
Mysorin 193.

Nadeleisenerz 222.
Nadelerz 210.
Nadorit 210.
Nagyagit 211.
Nakrit 165.
Namaqualit 192.
Nantokit 196.
Naphta 115.
Nasturan 200.
Natrolith 157.
Natronsalpeter 119.
Naumannit 191.
Nemalit 174.
Neotokit 225.
Nephelin 142.
Nephrit 153.
Neukirchit 229.
Newjanskit 154.
Nickelantimonglanz 215.
Nickelarsenikglanz 215.
Nickelgymnit 217.
Nickelin 216.
Nickelsmaragd 217.
Nickelvitriol 216.
Nickelwismuthglanz 215.
Niobit 227.
Nitratin 119.
Nosin 171.
Nuttalit 142.

Obsidian 146.
Okenit 166.
Oligoklas 146.
Oligonit 223.
Olivenit 194.
Olivin 155.
Onkosin 165.
Onyx 136.
Oolith 122. 123.
Opal 137.
Operment 176.
Orangit 167.
Ornithit 130.
Orthit 235.
Orthoklas 144.
Osmelit 166.
Osteolith 130.

Pachnolith 117.
Pajesbergit 233.
Palladium, gediegen 185.
Paragonit 148.
Parastilbit 161.
Parisit 236.
Pastreit 224.
Pecheisenerz 222.
Pechstein 146.
Pektolith 165.

Peucatit 125.
Pennin 162.
Pentlandit 215.
Percylit 196.
Perillin 115.
Perlstein 116.
Perowskit 182.
Petalit 117.
Pettkoit 224.
Petzit 184.
Phakolith 160.
Pharmakolith 177.
Pharmakosiderit 226.
Phenakit 150.
Phillipsit 160.
Phlogopit 145.
Phönicit 207.
Pholerit 165.
Phosphorit 130.
Phosphorochalcit 191.
Picotit 173.
Pickeringit 129.
Piemontit 141.
Pikranalcim 159.
Pikrolith 166.
Pikrophyll 167.
Pikrosmin 167.
Pinguit 225.
Pinit 143.
Pisanit 223.
Pissophan 129.
Pistazit 141.
Pistomesit 223.
Pittizit 226.
Plagionit 209.
Planerit 132.
Platin 184.
Plattnerit 204.
Platiniridium 184.
Pleonast 173.
Plumosit 209.
Polianit 232.
Pollux 147.
Polyargit 144.
Polyargyrit 189.
Polybasit 189.
Polyhallit 127.
Polykras 182.
Polymignit 182.
Polysphärit 206.
Polytelit 198.
Porcellanerde 163.
Porcellanit 171.
Prasem 135.
Praseolith 143.
Prehazzit 125.
Prehnit 158.
Priceit 133.

Proustit 189.
Psilomelan 232.
Pucherit 202.
Puhualit 158.
Pyknit 168.
Pyrargyrit 189.
Pyrit 229.
Pyrochlor 180.
Pyrochroit 232.
Pyrolusit 231.
Pyromelin 216.
Pyromorphit 206.
Pyrop 140.
Pyrophyllit 165.
Pyrosklerit 163.
Pyrosmalith 225.
Pyrostibit 178.
Pyrrhit 235.
Pyroxen 151.
Pyrrhotin 230.

Quarz 134.
Quecksilber, gediegen 186.
Quecksilberfahlerz 198.
Quecksilberhornerz 186.

Rabbionit 218.
Radiolith 157.
Rahtit 213.
Raimondit 224.
Ralstonit 117.
Randanit 175.
Realgar 176.
Redontit 132.
Newbanskit 217.
Rhagit 202.
Rhodizit 133.
Rhodonit 233.
Richterit 153.
Rionit 195.
Ripidolith 162.
Römerit 224.
Röpperit 156.
Röttisit 217.
Rogenstein 122.
Roscoëlit 171.
Roselith 177.
Rosenquarz 135.
Rosin 144.
Romein 178.
Rothbleierz 207.
Rotheisenerz 221.
Rothgiltigerz 189.
Rothkupfererz 192.
Rothnickelkies 216.
Rothspiessglanzerz 178.
Rubellit 170.
Rubin 172.

Rubinbalais 173.
Rubinspinell 173.
Rutil 161.

Safflorit 218.
Salit 151.
Salmiak 115.
Samarskit 180.
Samoit 163.
Sapphir 172.
Sarkolith 140.
Sassolin 132.
Saussurit 143.
Saynit 215.
Scheelit 180.
Schieferspath 121.
Schilfglaserz 190.
Schillerspath 166.
Schirmerit 203.
Schorlomit 152.
Schrifterz 153.
Schwarzkohlen 114.
Schwefel 115.
Schwefelcadmium 214.
Schwefelkies 229.
Schwefelkobalt 219.
Schwerspath 125.
Schwimmstein 136.
Scotiolit 225.
Seebachit 160.
Selabonit 225.
Selenblei 211.
Selenbleikupfer 211.
Selenkobaltblei 211.
Selenkupfer 200.
Selenquecksilber 187.
Selenquecksilberblei 187.
Selenquecksilberzink 187. 214.
Selensilber 191.
Selenwismuth 203.
Sellait 117.
Senarmontit 178.
Sepiolith 166.
Serpentin 166.
Seybertit 163.
Siderit 222.
Siberoschisolith 225.
Siegenit 215.
Silber, gediegen 187.
Silberfahlerz 198.
Sillimanit 149.
Simonyit 125.
Sismondin 163.
Skapolith 142.
Sklerotlas 210.
Stolezit 154.
Stolpsit 171.

— 251 —

Glorobit 226.
Smaltin 218.
Smaragb 149.
Smirgel 172.
Smithsonit 211.
Soba 124.
Sobalith 171.
Sobalumen 129.
Sonnenstein 145.
Spabait 167.
Spaniolith 198.
Spatheisenstein 222.
Speckstein 155.
Speerkies 229.
Speiskobalt 218.
Spessartin 139.
Sphalerit 213.
Sphärocobaltit 218.
Sphärosiderit 223.
Sphärit 132.
Sphen 181.
Sphenossas 150.
Spiauterit 213.
Spinell 172.
Spodumen 146.
Sprötglaserz 188.
Staffelit 130.
Staunin 200.
Staßfurthit 133.
Staurolith 145.
Steatit 155.
Steinkohlen 114.
Steinmark 164.
Steinsalz 115.
Stellit 166.
Stephanit 188.
Sternbergit 190.
Stiblith 178.
Stilbit 161.
Stilpnomelan 225.
Stilpnosiderit 222.
Stolzit 207.
Strahlerz 195.
Strahlstein 153.
Stratopäit 225.
Strengit 224.
Streganovit 142.
Stromeyerit 188.
Strontianit 120.
Struvit 132.
Stübelit 231.
Stylotyp 198.
Stypticit 221.
Süßwasserkalk 123.
Sumpferz 222.
Sufferit 233.
Svanbergit 131.
Syenit 143.

Sypercorit 219.
Sylvanit 183.
Sylvin 115.
Syngenit 129.
Szajbelyit 133.

Tabergit 162.
Tachydrit 119.
Tagilith 194.
Tallingit 196.
Talk 155.
Talkosit 165.
Talkschiefer 155.
Tannenit 199.
Tantalit 228.
Tarnowitzit 120.
Tauriscit 223.
Tellur, gediegen 179.
Tellurblei 211.
Tellursilber 191.
Tellurwismuth 218.
Tennantit 197.
Tenorit 192.
Tephroit 234.
Tetradymit 203.
Tetraedrit 198.
Thenardit 126.
Thermonatrit 124.
Thomsenolit 117.
Thomsonit 159.
Thon 164.
Thoneisenstein 222.
Thonschiefer 164.
Thorit 167.
Thraulit 225.
Thrombolith 194.
Thuringit 225.
Tiemannit 187.
Tinkal 133.
Tirolit 195.
Titaneisen 228.
Titanmagnetit 221.
Titanit 181.
Topas 168.
Tremolit 153.
Trichalcit 195.
Tridymit 134.
Triphan 146.
Triphylin 221.
Trippel 136.
Tripplit 233.
Tritomit 235.
Trögerit 201.
Troilit 230.
Trolleit 132.
Trona 124.
Troostit 212.

Tschermakit 146.
Tschermigit 129.
Tschewklinit 235.
Türkis 132.
Tungstein 180.
Turgit 222.
Turmalin 170.
Turnerit 236.
Tyrit 180.

Uebergangskalk 122.
Ulexit 133.
Ullmannit 215.
Uralorthit 235.
Uranit 201.
Uranocircit 200.
Uranocker 201.
Uranophan 201.
Uranospbärit 201.
Uranospinit 201.
Uranotil 201.
Uranpecherz 200.
Urao 124.
Urkalk 122.
Uwarowit 140.

Valentinit 177.
Vanadinit 208.
Variscit 132.
Vanquelinit 207.
Vermiculit 163.
Veszelyit 194.
Vesuvian 140.
Villarsit 167.
Vivianit 224.
Völknerit 174.
Voigtit 225.
Volborthit 195.
Volgerit 178.
Voltait 129.
Voltzit 214.

Wab 232.
Wagnerit 131.
Walkerde 165.
Walpurgin 201.
Wapplerit 177.
Warwickit 133.
Wavellit 131.
Websterit 129.
Wehrlit 225.
Weißbleierz 205.
Weißgiltigerz 198.
Weißnickelkies 216.
Weißspießglanzerz 177.
Wernerit 142.

Weſtanit 165.
Willemit 212.
Williamſit 166.
Wilſonit 142.
Wismuth, gediegen 201.
Wismuthblende 202.
Wismuthglanz 202.
Wismuthocker 202.
Wismuthſilber 191.
Witherit 120.
Withnevit 200.
Wittichit 199.
Wittingit 225.
Wöhlerit 157.
Wölchit 210.
Wörthit 149.
Wolchonskoit 182.
Wolfachit 216.
Wolfram 227.

Wolframſäure 180.
Wollaſtonit 151.
Woodwarkit 191.
Würfelerz 226.
Wulfenit 207.

Xanthokon 189.
Xanthoſiderit 222.
Xenolith 149.
Xenotim 131.
Xilochlor 165.
Xonaltit 166.
Xylotil 154.

Yttrocerit 118.
Yttertantal 180.
Yttrotitanit 182.

Zeagonit 160.
Zechſtein 122.

Zellanit 173.
Zeichenſchiefer 161.
Zepharovichit 132.
Zeugit 130.
Zennerit 201.
Zinkblende 213.
Zinkblüthe 211.
Zinkenit 209.
Zinkit 213.
Zinkſpath 211.
Zinkvitriol 213.
Zinn, gediegen 204.
Zinnkies 200.
Zinnober 186.
Zinnſtein 203.
Zirkon 156.
Zöblitzit 166.
Zoiſit 141.
Zwieſelit 233.

www.ingramcontent.com/pod-product-compliance
Lightning Source LLC
Chambersburg PA
CBHW021521210326

41599CB00012B/1341